THE
UNIVERSE
IN 100 KEY DISCOVERIES

THE
UNIVERSE
IN 100 KEY DISCOVERIES
纸上天文馆

100个神秘又迷人的
天文通识及其背后的故事

[英] 贾尔斯·斯帕罗 / 著　　　青年天文教师连线 / 译

四川科学技术出版社

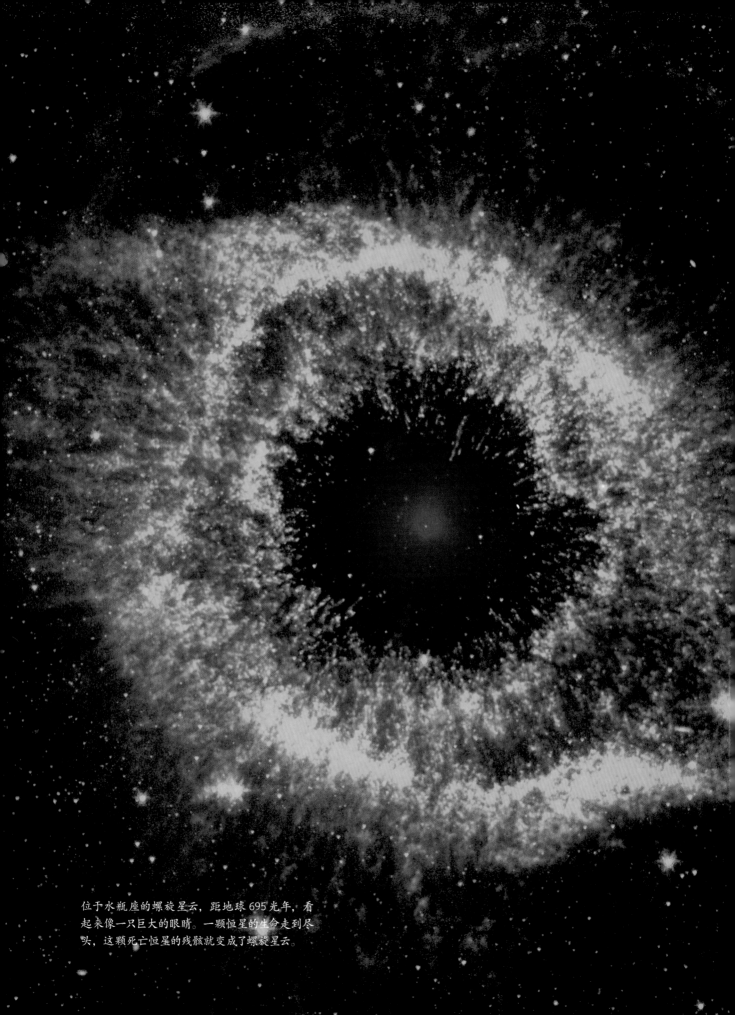

位于水瓶座的螺旋星云，距地球 695 光年，看起来像一只巨大的眼睛。一颗恒星的生命走到尽头，这颗死亡恒星的残骸就变成了螺旋星云。

Foreword 编者序

亲爱的读者，欢迎来到"纸上天文馆"，我们与您一起探寻宇宙的 100 个奥秘。

这所天文馆的"讲解员"是贾尔斯·斯帕罗，他是英国最著名的科普作家之一，也是著名出版公司 DK 的签约作者，从事专业写作十余年，尤其擅长天文学、空间技术和物理学等题材。他所出版的科普图书语言简洁易懂，内容深入简出，广受全世界各国读者的好评，被翻译成多种文字，畅销于世界各地。

本书之所以叫"纸上天文馆"，是因为收录了 100 个大众需要了解的关于宇宙的基本知识点，它们是从宇宙大爆炸开始，到现今最先进的科研成果，是人类探寻宇宙路上的 100 个里程碑。每一个发现，都曾引发科学界的极大轰动——它们是我们理解宇宙的基石。也许以现在的视角来说，其中的某些理论或发现已经成为大众常识，甚至已经过时了，但在最初面世之时，它们犹如闪电一般，是劈开当时所处时代认知乌云的一把利刃，将它们发表出来的科学家，甚至面临着与全世界敌对的危险处境。

通过本书，你会为这 100 个知识点所展现的科学之美所折服。你会真切地体会到，科学就如爱一样，具有实现超越的力量。这份坚定的爱能够带领人类超越个人的局限和胆怯，去拥抱更深、更远的真实。

这所"天文馆"中的图片，均由 NASA 及相关专业机构提供，每一张都融合了大量的数据分析，力求最大限度地精准展示，并配有详细的图片说明，让您足不出户也可以有逛"天文馆"的感受。

本书由美国国家地理联合荣誉出品。国家地理是全球公认的最权威、最专业、学术性最强的科学杂志。同时，本书还获得"BBC 聚焦""选择""BBC 仰望星空"等多个媒体栏目的盛赞和推荐。

我们真诚希望本书能够激发您对科学的热情和追求，去发现浩渺宇宙更深的奥秘，用更深入的视角理解激起这个世界。

Introduction 前言

　　天文学的历史是一个不断发现的过程——一场持续的，由技术进步、理论突破和人类对知识的无尽渴望推动的革命，这场革命的起源要追溯至史前。我们只能根据考古记录上那些虽然罕见，但是明确无误的痕迹，去猜测最早的观星者坚持的信仰。3 000 多年前古巴比伦时期的楔形文字，为天文学提供了第一份文字证据。但是，这些细致的记录，更像是为了占星学而存在的。至于古人怎么理解地球在广阔宇宙中的位置，关于这方面的描述少之又少。第一份与包罗万象的宇宙学理论相关的证据，来自生活在公元前几百年的古希腊时期的哲学家。

从中心到边缘

　　从那时起，我们在宇宙中的位置一直在发展中不断被纠正，由此形成了一条强有力的贯穿天文史的线索。从托勒密到哥白尼，再到哈勃，我们生活的地球，从宇宙中心，一步步降级为一个围绕星系中的一颗普通恒星运行的小天体，而且那颗恒星所在的星系也只不过是千亿个星系中的普通一员。

　　如果你看了上面的描述认为这些发现降低了人类在宇宙中的地位，那就大错特错了。一个微不足道的星球上诞生了智慧生命，这样的事实自然会激发出"宇宙的本质是什么？"这个值得深思的疑问。我们对宇宙的理解越复杂，越会为人类掌握这些复杂事物的能力感到骄傲。

一门不断变化的学科

　　当然了，几个世纪以来，人类对宇宙本质的理解发生了巨大的变化。神职人员和占星家的思考，一直与航海、计时和制图等领域的实际应用并存。17 世纪的技术突破，再加上全球贸易变得日益重要，天文学变成了第一门"专业化"的科学，欧洲上下和其他地方都设立了国家天文台。

　　天文学对业余爱好者一直有很强的吸引力，18 世纪到 19 世纪很多突破性的进展，都要归功于热情的天文迷们的不懈努力。即便到了今天，天文学已经变得越来越复杂，越来越学术化，专业性越来越强，但它依然是少数的几个业余爱好者也能取得重大发现的学科之一——这多亏了强大的望远镜、图像工具和电脑技术的普及和进步，而且业余爱好者的贡献还在持续增长。有了分布式计算项目，即便不用望远镜也能做出有价值的贡献——比如筛选行星搜索卫星传回的数据，或者对遥远宇宙中复杂星系的图像进行分类。

对于专业的天文学家来说，过去几十年也发生了革命性的转变。长期横亘在他们面前的技术壁垒被突破，由此释放出了大量的新数据和新发现。新出现的多镜面望远镜和计算机控制的望远镜，比之前的望远镜大得多，也精确得多，因此能从地面观测站获得更清晰、亮度更高的图像。由于不受大气影响，卫星天文台能生成可见光下的超清图像，还能收集包括红外线和紫外线等在内的其他辐射，这是在地球表面不可能做到的。计算机化的电荷耦合器件图像传感器和其他传感器提升了辐射探测的敏感度，也因此形成了新的操控和分析方法。时至今日，空间探测器已经能直接从太阳系中的其他星球传回图像，甚至还能带回从彗星和其他天体上采集的物理样本。

新的挑战

这些新理论产生的信息排山倒海般地压过来，天文学的变革速度也因此越来越快。最近开放的新研究领域包括太阳系的动态历史（见第 93 页），系外行星的复杂多样（见第 281 页），以及动荡的早期宇宙（见第 60 页）。诸如"大爆炸驱动宇宙持续膨胀"这类经过长时间考验的观点，也被证实了神秘"暗能量"存在的证据颠覆，暗能量的存在会影响宇宙自身的结构（见第 393 页）。

实际上，有时我会觉得，我写这本书的速度似乎赶不上天文学领域的发现速度。无疑，这只是一种由集中查阅新闻稿、大学网站和科学期刊所引发的选择效应（译注：通常指天文学领域中，由于采样、观测仪器或处理方法的局限性而引发的效应），但是我依然希望，这张记录了天文学现状的快照，捕捉到了漫长历史中振奋人心的特殊时刻——在这个时刻，留存许久的问题，我们很快会找到答案，与此同时，更大的、新的挑战似乎也正在取代它们的位置。

Contents 目录

1 否定地心说

定　　义：	从"地球是宇宙的中心"的观念转变为"太阳是宇宙的中心"。
发现历史：	公元前 250 年左右，古希腊萨摩斯（Samos，译注：希腊岛屿，位于爱琴海东部）的阿利斯塔克（Aristarchus）估算了地球到太阳的距离，这个数值非常大，他由此推断出地球不是宇宙的中心，太阳才是宇宙的中心。
关键突破：	公元 1514 年和 1543 年，尼古拉斯·哥白尼（Nicolaus Copernicus）重新开启了关于"日心说"的辩论。
重要意义：	虽然哥白尼的日心说理论存在缺陷，但是为此后开普勒（Johannes Kepler）、伽利略（Galileo Galilei）和牛顿（Newton）的伟大发现铺平了道路。

　　有史以来的大多数时候，人们都以为地球是宇宙的中心。尽管早期也有人对此表示怀疑，但是直到 16 世纪，我们才开始一场漫长的旅程，去了解人类在宇宙中真正的位置。

　　古时候，地球是宇宙的中心，这似乎是不言而喻的。那时人们没有意识到我们居住的行星每天在自转，更不用提地球在宇宙中的运动了，所以很自然地以为，我们的地球是固定不动的，而太阳、月亮，以及其他恒星和行星，就像它们表面看起来的那样，是绕着地球旋转的。在人类最早的文明中，出于占星的目的，天文学家兼神职人员更关心如何预测天体的运动，而不是如何构建一个和谐统一的宇宙模型。据我们所知，大约从公元前 5 世纪起，古希腊哲学家最先开始思考地球在宇宙中的位置。

　　公元前 4 世纪中期，亚里士多德（Aristotle）迈出了重要的一步，他指出地球是一个悬浮在太空中的巨大球体，而不像早期思想家认为的，是漂浮在无尽海洋上的扁平圆盘。到了公元前 200 年左右，昔兰尼（Cyrene，译注：古希腊城市名，位于北非，今属利比亚）的厄拉多塞（Eratosthenes）甚至发明了一种巧妙的方法，该方法可以根据正午太阳在不同纬度上投下的阴影来测量地球的周长。

　　然而，真正的宇宙学还必须解释其他问题——太阳和其他恒星的运动、月相的变化、日月食，以及最为棘手的关于水星、金星、火星、木星、土星等行星逆行的问题。为了解释这些问题，大多数希腊哲学家支持一种圆形轨道或者水晶球体系的理

对页图： 这幅拍摄于智利拉西亚天文台（La Silla Observatory）的长曝光图片，显示了恒星绕着南天极旋转的一圈圈的轨迹。现在我们将恒星的移动看作是地球自转的关键证据，但是古代天文学家相信地球是固定不动的，恒星绕着地球旋转。

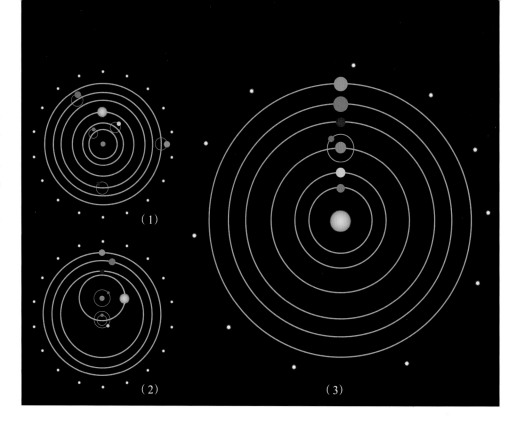

论。在这一体系中，行星附着在内层球壳上，恒星则是来自固定的外层球壳上的光，或者可能只是外层球壳上的一些孔洞，从而让天堂的光照进来。有些人对此表示怀疑，萨摩斯的阿利斯塔克使用三角学的方法估算了地球与太阳之间的距离。虽然他严重低估了地球到太阳的距离，但是仍然得出了结论：太阳是如此之大，是真正的宇宙中心，地球和其他行星一样只是绕着太阳转。

依巴谷和托勒密

对于天文学来说不幸的是，阿利斯塔克的观点在当时被认为是古怪的，因而没有被广泛接纳，当时压倒性的观念仍然是宇宙以地球为中心或者说地心宇宙。然而，地心说是存在问题的，尤其是，哲学家们教条地认为行星应该像宇宙中的钟表一样沿圆形轨道匀速运动，但是真实的行星运动并不遵从他们的想法。于是，用围绕地球的圆形轨道去预测行星运动的尝试失败了。公元前 2 世纪中期，尼西亚（Nicaea，译注：古希腊城市名，位于安纳托利亚西北部，今属土耳其）的依巴谷（Hipparchus）提出了本轮（epicycle）的概念——带有行星的较小的绕着主"参考"圆运动的圆。

本轮有助于解决诸如外行星兜圈子的"逆行"运动问题（参见第 7 页），但该模型还是无法与现实相吻合。直到公元 2 世纪中期，亚历山大（Alexandria，译注：古代的希腊化城市，位于北非，当时属于罗马帝国，今属埃及）的托勒密（Ptolemy）才提出了一个治标不治本的解决方案——作为天文学家和地理学家，托勒密引入了名为

"匀速点"的新概念。这是一种变通手段，使得他可以放弃相对地球本身匀速圆周运动的苛刻要求，但仍然能保留围绕空间中一点做匀速圆周运动的基本原理。托勒密的这一突破使得地心说理论终于能够在合理的程度上与观测保持一致，他的天文学研究被汇编为《天文学大成》（*Almagest*，译注：欧洲人最初是通过阿拉伯语译本了解该书的，所以该书的英文名沿用了阿拉伯语名，又译《至大论》），作为该领域的权威著作而沿用了一千余年。当时欧洲新兴的基督教会热情地接受了地心说的世界观，伊斯兰教学者们也基本上赞同托勒密的理论。

哥白尼革命

若干世纪过去了，随着天文测量技术的进步，对托勒密关于宇宙的理论的质疑也不断增多。越来越明显的是，对于天体运动的长期预测来说，地心说并不是完美的理论，其复杂的形式看起来也不那么明了。随着 15 世纪末文艺复兴运动的开始，从医学到地质学等各个领域的学者们开始意识到，也许古老的智慧并不总是意味着权威。

1514 年，一位对天文学充满热情的波兰神父尼古拉斯·哥白尼发表了名为《短论》（*Commentariolus*）的手写书稿，列出了 7 条论述，全面挑战了地心说的宇宙观，进而提出以太阳为中心的日心说宇宙观。在日心说宇宙观中，天体在地球天空中的运动是由它们绕太阳的运动外加地球每天自转所造成的。

接下来的 20 余年，哥白尼理论在学者当中广为传播。虽然哥白尼一直打算把《短论》写成一本更长的书，但直到 1539 年这本书才在别人的激励下完成。当时维滕贝格大学（University of Wittenberg）教授格奥尔格·约阿希姆·雷蒂库斯（Georg Joachim Rheticus）对哥白尼理论进行了热情地解读。于是，《天体运行论》（*De revolutionibus orbium coelestium*）诞生了，该书用全面的论证和证据做支撑，更加完整地阐述了哥白尼理论。

"哲学家们教条地认为行星应该像宇宙中的钟表一样沿圆形轨道匀速运动，但是真实的行星运动并不遵从他们的想法。"

《天体运行论》是哥白尼在临终前出版的，尽管它后来成了科学革命的象征，但是在当时却不被接受。哥白尼理论将古代模型中围绕地球或者围绕匀速点（托勒密版本）的匀速圆周运动，替换为围绕太阳的匀速圆周运动。天球和有限宇宙的概念则被保留了下来，人们很快就意识到，哥白尼理论在描述行星运动方面与现实更吻合。

半个世纪之后，一位更为大胆的神职人员突破了哥白尼观点的局限，他就是被视为异端的意大利修道士乔尔丹诺·布鲁诺（Giordano Bruno）。布鲁诺提出，恒星就像太阳一样，也有行星系统围绕其运行。布鲁诺因其异端思想在 1600 年被烧死，当时的人并没有意识到，此后不到 10 年的时间内，宇宙的旧秩序将被彻底推翻。

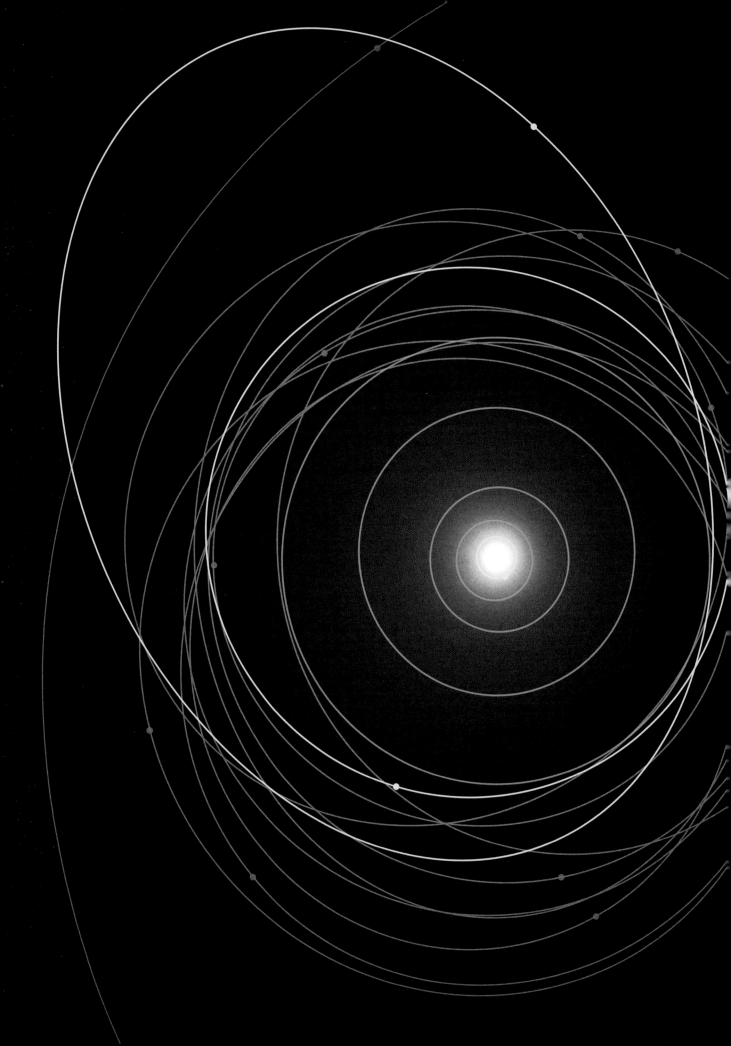

2 椭圆轨道

定　　义：	最终证实太阳系的日心视角和宇宙终极本质的轨道理论。
发现历史：	伽利略·伽利莱和其他人通过望远镜观测发现了直接证据，证明了托勒密的宇宙观是错误的。
关键突破：	1609 年，约翰尼斯·开普勒提出行星轨道不是圆形的，而是椭圆形的。
重要意义：	真正理解地球绕日运动，对于数不清的后续发现至关重要。

17 世纪早期，两次并行的革命推翻了原有的地心宇宙观，播下了现代天文学的种子。随后，在 17 世纪末，万有引力理论将新的宇宙观推到了顶峰。

17 世纪早期天文学的转变通常被归结于两个因素——意大利物理学家伽利略·伽利莱的早期望远镜观测和德国天文学家约翰尼斯·开普勒的理论突破。虽然这是一种简化描述，但不可否认的是，他们两人在建立新宇宙观方面起到了带头作用。

伽利略观天

大约在 1608 年，荷兰透镜制造商发现，沿着镜筒轴线方向对齐两个透镜，它们就可以产生放大的图像。伽利略还是帕多瓦大学一位受人尊敬的数学教授和实验家，他决定自己建造一台这样的仪器，并于 1609 年末第一次将它指向天空。通过望远镜看到的景象，伽利略确信许多关于宇宙的既定理论是错误的。月球并不是一个完美的球体，而是一个由山脉和陨石坑组成的地形起伏的世界。银河从一条光带被解析成无数颗恒星。最重要的是，绕着木星转的四个星星一样的光点只是木星自己的卫星，而金星表现出与月亮类似的相位变化。与当时公认的观点相反，一些宇宙中的天体并没有围着地球转，至少金星看起来就是绕着太阳转的。

伽利略在其 1610 年的著作《星际信使》（*The Starry Messenger*）中发表了他的观

对页图：在太阳系的八大行星中，水星和火星拥有更加椭圆的轨道。诸如谷神星（Ceres）、冥王星和阋神星（Eris）等较小的矮行星的轨道，通常具有更明显的偏心形状。

测报告。虽然他当时没有对其影响发表评论，但却认为他的发现完全证实了将近一个世纪前由哥白尼首次提出的宇宙日心说模型。当时的天主教会视日心说为异端，伽利略所在的意大利就在强大的天主教会的眼皮底下，因此他别无选择，只能保持沉默。

开普勒描述行星

"与当时公认的观点相反，一些宇宙中的天体并没有绕着地球转，至少金星看起来就是绕着太阳转的。"

非常巧合的是，就在伽利略做出重大发现的同一年，约翰尼斯·开普勒也发表了突破性的发现，奠定了日心说的理论基础，彻底粉碎了旧有的多层球壳宇宙观。伟大的丹麦天文学家第谷·布拉赫（Tycho Brahe）曾经是开普勒的导师和合作者，偶尔也是竞争对手。通过使用第谷汇集的详细观测数据，开普勒意识到，如果行星的轨道不仅是以太阳为中心，而且是某种程度的椭圆，那么火星逆行等问题就能得到彻底解决（椭圆是圆的更一般的形式，它的一个轴比另一个轴要长，并且在长轴中心点两侧各有一个焦点）。

在 1609 年出版的《新天文学》（*New Astronomy*）一书中，开普勒认为行星沿着椭圆轨道运行，太阳位于椭圆的一个焦点上，并且行星在轨道上移动的速度取决于它与太阳的距离。开普勒的行星运动定律一下子解决了许多长期存在的天文预测问题。1619 年，开普勒又增加了第三条定律，将行星轨道周期的平方与其"半长轴"（行星与太阳的平均距离）的立方联系起来，这样就可以比较相对轨道周期。

开普勒处于欧洲北部更为开明的新教影响范围内，基本不需要面对伽利略所处的那种困境，因此开普勒行星运动定律很快被学术界接受。1623 年，伽利略看到了变化带来的机会——意大利迎来了一位较为开明的教皇，鼓励伽利略冒险将他的想法写成《关于托勒密和哥白尼两大世界体系的对话》（*Dialogue Concerning the Two Cchief World Systems*）一书并公开出版。虽然教会允许将哥白尼的观点作为单纯的数学模型进行有限的讨论，但是任何暗示它代表宇宙现实的建议仍然被视为异端，伽利略的书完全越过了这条界限。1632 年，伽利略发现自己被带到了宗教裁判所，被迫放弃日心说的观点，余生被软禁在家里——这种不公正存在于教会漫长的历史中。

虽然哥白尼和开普勒观点的兴起不可避免，但仍然存在一些重要问题——最明显的是为什么行星遵守开普勒运动定律，更深入的问题则是为什么它们一直在运动。1644 年左右，法国哲学家笛卡尔（Descartes）提出，行星可能被太空中的涡旋推动，但他未能给出一个完整的解释来说明为什么这些涡旋会产生实际观测到的行星运动关系。

牛顿统一宇宙

　　最终，这一突破落到了英国科学家和博学家艾萨克·牛顿身上，他在 1666 年左右意识到，我们如今称为引力的那种力（其基本特点是伽利略一个世纪以前确定的），在地球表面之外也不应该失去其影响。引力使得牛顿花园中的苹果掉到地上，也同样应该作用在绕地球运动的月球上。多年以后，牛顿开始撰写他非凡的杰作，即《自然哲学的数学原理》(*Principia Mathematica*，最终于 1687 年发表)，在书中，他确立了三条牛顿运动定律和一条"万有引力"定律。牛顿运动定律描述了物体如何保持静止或匀速运动的状态，除非受到力的作用才会改变状态；这种力始终影响物体的加速度取决于物体的质量；以及为什么每个作用力会产生大小相等、方向相反的反作用力。同时，万有引力定律描述了一种与大质量物体的质量成正比、与物体之间距离的平方成反比的力（所以当两个物体之间的距离加倍时，它们之间的引力会缩小至原来的 1/4）。

　　总之，这些定律完美地描述了开普勒轨道，尽管后来的发展表明，牛顿定律并不是引力的最后定论（参见第 37 页）。牛顿为了得出他的结论而创新的数学技术以及从观测中推导出理论并提出可检验的预测，帮助他建立了一种至今仍在使用的"科学方法"。

下图： 在几个星期的时间里拍摄的一系列火星的照片，火星看起来在天空中逆行，从而画出了一个环形。这种逆行运动是由快速移动的地球"超越"其移动速度较慢的"邻居"所引起的。所有在地球轨道以外的行星都会表现出逆行运动，其中火星的逆行运动最为明显。

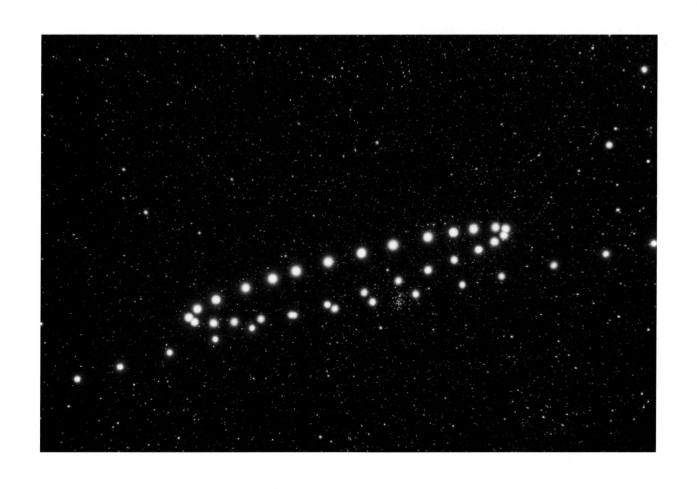

3 测量恒星的距离

定　义：	用于测量从太阳系到其他恒星的遥远距离的技术。
发现历史：	1838 年，弗里德里希·贝塞尔（Friedrich Bessel）首次使用视差法成功测量了恒星的距离。
关键突破：	1989 年发射的依巴谷卫星（High-Precision Parallax Collecting Satellite，高精度视差采集卫星）为我们带来了极高精度的视差测量。
重要意义：	准确了解地球与恒星的距离对于了解它们的真实属性和我们在宇宙中的位置至关重要。

如何测量人类无法到达的遥远天体与地球之间的距离？为了理解银河系内外恒星和其他天体的真实分布情况，天文学家将我们日常生活中熟悉的测距原理发挥到了极致。

哥白尼革命发现了地球不是太阳系的中心，太阳才是（参见第 3 页）。伴随着这场革命，人们也意识到夜空中的星星是我们太阳的同类，只不过它们到我们的距离遥远得令人难以想象。古希腊哲学家和中世纪伊斯兰教天文学家都曾经提出过这一想法，但是欧洲首位认真考虑它的人是意大利修道士和天文学家乔尔丹诺·布鲁诺（他因异端信仰在 1600 年被烧死）。到了 17 世纪末，这一想法被广泛接受，但天文学家仍面临一个主要问题——测量不出恒星的视差。

因为人眼具有立体视觉，所以视差对于大多数人来说并不陌生。视差是指从两个不同角度看近处的物体时，该物体相对远处背景的位置看起来有所移动的现象。对于今天的人类而言，它是一种重要的、在潜意识下使用的工具，用于手眼协调和距离测量，但是对于启蒙运动时期的天文学家来说，这就造成了一个问题——如果地球真的围绕太阳的巨大轨道运行，那么为什么星星的方向在一年中没有明显的变化呢？像第谷·布拉赫这样的天文学家就曾以此作为反对哥白尼体系的论据，但是当哥白尼体系被其他压倒性的证据支持之后，这一问题终于有了合理解释——测量不出视差意味着恒星比以前人们想象的更遥远。

对页图：像昴星团（Pleiades）这样的星团提供了恒星物理变化的早期线索。由于可以安全地假设这个聚在一起的恒星群体是一个真正的星团，星团中的恒星与地球之间的距离都差不多远，天文学家们意识到星团成员的外观差异反映的肯定是恒星之间的真实区别。

视差的挑战

在整个 18 世纪，测量视差的尝试都遭遇了挫败。测量原理本身很简单：在相距 3 亿千米（1.86 亿英里）的地球轨道两端的不同观测点，测量附近恒星相对于更为遥远的背景天体的视位置的变化，就可以使用简单的三角方法来估计恒星到我们地球的距离了。弄清楚哪些恒星在我们附近可能需要依靠猜测，但是识别某些在天空中移动相对较快的恒星（显示出较大的"自行"，编注：自行是指恒星和其他天体相对太阳系在垂直于观测者视线方向的角位移或单位时间内的角位移量）为我们提供了一个有用的线索。

18 世纪 20 年代，英国天文学家詹姆斯·布拉德利（James Bradley）向视差测量迈出了重要的一步，他识别了除视差之外的可以引起恒星视位置变化的其他因素，这些因素可以掩盖视差本身的影响。然而，布拉德利所用仪器的精度仍然太差，无法测量到视差。直到 19 世纪 30 年代，几位才华横溢的观测者重新研究了这个问题并认真地加以解决。德国天文学家弗里德里希·贝塞尔花费了数十年来改进布拉德利的测量方法，以排除所有其他可能影响恒星位置测量的因素，并于 1838 年宣布成功地测量到双星天鹅座 61（61 Cygni）的视差为 0.314 角秒（1 角秒是 1 度的 1/3 600 或者约为满月直径的 1/1 800）。以现代标准来看，这意味着天鹅座 61 距离我们 10.4 光年——这与 11.4 光年的现代测量值非常接近。在贝塞尔的工作之后，其他一些邻近恒星——半人马座阿尔法星和织女星（Alpha Centauri，Vega）的距离也迅速得到了估测，天文学家们开始使用秒差距（恒星表现出 1 角秒视差所对应的距离，相当于 3.26 光年）作为距离单位。

> "依巴谷卫星能够测量毫角秒水平的视差，将准确的距离测量扩展到地球周边约 1 600 光年内的数万颗恒星。"

测量视差仍然是一个令人筋疲力尽的过程，整个 19 世纪只测定了几十个距离值。到了 20 世纪，灵敏的天文照相技术出现之后，天文学家们才不再需要借助目镜来测量恒星位置，第一次可以测量到大量的视差数据。然而，视差的影响是如此微小，以至于我们仍然只能对距离最近的那些恒星进行测量。

尽管有这些限制，视差仍然是我们测量宇宙距离尺度至关重要的第一步。通过对恒星距离的了解，天文学家能够计算出它们的亮度或者说光度（luminosity）。将不同恒星的光度和颜色或者其他光谱特征加以比较，他们发现了恒星分布的一种重要模式（参见第 257 页）。一旦天文学家们识别出这种模式，他们就可以反过来使用这个模式，通过恒星的光谱型和视亮度估计其固有的光度，进而估算出恒星之间的距离。

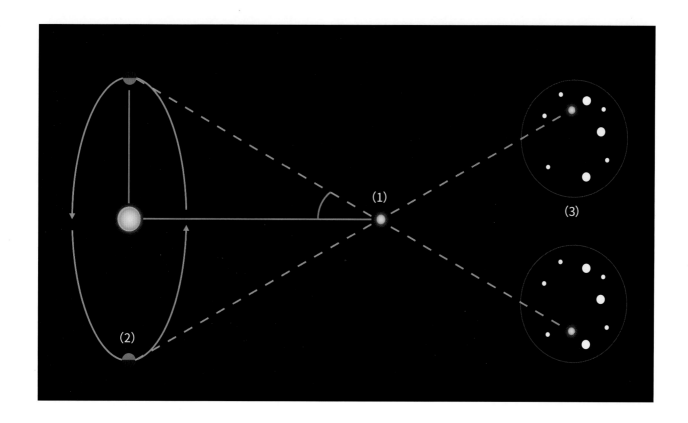

太空时代的视差

　　视差测量仍然是测量恒星距离的唯一精确的方法。由于难以预测的影响，例如星际尘埃对光的吸收，其他测距方法总是有很大的误差。1989 年，计算机成像和卫星技术的进步使得第一颗空间"天体测量"卫星得以发射，这就是欧空局（European Space Agency，简称 ESA）的依巴谷卫星。依巴谷卫星运行在离地面几百到几千千米的椭圆轨道上，这使得灵敏的望远镜可以避免地球大气的模糊效应，从而精确测量恒星的位置。依巴谷卫星能够测量毫角秒（千分之一角秒）水平的视差，将准确的距离测量扩展到地球周边约 1 600 光年内的数万颗恒星，尽管这仅仅是整个银河系的一小部分。

　　于 2012 年发射的欧空局的"盖亚（Gaia）"任务将让我们看到视差技术的另一个巨大飞跃。在计划的五年任务中，"盖亚"卫星将测量 10 亿颗恒星的特征——记录它们的光谱、自行，当然也包括几百万分之一角秒精度的视差。来自该卫星的数据可以让天文学家们构建一个三维星图，范围可以一直延伸到银河系的中心，这个星图还包括对于以前的视差测量而言过于暗弱的数亿颗恒星。此外，"盖亚"的光谱测量将识别目标恒星的多普勒频移（参见第 43 页），揭示它们朝向或远离地球的径向运动，从而提供一个关于银河系运动的令人惊叹的视角（译注："盖亚"卫星于 2013 年 12 月成功发射，已取得了大量观测数据和科学成果）。

上图：用视差法测量恒星距离依赖于测量附近恒星（1）视位置的变化。随着地球（2）在一年中从公转轨道的一端移动到另一端，恒星看起来相对于更遥远的背景天体（3）会有所移动。

4 看不见的宇宙

定　　义：	在可见光狭窄的波长范围外，存在着各种波长的辐射。
发现历史：	1800 年，威廉·赫歇尔（William Herschel）发现了红外辐射的存在。
关键突破：	1864 年，詹姆斯·麦克斯韦（James Maxwell）发表了他将光描述为电磁波的著作。
重要意义：	可见光以外的辐射揭示了宇宙中大量的高能和低能辐射相关过程的物理机制。

对于之前的物理学家来说，光的本质是一个长期存在的难题，但没有人能够想象到，可见光只是电磁波谱的一部分，电磁波谱的广阔远远超出了可见光范围。今天，这些高能和低能辐射提供了观测宇宙的新方法。

在 1670 年左右的英格兰，艾萨克·牛顿开始对光的本质进行一系列的研究。通过用棱镜和透镜将光分开，牛顿首次展示了颜色是光的内在属性，而白光是由多种颜色混合而成的。使用镜子组合进一步所做的实验使他确信，光是一束粒子或者"小微粒"。牛顿于 1675 年发表了他的理论，并在 1704 年的著作《光学》（*Opticks*）中发展了这一理论。

当时的一些科学家还有其他想法。牛顿的竞争对手罗伯特·胡克（Robert Hooke）于 1665 年发表了光是一种波的理论。在 17 世纪 70 年代后期，荷兰天文学家克里斯蒂安·惠更斯（Christiaan Huygens）也开始了自己的光学实验，实验显示的一些证据，诸如光的折射和衍射（弯曲和散开）以及光束不受影响地穿过彼此的能力，使得惠更斯确信光是一种波，并通过充满宇宙的"光以太"来传播。惠更斯于 1690 年发表了他的理论，在接下来的一个世纪里，这一理论的预测能力赢得了许多科学家的青睐。到了 19 世纪早期，英国科学家托马斯·扬（Thomas Young）提出了一项实验，最终驳斥了微粒理论，他的双缝实验揭示了由一对狭缝所分开的光波之间的干涉。

对页图： 这幅壮观的多波段图像揭示了星系 NGC 5128 的复杂本质，该星系更为人熟知的名字是半人马射电源 A（参见第 369 页）。紫色表示星系中心附近热气体发射的伽马射线，橙色表示射电波段的射电瓣。

右图：由美国国家航空
航天局（NASA）的星系
演化探测器（GALEX）
拍摄的一个名为"木魂星
云"的行星状星云的紫
外图像，图像中间垂死
恒星周围有大量不可见
的热气体。

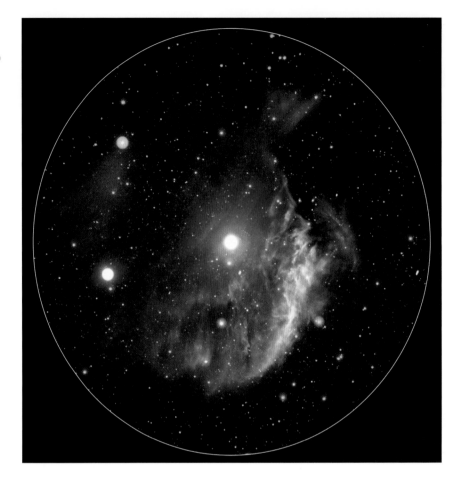

新型的光

  此时，科学家们也开始意识到除了人眼能看到的光之外，还有其他类型的"光"。首次突破来自天文学家威廉·赫歇尔，他出生于德国，同时也是天王星的发现者。当赫歇尔使用棱镜测量阳光中不同颜色的温度时，他注意到从紫光到红光，测得的温度显著增加。赫歇尔又试着测量了超出光谱红端的明显未被照亮区域，结果证明这个区域是最热的。赫歇尔将这种新型辐射命名为"热量射线"，也就是我们现在所说的红外线。

  一年后，德国化学家约翰·里特尔（Johann Ritter）从赫歇尔的发现中汲取灵感，在光谱的另一端发现了新的不可见光线。他的实验是测试不同颜色的光线影响银盐变暗的方式：实验表明，紫光比红光更能使银盐变暗，而超出光谱紫端看不见的"化学射线"，对银盐的影响最为显著。

  与此同时，科学家仍在努力了解光的本质。1817 年，法国物理学家奥古斯丁－让·菲涅耳（Augustin-Jean Fresnel）提出光波是横波而不是纵波（即更像水波而不是声波），因为光波可以被偏振化（受到与其振动方向平行的狭缝的影响）。

电磁辐射

1845 年，英国科学家迈克尔·法拉第（Michael Faraday）有了一个关键的发现，即偏振光会受到磁场的影响。这一发现启发了苏格兰人詹姆斯·麦克斯韦。1864 年，麦克斯韦发表了光的电磁波解释—— 一对相互联系、相互垂直的电和磁的波动，会在它们穿越空间时互相加强。麦克斯韦的波动方程描述了波长和频率这一对相关的参数如何决定了光和不可见辐射的性质。方程表明，电磁波需要更大的能量来产生频率更高、波长更短的光，并且还预测了光速的精确数值。

麦克斯韦方程表明，红外线、可见光和紫外线只是连续光谱的一部分，物理规律并没有限制光波不能以更高或更低的频率存在，只要有合适的能量过程，就能产生这些极高、极低频率的光。当海因里希·赫兹（Heinrich Hertz）于 1888 年发现微波（波长较短的无线电波）时，它们正好补上了红外线之外的光谱。但是 X 射线 [由威廉·伦琴（Wilhelm Röntgen）于 1895 年发现] 和伽马射线 [由保罗·维拉德（Paul Villard）于 1900 年发现] 的行为与光波相比似乎存在着天壤之别，因此它们并没有被立即与电磁学联系在一起。后来，X 射线和伽马射线才被认为是电磁波谱延伸到比紫外线能量还高的那部分。

观测不可见的光

地球大气吸收了来自宇宙的大部分非可见光的辐射，只留下少数几个透射窗口，让可见光和一些其他波段的光，包括近红外和一些无线电波，可以穿过窗口到达地面。早在 1932 年，美国工程师卡尔·央斯基（Karl Jansky）就意识到，每天出现的周期性无线电干扰与银河系在宇宙中的位置有关。等到太空时代的曙光出现之后，非可见光天文学才有了蓬勃的发展。从 20 世纪 40 年代后期开始，搭载在火箭上的传感器以及最终的卫星观测显示，天空中到处都是 X 射线和紫外辐射，它们来自比太阳更热、能量更高的天体。

"（赫歇尔）注意到从紫光到红光的温度显著增加，这使得他试着测量了超出光谱红端的明显未被照亮区域，结果证明这个区域是最热的。"

与此同时，用于跟踪卫星信号的大型锅状天线也被证明是能够更加详细研究天文射电源的理想选择，研究表明这些射电源与冷的星际气体云等天体相关。红外领域的探索是最具挑战性的，它可以显示那些温度还没热到可以发出可见光的天体，比如褐矮星（参见第 269 页）、行星和星际尘埃，但它很容易被望远镜和探测器本身的温度掩盖。结果直到 1983 年，第一架红外空间望远镜才发射升空 [编注：准确日期为 1983 年 1 月 25 日，由荷兰（NIVR）、美国（NASA）和英国（SERC）合作发射]。红外天文卫星（InfraRed Astronomical Satellite，简称 IRAS）在液氦冷却剂耗尽前只进行了短短几个月的观测，但却为以后的发展铺平了道路。

5 宇宙的化学组成

定　　义：	恒星和其他天体发射和吸收的光谱可以用来证明它们的化学组成。
发现历史：	1814 年，约瑟夫·冯·夫琅和费（Joseph von Fraunhofer）证明了太阳光谱中的暗线。
关键突破：	1859 年，古斯塔夫·基尔霍夫（Gustav Kirchoff）证明了天文光谱与实验室中化学物质发出的光之间的联系。
重要意义：	光谱揭示了恒星的许多化学和物理性质。

光谱技术使天文学家能够分析恒星、行星、星系和星云的化学组成。此外，当原子与光相互作用时，会留下一些特征，这也可以帮助我们追踪其他物理过程。

在历史上，有一个有趣的、展现了科学上的短视的时刻——1835 年，法国哲学家奥古斯特·孔德（Auguste Comte）高调宣称："对于恒星这一研究对象……我们永远无法用任何方法研究它们的化学组成。"短短几年之后，他的这一说法就被证明是错误的。虽然孔德无从得知，但其实最终揭示恒星化学组成的重要发现在那时已经出现了。

太阳上的暗线

1814 年，德国仪器制造商约瑟夫·冯·夫琅和费重复了多年前艾萨克·牛顿所做的一项实验——让一束太阳光透过棱镜投射到墙上的图像，并对其进行了研究。夫琅和费惊讶地发现，如果将透镜放置于狭缝前聚焦阳光，并且狭缝足够窄的话，那么产生的七彩光谱中会有许多暗线。

夫琅和费将最明显的几条暗线用字母进行了命名（其他的线则以发现者或产生它们的过程来命名）。他还开创了衍射光栅——这是一种刻有大量细线的光板，可以衍射光线，使光展开成光谱，所产生的光谱比棱镜光谱更宽、更清晰。他的"夫琅和费线"最终被证明不仅是了解太阳化学组成的关键，也是了解更广泛的宇宙化学

对页图： 太阳光谱，其中不同波长和颜色的光被衍射光栅有效地分开，展现出如森林般密密麻麻的暗线，它们对应于太阳和地球大气中的原子和分子所吸收的能量。

宇宙的化学组成　　**017**

组成的关键。

1832 年，苏格兰物理学家大卫·布鲁斯特（David Brewster）确定了夫琅和费线的两个来源。通过观察日落时的太阳光谱，他注意到越接近日落，某些暗线就变得越明显，并且正确地将这些谱线归因于地球大气对某些颜色的光的吸收（因为日落时阳光必须穿过较厚的地球大气）。他也意识到，其余的暗线应该归因于太阳自身大气中的吸收现象，这与地球大气中对光的吸收现象是相似的。

解释谱线

对夫琅和费线的关键了解来自化学家的实验。1859 年，德国物理学家古斯塔夫·基尔霍夫重复了夫琅和费早期的一项实验，在该实验中，基尔霍夫让阳光通过食盐的有色火焰。他注意到有一条特定的谱线变得更强、更暗，这条强吸收线被称为"D 线"，现在我们知道这条谱线与钠元素有关（译注：食盐的主要成分是氯化钠）。当用光谱仪分析火焰本身的光时，同样是这条"D 线"，在暗背景下却表现为明亮的"发射线"。

"夫琅和费惊讶地发现，如果把透镜放置于狭缝前将阳光聚焦，并且狭缝足够窄的话，那么产生的七彩光谱中会有许多暗线。"

夫琅和费吸收线与实验室产生的发射线之间是互相对应的，这一发现为太阳大气的化学分析铺平了道路。基尔霍夫和他的化学家同事罗伯特·本生（Robert Bunsen）继续研究各种元素的发射线。1868 年，瑞典物理学家安德斯·埃格斯特朗（Anders Ångstrom）发表了根据太阳光谱照片对太阳大气进行的文章分析。同年，法国天文学家朱尔斯·詹森（Jules Janssen）和英国的诺曼·洛克耶（Norman Lockyer）观测了日全食期间的太阳光谱，并证明了一种未知元素的发射线，这种元素很快被命名为氦（译注：Helium，来自希腊语，意为"太阳"）。氦是宇宙中第二常见的元素。

与此同时，1861 年，英国天文爱好者、天文摄影先驱者之一的威廉·哈金斯（William Huggins）开始使用长时间曝光来对更暗弱和更遥远的天体进行光谱研究，结果首次表明恒星具有与太阳相似的化学组成。1864 年，哈金斯将他的光谱仪转向天龙座中的猫眼星云，结果发现，与通常带有暗线的"连续谱"相比，猫眼星云的光谱只有几条明亮的发射线。哈金斯推断出，猫眼星云（Cat's Eye Nebula，NGC 6543）是一团发光的气体（参见第 313 页）。天文学家很快就在天空中发现了更多的"发射星云"；然而，并非所有星云都是发射星云——有许多其他星云确实产生了一个连续谱，并布满了暗弱的吸收线。这种天体有不少旋涡结构，后来被证明是完全不同的一类天体（参见第 21 页）。

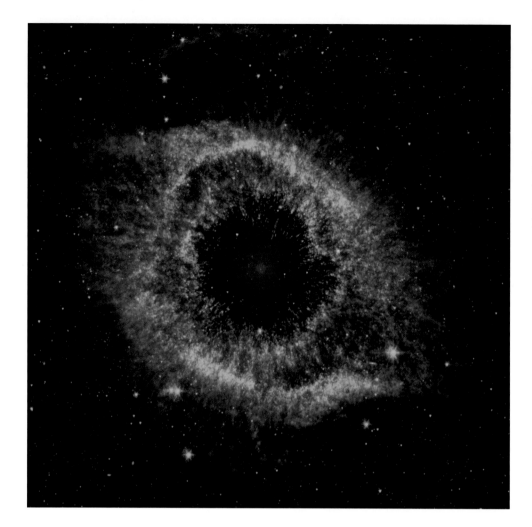

左图：宇宙化学也可以通过天体发射特性的巨大差异来研究。这幅斯皮策空间望远镜（spitzer space telescope）拍摄的螺旋星云，用假彩色图像显示了三种不同的红外波长，红色表示最冷的物质（被认为是中心恒星附近的尘埃），绿色表示比较冷的气体，而蓝色表示较热的气体。

恒星的秘密

　　光谱学不仅是一种发现不同天体的化学组成的有用工具，也能帮天文学家找到天体的其他特性。光谱的谱线会受到诸多因素的影响，比如强磁场（塞曼效应，参见第88页）和产生谱线的物质温度，等等。其中最明显的一种影响，可能是运动造成的多普勒频移，而谱线是分析星光的多普勒频移的关键。多普勒效应是指当天体朝向地球或者远离地球运动时，来自天体的光的波长变化（参见第43页），如果不能定位偏离其预期位置的谱线，那么就无法测量多普勒效应。

　　1868年，哈金斯成功地利用多普勒效应测量了天狼星（Sirius）的运动。从那以后，这种技术使得我们可以通过测量宇宙中的恒星和其他天体的运动路径，找到像分光双星这样的天体（参见第294页），测量银河系和其他星系的旋转，并最终发现了宇宙本身在膨胀的事实（参见第41页）。

6 银河系和其他星系

定　　义：我们的银河系只是浩瀚宇宙中的亿万星系之一。

发现历史：1864 年左右，威廉·哈金斯证认出一些遥远的星系是由大量恒星组成的。

关键突破：1925 年，埃德温·哈勃（Edwin Hubble）用造父变星（Cepheid variable stars，编注：变星的一种，它的光变周期与它的光度成正比，因此可用于测量星际和星系际的距离）直接测量了星系的距离。

重要意义：确定宇宙真实大小对于理解我们在其中的位置至关重要。

银河系的直径有 10 万光年，其中包含了大约 2 000 亿颗像太阳这样的恒星，虽然这已经远远超出了人类的理解能力，然而现实是，即使是银河系这样庞大的旋涡状恒星系统，相对于浩瀚宇宙而言，也不过是海滩上的一粒沙子。

随着 18、19 世纪望远镜的不断改进，我们能够观测到更多类型的天体，其中就包括夜空中的弥漫光斑。法国天文学家查尔斯·梅西耶（Charles Messier）等人在 1774 年编制了第一个这类天体的目录。英国天文学家威廉·赫歇尔和约翰·赫歇尔（John Herschel，译注：他是威廉·赫歇尔的儿子）花了大量时间研究这些天体，并分析它们的结构。其中一些天体被证明是松散的恒星汇集而成的恒星群体，另外一些则是紧密聚集在一起的球状恒星群体。也有一些是纤细丝缕般弥漫的光斑，有些内部显然还嵌有恒星，还有些是有着泡状结构或者旋涡状结构的。在 19 世纪 80 年代，丹麦 – 爱尔兰天文学家德雷尔（J.L.E. Dreyer）编制了颇具影响力的非恒星天体新总表（*New General Catalogue of non-stellar objects*），在表中他将这些天体分类为疏散星团、球状星团、弥漫星云、行星状星云和旋涡星云（译注：旋涡星云实际上是指旋涡星系，虽然由于宇宙膨胀，遥远星系的光谱确实都表现为宇宙学红移，但是邻近星系相对于我们银河系的不同运动方向，其光谱有时会展现出多普勒红移，有时会表现为多普勒蓝移。比如仙女星云，也就是仙女星系，因为正在向银河系靠近，所以其光谱展现的是蓝移）。

对页图：银河的光带在黑暗的夜空下非常醒目，今天我们知道它是由银河系平面中密集如云的恒星组成的。实际上，大约一个世纪之前，天文学家们才证实了我们的银河系只是宇宙中的亿万星系之一。

探测旋涡星云

19世纪后期，天文学家们利用摄影技术，通过长时间曝光来捕捉这些天体的光线，照相所揭示的细节比通过目镜直接看到的要多得多。从1864年开始，天文学家威廉·哈金斯将照相技术和光谱学（参见第18页）结合起来，收集了各种星云的光谱，结果他发现许多星云都具有发射谱，虽然只发射几种特定波长的光，但大多数星云被证明具有吸收谱，即连续光谱上叠加了数十条暗线。这表明弥散星云是由发光气体组成的，而旋涡形、球形或椭圆形的星云则包含了恒星。

一些天文学家认为，旋涡星云尤为可能是正在形成中的太阳系，但是其他人则认为要么它们绕着银河系旋转，要么它们本身就是遥远的星系。一个启发性的事实是，旋涡星云通常远离银河系的平面，位于天空中相对空旷的区域。

"大辩论"

1909年左右，在位于美国亚利桑那州弗拉格斯塔夫的洛厄尔天文台（Lowell Observatory），维斯托·斯里弗（Vesto Slipher）对星云光谱进行了广泛的研究。1912年，斯里弗取得了重大突破，他发现一些旋涡星云的吸收线从正常位置向光谱的红端

右图：仙女座星系是天空中最显眼的"旋涡星云"，也是最容易观察到的银河系以外的星系。图中方框标示的区域包含了埃德温·哈勃观测到的第一颗造父变星，通过它的光变，哈勃首次揭示了这个旋涡星系离我们的实际距离超过200万光年。

移动。夜空中最亮的旋涡星云是仙女星云（Andromeda Nebula）。斯里弗将这些"红移"解释为多普勒效应，表明旋涡星云正高速离开我们。这一发现为此后埃德温·哈勃发现宇宙膨胀铺平了道路（参见第41页），但也进一步证明了旋涡星云位于银河系之外。1913年，斯里弗还通过识别旋涡星云接近边缘和远离边缘的微小红移差异，发现了旋涡星云正在缓慢旋转。

到20世纪20年代早期，天文学家们分裂为两大阵营，其中一派认为宇宙是紧凑的，并不比银河系本身大多少，另外一派则认为宇宙要大得多，其范围一直延伸到我们难以想象的遥远距离。1920年，在史密森尼博物馆（Smithsonian Institution）的一次颇具影响的辩论中，天文学家哈洛·沙普利（Harlow Shapley）和希伯·柯蒂斯（Heber D. Curtis）讨论了论辩双方的证据。这场"大辩论"在5年后才得到解决，这得感谢亨丽爱塔·勒维特（Henrietta Swan Leavitt）、埃纳尔·赫茨普龙（Ejnar Hertzsprung）和埃德温·哈勃等天文学家的工作。

测量距离

通过使用一种被称为造父的变星，勒维特帮助建立了宇宙距离尺度。造父变星是一种黄超巨星，以数天到数月为周期改变其自身的亮度。1912年，勒维特证认并测量了几颗造父变星的亮度变化。这些造父变星都位于大麦哲伦星云（LMC）中，使得勒维特能够假设这些恒星的距离大致相同，因此它们的视亮度的不同反映了实际光度的差异。这揭示了一种周期–光度关系：一颗造父变星越明亮，它的光变周期就越长。

"天文学家们分裂为两大阵营，其中一派认为宇宙是紧凑的，另外一派则认为宇宙要大得多，其范围一直延伸到我们难以想象的遥远距离。"

此后不久，丹麦天文学家埃纳尔·赫茨普龙独立测定了银河系中几个相对较近的造父变星的距离，这有助于确定距离尺度。赫茨普龙又估计了勒维特选用的大麦哲伦星云中那些造父变星的距离，结果让人瞠目结舌，它们距离我们16万光年，这表明大麦哲伦星云确实远在银河系之外。

在20世纪20年代，埃德温·哈勃使用美国加利福尼亚州威尔逊山天文台（Mount Wilson Observatory）的2.5米（100英寸）胡克望远镜（Hooker Telescope）测量了一些最亮的旋涡星云，并证认了其中的造父变星。1925年，哈勃发表了他的研究结果，即这些旋涡星云通常距离我们数百万甚至数千万光年远。哈勃继续研究并得到了进一步的发现，这一发现改变了我们对宇宙的看法和我们在其中的位置（参见第43页）。后来，以他的名字命名的哈勃空间望远镜（HST）将他的工作继续向前推进。

埃德温·哈勃毫无疑问地确定，我们的星系只是亿万星系之一。现在天文学家们认为，宇宙中的星系数量就像银河系中的恒星一样多。通过哈勃空间望远镜和其他天文台在空间和地面上的工作，我们对这些恒星之城的起源和结构了解得越来越多。

物质的结构

定　义:	从原子到基本粒子,这些通过基本力相互作用的物质的本质。
发现历史:	1897 年,首次发现亚原子粒子,它被命名为电子。
关键突破:	1964 年,默里·盖尔曼(Murray Gell-Mann)提出存在被称为夸克(quark)的基本粒子。
重要意义:	了解物质的深层结构有助于天文学家解释宇宙中横跨巨大范围的大尺度和小尺度过程。

　　一个多世纪以来,漫长的通往原子中心的科学旅程揭示了宇宙中所有物质的精妙结构,少数亚原子粒子通过四种基本力相互作用,使得它们具有共同的基本属性。

　　早在公元前 4 世纪,希腊哲学家德谟克利特(Democritus)就首次猜测所有物质可能都是由微小粒子组成的,但是这些关于原子的猜测在 18 世纪和 19 世纪的一系列科学突破之后才变得清晰和现实。到了 19 世纪 60 年代,俄罗斯化学家德米特里·门捷列夫(Dmitri Mendeleev)设计了一套巧妙的系统,根据质量和化学性质对不同元素进行排序——这就是元素周期表。

原子内部

　　直到发现了原子内部的粒子,科学家们才开始理解为什么不同的元素会以它们特有的方式发生反应。这些亚原子粒子中第一个被发现的是电子,于 1897 年由英国物理学家汤姆森(J. J. Thomson)发现。电子这种低质量粒子携带负电荷,汤姆森在加热电极发出的阴极射线中发现了它。人们很快就发现,某种原子所具有的电子数量是其化学反应的关键——交换或者共享电子可以产生化学键,而单个原子添加或减少电子可以产生带电离子。

　　因为电子携带负电荷,而原子总体上是电中性的,所以接下来的问题便是原子的

对页图: 这幅计算机可视化图像来自大型强子对撞机(LHC)的紧凑型 μ 介子螺线管探测器(CMS)实验,实验捕获了一次两个高速行进的质子之间的对撞。对撞将两个质子的质量转化为能量,从而产生一大堆亚原子粒子。

正电荷位于何方。汤姆森的"梅子布丁"模型在一段时期内曾占据了首要地位，该模型认为电子自由漂浮于均匀分散的正电荷中。在 1909 年，新西兰物理学家欧内斯特·卢瑟福（Ernest Rutherford，译注：当时新西兰是大英帝国的一部分）和他的同事们向一块薄薄的金箔发射了放射性粒子。卢瑟福的实验结果表明，虽然大多数粒子直接穿过金箔，但偶尔也会有粒子直接反弹回来。这说明原子中基本都是空旷的空间，其大部分质量和正电荷聚集在原子中心的原子核里，电子则绕着原子核运行。到了 1932 年，人们已经知道原子核是由质子（每个质子具有和电子大小相等但电性相反的电荷，从而使整个原子呈现出电中性）和中子（与质子具有几乎相同质量的不带电粒子，数量通常和质子差不多）组成的。

与此同时，1913 年，丹麦物理学家尼尔斯·玻尔（Niels Bohr）将电磁辐射以光子的形式传播的新观点（参见第 29 页）应用于原子结构问题，结果表明如果电子占据了距离原子核一定距离处的特定壳状"轨道"，就可以解释每个元素独特的发射和吸收光谱。因此，原子内每个电子都具有特定的能级：通过特定波长的光子注入能量可以将电子提升到更高的"轨道"，反之，电子下降到较低的轨道将释放能量产生特定波长的光子。1925 年，奥地利物理学家沃尔夫冈·泡利（Wolfgang Pauli）通过不相容原理解释了电子轨道的起源，该原理认为同一系统中不存在具有相同量子特性的电子。

"所有已知的强子最终都可以通过 6 种'味'的夸克组合而成，除此之外还有轻子，轻子正好也有 6 种。夸克和轻子是组成物质的基本粒子，它们都属于费米子。"

理解粒子动物园

20 世纪三四十年代，第二次世界大战和利用原子能的竞赛加速了关于原子结构的研究。对原子结构的研究来说，最重要的工具是粒子加速器——它是一种实验装置，可以用电磁场将原子和其他粒子加速到极高的速度，然后让粒子之间相互碰撞，并测量由此释放出来的新粒子。这些新粒子并不都是常见的传统意义上的物质粒子——根据爱因斯坦的质能方程 $E=mc^2$，粒子碰撞释放出的能量可以直接转换成其他一些罕见的粒子。结果便是已知的亚原子粒子的数量成倍地增长，产生了一个令人困惑的粒子"动物园"。

在这个"动物园"中，物理学家开始辨别受到不同基本力影响的粒子。似乎所有的粒子都受到电磁力和（在很小的程度上）引力的影响，但也存在仅在亚原子距离上起作用的力：弱核力和强核力（译注：即弱相互作用和强相互作用，又称弱力和强力）。大质量的粒子被称为强子（包括质子和中子，译注：实际上，强子是指参与强相互作用的亚原子粒子，有些强子的质量和某些轻子差不多），强子受到所有四种力的影响，而小质量的轻子（如电子）则不受强相互作用力的影响。

直到 20 世纪 60 年代，事实才变得清晰起来。美国物理学家默里·盖尔曼等人证明，如果每个强子由 2~3 个被称为夸克的较小粒子组成，那么就可以解释各种强子的性质。所有已知的强子最终都可以通过 6 种"味"（上、下、奇、粲、顶、底）的夸克组合而成，除此之外还有轻子，轻子正好也有 6 种——电子、μ 子、τ 子及其相应的中微子（参见第 81 页）。夸克和轻子是组成物质的基本粒子，它们都属于费米子。这些大质量粒子之间通过被称为玻色子的零质量媒介粒子来传递力，最有名的玻色子是光子，它是电磁力的媒介。其他玻色子包括传递强力的胶子，以及携带弱力的 W 粒子和 Z 粒子。

自 20 世纪 60 年代以来，这种物质和力的标准模型通过了很多考验，但是依然存在许多问题。理论学家们仍在努力解决难题，例如为什么不同的力有不同的作用方式、它们是否能够通过一个"万物理论"实现大统一，以及为什么基本粒子表现出不同的观测特征。与此同时，实验学家们则希望 2008 年在法国与瑞士的边境建成的大型强子对撞机（LHC）等加速器项目能够帮助他们发现理论学家所预测的难以捉摸的新粒子（编注：LHC 已经建造完成，并于北京时间 2008 年 9 月 10 日下午 15:30 正式开始运作，是世界上最大的粒子加速器设施）。

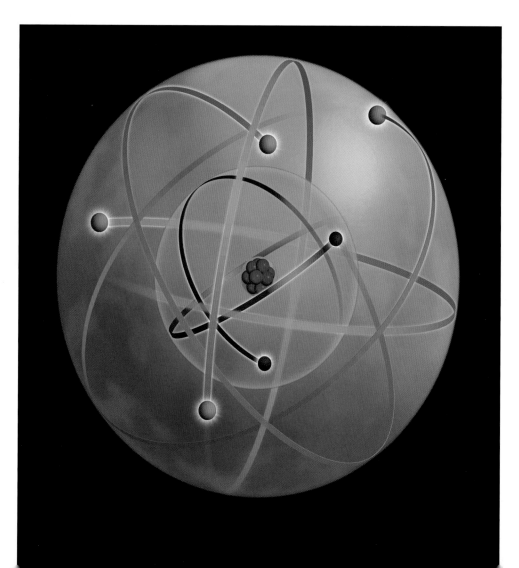

左图：原子结构示意图，显示了每个原子是如何由位于中心的质子和中子组成的原子核（中心）以及外围轨道壳中的电子组成的，电子轨道决定了它们的能量。原子核中的质子数决定了它的"原子序数"，从而确定了它是哪种元素，而质子和中子的数量之和决定了元素的原子质量。该图显示了碳 12 原子的结构，该原子具有 6 个质子、6 个中子和 6 个电子。

8 量子理论

定　　义:	一种描述粒子和辐射在极小尺度上的异常行为的理论。
发现历史:	1905 年,阿尔伯特·爱因斯坦(Albert Einstein)是将光子当成实体来研究的第一人。1924 年,路易斯·维克多·德布罗意(Louis Victor de Broglie)提出粒子具有波动性。
关键突破:	1927 年,沃纳·海森堡(Werner Heisenberg)发现了统治亚原子世界的不确定性原理。
重要意义:	现实的量子本质从根本上改变了我们对自然现象的理解。

　　量子理论是塑造我们现代宇宙观的一个关键因素。虽然它通常作用在非常小的尺度上,但是它描述的物质和能量相互作用的方式,对于理解广阔宇宙的本质至关重要。

　　20 世纪初的量子革命源于 19 世纪后期的一场危机,当时的科学家们愈发意识到经典物理学的各个领域,尤其是电磁辐射的行为,并没有得到完善和统一。例如,电磁辐射具有不可否认的波动性(参见第 15 页),但是用来传播波动性的介质,即"光以太",似乎并不存在。白炽灯泡的发明使天文学家们能够测量"黑体辐射"——在任何给定温度下,由非反射的发光体(如恒星)产生的波长分布范围,然而还没有人能给出符合现实的黑体辐射理论模型。同时,在光电效应(当一些金属被光照射时释放电子的现象)中也显示出矛盾的地方:大量的红光不能产生电流,而少量的蓝光却可以。

光之粒子

　　1900 年,德国物理学家马克斯·普朗克(Max Planck)为黑体问题找到了一个巧妙的解决办法。普朗克认为光源释放的能量来源于其原子的振动,他假设这些振动发生在离散的频率上,就像小提琴弦的谐波模式一样。因此,当原子改变其模式,所释

对页图: 计算机模拟显示了玻色-爱因斯坦凝聚态(BEC)中的涡旋,玻色-爱因斯坦凝聚态是一种物质状态,只能通过量子理论来解释。玻色-爱因斯坦凝聚体形成于原子冷却到非常接近绝对零度时,此时的原子全部落入相同的量子能态,表现得好像一个个零摩擦的"超原子"。

放的辐射也将具有离散的能量、频率和波长。普朗克的模型产生了与实验测量相匹配的结果，但是在当时，没有人认为它也揭示了关于光的本质的基本真理。这一突破来自阿尔伯特·爱因斯坦，他在 1905 年的论文中提出了光电效应问题的解决方案。通过假设光本身分成离散的包或"量子"，每个光量子都具有自己的能量、频率和波长等波动特征，爱因斯坦揭示了为什么少量的高能蓝光光子可以产生更大的电流，而大量的低能红光光子却无法做到这一点。

光量子的现代名字叫作光子，它的存在对现代天文学意义重大。正如尼尔斯·玻尔和沃尔夫冈·泡利所描述的（参见第 26 页），用于证认遥远恒星、星系和星云中化学组成的光谱，究其根源是由原子核外的电子改变其轨道时发射或吸收光子引起的。电子 CCD 探测器（译注：CCD 为 Charge-coupled Device 的首字母缩写，意为电荷耦合元件，在现代天文仪器中很常见）依靠光电效应接收来自遥远星系的稀疏光子，并生成传统胶片无法实现的高质量图像。普朗克的黑体辐射模型可以用于描述从恒星表面到宇宙诞生的余晖等各种现象。当然，光以光子形式传播的另一个主要优点是，它不需要像以太这样的传播媒介。

"从宇宙学角度来看，不确定性原理具有非常重要的意义，因为它使得整个时空都容易受到随机涨落的影响。"

波动性问题

量子物理学不仅仅研究光的本质。1924 年，法国物理学家路易斯·维克多·德布罗意提出了一个令人惊讶的设想：如果光波有时候表现出粒子的行为，那么物质粒子偶尔也会表现得像光波动一样吗？德布罗意甚至提出了一种计算粒子的物质波波长的理论方法，该方法表明波长与其质量成反比，因此对于任何亚原子尺度以上的物质来说，对应的物质波的波长都非常小。没过几年，两个实验室的科学家们就已经各自独立证明了，在特定的实验中，电子确实可以像光一样发生衍射和干涉。

说粒子具有波长是什么意思呢？奥地利物理学家欧文·薛定谔（Erwin Schrödinger）认为，波长应该是代表了粒子能量的空间分布，并且在 1926 年他发展出一种计算该属性的方法，叫作"波函数"。从那时起，物理学家对于波函数的真正含义就存在争议——薛定谔认为，这从根本上揭示了所有粒子本质上都是能量的波动，而德国的沃纳·海森堡等人则认为波函数只是一种描述概率的概率波，表示了某一粒子在特定时间占据特定位置的概率。

不确定性原理

通过对波函数含义的思考，海森堡有了另一个重要发现：集中在一个确定位置的波，无法测定其波长，而可测量波长的波则不能精准确定其位置。这就是海森堡不确定性原理，它使得人们无法绝对精确地同时测量粒子的各种配对或者说共轭特性。例如，我们对粒子位置测量得越准确，就越不能准确地知道它的动量和能量。从宇宙学的角度来看，这是非常重要的，因为它使得整个时空容易受到随机涨落的影响——转瞬即逝的"虚粒子"（或者更确切地说，是粒子–反粒子对，参见第 57 页）可以凭空冒出来并存在短短一瞬间，有时会产生惊人的影响。同样地，即使在宇宙大爆炸暴胀阶段的均匀火球中（参见第 49 和 53 页），物质的温度和密度也会有微小的量子涨落，从而可以创造出我们现在的宇宙大尺度结构。即使在更普通的天体物理过程中，人们也能感觉到不确定性原理的存在，正是它使得很多在传统物理学看来不可能的核反应和放射性衰变得以发生。

说到底，物质的波动性提出了关于现实本质的基本科学和哲学问题，为此人们发展了多种理论来描述微观量子世界与宏观世界（天文学家更感兴趣的传统领域）的经典物理学相互作用的方式。

下图：电子显微镜是现代科学的标准工具，可用于拍摄很小的结构（如这些细菌）的令人惊叹的图像。它的原理依赖于量子特性——电子在特定情况下展现波动性的能力。

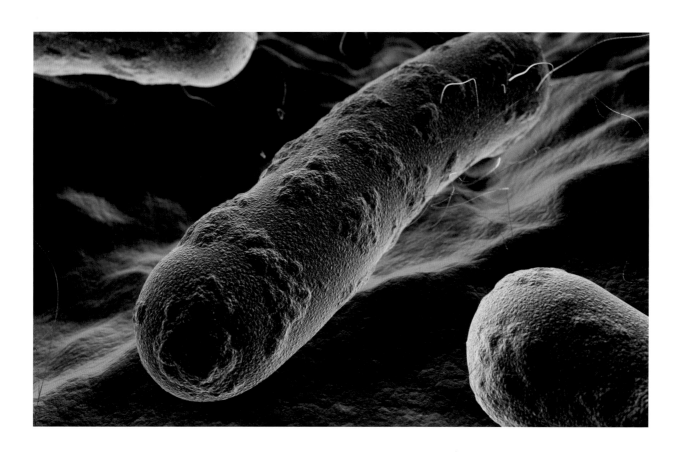

9 光的速度

定　　义：	在现实中，不论光源和观测者如何运动，光都以同样的速度运动。
发现历史：	1887 年，迈克尔逊 – 莫雷实验确认了光速是不变的。
关键突破：	阿尔伯特·爱因斯坦的狭义相对论探讨了光速对质量和能量等现象的影响。
重要意义：	光速不变的事实是我们理解宇宙的基石。

不论光源和观测者如何运动，真空中的光速都是不变的，这一发现突破了所有的常识。要想适应这一显著的事实，要从基本原则开始，更新我们对宇宙的理解。

第一个尝试科学地测量光速的人是意大利物理学家伽利略·伽利莱。伽利略在 1638 年进行的实验是受限且不精确的，但这让他确定了光的传播速度比声音要快得多。他的另一个发现，即木星的伽利略卫星，则证实了光速是有限的。

早期测量

在 17 世纪 60 年代，木星的伽利略卫星的轨道周期已经广为人知了。望远镜也发展到了一定的程度，可以揭示卫星及其阴影掠过木星表面以及卫星消失在木星后面的掩星（eclipse）现象。那时候，意大利天文学家吉安·卡西尼（Gian Domenico Cassini）在巴黎天文台（the Paris Observatory）研究这些掩星事件，而奥勒·罗默（Ole Rømer）则在丹麦的乌兰尼堡天文台（Uraniborg Observatory）进行了类似的测量。卡西尼很快注意到预测的事件发生时间存在意外的偏差，并意识到这是由于光线到达地球的时间随着木星距离的变化而变化所造成的。罗默后来对这种变化进行了定量的计算，他估算的光速约为现代值的 75%。

尽管如此，一些科学家仍然对光速有限持怀疑态度。直到 18 世纪 20 年代，当时的英国天文学家詹姆斯·布拉德利用它来解释星光的畸变——从地球轨道一侧到另一

对页图： 在光纤末端出现的七彩光谱。颜色只是人眼感知不同能量的光的方式，因此颜色与光的频率和波长有着内在联系。频率高、波长短的电磁波呈现为蓝色，而频率低、波长长的呈现为红色。

右图：虽然真空中的光速是自然界的终极速度上限，即没有物质粒子可以达到光速，但是光在非真空介质中传播时速度会减慢，所以在介质中某些高速粒子偶尔会比光跑得更快，结果就产生了一种被称为切伦科夫辐射（Cerenkov radiation）的怪异光芒现象。本图拍摄于美国爱达荷国家实验室先进试验反应堆（Advanced Test Reactor）。

侧的恒星观测位置的微小变化。这使他能够得到更准确的光速值，他测得的光速与现代值 299 792 千米 / 秒（186 282 英里 / 秒）的差别小于 1%。

然而，随着 19 世纪测量技术的不断改进，科学家们发现了一件奇怪的事情：无论光源或观测者如何运动，光速总是相同的。当光源向我们移动时，光不会更早到达我们；而当我们远离光源时，光也不会更晚到达，这与日常经验截然不同。1865 年，作为电磁波模型的一部分（参见第 15 页），詹姆斯·麦克斯韦指出，所有电磁辐射都以同样的速度在真空中传播。

这个速度是相对于哪个参考系呢？当时大多数科学家认为波只能在介质中传播，就像声波穿过空气或者水波穿过池塘一样。假设充满真空的、神秘的光的介质被称为光以太，人们认为它为宇宙提供了绝对静止的标准。1887 年，美国科学家阿尔伯特·迈克尔逊（Albert Michelson）和爱德华·莫雷（Edward Morley）设计了一个巧妙的实验来测量地球相对以太运动所引起的不同方向的光速变化。当迈克尔逊－莫雷实验没有发现这种光速变化的证据时，物理学家们开始推测以太理论可能是错误的。

相对论宇宙

1905 年，阿尔伯特·爱因斯坦发表了一系列具有里程碑意义的论文，引发了一场物理学革命。从本质上讲，他围绕两个假设重新构建了物理学：相对性原理和光速不变原理。相对性原理指出物理定律在可比较的参考系中（即没有经历着加速的那些参考系）应该具有完全相同的表现，而光速不变原理表明光在真空中总是以相同的速度传播。光速也必须是宇宙的最终速度限制，否则我们将能够在事件发生之前看到并做出反应，这样就会破坏因果律。

由此产生的狭义相对论展示了以相对论性速度（接近光速）运动的物体如何经历奇怪的现象，比如时间膨胀（时间变慢了）和菲茨杰拉德－洛伦兹（Fitzgerald-Lorentz）收缩（长度发生了改变）。更为奇怪的是，当物体速度接近光速 c 这一极限时，进一步加速会增加其质量而不是速度。换句话说，质量和能量是可以互换的——这就是著名方程 $E=mc^2$ 的起源。要解释光以不变的速度在真空中传播的能力，同时还需要爱因斯坦的另一个突破——光的量子化理论（参见第 29 页）。

（参见第 29 页）

这些预测尽管看起来很奇怪，但它们已经在无数次实验中得到了证实，而今天的空间探测器和卫星网络的构建已经将相对论效应考虑在内了。狭义相对论也为 20 世纪物理学和宇宙学的许多突破奠定了坚实的基础，其中包括爱因斯坦于 1915 年发表的广义相对论（参见第 37 页）。

（参见第 37 页）

最近的进展表明，爱因斯坦的理论可能没有讲完整个故事。自 20 世纪 80 年代以来，一些宇宙学家对光速 c 可能正在变慢的想法产生了兴趣。早期宇宙中的光速更快，这为几个关于现在宇宙形态的问题提供了解决方案。1998 年，来自澳大利亚新南威尔士大学的天文学家团队根据对遥远类星体的研究，宣布了精细结构常数远古变化的初步证据，该常数与光速密切相关。2004 年的另一项研究表明，这一常数可能在最近 20 亿年发生了变化。光速改变的想法近年来仍然存在很大的争议，就像 2011 年来自意大利格兰萨索国家实验室（Gran Sasso National Laboratory）的头条新闻所显示的，中微子似乎跑得比光速还要快（译注：已被证明是仪器故障，参见第 83 页）。

"随着 19 世纪测量技术的不断改进，科学家们发现了一件奇怪的事情：无论光源或观测者如何运动，光速总是同样的值。"

10

时空

定 义:	四维"时空流形"中时间和空间维度的深层联系。
发现历史:	1907 年,赫尔曼·闵可夫斯基(Hermann Minkowski)把时空作为理解狭义相对论的工具。
关键突破:	爱因斯坦的广义相对论描述了强引力场和相对论性运动是如何导致时空弯折和扭曲的。
重要意义:	了解宇宙的时空结构对于解释宇宙中天体的行为是非常重要的。

在狭义相对论发表后的 10 年里,阿尔伯特·爱因斯坦继续研究后续理论,并提出了一种新的理念,改变了我们看待空间和时间的方式——这就是广义相对论。

1905 年常常被称为爱因斯坦的奇迹年。在短短几个月的时间里,爱因斯坦连续发表了 4 篇论文,为 20 世纪和 21 世纪的很多物理学领域奠定了基础。通过描述光可以既像波又像粒子,爱因斯坦对光电效应做出了解释(参见第 30 页),一举解决了长期以来关于光的本性的难题。他对布朗运动的研究,即悬浮在流体中的大颗粒的奇怪且不可预测的运动,无可辩驳地证明了看不见的原子和分子的存在,而他关于狭义相对论和质能等价性的论文(参见第 35 页),则与光电效应一起,为量子物理学的兴起铺平了道路。

广义相对论

尽管如此,爱因斯坦并不满意——特别是不满意狭义相对论适用范围的局限性。他确信相对性原理也应该适用于非惯性的情况,也就是物体或观测者正在经历加速或减速的情况。因此,爱因斯坦开始考虑发展一种更广泛意义上的相对论的可能性。

广义相对论的关键在于等效原理,这是爱因斯坦在 1907 年发现的。当时他认识到,假设观测者能够做不受重力影响的自由落体运动,那么他 / 她就相当于不受任何力的作用,所以与惯性参考系等效;反之亦然,观测者在只受重力作用而自由落体时

对页图: 一系列延时图像捕捉到了日全食的壮丽景象——在这种罕见的情况下,人们可以观察到天空中靠近太阳的恒星,当光线通过被我们恒星的引力所扭曲的空间区域时,它们的视位置会因此发生变化。

的物理定律，与以重力加速度运动时的物理定律是等效的。

以狭义相对论为基础，爱因斯坦已经证明了光线在任何快速加速的情况下都会弯曲，因此他预测光线也会在强大的引力场中弯曲。爱因斯坦进一步研究了这一假设的含义，发现强大的引力将产生类似于相对论性运动的效应，包括外观、质量和时间的扭曲。为了描述广义相对论的效果，爱因斯坦热情地采纳了他当年的老师赫尔曼·闵可夫斯基在 1907 年回应狭义相对论时首先提出的一个想法。

时间和空间的结合

闵可夫斯基的时空理论描述了一个具有三个类空维度和一个类时维度的连通流

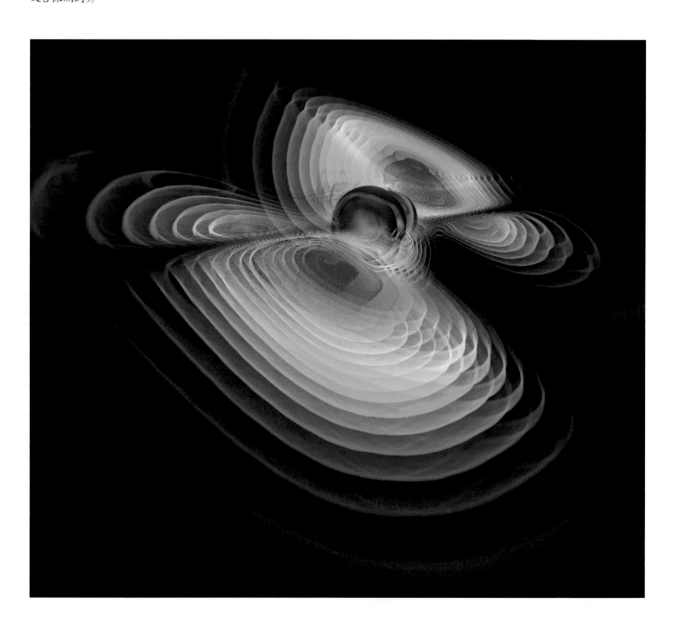

下图：引力波是一种尚未被证实的广义相对论预测——是由极端的宇宙学事件和天体产生的时空扭曲。引力波的涟漪可以穿越宇宙。图中模型模拟了一对超级致密的黑洞（参见第 330 页）在合并过程中产生的引力波（译注：首个引力波事件已于 2015 年由激光干涉引力波天文台探测到）。

形。在日常情况下，时空表现为正常的三维"欧几里得"空间和与空间无关的时间流动。在相对论的理论下，根据洛伦兹变换〔由荷兰物理学家亨德里克·洛伦兹（Hendrik Lorentz）等人在 19 世纪后期提出〕，类空维度可以收缩，类时维度可以扩展。

爱因斯坦的推论是，如果相对论性速度的影响可以被描述为时空的扭曲，那么引力场引起的效应也可以被描述为时空的扭曲。大质量天体扭曲了周围的时空，这会影响经过它附近的物体的惯性运动。这种效果可以通过想象来可视化。想象时空是一张大塑胶片，两个类空维度贯穿整张塑胶片，向下则是一个类时维度。当在塑胶片中间放置一个大质量物体时，它会产生一个凹坑或"引力井"，使经过它附近的观测对象的路径发生偏转。如果仅关注三个类空维度上的扭曲，其效果就像是沙漏的瓶颈处，质量集中在其最窄点。

证明广义相对论

1915 年，爱因斯坦发表了广义相对论，当时正值第一次世界大战白热化阶段，出版的限制使得该理论需要一些时间才能传播到世界各地。为了证明该理论的潜力，爱因斯坦亲自展示了如何用它来解释水星轨道逐渐变化这一久攻不克的天文学难题。尽管如此，广义相对论直到 1919 年才被广泛接受，当时英国天文学家亚瑟·爱丁顿（Arthur Eddington）率领一支远征队前往非洲西部的普林西比岛验证了爱因斯坦的预测。

由于广义相对论将引力解释为时空的扭曲，而不是作用在有质量物体上的力，爱因斯坦认为，极端的强引力场应该会影响到零质量光子的运动路径。爱丁顿的团队测量了日全食期间太阳附近恒星的位置——这是唯一可以看到它们的时候——结果表明星光在路过太阳时发生了偏转，偏转的方式与广义相对论预测的完全相同。虽然有些人对这次测量结果的准确性表示怀疑，但在后来的日全食期间，用更先进的仪器进行的类似观测证实了光线偏转的结果。

广义相对论和四维时空是强有力的概念，它们塑造了我们的宇宙模型，在宇宙各处的极端天体物理事件中都能找到它们的踪影。引力透镜、黑洞和宇宙大爆炸本身（参见第 385、330 和 49 页）都证明了爱因斯坦发现的关键本质，然而，爱因斯坦也免不了会犯错误：为了解释当时看起来似乎是静止的宇宙，不受宇宙内天体引力的影响，他引入了一个被称为宇宙学常数的因子。不到十年时间，天文学的进步就使该因子变得完全多余了。

"根据洛伦兹变换，类空维度可以收缩，类时维度可以扩展。"

11

膨胀的宇宙

定　　义：	由于宇宙膨胀，星系间的距离正逐渐增大。
发现历史：	埃德温·哈勃通过测量遥远星系的红移，证实了宇宙的膨胀。
关键突破：	2001 年完成的哈勃空间望远镜重点项目首次对宇宙膨胀速度做出了准确测量。
重要意义：	宇宙膨胀的事实如今在我们对宇宙的认识中扮演了至关重要的角色，并且为大爆炸理论的提出奠定了基础。

　　20 世纪 20 年代，宇宙正在膨胀这一发现永远改变了人类对于宇宙的认识，并且直接影响了宇宙大爆炸理论。近来的一些发现则揭示出了更为复杂的细节，同时再一次改变了我们对宇宙的认识。

　　20 世纪早期，地质学证据颠覆了我们长久以来认为地球相对年轻的理论，即相对较新近的史前灾难将地球塑造成了如今的样子。取而代之的理论认为地球的历史很古老，地球的形态被数亿年甚至更长时间内缓慢而持续的地质作用塑造。同时在天文学界，天文学家们开始重新思考恒星寿命与能源的问题（参见第 257 页），人们的宇宙观在两个极端间徘徊：如果宇宙是如此难以想象的古老，那么是否有证据表明宇宙真的有一个"起源"？或者宇宙是永恒的，没有开始与终结？

用理论解释现实

　　基于爱因斯坦相对论时空观构建的模型，人们更倾向于一个动态的、在引力作用下整体不断演化的宇宙，而非一个静态永恒的宇宙。1922 年，苏联宇宙学家亚历山大·弗里德曼（Alexander Friedmann）推导出了一组方程，结果显示宇宙应当是膨胀的。在这种背景下，爱因斯坦在自己的场方程中有意地添加了宇宙学常数一项，期望得到一个静态的宇宙以符合当时的观测事实。后来他懊悔地表示，添加宇宙学常数是

对页图：哈勃超深场（参见第 65 页）揭示了天空中一个极小区域内数以千计的星系，其中最遥远的星系距离地球超过 100 亿光年，并且正在以接近光速的速度远离地球。

他一生中最大的错误。

　　与此同时，天文学家正在围绕旋涡星云的性质和宇宙大小的问题进行"大辩论"，这一争论最终通过埃德温·哈勃对邻近星系真实距离的测量得到了解决（参见第 23 页）。哈勃的工作则不可避免地引出了另一个更为惊人的事实——整个宇宙确实在膨胀。

　　这一发现基于对星系红移的测量——由于多普勒效应，遥远星系发出光的波长在变长。早在 1912 年，在位于美国亚利桑那州旗杆镇（Flagstaff, Arizona）洛厄尔天文台工作的维斯托·斯里弗就发现了这种频移现象及其普遍意义。在测量那些性质有争议的旋涡星系的光谱时，斯里弗发现光谱中通常表征天体化学性质的所谓暗吸收线（参见第 17 页）的位置变得面目全非。光谱线位置发生较大改变的现象很快得到了解释：在天空的不同区域中，那些遥远的星系都在以极快的速度远离地球。

"宇宙膨胀是大爆炸理论的关键证据。如果天体正在相互远离，那么它们一定曾经非常接近。"

　　1929 年，哈勃和米尔顿·赫马森（Milton Humason）发表了关于星系距离及其光线红移之间关系的论文。论文的结果揭示了一个清晰的正比关系——天体距离我们越远，就拥有越大的红移，即天体能以更快的速度远离地球。基于广义相对论方程，对这一关系唯一合理的解释并不是我们的星系与众不同，而是整个宇宙正在膨胀并由此拖曳着所有的星系相互远离（类似烤面包时，膨胀的面包带动其中的葡萄干相互远离）。如果空间以固定速度膨胀，就会造成遥远星系间相互远离的速度大于临近星系的现象。特别要指出的是，是空间本身的膨胀驱使着星系相互远离，而不是星系本身相对于空间的运动。尽管数十亿年前星系距离我们更近，但是那时星系发出的光为了到达地球必须穿过不断膨胀的宇宙空间。

准确测量膨胀速度

　　宇宙的膨胀速度即后来所称的哈勃常数（H_0），通常以千米每秒每百万秒差距〔（km/s）/Mpc〕为单位（100 万秒差距相当于 326 万光年），如今仍然很难测量。一部分原因是大多数星系的距离太过遥远而不能依靠哈勃采用的造父变星方法测量，另一部分原因是临近星系群和星团（参见第 377 页）的局域引力效应减弱了宇宙膨胀的效应。哈勃严重地高估了哈勃常数的数值，认为其值为 250（km/s）/Mpc。1958 年，美国天文学家艾伦·桑德奇（Allan Sandage）首次发表了哈勃常数较为准确的数值，约为 75（km/s）/Mpc。尽管已经得到了以上结果，哈勃常数测量的结果仍然变化很大。1990 年发射的哈勃空间望远镜的主要科学目标就是测量更多、更远的造父变星，并得到更准确的哈勃常数数值。由卡内基天文台（Carnegie Observatories）的温蒂·弗里德

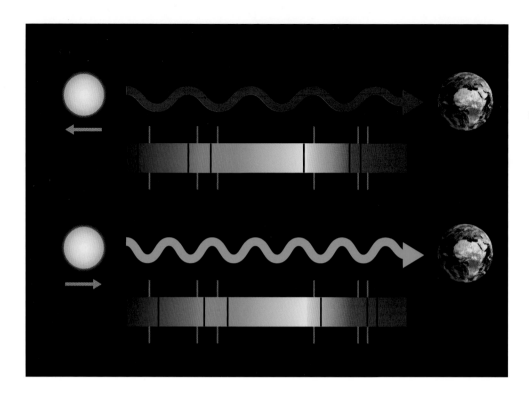

左图: 多普勒（Doppl-er）效应表现为当遥远波源相对于观察者远离或靠近时，其发出光线的波长会相应地拉长（1）或压缩（2）。最佳的测量方法是测量光谱线（图中连续光谱中的黑线）相对于其静止情况下的预期位置（白线）的移动。

曼（Wendy L. Freedman）领导的哈勃空间望远镜重点项目于2001年测算出最新的哈勃常数值为（72±8）（km/s）/Mpc，这与桑德奇的结果非常接近。此后，天文学家又利用钱德拉X射线天文台（Chandra X-ray Observatory）、威尔金森微波各向异性探测器（WMAP，参见第49页）以及哈勃空间望远镜上搭载的其他设备，结合巧妙方法重新验证、测量了哈勃常数，这些结果之间的差别都是极小的。

除宇宙微波背景辐射（参见第45页）外，宇宙膨胀被认为是大爆炸理论（参见第49页）的另一关键证据，其中的逻辑是：如果天体正在互相远离，那么在遥远的过去，这些天体肯定距离非常近。虽然一些稳恒宇宙模型中的宇宙也在膨胀，但是这些理论往往不能解释宇宙其他方面的观测事实。

同样重要的是，一旦宇宙膨胀的事实被大多数人接受，红移就可以成为替代其他方法而得到天体距离的方式。即使在我们准确得到哈勃常数的数值之前，我们也可以利用红移来大体地推测星系是更近还是更远，甚至可以估测出星系距离间的比值（因为有2倍红移的星系，距离也应当是2倍）（译注：在低红移的情况下，这个关系近似成立；高红移的情况需要更复杂的讨论）。

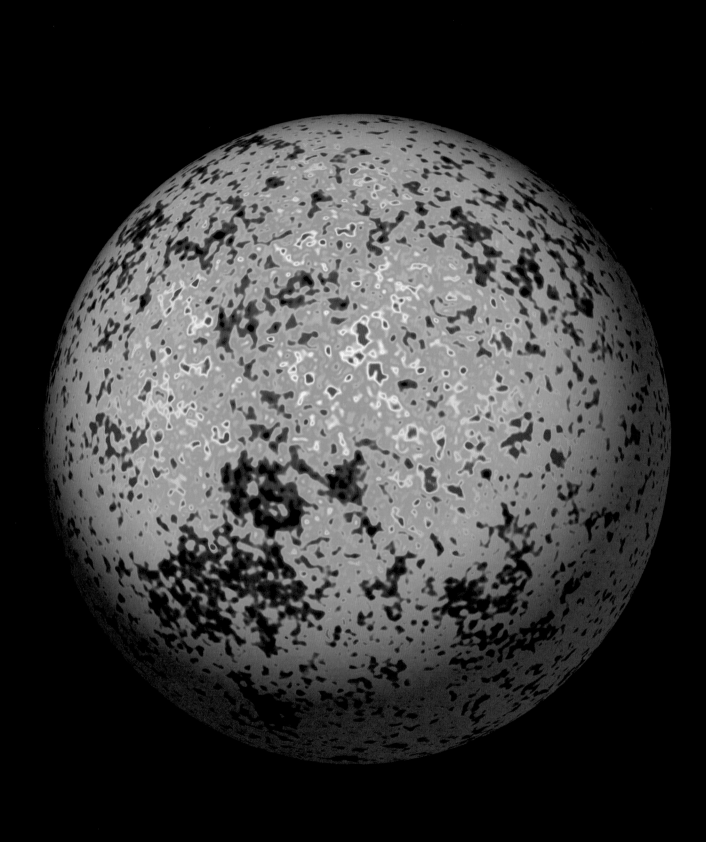

12 宇宙微波背景辐射

定　　义： 弥漫天空的低频辐射，是大爆炸理论至关重要的证据。

发现历史： 1964 年，阿尔诺·彭齐亚斯（Arno Penzias）与罗伯特·威尔逊（Robert Wilson）首次发现了宇宙微波背景辐射（CMBR）。

关键突破： 从 1989 年到 1992 年，宇宙背景探测卫星（COBE）探测了微波背景辐射，发现了背景辐射的涨落与宇宙大尺度结构形成之间的联系。

重要意义： 宇宙微波背景辐射给我们提供了有关大爆炸发生后瞬间状态的信息。

　　一种充斥全宇宙的微弱辐射为大爆炸理论提供了最强有力的证据。天文学家如今发现，这种背景辐射可以作为探索早期宇宙性质的有力工具。

　　发现宇宙微波背景辐射的过程是天文学史中最著名的故事之一：1964 年，就职于新泽西州贝尔实验室（Bell Labs，New Jersey）的两位物理学家阿尔诺·彭齐亚斯与罗伯特·威尔逊正在测试最新的高灵敏喇叭天线以便进行射电天文学观测。他们发现天线系统中总是存在着一个微弱又不间断的背景噪声。在分析完所有可能的射电噪声来源（包括鸽子粪便中的射电辐射）后，彭齐亚斯和威尔逊认为这种背景信号是自然界产生的，并且遍布天空的各个角落。

　　尽管这两位射电天文学家不知道他们发现了什么，然而宇宙学家已经预言了，这种信号可作为大爆炸理论的自然推论。当时的宇宙被加热到难以想象的高温且体积仅为一个小点。经过百亿年后，这种辐射的残余应当来自天空中的每个角落——在最遥远恒星与星系之外的可观测宇宙最边缘处，依然存在背景辐射。彭齐亚斯和威尔逊的发现结果很快传到了普林斯顿大学的物理学家罗伯特·迪克（Robert Dicke）耳中，迪克证实了这正是他长久以来追寻的辐射。

　　宇宙微波背景辐射在微波波段内，其辐射温度为 –270.4 ℃（-454.4 ℉），仅仅比理论上最低温度极限的绝对零度高了 2.73 ℃（4.9 ℉）。由于背景辐射发射源几乎是以

对页图：球形的投影图显示了威尔金森微波各向异性探测器于 2003 年第一阶段的测量结果中的微小变化。

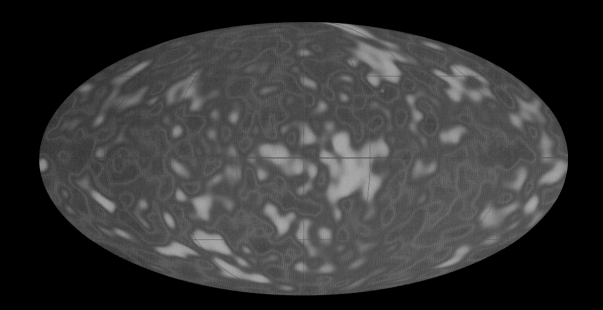

上图: 这张来自COBE卫星的标志性图片首次揭示了宇宙微波背景辐射的涨落与诸如超星系团这样的宇宙大尺度结构有关。

光速远离地球的，在背景辐射向地球传播的途中，多普勒效应（参见第 43 页）产生的强烈红移使得辐射波长变长，造成了这种明显的低温。背景辐射来自宇宙中的"临界最后散射面"——也就是宇宙大爆炸 40 万年后，宇宙变得透明的那一时刻，因此这形成了一道阻碍我们看到宇宙诞生时刻景象的"墙"（理论上使用其他办法是可以看到的）（译注：探测原初引力波在微波背景辐射中留下的扰动可以让我们了解宇宙诞生极早期的景象）。

时间的"皱纹"

宇宙微波背景辐射的发现是宇宙大爆炸理论的巨大胜利，但也为天文学家带来了一个新问题。天空中的宇宙背景辐射看起来十分均匀和光滑。如果我们认为大爆炸后的辐射压能使亚原子粒子的分布在膨胀中保持均匀，那么这种均匀性就是成立的了；然而光滑的背景辐射说明我们的宇宙早期应当是均匀的，这与如今宇宙在众多尺度上都存在不均匀性的事实是矛盾的。我们宇宙中的星系在巨大的空洞周围形成片状与细丝状结构的星系团和超星系团处聚集（参见第 377 页）。如果早期宇宙是绝对光滑的，那么宇宙中的物质就几乎不可能在百亿年内迅速地在百亿光年的范围中形成如今这般大尺度结构。

为了回答这个问题，NASA 于 1989 年发射了 COBE 卫星。COBE 卫星装备了一个微小但极为灵敏的微波望远镜，被设计用来在数年内从大气层以外描绘出整个天空的微波成像。

1992 年，探测卫星发布的结果占据了全世界的头条，这些结果回答了一些问题，但也提出了一些新问题。从 COBE 卫星传回的图像看来，宇宙微波背景辐射并不均匀。相反，背景辐射满布的涟漪意味着其上的温度差异（或者称为各向异性）仅是平均温度的十万分之几。加州大学伯克利分校的主要研究者乔治·斯穆特（George Smoot）与 NASA 戈达德空间发射中心（Goddard Space Flight Center）的约翰·马瑟（John Mather）共同发现了斯穆特所说的"时间的皱纹"，即背景辐射的非各向同性，从而获得诺贝尔物理学奖。这种温度的差异虽然微小，但是足以表明早期的宇宙并非均匀的——稍热的区域表明物质密集，稍冷的区域物质相对稀疏。这些涨落就是形成如今的超星系团、细丝与空洞的种子，从宇宙的最早期就嵌入其中，然而是什么造成了这些涨落？如果新生宇宙中强烈的辐射使得普通物质不能成团，那么只有一个答案——必定是暗物质形成了较为密集的区域，造成了物质分布不均匀。我们知之甚少的暗物质不与辐射发生作用，因此在宇宙早期就开始坍塌形成不均匀的团块。当宇宙背景辐射形成之后，正常物质就会开始聚集在已经形成的暗物质密度较高的区域。

WMAP 及后任者

在 COBE 卫星获得成功的几年后，一些地基望远镜和高空气球实验更精细地探测了一些小块天区的宇宙微波背景辐射。2001 年，NASA 更是雄心勃勃地发射了一颗卫星——威尔金森微波各向异性探测器。WMAP 的运行时间超过 7 年，其间以高分辨率和高灵敏度测量了宇宙微波背景辐射的涨落。WMAP 团队将卫星测量结果运用在当前公认的宇宙演化模型中（参见第 49 页和 397 页），确定了早期宇宙与当前宇宙一系列重要的性质。

WMAP 测量的宇宙膨胀速度与哈勃空间望远镜得到的结果相吻合，并且其确定了宇宙的年龄约为 137.5 亿年。此外，WMAP 还确定当今宇宙的成分中，4.6% 为普通物质，22.8% 为暗物质（参见第 389 页），72.6% 为暗能量（参见第 393 页）。但在宇宙微波背景辐射发出的时刻，宇宙中 22% 是正常物质（包括占 10% 的中微子，参见第 81 页），15% 是电磁辐射，63% 是暗物质，而暗能量所占的比例还微不足道。

2009 年，欧空局发射了普朗克望远镜，旨在获得分辨率更高的宇宙微波背景辐射图像。宇宙学家们期望在接下来的几年内，普朗克望远镜的观测结果能让人类进一步精确对于早期宇宙的理解。

13 宇宙大爆炸

定　　义：	大爆炸理论为我们提供了关于宇宙与物质诞生最好的模型。
发现历史：	1931 年，比利时神父兼宇宙学家阿贝·乔治·勒梅特（Abbe Georges Lemaitre）首次提出了宇宙起源于一个"原初原子"的想法。
关键突破：	1948 年，乔治·伽莫夫（George Gamow）与拉尔夫·阿尔弗（Ralph Alpher）共同发现如何利用勒梅特的理论解释宇宙中化学元素比例的观测事实。
重要意义：	大爆炸理论约束了宇宙大尺度结构的性质，而大尺度结构影响着小得多的事件和现象。

认为宇宙起源于一个原始火球的大爆炸理论是 20 世纪最成功的科学理论。虽然宇宙大爆炸理论通过了许多科学检验，但是仍有许多悬而未决的问题。

大爆炸理论的创立通常被归功于比利时神父兼物理学家的阿贝·乔治·勒梅特，勒梅特曾在剑桥大学的亚瑟·爱丁顿及哈佛大学天文台的哈洛·沙普利门下学习宇宙学。1927 年，他基于对相对论的解释发表了一篇论文，预言了宇宙正在膨胀。然而，直到 1929 年埃德温·哈勃通过观测证实宇宙膨胀之前（参见第 41 页），勒梅特及与其观点类似的亚历山大·弗里德曼的理论都不被爱因斯坦和其他人认同。

勒梅特也是第一个考虑宇宙膨胀的必然推论的人——特别是我们的宇宙在遥远的过去必定更小、更炽热的事实。这使得勒梅特相信宇宙起源于一场被他称为"原初原子"的爆炸事件。起初，各科学机构对勒梅特的想法持怀疑态度，许多人认为这一理论是受到其宗教信仰的影响而非基于科学实证。另一些人则试图在不放弃稳恒宇宙概念的前提下解释宇宙膨胀，包括弗里德曼的"震荡宇宙"理论，这一理论认为宇宙处于收缩与膨胀的循环中。此外的"稳恒态宇宙"理论认为，宇宙的膨胀应伴随着新物质的创造。讽刺的是，正是作为"稳恒态宇宙"理论最狂热拥趸的英国天文学家弗雷德·霍伊尔（Fred Hoyle）在 1951 年将勒梅特的理论蔑称为"大爆炸"（Big Bang）。

对页图：宇宙起源于快速膨胀的大爆炸火球的证据如今已铺天盖地。人们认为大爆炸不仅创造了物质和能量，还创造了空间本身。

大爆炸的验证

与此同时，飞速发展的核物理学越来越支持勒梅特的理论。在 1948 年发表的一篇关键论文中，物理学家乔治·伽莫夫与拉尔夫·阿尔弗阐释了大爆炸释放的大量能量是如何产生氢与氦等最轻的化学元素，以及仍然保留在未经过核反应的星系际物质的氢氦丰度比的。同时，他们还预言宇宙仍然遗留着大爆炸微弱的余晖——宇宙微波背景辐射（参见第 45 页）。在 20 世纪五六十年代，另一些人结合当时关于原子结构与基本相互作用的最新成果（参见第 25 页）发展了大爆炸模型，其中最重要的两项贡献分别来自美国数学物理学家霍华德·罗伯森（Howard Robertson）以及英国数学家杰弗里·沃克（Geoffrey Walker）。

大爆炸理论的细节十分复杂，需要用一本书的篇幅讲述，但大体上，它们是基于在高温与高能量条件下物质与能量可相互转化的事实。高温使物质分解成为更小的粒子——如氢分子会分解成氢原子，而后氢原子被电离，甚至其质子与中子最终也会被分解为构成它们的夸克。

重走创造路

宇宙大爆炸的最初时刻迄今约 137 亿年，那时的高温度与高能量使得物质不断地生成和湮灭（事实上物质与反物质应当是同时产生的，这产生了有趣的问题，参见第 63 页）。物理中的四种基本作用力，即引力、强核力、弱核力以及电磁力，在宇宙初

下图：自发发生的宇宙大爆炸同时创造了宇宙空间、时间以及其中的能量。经过一段被称为暴胀（参见第 53 页）的极速膨胀时期后，宇宙转入了较为平稳的膨胀时期，这时，许多能量转变成了物质。宇宙在经过一段"黑暗时代"后，物质聚集到足够的密度从而触发了核反应，所形成的第一代恒星又重新照亮了宇宙。

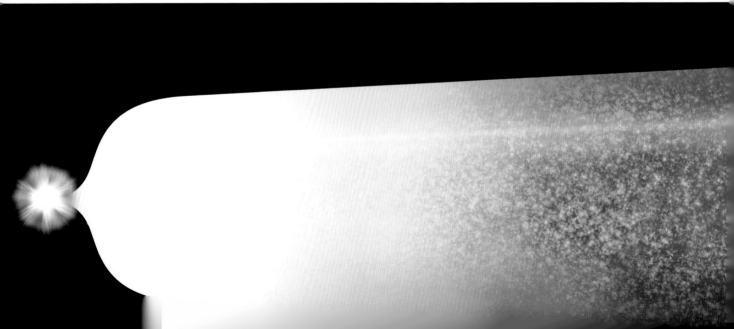

期表现为单一的一种力，但很快就退耦为对粒子有不同作用效果的不同力。

随着宇宙的膨胀以及温度的降低，诸如组成核子（质子与中子）的夸克这样的重粒子越来越难以自发产生。于是，夸克的总数在大爆炸十亿分之一秒后固定了下来，不过这时，质量较小的轻子（如电子、正电子和中微子）仍然处在产生与湮灭的动态过程中。大约在大爆炸后的一百万分之一秒，温度下降到了强核力能够使得夸克结合形成核子的程度。这些核子中绝大多数是质子，但也有部分中子。大爆炸 1 秒后，中子与质子则在核合成过程中结合，形成了氢的同位素氘与氚以及元素氦和锂。大多数的质子则并没有与中子结合，仍然以最简单的氢原子核的形式存在。

大爆炸 3 分钟后，能量水平已不足以产生电子，于是电子的总数也固定了下来。此时的宇宙是一个正在膨胀的物质和能量球——高能光子在原子核和电子之间弹射，有点像太阳这样的恒星中的辐射区。大爆炸 38 万年后，宇宙仍在膨胀，其温度降到了大约 2 700 ℃（4 900 ℉）。这时，原子核与电子结合形成了最早的原子。粒子密度的突然下降使得宇宙变得透明（译注：早期电子的散射使得光子不能自由传播，宇宙是不透明的。所以宇宙变得透明时发出的第一批能够被我们探测到的光子就形成了"临界最后散射面"），来自最后散射面的光子可以在广阔的空间中自由传播。如今这些光子已经由于红移效应落入低能量的微波波段，形成了宇宙微波背景辐射（参见第 45 页）。

"勒梅特是第一个认为宇宙在过去必定更小、更热的人。这使得他确信宇宙必定起源于一场爆炸。"

14 大爆炸之前

定　　义：	近期的一些理论为大爆炸理论提供了可能的解释，或者将其放到了更大的背景下。
发现历史：	1986 年，安德烈·林德（Andrei Linde）提出了混沌暴胀理论。
关键突破：	欧空局下属的普朗克卫星可以收集到能够证实或证伪一些理论的数据。
重要意义：	探寻大爆炸前宇宙的状态或许有助于揭开大爆炸理论中一些著名的问题。

　　关于大爆炸为何发生的问题很容易被忽视：大爆炸创造了时间与空间，故而一些人认为探索大爆炸前的事情是无意义的。这并没有阻止宇宙学家们的思考，至少他们提出的一部分想法也许能被检验了。

　　对于大爆炸理论的复杂模型，量子物理给我们设置了向前追溯的极限。在宇宙诞生后的 10~43 秒，原初火球是一个致密且极小的奇点——其尺度小于普朗克长度。普朗克长度是自然界的基本常数，若低于该长度，现有的物理定律会失效。

　　因此，大爆炸理论无法描述初始奇点的状态，更无法讨论"大爆炸之前"发生的任何事情。关于大爆炸的科学表述通常认为，宇宙从不存在时间与空间等概念的原始真空中自发产生，最有可能是量子涨落的结果（参见第 33 页）。然而自 20 世纪 80 年代以来，人们为了回避奇点问题发展出了三种相互对立的理论，这些理论从大爆炸前发生的一个复杂而传统的激发事件中，创造了一个炽热而致密且快速膨胀的"婴儿宇宙"。

暴胀宇宙

　　第一种企图回避奇点理论的思想来自于暴胀。暴胀理论认为，也许由于某些基本力互相分离的过程的驱动，原初宇宙的一小部分在大爆炸刚刚发生后经历了极速增长，这一时期宇宙膨胀得如此庞大，我们如今整个可观测的宇宙仅仅是原初宇宙的一

对页图：根据宇宙起源的混沌暴胀理论，我们的宇宙只是早期持续暴胀宇宙所产生的无穷多"泡泡宇宙"中的一个。

小部分。

"循环宇宙理论认为大爆炸就是由膜之间相隔数万亿年的碰撞触发的。"

1981 年，麻省理工学院的阿兰·古斯（Alan Guth）首次提出暴胀理论，以解释如今宇宙中物质分布为何会相对光滑：暴胀放大了先前有起伏的宇宙的一部分，形成了如今我们可观测的宇宙，故而这部分宇宙变得平滑了（译注：例如在起伏的湖面上，我们只选取一小部分区域并且拉长这一区域，而忽略掉其他部分，那么这一小部分水面看起来就是很平的）。宇宙微波背景辐射中发现的微小起伏（CMBR，参见第 45 页）就是暴胀过程中被放大的量子尺度涨落。

虽然暴胀帮助我们理解了宇宙大尺度的许多观测性质，并且已经被当作标准大爆炸理论的一部分，但是此理论也产生了一些明显的问题。早在 1986 年，俄裔美籍物理学家安德烈·林德就指出了其中一个最为严重的问题：由于暴胀的结束时间受到量子尺度扰动的影响，一些区域在其他区域停止暴胀后仍然会继续极速膨胀，这部分宇宙就会很快地冲出原本已经结束暴胀的区域。故在历经额外暴胀的区域里，其中的一部分会继续暴胀，而其余部分则结束暴胀，如此循环。这一结果就是林德所谓的"混沌暴胀"——吹泡泡似的创造了一连串宇宙，每一个宇宙都有与众不同的结构和物理规律。

混沌暴胀的一个副作用是许多"泡泡宇宙"会由于支配它们的物理规律以及基本常数是不当的组合，而在很早期就消亡。我们的宇宙由于拥有正确的组合故而能"生根发芽"，所以如今"泡泡宇宙"的数目与最早相比已经变得较为有限。对于一些宇宙学家来说，混沌暴胀的出现对暴胀理论能否作为一个科学理论提出了挑战——如果暴胀产生了无穷多不同的宇宙，我们宇宙的产生以及为何有如此物理规律的答案变得不再深刻（译注：因为如果有无穷多的各式的宇宙，那么我们的宇宙只是恰好是这样而已）。

一些宇宙学家却完全接受了混沌暴胀的思想，因为如果我们的宇宙具有这样的来源，宇宙起源就不必却追溯至一个奇点，那么宇宙是永恒无穷的观念就能够被重新认可了。与之相反，另一些人对暴胀的合理性产生了严重的怀疑，从哲学的角度出发，暴胀也许需要一些特定的条件才能发生。故而，我们的宇宙更像是因为凑巧而具有了当前的性质。

震荡宇宙

另一些思想的源头可以追溯至苏联宇宙学家亚历山大·弗里德曼（20 世纪 20 年代，弗里德曼在宇宙膨胀被观测发现之前就进行了预言——参见第 41 页）。弗里德曼主张一种"震荡宇宙"，即大爆炸开始于上一个宇宙的坍塌，即所谓的"大挤压"（参见第 398 页）。如今的圈量子宇宙学（loop quantum cosmology，简称 LQC）理论与弗

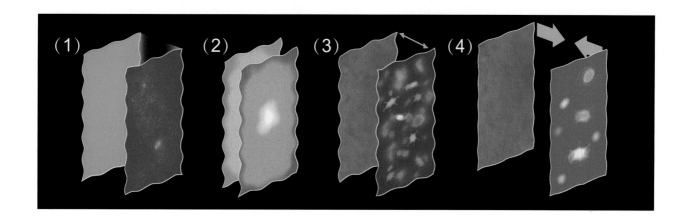

里德曼的观点非常相似。圈量子宇宙学基于的圈量子引力理论，是许多试图将引力与宇宙中其他基本力统一起来的理论之一（参见第 27 页）。

在圈量子宇宙学模型中，时空自身是量子化的——由微小的一维单元形成的"子结构"组成，其他物质在这些子结构中运动。这允许宇宙通过子结构的膨胀而扩张，同时可以通过子结构的收缩而收缩，而不必在意其中的物质成分（宇宙命运模型的传统限制——参见第 398 页）。当每个量子化子结构中物质的密度达到一个临界值后，时空就会反弹，然后开始新的震荡。

上图：根据理论物理中所谓的"M 理论"，我们的宇宙存在于一个高维空间中的一个四维膜上，与其他的四维膜分开（1）；大爆炸可能就是由这些膜之间的碰撞产生（2）；当膜之间又分开，我们宇宙又会变得平坦（3）；然后膜之间又会再一次碰撞（4），循环往复。

当膜相撞

20 世纪 90 年代以来，另一种被称为"循环宇宙"的理论被提出，这种理论由被称为"万有理论"的弦理论发展而来。弦理论要求时空具有一些不可见的额外维度。根据诸如来自加拿大圆周率研究所的尼尔·图罗克（Neil Turok）和普林斯顿的保罗·斯坦哈特（Paul Steinhardt）等宇宙学家的说法，我们的宇宙可能是时空中一个四维的"膜"（参见第 39 页），与其他类似的"膜"宇宙在更高维度上靠得很近，但无法跨越。循环宇宙理论认为大爆炸就是由膜之间相隔数万亿年的碰撞触发的。这为我们提供了另一种解释宇宙平坦性的办法，而不需要引入暴胀。

这一观念看起来很玄妙，但是其中一些理论能够通过宇宙微波背景辐射的精确测量得到检验。在混沌暴胀理论中可能产生其他"泡泡宇宙"延伸到我们宇宙中的信号。此外，传统的暴胀理论和"循环宇宙"理论都预言了相变阶段会产生强烈的引力波信号，这将在宇宙微波背景辐射上留下印记。宇宙学家们希望借由诸如欧空局于 2009 年发射的普朗克卫星等正在进行的项目以及未来的宇宙微波背景辐射观测项目解决这些问题，或者至少排除一些问题选项。

15 物质和反物质

定　　义：	存在与正常物质性质相似但电荷相反的粒子。
发现历史：	反物质由保罗·狄拉克（Paul Dirac）于 1928 年提出，并于 1932 年首次被发现。
关键突破：	1967 年，安德烈·萨哈罗夫（Andrei Sakharov）概述了产生我们现在这种物质主导宇宙所需的条件。
重要意义：	反物质消失的相关问题对宇宙学和粒子物理学都有重要意义。

　　根据目前的理解，宇宙大爆炸应该产生与正常物质同样多的反物质，但是现在，反物质很少见，宇宙似乎被正常物质所支配。所有这些反物质都到哪里去了？

　　反物质也是由基本粒子组成的物质，其电荷与正常物质相反。英国理论物理学家保罗·狄拉克于 1928 年首次严肃地指出了这种粒子的存在——狄拉克意识到电子的量子描述（参见第 30 页）预测了具有相同属性但电荷为正的"反电子"的存在。美国物理学家卡尔·安德森（Carl Anderson）于 1932 年在美国加州理工学院成功地制造和测量了这种粒子（被称为正电子），当然现在我们知道这些粒子是由某种形式的放射性衰变自然产生的。较重的反粒子在自然界中找不到，但在 1955 年，埃米利奥·塞格雷（Emilio Segré）和欧文·张伯伦（Owen Chamberlain）制造出了由反夸克组成的反质子。除此之外还有反中子，它是一种不带电的粒子，由与构成中子的夸克具有相反电荷的反夸克组成。

　　从理论上讲，反粒子可以结合形成反原子和反分子，但直到 1995 年，欧洲核子研究中心（CERN）的科学家们才使用位于瑞士的低能反质子环（Low-Energy Antiproton Ring）粒子加速器产生了少量的反氢原子，每个反氢原子由一个反质子和一个绕其旋转的正电子组成。

对页图：像蟹状星云（Crab Nebula）中心的脉冲星这样的中子星在粒子束中产生大量的电子和正电子，这些粒子以大约一半的光速从脉冲星的磁极中发射出来，形成了这张多波段图像中可见的喷流。

右图：在欧洲核子研究中心的大型强子对撞机等仪器中被加速至接近光速的粒子之间的碰撞可以产生相对大量的反物质。

一闪而过

反物质粒子最著名的特性是它们在遇到其正常物质对手时会发生"湮灭"。根据狄拉克方程和爱因斯坦著名的质能方程 $E=mc^2$，在湮灭事件中，正反两个粒子的质量可以直接转换为能量，以一束高能伽马射线的形式消失掉。不难理解，反物质的这种特性使其很难被研究，只能使用强大的磁场来保护它们不与正常物质发生湮灭。

反物质的性质让理论物理学家们很着迷，它们也为宇宙学家提出了一个独特的问题。在宇宙大爆炸这样的极端条件下，物质和能量本质上是可以互相转换的，并且当能量转化为物质时，它会产生平衡的粒子——反粒子对，正反粒子对会相互湮灭，释放出束缚在它们质量中的能量。最终，宇宙冷却到不再自发产生粒子的程度，但在这一时间点上，应该仍然存在着平衡，让聚在一起的正反粒子互相湮灭。

不平衡的宇宙

在这种情况下，为什么我们现在的宇宙似乎被正常物质所支配？一种可能是，这只是一种幻觉，也许我们看到的许多遥远的恒星和星系实际上是由反物质构成的。有人认为 1908 年通古斯大爆炸（Tunguska explosion）就是一小块反物质造成的（参见第 142 页）。虽然基本上无法区分孤立的反物质天体与正常物质天体，但是恒星甚至星系之间的空间并不像看起来那样空无一物，我们期望在物质和反物质相遇的地方看到湮灭的蛛丝马迹。因为并没有观测到这样的湮灭迹象，所以大多数天文学家认为，宇宙（或者至少是可观测宇宙，这两种宇宙的概念是有区别的——参见第 53 页）基本上是由物质主导的。

显然，宇宙大爆炸本身的物质和反物质之间肯定存在不平衡——最重要的是物质夸克的过剩，这被称为重子不对称性。根据理论模型，这种不平衡在大爆炸之后的十亿分之一秒内出现，当时每十亿个反物质夸克对应十亿零一个普通夸克。1967 年，苏联物理学家和持不同政见者的安德烈·萨哈罗夫提出必须满足三个条件，才能产生宇宙早期的重子不对称性。

"最终，宇宙冷却到不再自发产生粒子的程度，但此时应该仍然存在粒子和反粒子的平衡以互相湮灭。"

解释不对称性

萨哈罗夫的这些条件中最重要的一条是 CP 破坏——即基本物理学在高能情况下偏离 CP 对称性假设。简单地说，CP 对称性是指，如果粒子和其反粒子（电荷共轭或 C 对称）或其镜像粒子（宇称或 P 对称）互换，那么物理定律应该是相同的。大量证据表明，CP 对称性适用于涉及电磁力、引力和强力的相互作用（参见第 26 页），但在放射性衰变等有弱相互作用参与的情况下，会出现 CP 破坏。目前已知的弱力 CP 破坏都太小，不能在早期宇宙中产生重子不对称性。结果看来只有两种，要么粒子物理学的标准模型中存在大量的空白，包括一种被忽视的 CP 破坏的来源，要么在宇宙的偏远地区有失踪的反物质，但不知何故隐藏于我们的观测之外。

同时，在当今的宇宙中，反物质仍然以适度的规模产生，可以通过湮灭时产生的能量探测到它们的位置。正电子在超新星遗迹（如中子星和黑洞）周围的极端条件下产生（参见第 330 页），1997 年，NASA 的康普顿伽马射线天文台（Compton Gamma-Ray Observatory）发现了一个巨大的伽马射线源，它来自银河系中心上方的湮灭。起初，它被认为是银河系中心超大质量黑洞近来活跃地喷出反物质喷流的迹象；然而在 2010 年，欧空局的新一代高能望远镜"Integral"（编注：由欧空局和 NASA 联合研制，于 2002 年 10 月 17 日用俄罗斯运载火箭送入太空）的进一步观测将该射线源的不对称形状与银河系中心附近许多较小的超新星遗迹的分布联系起来。

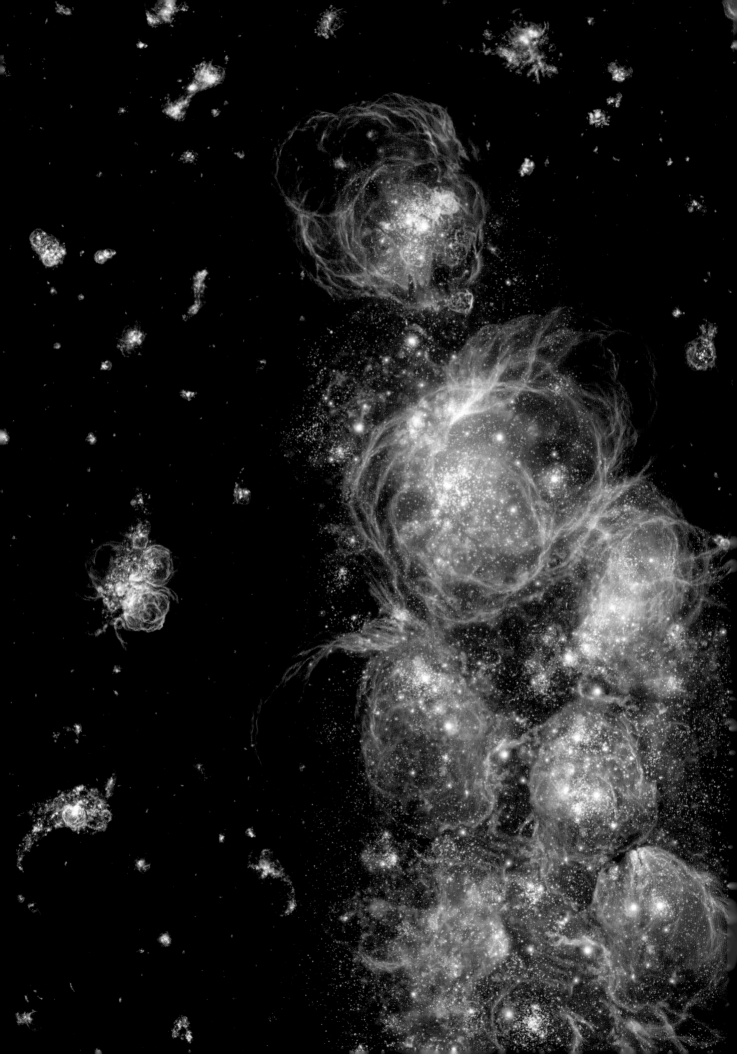

第一代恒星

定　　义：巨大恒星的初始生成，创造了宇宙中的第一批重元素并留下了现在星系的种子。

发现历史：20 世纪 70 年代，天文学家首次认识到对早期恒星的需要。

关键突破：2002 年，科学家们展示了第一批恒星如何在暗物质结附近合并而成。

重要意义：第一代恒星对形成我们今天所知的宇宙起到了关键作用。

在宇宙大爆炸后大约 40 万年，物质和能量退耦之后，宇宙陷入了黑暗时期。此后，第一代恒星从黑暗中浮现出来——它们是名副其实的庞然大物，比今天所知的恒星要大得多，在宇宙演化中有着举足轻重的作用。

随着充满早期宇宙的高温雾气的消散（参见第 51 页），宇宙陷入了一段没有光的时期，被称为黑暗时期（dark age）。黑暗时期产生的后果之一是辐射压的突然消失，而辐射压可以阻止正常物质在重力作用下聚集在一起。当时的宇宙由氢和氦主导，还有微量的锂和铍等重元素的痕迹，这些物质现在聚集在暗物质结附近，这些暗物质结在宇宙最早期就开始形成了。计算机模型和观测证据则表明，最先创建的不是星系这类复杂的结构，而是早期的、真正的大质量恒星。

巨型太阳的时代

这些早期的大质量恒星存在的意义之一是，即使是我们今天能看到的最古老的恒星——位于球状星团和星系核心的古老的星族 II 恒星，其中含有的重元素也比直接从宇宙原料中形成的要多。如此看来，似乎必须有更早但短命的一代恒星，它们将重元素添加到第一批星系的原料中，这就是所谓的星族 III。

20 世纪 70 年代后期，天文学家们首次认识到似乎存在着星族 III，但直到 20 世

对页图：这是艺术家描绘的想象图画，画中初生恒星的光芒照亮了早期宇宙。其中质量最大的那些恒星已经爆发成了超新星，不断扩展的冲击波将第一批重元素分散到整个宇宙中。

纪 90 年代，深场图像回溯到最早的星系时代，显示出那时的星系已经富含重元素，才更为确定了星族 III 是宇宙演化的一个单独阶段。

2002 年，美国耶鲁大学的沃尔克·布罗姆（Volker Bromm）、保罗·科皮（Paolo S. Coppi）和理查德·拉森（Richard B. Larson）详细分析并发布了在大爆炸发生大约 1.5 亿年后这些恒星形成的条件。当时的宇宙相对温暖，气体运动速度很快，难以聚集成恒星，但是研究表明，暗物质核周围的气体结可以通过单个氢原子组合成分子来冷却，然后这些运动较慢的分子可以合并成原恒星。原恒星具有足够的引力，可以从周围吸收更多的气体，分子在原恒星变得更热时会再次分解成原子。最终，核聚变开始将氢转化为氦（参见第 74 页）。但这些新生恒星中缺乏重元素，会使其生长到巨大的尺寸，同时也抑制了其核熔炉的猛烈程度。那时候的恒星可以达到数百个太阳质量——远远超过现今的任何恒星——也不会四分五裂。尽管如此，这些巨大的恒星仍以惊人的速度消耗燃料，随着它们的衰老和死亡，会将氦转化为更重的元素（参见第 311 页）。

> "早期的恒星可能是由被称为中性微子的假设性暗物质粒子之间的湮灭驱动的。这一过程会将暗物质转化为正常物质。"

最早的超新星

诞生了几百万年后，这些早期的巨型恒星将耗尽它们核心的燃料。由于失去了从内部支撑恒星的、向外的辐射压力，它们会因此坍缩，引发的超新星爆发比现在任何已知的都更猛烈（参见第 325 页）。关于这种极端超新星爆发的精确后果仍然存在争议：一些模型表明它们会完全摧毁恒星，甚至不会留下黑洞，而另一些人则认为它们会在爆发后留下数十个太阳质量大小的黑洞。2002 年，美国加州大学圣克鲁兹分校的皮耶罗·马道（Piero Madau）和英国剑桥大学的马丁·里斯（Martin Rees）指出，这样的黑洞遗迹可能会合并在一起，成为现在许多星系核心的超大质量黑洞的理想开端。无论具体过程如何，这些巨大恒星的灰飞烟灭会在宇宙空间中播撒重元素的种子，使得我们现在在最早的星系中也能看到重元素。

星族 III 恒星的另一个关键作用是对星系际介质的再电离。虽然氢原子的形成是退耦的关键，而退耦使宇宙陷入了黑暗时期，但是今天的星系之间的气体云由带电的氢离子主导。换句话说，气体云中的原子被再次电离了，这种电离通常需要强烈的紫外辐射源，而最早的恒星可能正好提供了这样的光辐射源。

问题和解答

虽然这种巨型星族 III 恒星的模型帮助宇宙学家们解决了许多疑问，但问题尚未完全解决。关于气体云在如此温暖的环境中坍缩成恒星的精确机制，仍然笼罩着疑云，并不是每个人都认为可以通过分子形成的冷却提供所有的答案。2008 年，由加州大学圣克鲁兹分校的道格拉斯·斯波耶（Douglas Spolyer）领导的天文学家团队提出了一个有趣的理论，即早期的恒星可能是由假设的暗物质粒子之间的湮灭驱动的，这种暗物质粒子被称为中性微子（译注：即 neutralino，又译中性伴子，与中微子 neutrino 是不同的概念）。这一过程将暗物质转化为正常物质，有助于增加恒星核心的密度，直到聚变反应开始发生，并继续为恒星提供能量。

另一种可能性是，第一批恒星并没有大家认为的那样巨大。2011 年，由 NASA 喷气推进实验室（JPL）的细川隆史（Takashi Hosokawa）领导的团队公布了一项新的模拟结果，该模拟显示了在宇宙早期试图形成巨型恒星会产生巨大的外流（参见第 265 页），切断恒星形成的原料供应，从而防止恒星长大到超过约 35 个太阳质量。这样的恒星仍然能够完成星族 III 所需的大部分任务，并且更有可能产生相当常规的超新星爆发来制造黑洞。

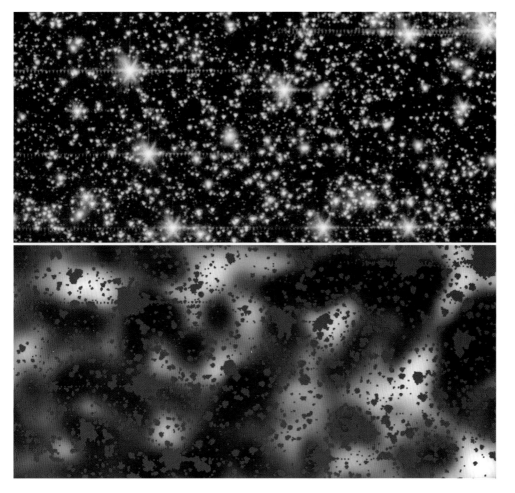

左图: 2005 年，科学家使用 NASA 的斯皮策空间望远镜试图测量宇宙的"红外背景辐射"——这是一种微弱的热量，来自即使是最强大的望远镜也看不见的天体。当从天空的整体图像中去掉来自这些光源（上图）的红外光时，就留下了微弱的红外信号（下图）。这种辐射可能是来自第一代恒星的光，这些光因为红移而变成不可见的红外光。

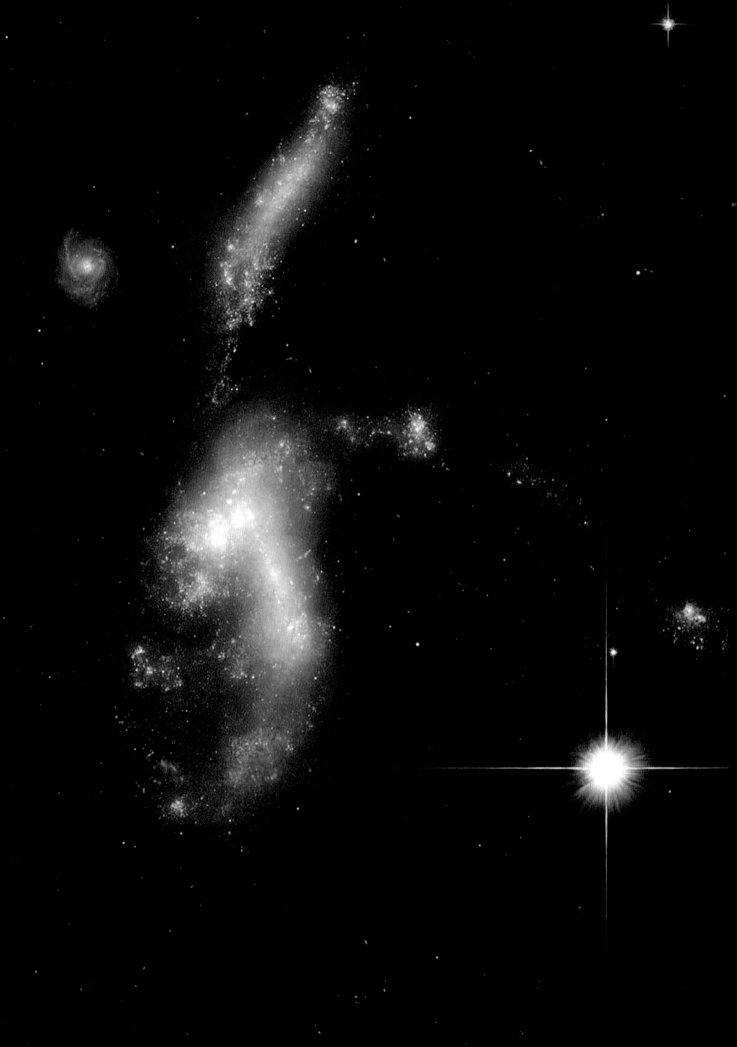

17 远古星系

定　义：	宇宙大爆炸后形成的第一批星系，是我们目前的观测技术能探测到的极限。
发现历史：	第一个古老的星系是在 1996 年拍摄的哈勃深场图像中观测到的。
关键突破：	2011 年 1 月，天文学家发现了一个距离大爆炸仅 5 亿年的星系。
重要意义：	早期的不规则星系是构成后期像我们银河系这样更复杂系统的砖石。

　　来自哈勃空间望远镜的深场图像使天文学家能够追踪宇宙中最早的一代星系。这些婴儿恒星系统与我们今天所知的星系存在很大的不同，围绕它们的形成和演化仍有不少重要问题。

　　1996 年，美国巴尔的摩市空间望远镜研究所（Space Telescope Science Institute）的天文学家们将正在轨道上运行的哈勃空间望远镜指向北天大熊座（Ursa Major）的一小块显然很空旷的天区，让来自宇宙深处的光子能够落到其宽场和行星相机（WF / PC2）的敏感探测器上并积累起来。拍摄进行了 10 天之久，共有 342 次单独曝光，然后通过电子技术叠加，产生了迄今为止获得的最深邃的宇宙视野。

越来越深邃

　　由于没有恒星或明亮的邻近星系，由此产生的标志性图像被称为哈勃深场（hubble deep field），哈勃深场揭示了那片天区中密密麻麻遍布的约 3 000 个遥远的星系，一直延伸到可见的极限，包括目前发现的最遥远也最古老的星系。该实验相当成功，于是又重复了几次，于 1998 年拍摄了南天哈勃深场［杜鹃座（Tucana）中的一个天区］以及哈勃超深场（HUDF），2004 年对天炉座（Fornax）内一个区域进行了 100 万秒的研究。最近，哈勃空间望远镜已经与 NASA 的钱德拉 X 射线天文台和斯皮策空间望远镜、欧空局的多镜面 X 射线空间望远镜（XMM-Newton）和赫歇尔空间天文台

对页图：希克森致密星系群 31 是"捕获发展"的一个不同寻常的例子——直到最近，这群原始的不规则星系都在以某种方式抵制合并为更大、更高度演化的系统。

（Herschel Space Observatory）共同参与了一个名为大天文台起源深度巡天（Great Observatories Origins Deep Survey，简称 GOODS）的项目，以合成多波段图像。

远古不规则星系

利用这些壮观的图像以及罕见的由引力透镜（参见第 385 页）聚焦和放大来自更遥远星系的光的情况，天文学家们现在可以回溯约 132 亿光年的空间和时间，回到第一批星系正在形成的时期。

由于宇宙的膨胀，来自最遥远星系的光在向地球传播的上百亿年时间中，经历了强烈的多普勒频移（参见第 43 页，译注：实际上，来自遥远星系的光的红移主要是空间本身膨胀造成的宇宙学红移，和运动产生的多普勒频移是不同的物理概念）。正因为如此，遥远的星系总是比附近的星系显得更加的红。事实上，当考虑到这一点，做过红移颜色改正之后，早期的星系会有更多的偏蓝和偏白的恒星，所以曾经被称为"蓝超出"星系。更重要的是，即使是基于几个像素的图像，也可以清楚地看到，这些星系中的绝大多数都缺乏现代局部宇宙中旋涡星系和椭圆星系显示的那种更有组织的结构（参见第 357 页）。在图像的前景中（译注：前景意味着空间和时间上都离我们更近），天文学家们发现了多个例子，这些例子表明一些小星系合并成更大、更结构化的系统，并且开始显示旋涡特征的迹象。像这样的模式为星系随时间的演化方式提供了重要线索（参见第 381 页）。

原始邻居

2010 年，哈勃空间望远镜团队发布了一幅令人惊叹的图像，图像显示远古的原始星系并不总在遥远的宇宙深处，也可以在距我们大约 1.66 亿光年的地方，以宇宙的标准看，这点距离可以说是刚出自家大门口。希克森致密星系群 31（Hickson Compact Group 31）是一个由 4 个矮星系组成的星系团，它们从宇宙的远古时代存活下来，一直没怎么变化，到现在才聚集起来形成

右图：2011 年，哈勃空间望远镜新发现了一批距离地球超过 90 亿光年的微小的遥远星系。这些不规则的星系中有大量恒星诞生，像早期宇宙中的灯塔一样闪耀，这很可能是因为它们通过星系合并和吸收来自周围星系际空间的物质而迅速积聚了质量。

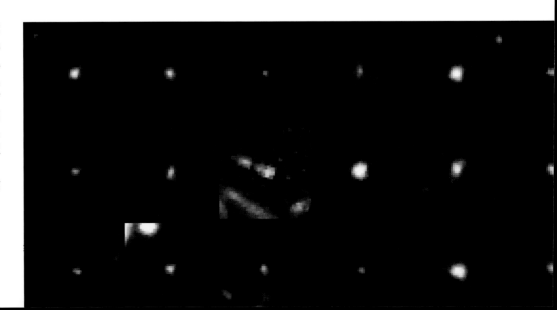

一个更大、更复杂的结构。星系之间的碰撞引发了一波恒星形成的婴儿潮，产生了年龄不超过1 000万年的明亮的年轻星团。在我们的邻居中找到这样的合并中原始星系，就好比找到了一个"活化石"。

进入红外

来自遥远星系的光的多普勒频移（译注：宇宙学红移）也产生了另一个问题——最遥远和退行最快的星系的红移非常大，以至于它们的大部分光已经超出了可见光范围，只能在红外波段被探测到。2009年，在哈勃望远镜的最后一次任务期间，"亚特兰蒂斯号（Space Shuttle Atlantis）"航天飞机上的宇航员为哈勃空间望远镜安装了一台新仪器，叫作3号宽场相机（Wide-Field Camera 3）。该相机的首要任务之一就是重新拍摄哈勃极深场区域，以使用它的强化红外功能得到改进的图像。

"在图像的前景中，天文学家们发现了多个例子，一些小星系合并成更大、更结构化的系统，并且开始显示出旋涡特征的迹象。"

通过分析这一新改进的HUDF09数据，天文学家得以发现新一批远古星系，进一步追溯宇宙的起源。2010年10月，法国巴黎大学的一个团队宣布他们发现了一个星系，他们通过红移计算出是131亿年前的远古星系，并得到欧洲南方天文台智利甚大望远镜（European Southern Observatory, Very Large Telescope）的进一步观测证实。3个月后，荷兰莱顿大学的天文学家雷哈德·布旺（Rychard Bouwens）和美国加州大学圣克鲁兹分校的加思·伊林沃思（Garth Illingworth）公布了一个比法国团队发现的远古星系还要古老约1亿年的候选星系存在的证据，这个星系在宇宙大爆炸后仅5亿年就开始闪耀了。

这样的星系太小而且太远，无法显示出任何结构，但是来自光谱的证据表明它们当中密集地聚集着恒星，这些恒星的形成时间可能还要再往前推2亿年。正如我们可以预期的那样，这些星系大部分由宇宙大爆炸产生的原料形成，似乎含有很少的尘埃。此外，根据使用日本国立天文台巨大的昴星团望远镜（National Observatory of Japan, Subaru telescope）进行的研究，这些星系发射出较多紫外辐射。这一点相当重要，因为它表明早期的星系以及第一批巨型的星族III恒星（参见第61页）可能在星系际气体的再电离中发挥了重要作用。

尽管有所改善，但哈勃空间望远镜也有其局限，大多数天文学家都认为最近这些发现已经是哈勃空间望远镜所能看到的极限了。更遥远的星系具有更高的红移，使得它们的光的波长对于哈勃望空间远镜的红外波段来说太长，但对于当前这一代的专用红外天文望远镜来说又太短了。捕获超出目前仪器能力之外的、真正的第一批星系和星族III的光，将成为哈勃空间望远镜的继任者詹姆斯·韦伯空间望远镜（James Webb Space Telescope）的关键目标之一。这个巨型红外天文台配备一个口径达6.5米的低温冷却的主镜，预计将在这个十年的末尾发射（译注：韦伯空间望远镜的发射日期多次推迟，目前的计划发射时间是2021年3月底）。

18 太阳的诞生

定　　义：	约 45.6 亿年前，太阳起源于一团星际气体云的坍缩。
发现历史：	1734 年，埃马努埃尔·斯韦登堡（Emanuel Swedenborg）首次提出太阳起源于坍缩的星云。
关键突破：	最近对陨石内部化学组成的研究揭示出原恒星所处环境的相关信息。
重要意义：	太阳系形成条件的精确模型对于理解太阳系未来的演化十分重要。

各种各样的证据表明，地球和其他行星起源于约 45.6 亿年前，并围绕着那时刚刚开始发光的太阳旋转。那么，当初到底是什么触发了太阳系的形成呢？

讽刺的是，最初提出来的解释太阳和行星起源的科学理论最终被证明是正确的。这个正确的理论在长达两个世纪的天文学大发展中都被忽视了，当时人们支持的是一种现代天文学家们觉得很古怪的想法。

1734 年，瑞典科学家和神秘主义者埃马努埃尔·斯韦登堡首次提出"星云假说"，指出太阳以及整个太阳系是由巨大的气体和尘埃云坍缩形成的。到了 18 世纪晚期，欧洲启蒙运动的两位大师——德国哲学家伊曼努尔·康德（Immanuel Kant）和法国数学家皮埃—西蒙·德·拉普拉斯（Pierre-Simon de Laplace）进一步完善了这一假说。拉普拉斯版本的理论描述了星云内的碰撞如何导致星云变成一个有着核心凸起的扁平旋转盘——这是产生太阳及其周围行星的理想方案。

一个重要问题

在接下来的 100 年中，星云假说被暂时抛弃了，因为它似乎存在根本性缺陷：当星云坍缩时，它的质量会更加集中，更加集中的质量应该使它转得更快，但是太阳旋转得非常慢（大约 25 天自转一周）；所以太阳虽然占据了太阳系总质量的 99%，却只

对页图：像太阳这样的恒星是在巨大的恒星形成星云中产生的，例如距离我们约 2 000 光年远的沙普利斯 2-106（Sharpless 2-106），其大小有若干光年。这一特殊星云中的翼状结构是由新生恒星的星风吹出的气体瓣，而炽热的新生恒星被包裹在中心的尘埃带中，在可见光波段探测不到它。

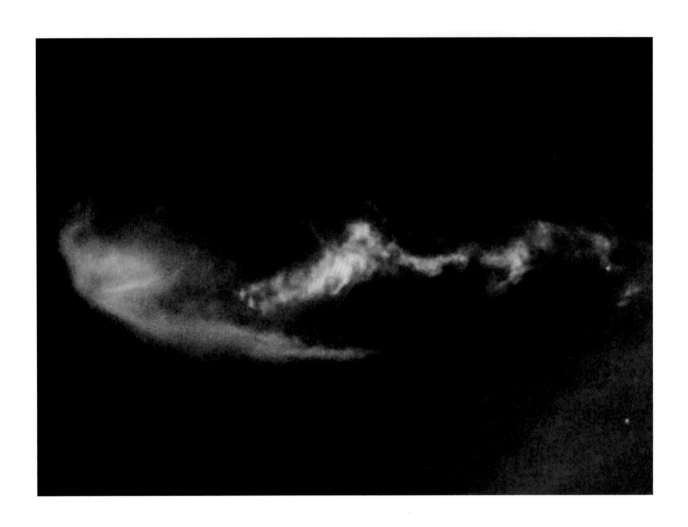

上图：像船帆座中的 HH 47 这样的赫比格－阿罗天体是由不稳定的年轻恒星喷流中的逃逸物质所产生的。这张哈勃空间望远镜图像发布于 2011 年，是目前拍摄到的关于这些奇特星云的最清晰的图像。

占了太阳系角动量的 1%。这一困局没有明确的答案，天文学家们为此提出了许多替代模型，用于解释行星是如何从原本就存在的太阳那里起源的——其中一种想法是附近的过路恒星可能会因为潮汐作用，从太阳上撕裂出一条物质带，从而形成行星。

另一种想法是当彗星撞击太阳时会喷出物质，从而形成行星（当时还不了解彗星的真实性质）。然而，这些想法很快就被否定了，取而代之的是，行星是在形成后（或者独立起源或者起源于其他恒星的轨道上）才被捕获到太阳轨道上的。

直到 20 世纪 70 年代后期，澳大利亚墨尔本的莫纳什大学（Monash University）的天文学家安德鲁·普伦蒂斯（Andrew Prentice）才提出了一种可行的机制——由靠近原始盘中心的尘埃颗粒引起的阻力，可以使太阳的旋转减慢到现在的速度。大约在同一时期，苏联籍俄罗斯科学家维克托·萨夫罗诺夫（Victor Safronov）对星云假说的详尽研究开始在苏联之外受到欢迎。这些突破性的发现使得现代版本的太阳星云假说在 20 世纪 80 年代异军突起。巧合的是，第一台红外空间望远镜也刚好在那时被发射升空，观测技术的突破产生了支持星云理论的确凿证据。红外天文卫星的观测显示，许多年轻恒星发出过量的红外辐射，表明它们被大量较冷的尘埃包围。它还提供了一些恒星周围存在尘埃物质盘的图像证据，比如距离地球约 64 光年的绘架座 β（Beta Pictoris）。

得益于萨夫罗诺夫的理论突破以及红外天文卫星和后续的卫星观测，虽然关于剩余物质中的行星形成仍然存在一些明显的未解决问题（参见第 89 页），但现在星云假说已经被广为接受。哈勃空间望远镜的照片揭示了恒星形成过程中前所未有的细节，在广袤的恒星形成星云的过程中，年轻的恒星从被称为博克球状体的、又密又暗的物质结中显露出来。在猎户座大星云（Orion Nebula）中，哈勃空间望远镜甚至拍摄到了围绕年轻恒星的行星形成物质盘。

确定太阳的生日

看起来似乎很明显，我们的太阳诞生于一个类似的过程中——一团气体和尘埃云在一片更广袤的恒星形成星云区域内缓慢坍缩。关于太阳的起源我们能了解多少呢？之后的研究有助于确定太阳系诞生的确切日期，同时也指出了触发初始坍缩的事件。

2010 年，美国亚利桑那州立大学的化学家奥黛丽·布维尔（Audrey Bouvier）和米纳克什·瓦德瓦（Meenakshi Wadhwa）发表了她们对 2004 年在非洲西北部发现的一种古老的球粒陨石中矿物质的分析结果。球粒陨石通常被认为是太阳系内最古老的天体（参见第 101 页）。它们由宇宙中的尘埃颗粒组成，这些尘埃颗粒在太阳星云中简单地聚集在一起，熔化到足以黏在一起，并且在此后的数十亿年的时间里只发生了很少的化学变化。

布维尔和瓦德瓦专注于研究陨石中被称为富钙铝包体（CAIs）的白斑。它们通常只有几毫米大小，被认为是在太阳星云中形成的第一种固体物质——它们具有高熔点，因此当球粒陨石中的大多数其他物质仍然是熔融状态或者气态时，它们已经凝聚成固体了。更为重要的是，高熔点使得富钙铝包体形成之后难以被熔化和再加工。

富钙铝包体的凝固标志着几个辐射时钟系统的起点，包括涉及铅同位素 Pb-207 和 Pb-206 的辐射时钟系统。通过研究富钙铝包体中这两种铅同位素的精确比例，布维尔和瓦德瓦得出结论，它们形成于 45.682 亿年前，这就为太阳系早期测算了一个非常精确的日期，比之前的估计早了大约 100 万年。

"星云内的碰撞导致星云变成一个有着核心凸起的扁平旋转盘——这是产生太阳及其周围行星的理想方案。"

19 太阳的动力

定 义:	核聚变过程使得太阳这样的恒星能够闪耀上百亿年。
发现历史:	1926 年,亚瑟·爱丁顿首次提出太阳因为核聚变而发光。
关键突破:	1939 年,汉斯·贝特(Hans Bethe)概述了使核聚变得以发生的链式反应过程。
重要意义:	核聚变过程是所有恒星的动力之源。核聚变(译注:术语为核合成)产生了宇宙中所有的重元素,包括形成我们地球的那些元素。

恒星是如此明亮,它们为何能闪耀亿万年? 20 世纪上半叶,结合天体物理理论和实验室对原子内部结构的研究,科学家终于揭开了恒星燃料来源之谜。

在 19 世纪以前,"太阳和其他恒星是如何发光的"这个问题一直都被忽视了,或者至少被认为是理所当然的——太阳被认为是一个由易燃物组成的巨大的球,通过当时人们熟悉的化学燃烧过程而发光。直到地质科学取得了突破,特别是渐进主义(gradualism)的兴起——该理论认为从整体上来说,现在的地球不是由突然的灾难性事件产生的,而是由我们今天同样能看到的、缓慢但无情的过程,且经过难以想象的漫长岁月形成的,这才使得太阳的性质及其燃料来源受到了密切关注。

具体来说,如果地球年龄不是圣经中宣称的几千年,而是至少数千万年,那么通过简单的计算可以得知,即使是像太阳一样巨大的天体,如果通过化学燃烧发光,也早就烧成渣了。19 世纪中期,苏格兰物理学家约翰·詹姆斯·沃特斯顿(John James Waterston)指出,由化学能驱动的太阳其年龄上限只有 2 万年,太阳必须由某种形式的引力能量驱动。沃特斯顿也认识到,唯一说得过去的引力能量机制——大量陨石撞击太阳表面——不足以解释太阳的能量来源。

德国物理学家赫尔曼·亥姆霍兹(Hermann Helmholtz)于 1854 年提出了一个更合理的解决方案,他认为太阳的能量是由其自身引力下的收缩所提供的;然而,亥姆霍兹的理论只能解释太阳形成初始的能量爆发,英国物理学家威廉·汤姆森(William

对页图:此图来自 NASA 的太阳和日球层探测器(SOHO,又称"索贺号"),结合了太阳圆面的极紫外图像和从另一个视角看到的太阳暗弱的外层大气,也就是日冕。它显示了太阳表面的巨大爆发现象,这种爆发现象被称为日冕物质抛射,英文缩写为 CME。

Thomson，又称开尔文勋爵）对该理论提出了修改，解释了太阳的动力源能长期维持的原因。开尔文提出了一个至关重要的观点，即太阳是由坍缩的气体云而不是碰撞的固体物体形成的，这一观点预见了现代恒星形成理论，并提供了一种机制，通过这种机制，太阳可以照耀大约 1 亿年。

原子能

尽管如此，地质学的发现仍然领先于天文学。到 20 世纪初，许多地质学家都确信地球已有超过 10 亿年的历史。幸运的是，当地质学证据已经十分确凿时，天体物理学家们也找到了一种新的能源，可以用来代替化学反应和引力收缩。在那个世纪之交，人们发现了亚原子粒子，并意识到每个原子中都蕴含着能量。随后，1905 年爱因斯坦用他的狭义相对论和联结着能量、质量和光速 c 的著名质能方程 $E=mc^2$ 解释了这种能量的来源。

"伽莫夫因子很快表明四个质子聚起来直接形成一个氦核的机会十分渺茫。"

直到 1926 年，英国剑桥大学的天体物理学家亚瑟·爱丁顿才提出了一个详细的机制，来解释太阳为何可以照耀数十亿年（爱丁顿的一项早期观测对验证爱因斯坦的理论起到了关键作用，参见第 39 页）。爱丁顿勾勒出了一个元素嬗变的过程，在这一过程中，4 个被称为质子的亚原子粒子（质子等同于氢原子剥离掉电子后剩下的原子核，而氢是宇宙中含量最多、最简单的元素）在太阳核心的高温和高压下被强制聚在一起，形成一个氦原子核，氦排在氢之后，是第二轻的元素（1868 年发生的日全食期间，法国天文学家朱尔斯·詹森和英国天文学家诺曼·洛克耶通过研究太阳大气的光谱，发现了氦元素）。

爱丁顿认为，在 4 个质子结合的过程中，两个初始质子被转化为另一种亚原子粒子——中子。其中的关键在于，生成的新原子核只有参与合成的质子质量的 99.3%。缺失的质量被转化成了少量的能量，当少量的能量乘以同时发生的核反应数目，就足以产生巨大的能量，让太阳照耀了几十亿年。现在，爱丁顿提出的这一核反应过程被称为核聚变。

弄清细节

虽然爱丁顿的理论大致正确地描述了像太阳一样的主序星发光的过程，但仍有许多未解决的问题，尤其是涉及伽莫夫因子的问题。伽莫夫因子是俄裔美国物理学家乔治·伽莫夫于 1928 年推导出来的，描述的是不同温度和压力下发生聚变反应的可能

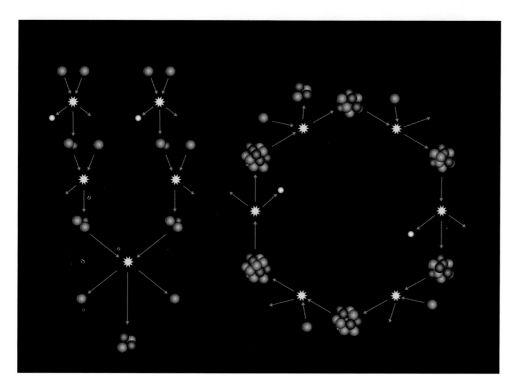

性，结果表明 4 个质子直接聚变成氦核的可能性非常低。因此，显然需要补充一些中间环节。1939 年，在美国纽约州康奈尔大学工作的德裔物理学家汉斯·贝特研究出了最有可能的中间环节的聚变过程。

贝特的这一工作成果获得了诺贝尔奖，该工作确定了两种连锁反应：质子－质子（p-p）链在像我们的太阳这样的低质量恒星中占主导地位，这些低质量恒星核心温度也比较低；在质量更大、温度更高的恒星中，碳－氮－氧（CNO）循环迅速取代质子－质子链，成了主导过程。虽然这两种过程的结果是一样的，但质子－质子链过程包括稳定地添加质子以形成更大的原子核，其发生速度远远低于碳－氮－氧循环（其中包括向碳核中添加质子，先建造出氮和氧原子核，再分裂释放出初始的碳核和新的氦核）。

现在还剩下一个重要问题——恒星光谱所揭示的其他重元素究竟是如何产生的呢？1946 年至 1957 年间，英国天文学家弗雷德·霍伊尔等人研究了包括铁在内的原子核的可能形成途径。在他们的恒星核合成理论中，恒星依靠氦和其他原子核的聚变来一个接一个地制造重元素——这些过程在像太阳这样的中年恒星（译注：即主序星）中并不显著，但是在恒星生命的最后阶段会变得重要起来（参见第 311 页）。与此同时，合成比铁更重的元素已经被证明是质量比太阳大得多的恒星的"独家保留节目"（参见第 327 页）。

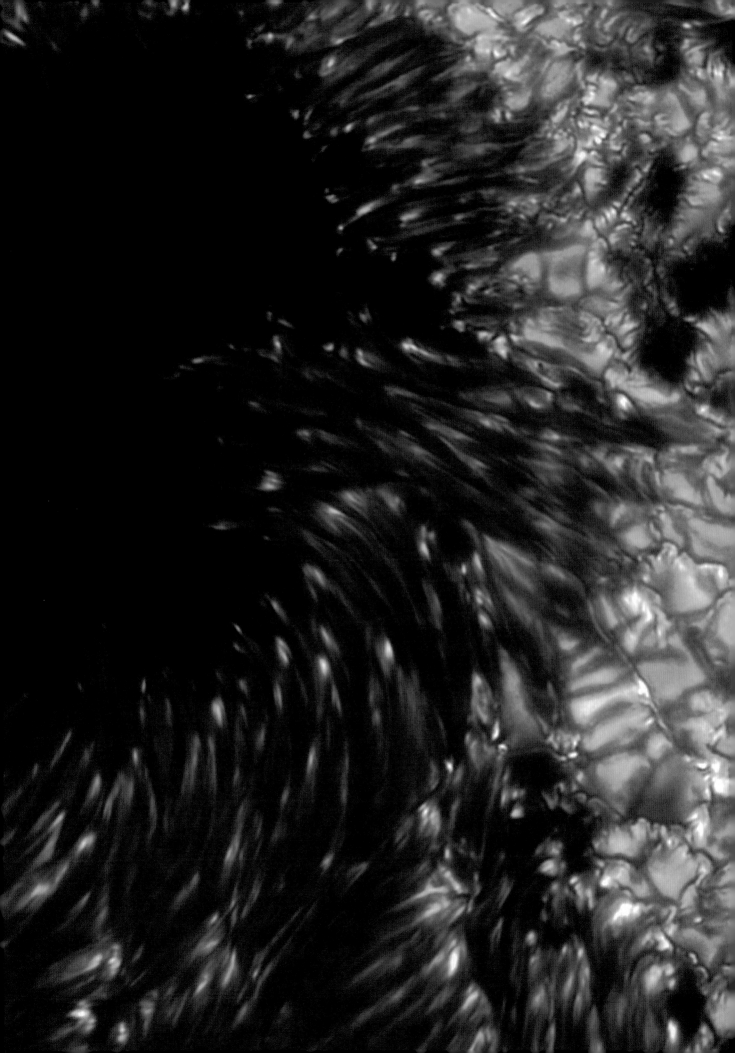

20 日震学

定　　义：一种通过测量影响太阳表面的波来研究太阳内部的技术。

发现历史：1926 年，亚瑟·爱丁顿首先概述了主导恒星内部的原则。

关键突破：1962 年首次观测到太阳表面的振荡，但它们的起源直到 1970 年才由罗杰·乌尔里希（Roger Ulrich）给出解释。

重要意义：日震学技术是观测太阳火热表面之下的唯一方式。

几个世纪以来，虽然天文学家已经了解到太阳是一个巨大的气体球，但其内部结构模型只能依赖于理论计算。后来，基于人们对太阳上层的振荡的研究，情况开始发生变化。

我们的太阳是一个非常复杂的天体，也是我们关于一般恒星属性的诸多理论的实验平台。作为一个巨大的旋转气体球，太阳的中心有一个强大的能源，其表现常常与人们的直觉判断相反。例如，太阳赤道地区的旋转速度比极区快得多，这一结果（尤其是太阳上层产生的扭缠的磁场）导致太阳的活动周期长达 11 年。即使是现在的计算机时代，对太阳内部行为进行建模也是一个巨大的挑战。

内部平衡

我们现在对太阳内部结构的看法与英国天体物理学家亚瑟·爱丁顿在 1926 年出版的《恒星内部结构》（*The Internal Constitution of Stars*）一书中提出的观点相比，并没有什么本质变化。爱丁顿认为恒星的内部是一系列假设球层，其中任何一层都必须在向内拉的引力和向外推的辐射压力之间保持良好的平衡。虽然恒星内的物质可以穿过这些层向上或向下移动，但是层本身必须始终保持一种流体静力学平衡。恒星内产能的变化会影响平衡并导致恒星膨胀或收缩，直到达到新的平衡——这是恒星演化理论的一个关键概念（参见第 257 页）。

对页图：来自瑞典太阳望远镜（Swedish Solar Telescope）的特写镜头显示了太阳表面一个大黑子群周围的复杂结构。较暗、较冷的强磁场区域被数千千米长的火焰状"针状物"包围（译注：此处作者应该指的是太阳光球图像上黑子的半影纤维，太阳色球图像上则有一种广泛存在的针状特征，叫作针状体）。

根据对实验室中气体行为的研究，爱丁顿接着表明，在恒星高压的内部，大部分能量将通过辐射转移来传输——高能电磁波（伽马射线和 X 射线）的发射和吸收。只有到了恒星的外层，大团气体的运动（在对流元胞中，较热的物质上升，较冷的物质下沉）才开始接手，负责将能量继续传输到恒星的可见表面或者说光球。因此，类太阳恒星的内部可以分成产生能量的核心（现在我们知道是由核聚变驱动的）、中间的辐射区和外部的对流区。自爱丁顿时代以来，天文学家已经深入地了解了其他恒星的行为，并发现小质量恒星和大质量恒星的内部结构与太阳有所不同，但这种模型对于太阳本身来说仍然是基本正确的。

探听太阳

天文学家们会如何研究太阳的内部结构呢？也许你会觉得惊讶，但他们确实是通过"听"——太阳表面以各种类似于声波的方式振荡着，这些波穿过太阳内部并在光球层附近激起涟漪，通过这些波的特性可以揭示出它们经过的物质的性质。这些振荡于 1962 年被首次发现，当时美国加州理工学院的罗伯特·莱顿（Robert Leighton）等太阳物理学家研究了来自太阳表面不同区域的光的多普勒红移和蓝移（参见第 43 页）。他们发现，太阳表面的小区域存在着振荡，也就是说先向地球方向移动，然后再远离地球，振荡的平均周期约为 5 分钟。这些振荡模式一开始被认为只是一种表面效应，直到 1970 年才得到正确的解释，美国加利福尼亚大学洛杉矶分校的罗杰·乌尔里希提出了一种理论，描述了太阳深处的压力波（相当于声波）在太阳表面产生的凹凸起伏的驻波扰动。当不同的波在太阳表面附近以较慢的速度向各个方向传播时，它们彼此之间会发生干涉从而产生振荡模式。

观测证实了乌尔里希于 1975 年提出的"p 模波"模型的准确性。一年之后，英国剑桥大学的道格拉斯·高夫（Douglas Gough）发表了一篇论文，描述了如何通过分析太阳压力波，为研究太阳提供新的工具。其涉及的原理类似于通过地震波的分布来研究地球内部的技术，该领域很快被称为日震学（helioseismology）。

震动的发现

也许这种技术最直观的用途是识别太阳内部的转换边界。这些边界通常涉及太阳内部物质的物理变化，这反过来会改变 p 模波的速度或方向，并在太阳表面留下蛛丝马迹。1991 年，高夫等人利用这一原理确定了太阳对流区的下边界，大概处于从光球到日核 1/3 的位置上，而在 1995—1997 年间，几个研究小组使用地基望远镜与太阳和日球层探测器的观测数据，发现在从对流区以下到其总深度的 4/5 的区域中，太阳是均匀自转的，是独立于对流区的。这一特性定义了辐射区的范围，因此也确定了辐射区下面的日核的大小。

日震学的其他应用更局部化——例如在 2002 年，对对流区的研究揭示了光球层以下太阳深处的快速移动的超热等离子体的喷流。同时，太阳黑子等表面特征通常会吸收日震波——这种效应可用于追踪太阳背面的黑子群的发展。这可以用来预测空间天气——太阳耀斑和其他与太阳黑子相关的爆发，因此太阳和日球层探测器同其他卫星自 2001 年以来一直持续监测太阳日震活动（译注：太阳和日球层探测器于 1995 年 12 月发射，目前已不再提供日震等方面的数据，2010 年 2 月发射的太阳动力学天文台卫星接手了它的工作）。

"类太阳恒星的内部可分为产能的核心、中间的辐射区和外层的对流区。"

日震学是一门年轻的科学，并且有许多未解决的问题。例如，太阳的振荡现在被认为有 3 种变体或者说"模式"——它们分别是乌尔里希识别出的压力驱动的 p 模波、在太阳表面上传播的 f 模波以及仅发生在对流区下面的深层 g 模波。追踪 g 模波是一个相当大的挑战，到目前为止，各种探测到 g 模波的声明都未得到证实，但如果能够找到它们，就有可能解锁太阳核心的隐藏结构。

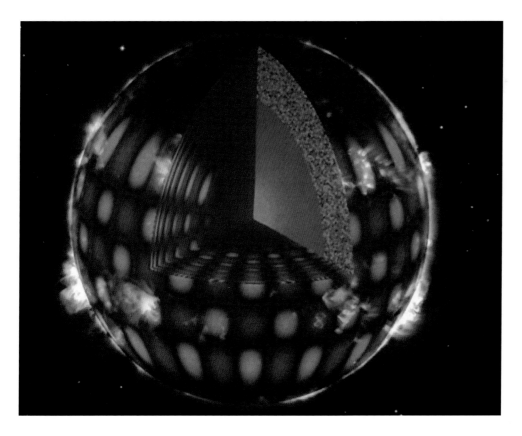

左图：这幅合成图像揭示了太阳表面上的振荡模式，这些振荡使得我们可以绘制出太阳内部大量的细节。

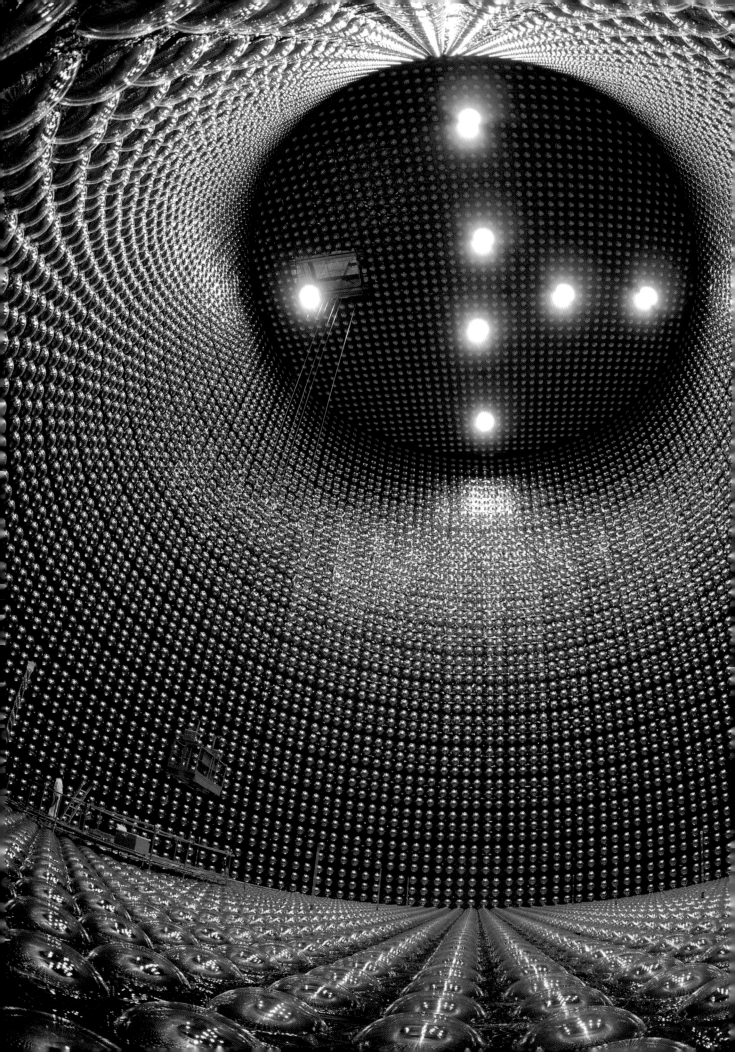

21 中微子

定　　义： 由核聚变产生的难以捉摸的粒子，其性质引发了一连串的问题。

发现历史： 20 世纪 60 年代末，在霍姆斯塔克（Homestake）矿井中发现了太阳中微子的严重缺失。

关键突破： 1998 年，在日本超级神冈天文台（super-kamiokande observatory）探测到中微子振荡，表明中微子具有质量，并在三种形式之间振荡。

重要意义： 中微子可以对恒星内部正在进行的过程进行直接探测。

到 20 世纪中期，天文学家们已经对太阳有了基本的了解，包括它的内部结构、能量来源和主要的表面活动类型。但是在 20 世纪 60 年代后期，探测太阳核反应中心的尝试却带来了令人困惑的结果。

太阳中微子问题表明了观测到的太阳行为与核物理的预测之间存在明显的根本性差异，对这一问题的解决，要从美国天体物理学家雷蒙德·戴维斯（Raymond Davis）和约翰·巴考（John N.Bahcall）说起。他们建造了一台也许是世界上最奇特的望远镜，安装于美国南达科他州地下 1.5 千米（0.9 英里）的一座名为霍姆斯塔克的金矿中。

霍姆斯塔克矿井实验使用了一个充满了四氯乙烯（通常用作干洗液）的巨大水箱来探测路过的微小且看起来无质量的亚原子粒子，这种粒子被称为中微子，它们在太阳核心的核聚变过程中不断被发射出来。中微子可以畅通无阻地穿过大多数物质，完全无视这些物质的存在，因此它们提供了直接测量太阳核心发生聚变反应的速度的方法。探测中微子是公认的棘手问题，因为不管是岩石还是科学仪器，中微子都可以径直穿过去。霍姆斯塔克实验依赖于罕见的捕获事件，捕获事件发生时，中微子会直接撞击液体中的氯原子，将氯原子转化为氩的放射性同位素。水箱位于地下深处，是为了阻挡其他粒子的影响。

对页图：日本超级神冈中微子望远镜的内部好像洞穴一样，有一个装满 5 万吨水的水箱并排列着 1 万多个光敏探测器。这些探测器可以追踪中微子以接近光速穿过水箱时发出的切伦科夫辐射的微光（参见第 34 页）。

失踪的中微子

根据太阳的能量输出，巴考计算了在望远镜中捕获中微子的预期速率，但戴维斯发现，该实验探测到的捕获事件仅为预期的 1/3。最初，科学界对他们的结果表示怀疑，但到了 20 世纪 70 年代，随着世界各地的其他中微子天文台报告了类似的结果，情况变得很明显，他们推测一定是什么地方出了严重的问题。由于巴考对日核中聚变速率的预测依赖于现在太阳表面释放的能量，而这些能量从核心出发经过了约 10 万年的旅程才到达太阳表面（译注：也就是说假设现在太阳内部核反应产生的能量有所下降，我们也要等很久才能看到太阳表面的变化，但是由于中微子能以接近光速的速度直接从太阳内部跑出来，所以会比电磁辐射更早地透露太阳内部的信息。中微子数量的减少可能意味着核反应速度的减缓，所以会有下面提到的可能性），因此一个令人震惊的可能性是，太阳内部的"发电厂"因为某种原因已经动力不足了。幸运的是，日震学的发展（参见第 78 页）很快就将这种可怕的情况排除了，而另一种之前与之对比而不太引人注目的解释则脱颖而出。

剧烈振荡

早在 1962 年，物理学家就意识到实际上有 3 种不同类型的中微子，它们可以通过不同的方式产生。由氢聚变产生的是电子中微子，它可以被霍姆斯塔克矿井实验和其他早期实验探测到，而其他两种类型分别被称为 μ 中微子和 τ 中微子。1968 年，意大利—苏联物理学家布鲁诺·彭特克沃（Bruno Pontecorvo）提出，如果看似无质量的中微子确实具有质量，无论质量多小，它们都可以在不同类型之间振荡。例如，在从太阳到地球的旅程中，大量的电子中微子可能会转变为 μ 中微子和 τ 中微子。

右图：在美国布鲁克海文国家实验室的气泡室中，我们可以看到，中微子等粒子在穿过一个充满过饱和水蒸气的区域时，会产生凝结尾迹，由此我们可以追踪这些粒子的运动。

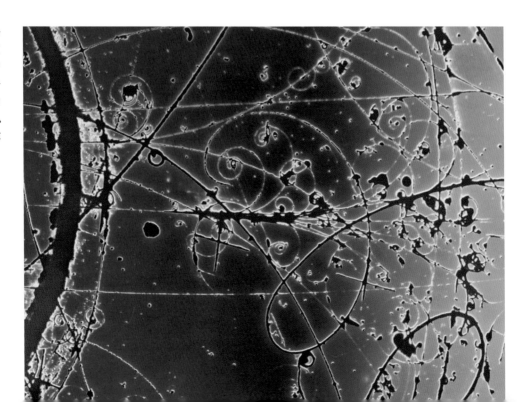

1987 年，由于超新星 1987A 的爆发，天文学家们有了一次难得的机会，可以观测到来自太阳以外的中微子。在超新星爆发出可见光之前，世界各地的中微子实验室就探测到了这次爆发产生的粒子（参见第 349 页）。此时的霍姆斯塔克矿井已经装备了更为精密复杂的探测器，其中一些探测器可以追踪中微子进入的方向，并实时捕捉它们的路径。有趣的是，日本的神冈天文台和美国的欧文－密歇根－布鲁克海文实验室（Irvine–Michigan–Brookhaven experiment）测量到的爆发时刻似乎略有不同，这表明中微子的传播速度略低于光速，因此中微子确实可能具有质量。

1998 年，科学家使用改进版的超级神冈探测器找到了中微子具有质量的进一步证据，该证据是关于 μ 中微子振荡的实验。μ 中微子这种高能粒子是由宇宙射线（参见第 365 页）与地球高层大气中的空气分子发生碰撞产生的。日本研究团队发现，从头顶方向进入探测器的 μ 中微子要比从下方进入的多，他们对这种差异进行了解释，认为来自下方的 μ 中微子在穿越地球的过程中有更充足的时间转变为探测不到的 τ 中微子。通过对振荡速度的分析，该团队甚至估计出中微子的质量为电子的千万分之一。

"在格兰萨索实验室检测到的中微子比预期的要快 60 纳秒——这一结果暗示了它们实际上比光速更快。"

2001 年，在加拿大萨德伯里中微子天文台（Sudbury Neutrino Observatory）进行的一项实验终于首次发现了全部类型的 3 种中微子，并且证实了到达地球的中微子总数与巴考等人的预测非常接近。

答案和新的难题

有关中微子问题的答案不仅受到太阳物理学家的欢迎，也受到寻找可能的宇宙暗物质的宇宙学家的欢迎（参见第 395 页）。最近，这些难以捉摸的粒子又抛出了一个谜团，这个谜团甚至有可能推翻长期以来的物理定律。

自 2006 年以来，位于法国—瑞士边境的欧洲核子研究中心粒子物理中心的物理学家们会定期发射一束 μ 子，指向大约 730 千米（453 英里）外的意大利格兰萨索国家实验室地下的奥佩拉（Oscillation Project with Emulsion-tRacking Apparatus，简称 OPERA）和伊卡洛斯（Imaging Cosmic And Rare Underground Signals，简称 ICARUS）探测器。2010 年，奥佩拉探测器首次在 μ 子流中检测到了 τ 中微子，这验证了中微子振荡的存在。在 2011 年 9 月，奥佩拉科学家团队公布了一项研究结果：格兰萨索国家实验室探测到的中微子比预期的要快 60 纳秒（十亿分之一秒）。由于计算时假设中微子以光速传播，所以这个结果表明中微子实际跑得比光速更快。意料之中地，大多数科学家们都非常怀疑这一结果：毕竟光速不变及其终极性质是现代物理学的基本支柱（参见第 33 页）。但大多数实验误差都已经被排除，并且格兰萨索国家实验室已经以更高的精度重复了这一实验，仍然得到了相同的结果。当时，世界各地的实验室都在计划相关实验，希望能够解决这一争议（译注：2012 年 3 月 16 日已证明是仪器误差）。

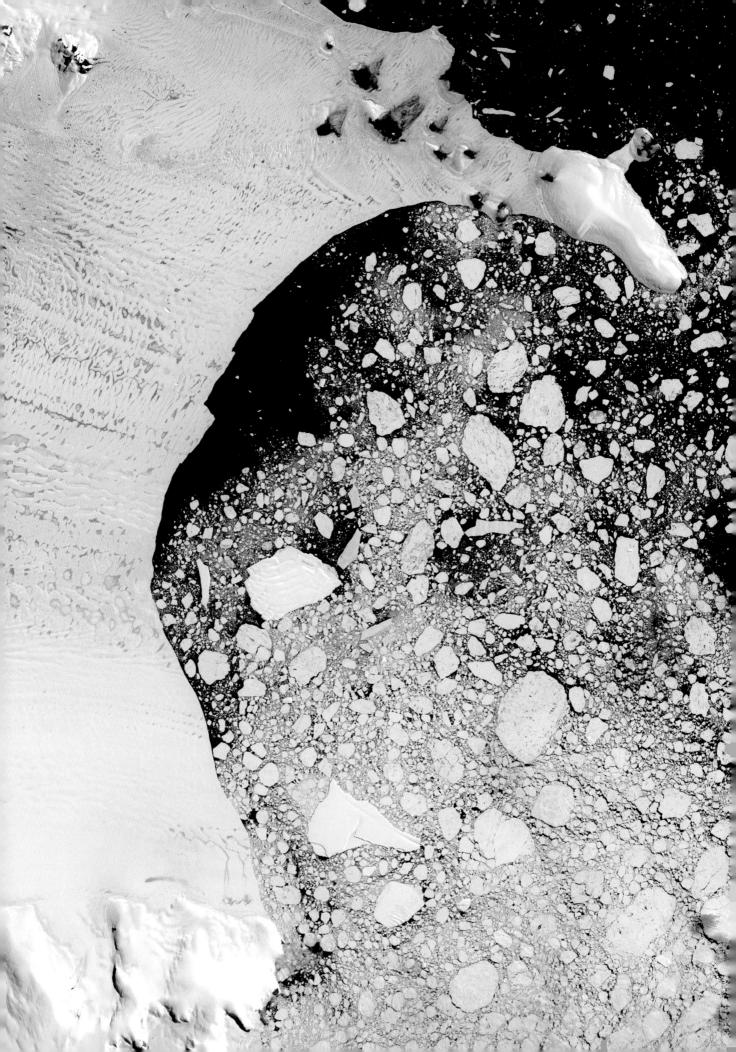

太阳活动周期

定　　义：	太阳黑子和其他太阳活动特征表现出的约 11 年的周期性变化。
发现历史：	1843 年，海因里希·施瓦贝（Heinrich Schwabe）首次确定了太阳活动周期。
关键突破：	1908 年，乔治·埃勒里·海尔（George Ellery Hale）发现了太阳黑子的磁特征。
重要意义：	太阳活动周期可能对地球气候有重要影响。

与很多恒星相比，太阳相对稳定，它平稳、规律地发着光，对于地球上所有生命来说，这是很幸运的。尽管如此，太阳仍然显示出为期 11 年的活动周期，并且有人认为这种长期变化足以影响地球的气候。

太阳活动周期是德国业余天文学家海因里希·施瓦贝在 19 世纪中期发现的。从 1826 年开始，施瓦贝开始系统地搜寻瓦肯星（Vulcan），这是一颗假设的、在比水星更近的轨道上绕太阳运行的行星。定位这个小而快速移动的行星的最佳方法是在它穿过太阳表面时找到它，因此，为了避免将瓦肯星与太阳上出现的同为暗特征的太阳黑子相混淆，施瓦贝便开始坚持记录太阳黑子的位置和外观。到了 1843 年，多年的努力并没有让施瓦贝发现新的行星，但可以确信的是他已经找到了太阳黑子数量和分布变化的周期，并将之确定为 10 年。不久之后，德国柏林天文台的瑞士天文学家鲁道夫·沃尔夫（Rudolf Wolf）将这一周期的数值改进为 11.1 年。

在几个星期内，单个太阳黑子来了又去。黑子们的数量和分布显示出独特的模式。在每个太阳活动周期开始时，头几个黑子出现在远离太阳赤道的高纬度地区。它们的数量缓慢增加，并且出现的区域逐渐向赤道方向移动，直到大约 4 年之后，黑子的数量达到峰值，出现的位置分别集中在太阳赤道两侧的南北纬 15° 附近，现在我们将该阶段称为太阳极大期。此后，太阳黑子继续向赤道方向移动，但数量逐渐减少。再过 7 年，太阳黑子数量降至太阳极小期，标志着一个太阳活动周期的结束。太阳黑

对页图:2002 年，南极洲巨大的拉森 -B（Larsen-B）冰架破裂了，这是我们的地球目前正在经历全球气候变化的强烈信号。这些变化是否与太阳活动的长期波动有关?

子的数量和纬度随时间的变化可以绘制在图表上，从而产生一个优雅的蝴蝶状图案。

绘制太阳磁场

"在每个太阳活动周期开始时，头几个黑子出现在远离太阳赤道的高纬度地区。它们的数量缓慢增加，并且逐渐向赤道方向移动，直到大约 4 年之后，黑子的数量达到峰值。"

1859 年，在太阳表面发现明亮斑块（译注：即太阳耀斑）之后不久，太阳抛射出的巨大带电粒子云吞没了地球，此后天文学家们意识到耀斑和其他太阳活动现象的发生率的变化也是与太阳黑子周期相关的。直到 1908 年美国天文学家乔治·埃勒里·海尔利用新发现的塞曼效应（原子在磁场中发出的光在谱线形态上的改变）绘制太阳本身的磁场时，太阳活动周期的起源才变得清晰起来。海尔意识到太阳黑子是具有强磁场的区域，而且黑子们是成对出现的相反磁极，每对相反磁极分别对应着独特的前导和后随黑子。在一个给定的太阳活动周期中，所有前导黑子都更靠近太阳极区，但在下一个周期中，情况将会逆转，前导黑子会更靠近太阳赤道。因此，从磁场角度看，太阳要回到原来的状态需要至少 22 年的时间（即一个"海尔周期"）。

海尔的发现使得天文学家们研究出一种太阳活动周期模型，该模型描述了与太阳磁场相关的很多特征。在太阳对流区，赤道部分转得比极区快，在太阳活动周期模型中，太阳磁场的外在表现是由对流区的复杂流动所控制的（参见第 78 页）。在一个海尔周期的开始，太阳的整体磁场从北极延伸向南极，平行的磁力线穿过对流区，比较像地球仪上的经度线。随着太阳自转，因为赤道转得比极区快，磁力线开始倾斜和拉伸。最终，磁环被迫穿过光球层，在从光球层表面穿出和重新进入的地方形成一对磁场极性相反的太阳黑子，有时还会发生耀斑和其他太阳活动现象。在太阳活动极大期，这些磁环的数量会增加，不过当它们向赤道汇聚时，会互相干扰、对消；最终，在太阳活动极小期，整个太阳磁场都被推倒重建了。磁场很快重新形成，极性与之前的正好相反，于是海尔周期的下半场开始了。

太阳的影响力

在一个典型的太阳活动周期中，太阳总亮度的平均变化约为 0.1%。毫无疑问的是，太阳活动周期有时会影响地球气候。在确定了太阳周期活动模式后，天文学家们就开始在早期太阳黑子记录中寻找能证明这一结论的证据。英国天文学家爱德华·蒙德（Edward Maunder）发现太阳活动周期在 1645—1715 年间发生了明显的停顿——这段时间恰好与"小冰期"有重合。小冰期是一段寒流大范围肆虐的时期，当时北半

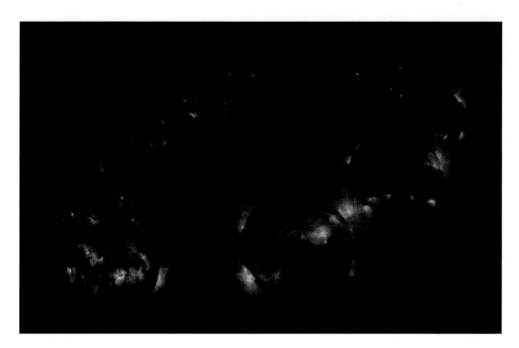

球经历了特别寒冷的冬季。望远镜诞生前的不精确的太阳黑子记录表明，在中世纪晚期，太阳黑子的数量可能比记录的要多，而且这一时期的气候比较温暖。

基于这些证据和理论模型，一些科学家提出可能存在多种"超长活动周期"——从 87 年到数千年不等，它们可以决定单个太阳活动周期的强度。太阳活动周期是否影响以及如何影响地球气候的问题则仍然没有得到解决，而且一些气候变化怀疑论者认为，地球目前的全球变暖是由于受到太阳而不是人类排放的温室气体的影响，因此这一问题变得越来越重要。

2011 年，欧洲核子研究中心的科学家宣布了地球变暖与太阳存在联系的有趣证据，表明宇宙线粒子（当太阳磁场最弱的时候，进入地球大气的这种粒子数量更多，参见第 371 页）可以作为水蒸气凝结的种子，并最终形成云。由于云本身对地球气候的影响也是复杂的，不同类型的云可能产生变暖或降温等不同后果，所以宇宙线对地球气候的整体影响仍然不清楚。

我们目前所在的第 24 个太阳活动周期于 2008 年 1 月正式开始，根据微妙的影响网络和相互作用机制，当然也存在一种可能，即第 24 个太阳活动周期的黑子数偏少、强度偏弱的事实，可能会有助于掩盖人为因素造成的全球变暖的现象。尽管第 24 个太阳活动周期黑子数偏少，但是在 2010 年 8 月，观测到了 4 次大规模的日冕物质抛射从太阳大气中爆发出来，2011 年发生了几次相当强烈的 X 级耀斑。虽然太阳活动从总体来说有一定规律可循，但是从一个活动周期到下一个活动周期，要想精确预测太阳活动，仍然有很长的路要走。

23 行星的形成

定　　义：	行星是从年轻太阳周围的原行星云中生长出来的。
发现历史：	现代行星形成理论是由维克托·萨夫罗诺夫在 20 世纪 70 年代的研究工作中建立并发展起来的。
关键突破：	2005 年首次提出"尼斯模型"（Nice Model），该模型解释了巨行星形成速率及其化学组成。
重要意义：	了解行星起源是对我们太阳系历史进行建模的第一步。

当太阳在远古太阳星云的中心点燃时，一个盘状的物质云留在了它周围的轨道上，最终，盘中的物质合并形成了太阳系的行星和其他天体。如今，科学家们仍在探索与之相关的精确过程。

根据对原始太阳星云物质的最新测量数据的分析，在大约 45.6 亿年前，太阳开始形成（参见第 69 页），此后约 10 万年内，太阳开始通过核聚变发光。在这个阶段，太阳还是个不安分的少年恒星（参见第 271 页），随着继续从周围星云的内部区域吸取物质，它更容易发生猛烈的爆发，但是其亮度和温度持续增加。与此同时，行星也开始在这个星云内形成，天文学家们将这一形成过程称为"吸积"（accretion）。

分离太阳系

在引力向内的拉力和强烈的太阳风向外的压力的竞争下，剩余的星云达到了平衡状态，其形态为一个凸起的圆盘，从太阳延伸到大约 200 AU（天文单位）的地方［远远超出柯伊伯带（Kuiper Belt）的边界，参见第 245 页］。太阳的能量加热了靠近内部的原行星云，导致熔点低的挥发性物质（化学术语中的"冰"）升华成气体，然后被太阳风吹走，只留下相对稀疏的尘埃颗粒。在目前火星和木星的轨道之间存在着一条冰霜线（frost line，译注：又叫雪线），这里的星云温度足够低，使冰等物质能够存留

对页图：红外图像显示了邻近恒星绘架座 β 周围的原行星盘。来自中央恒星的辐射被阻挡，以防止过度曝光，在圆盘的外部区域显示出扰动结构，这可能与新行星的形成有关。数十亿年前，我们的太阳系也经历了类似的阶段。

下来。同样是在这个区域，太阳风也相当弱，无法吹走星云中的气态成分，因此这里聚集了大量的物质，这些物质主要是氢和氦。

根据最新的模型，4颗巨行星是在太阳系历史的第一个千万年内形成的，并且基本是依照顺序形成的。首先形成的是木星，这要归功于大量富含水分的物质正好堆积在冰霜线之外，这些水分是由落入冰霜线之内的冰冻天体蒸发而来的。这个区域内的旋涡使得气体和冰结合成一个质量约为10个地球质量的原行星，然后滚雪球般地迅速从周围环境中吸取物质，从而在短短几千年内成长为木星现在的水平——相当于318个地球质量那么大。土星在太阳系中的形成也经历了一个类似的过程，不过位置要稍微靠外一点，时间也要晚几百万年，此时积聚起来的形成土星的气体也要更少一些。

当然，这些气态巨行星的初始坍缩并没有结束它们的故事。它们的合并产生了巨大的热量，在高压的作用下，某些气体（尤其是氢气）会被液化。与此同时，行星本身进一步被压缩，被拉入新生行星的尘埃颗粒开始向下渗透到行星的中心，创造了内部"发电厂"，行星通过这些"发电厂"产生的能量比它从太阳接收到的还要多（参见第234页）。同时，留在行星轨道周围的富含冰的物质也开始合并，形成了庞大的卫星家族。

> "在几百万年的时间里，稀疏散落的尘埃碎片之间的偶然碰撞导致它们粘在一起，最终形成小行星大小的岩石，其引力足以从周围吸收更多的物质。"

棘手的冰巨人

不幸的是，天王星和海王星这两个靠外的"巨人"，给这一整齐的太阳系形成模型出了一个难题。它们几乎完全由挥发性冰组成，只含有少量的氢和氦，这表明它们是在木星和土星形成之后的一段时间才形成的，此时增强的太阳风几乎扫清了来自原行星云中较轻的气体。以它们目前到太阳的距离，要想积累如此多的冰，需要一个长得不可思议的时间尺度，也许长达1亿年。因此，许多天文学家认为"冰巨人"形成的时候与太阳的距离比现在要近得多，它们那时与木星和土星位于同一区域，是由较大行星形成后存留下来的冰原料形成的。随后，发生了一次对太阳系造成灾难性影响的大事件，天王星和海王星才迁移到现在的轨道上（参见第93页）。

与此同时，内太阳系的事件则进展缓慢。在几百万年的时间里，这一区域中稀疏散落的尘埃碎片之间的偶然碰撞导致它们粘在一起，最终形成小行星大小的岩石，其引力足以从周围环境中吸收更多的物质。在大约1 000万年的时间里，太阳系内部的大部分物质都集中在几十个被称为星子（planetesimals）的天体中，每个星子与我们月球的大小差不多。根据日本东京大学科学家的一项研究，由于形成它们的星云残余

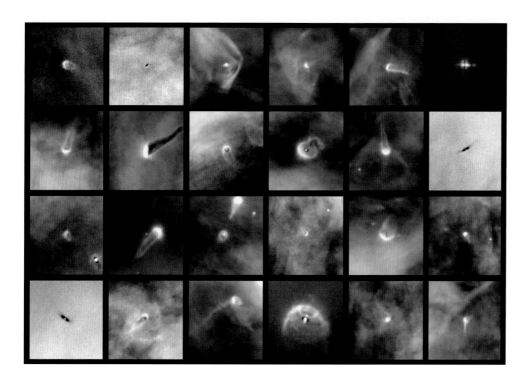

物的刹车效应（编注：高速运动的物体突然停下后的惯性运动），这些天体将或多或少按圆形轨道运动。在接下来的 1 亿年左右，与较远但质量更大的巨行星的引力相互作用扰乱了星子的轨道，将其中一些星子推到相互碰撞的路径上，另外一些被送到太阳里面毁灭掉了，而更多的星子则被抛进了寒冷的星际空间。碰撞和合并的星子最终形成了我们今天所知的类地行星。

未解之谜

当然，这个模型并没有回答所有关于行星形成的未解之谜。最重要的是，它没有解释一项明显的事实：内行星最终的轨道是如此的整齐、如此的圆（低偏心率）。曾经有一段时间，这被认为是形成过程带来的不可避免的结果，但是当代天文学家们发现，许多太阳系外行星有着非常奇怪的轨道（参见第 281 页），表明情况肯定不是以前认为的那样。一种可能的解释是，内太阳系中的圆轨道与行星形成后发生的迁移过程有关。

另一个有趣的问题是涉及行星的轨道特征的。除了轨道偏心率问题之外，吸积模型应该产生非常一致的特征——行星的公转轨道应该精确地位于从太阳赤道延伸出的平面内，它们的自转轴应该是垂直于该平面，而不是倾斜的，而实际情况正好相反，几乎每颗行星的轨道和自转轴都偏离了理想状态，有的甚至偏离得非常明显。

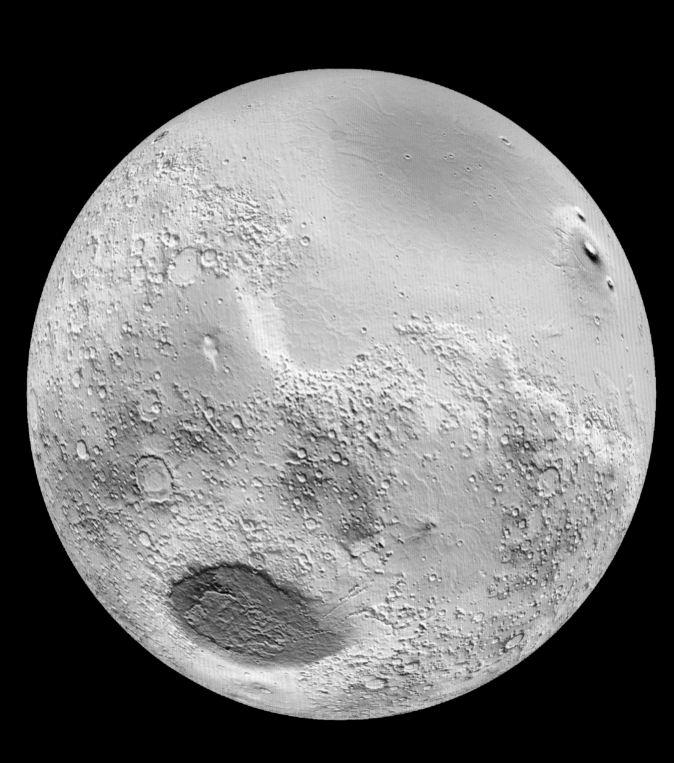

行星迁移

定 义:	太阳系形成后不久,行星轨道的大规模变化。
发现历史:	2005 年,首次发表了关于行星迁移的"尼斯模型"。
关键突破:	2006 年,尼斯模型的发展提供了一种解释巨型外行星自转轴倾斜的方法。
重要意义:	早期太阳系中的行星迁移可能对塑造我们现在的世界发挥了关键作用。

　　根据最新研究,行星并不一直位于现在这样有序的轨道上。相反,早期太阳系曾发生过显著的行星迁移,这对行星际空间中较小天体的分布产生了巨大的影响。

　　有一种被广泛接受的模型叫作"碰撞吸积模型"(参见第 89 页),该模型表明在大约 45.6 亿年前太阳点燃后,由剩下的原行星云形成了行星。这个模型准确地描述了行星的广泛属性,既包括更靠近太阳的岩石世界,也包括冰霜线之外的气体巨人及其冰封的卫星,在冰霜线处,挥发性化学物质可以保持冻结状态,直到它们被吸纳到行星或者卫星中。有趣的是,这与目前我们所看到的太阳系相矛盾。

　　最大的问题是巨行星的轨道都不太符合模型的预测,这对于天王星和海王星来说尤为明显,这两颗行星现在的轨道对应于当年太阳系原始星云相对稀疏的区域(译注:所以难以形成大块头的巨行星)。另一个重要问题在于冰封的矮行星世界和彗星的起源——今天的太阳系是被层层包裹着的,相对较近的有内柯伊伯带和相关的冰矮星的散布盘(参见第 245 页),而更遥远的地方有深度冰冻的彗核组成的球形奥尔特云(Oort Cloud)。除了内柯伊伯带之外,这些冰冻碎片中没有一个能够起源于它们目前绕太阳运行的轨道上。

　　在 21 世纪初期,一支国际天文学家团队以法国尼斯天文台为基地,发展出一系列关于早期太阳系的各种情景的计算机模型。这些模型表明某些特定的初始条件极有可能导致我们今天所知的行星和小天体的排列情况,同时也与原始的原行星云的条件

对页图: 这是一幅显示了火星复杂地形的假彩色图像,从图中可以看出火星南北半球之间存在明显差异。在行星迁移期间受到的破坏性影响,可能形成了今日火星北部平原的巨大冲击盆地(参见第 156 页)。

保持一致。2005 年，罗德尼·戈梅斯（R. Gomes）、哈尔·利维森（Hal Levison）、亚历山德罗·莫尔比代利（Alessandro Morbidelli）和克莱门尼斯·希格尼斯（Kleomenis Tsiganis）在著名的《自然》（*Nature*）杂志上发表了 3 篇论文，公布了他们的发现。虽然这些研究也存在一些问题，但他们关于太阳系早期演化的图景（通常被称为尼斯模型）已被广为接受。

尼斯模型

他们于 2005 年所提方案的关键特征是 3 个巨行星最初离太阳更近，位于距离太阳 5.5 ~ 17 AU 的轨道上（在天王星现在的轨道之内）。在它们之外，横亘着一个宽阔的盘，由冰矮星星子所组成，延伸到大约 35 AU 的位置上，共包含 30 ~ 40 个地球质量的物质。

"当土星冲向较小的冰巨行星时，会将它们推入极近椭圆的轨道，这种轨道会直接穿过星子带。"

最内侧的小天体和最外面的巨人们（可能是当时的天王星或海王星，见下文）偶然相遇往往会导致动量交换，其结果是小天体被拉向太阳系内侧，巨行星则略微向外挪。由于向内散射的小天体们偶尔又会遇到下一个巨人行星，这一过程会反复进行，所以行星逐渐向外漂移，而原始的冰矮星带也随之耗尽了。当星子遇到木星时，这个过程发生了逆转，这个巨人行星的强大引力倾向于将星子们扔回外太阳系的深处，甚至将它们完全弹射出去，同时会使木星慢慢向内移动。

外行星以这种方式稳步发展了几亿年，直到大约 39 亿年前，这个过程进入了一个更快速的新阶段，其触发因素包括向内旋进的木星和向外漂移的土星达到了 1：2 的共振状态，也就是说每当木星绕太阳转 2 圈，土星就会绕太阳转 1 圈。这一效应导致两颗行星之间频繁地对齐，从而增强了木星对土星的引力效应，使得土星快速向外旋出，直到现在的位置上。当土星冲向较小的冰巨行星（译注：即天王星和海王星）时，会将它们推入极近椭圆的轨道，这种轨道会直接穿过星子带。小天体的世界因此变得四分五裂——有些小天体被扔进散盘或更远的地方，而更多的小天体则被送往太阳和内行星那里，其结果就是"晚期重轰击"（late heavy bombardment）事件，这些事件给太阳系各处都留下了伤痕（参见第 97 页）。最后，散射效应降低了冰巨人轨道的偏心率，将它们推入了现在这种或多或少是圆形的绕太阳公转的轨道。只有原始星子盘的外边缘在被剥去了大部分质量之后幸存下来，形成了现代的柯伊伯带。

主题的变化

尼斯模型成功地解释了现代太阳系的难题，并发现了与我们的太阳系明显不同的系外行星系统（参见第 281 页），这些进展带来了行星动力学研究的复兴。我们整齐排列的太阳系不再是从远古到现在一成不变的固定模式，恰恰相反，它似乎是一个复杂演化过程的结果，这一演化过程直至现在可能还没有结束。不足为奇的是，天文学家们已经发展出动力学理论来解释许多其他太阳系的奥秘。

例如，在尼斯团队约一半的模拟实验中，这些冰巨人都在大约 10 亿年之后交换了位置。这种交换对太阳系的总体发展几乎没有影响，因为这两个行星的质量大致相同，但对于这两颗行星来说，将是一个痛苦的时期。阿根廷天文学家阿德里安·布鲁尼尼（Adrian Brunini）提出，这可能解释了土星、海王星以及天王星令人费解的倾斜自转轴。2006 年，布鲁尼尼提出，在这 3 颗外行星之间经常会发生近距离交汇，这可能会拖曳它们凸起的赤道部分，并使它们的自转轴逐渐倾斜到目前的程度。该理论的一个显著优点是，破坏将发生在相对较长的时间尺度上，以便为在行星赤道平面上运行的环和卫星提供时间来修正移动方向。要想替代"晚期重轰击"解释，不仅需要好几次异常大的碰撞，而且还需要它们发生在太阳系历史的早期，只有这样，环和卫星才可以在行星目前的赤道上方形成。

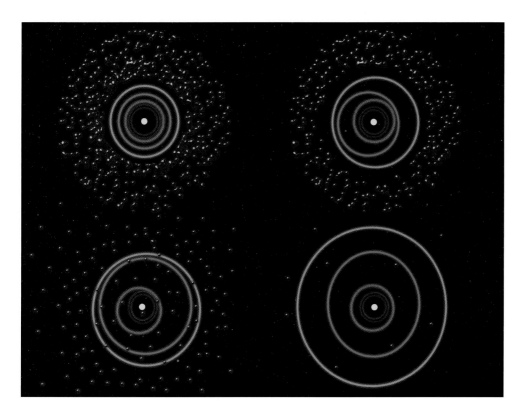

左图：在太阳系历史的第一个 10 亿年中，巨行星的轨道（显示为彩色椭圆）在不同的方向上漂移，从而变得更大。在这一过程中，无数的小天体（以棕色显示）从巨行星现在的轨道附近被抛散出去。

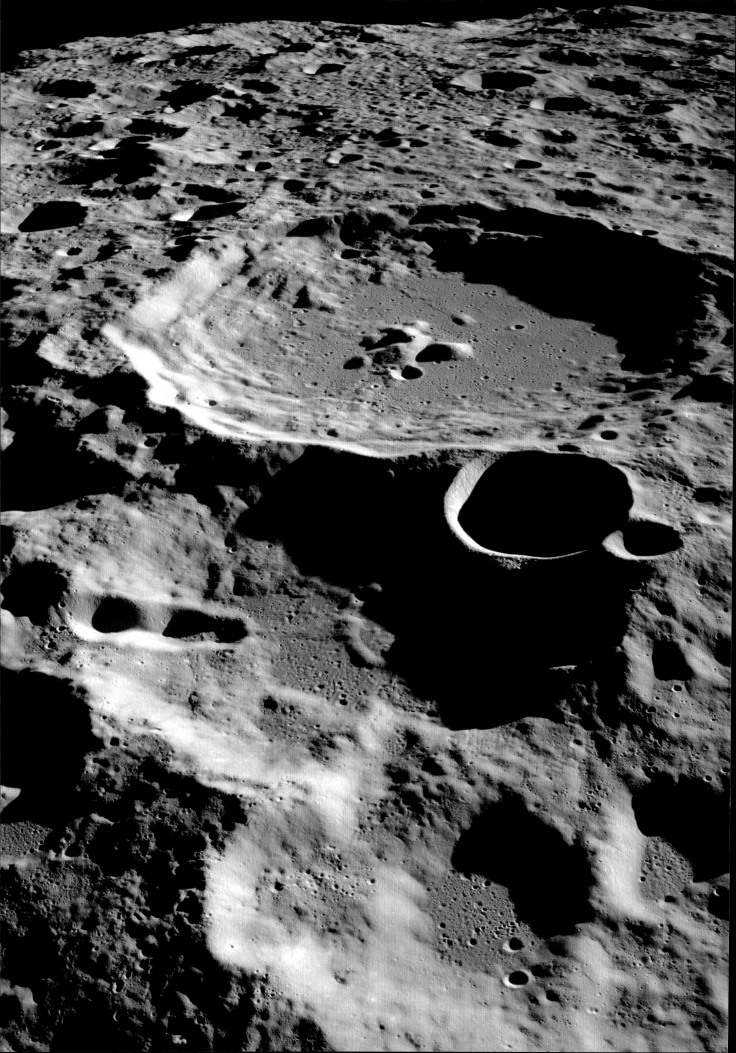

25 晚期重轰击

定　　义：	大约 39 亿年前，太阳系可能经历过严重的受撞击时期。
发现历史：	1974 年月球的撞击熔化分析提供了撞击的证据。
关键突破：	2005 年提出的行星迁移模型为撞击频率的急剧上升给出了最具合理性的解释。
重要意义：	晚期重轰击是确定整个太阳系行星地表年代的关键。

大约 39 亿年前，内太阳系的行星遭到来自外太阳系物质的撞击。对此，行星科学家们一致认同。但是，晚期重轰击真的发生过吗？

太阳系中每一个固态天体的表面都能发现或大或小的撞击坑，这些坑的存在证明了行星曾不断受到太空碎片的撞击。如今，撞击仍在发生，但频率相对较低且平稳，而足以形成陨石坑的撞击已经非常罕见了，但是在过去，撞击要频繁得多。

此外，陨石坑的记录为确定行星地表年代提供了一个重要的参照。因为撞击的频率很稳定或在缓慢降低，并且撞击发生的地点事实上是随机的，科学家会根据一个地区陨石坑的数量来测定年代；同时，由于受撞击区域的地表会被持续冲刷和重造，所以科学家也会以此来判断其形成的相对年代。另一个重要的方法是识别喷射物，即识别在撞击过程中汽化并覆盖到临近地表上的片状或线状的物质。显然，任何被喷射物覆盖的地层都出现在撞击之前，而能改变喷射物的事件都发生在这之后。

遗憾的是，除此之外仍有许多因素会使情况变得复杂。例如，哪些因素会影响太阳系不同地区或不同时期的撞击频率？大多数用来确定年代的事件（绝对的，不是相对的）都来自我们的卫星——月球。

月球记录

月球是研究陨石坑记录的最佳场所，因为很长时间以来，它的地质活动都非常不

对页图：月球受撞击的模式以及月表的地质证据表明，大约在 39 亿年前，撞击频率曾达到过一个峰值，然后才开始减少。那么，这种情况在整个太阳系中很常见吗？

活跃。此外，月球没有大气层，这意味着它表面的陨石坑在数百万年内保持着原始状态，除非它们被后来的撞击覆盖。但最重要的是，月球在我们能触及的范围内，且已有12名宇航员在1969—1972年间造访了月表，他们带回的岩石样本成了我们研究太阳系历史的重要支撑。

阿波罗号的登陆点选择了分散在月球正面的6个地点，每个地点都是出于其地质意义而选定的。出于安全方面的考虑，坑坑洼洼的月球高地中央无法登陆，但是在高地外侧、月海、靠近山脉的地区以及与撞击盆地的形成有关的喷射覆盖层附近都有登陆点。

科学家们对月球岩石进行了仔细分析，使用辐射定年等技术确定它们的具体年代。例如，分析显示，大多数形成月海的玄武岩熔岩是在35亿~30亿年前从月表下喷发而出的，这意味着被它们覆盖的大型撞击盆地肯定是在此之前形成的。

20世纪70年代中期，加州理工学院的一群科学家在测定月球各种冲击熔岩（形成大型盆地时受撞击熔化并再次凝固的岩石）的年代时注意到了一个显著特征：月球

下图: 2009年,奥列格·艾布拉莫夫（Oleg Abramov）和史蒂文·莫吉兹（Steven J. Mojzis）模拟了晚期重轰击对地球的影响，并绘制了这张地表下4千米（2.5英里）的温度峰值图。尽管几次大型撞击的温度都超过了1 000℃（1 800 ℉），但地表其余部分的温度却出人意料的适中。图中蓝色部分表示温度低于110 ℃（230 ℉）的区域。

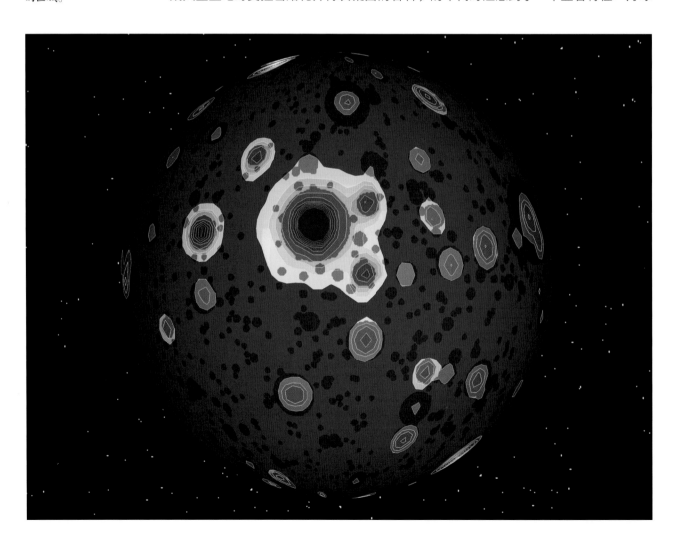

上相距甚远的十几个不同的撞击盆地的岩石样本都是在 39 亿～38 亿年前一个相对较短的时期内结晶出来的。加州理工学院的研究小组提出，这是"月球末日灾难"的证据——撞击的规模和强度的短暂上升被现在的人称为"晚期重轰击"。

疑惑与成因

撞击的证据被广泛接受，但并非所有人的解释都是一致的。一些怀疑论者认为，这些冲击熔岩的样本并不像看上去的那样相互独立。尽管分布广泛，但它们几乎都来自于同一次大规模撞击，这次撞击形成了 1 300 千米宽（800 英里）的寒武纪盆地。另一些人认为，这种记录本身存在误导，因为随后的撞击会破坏早期撞击存在过的证据。如果该观点无误的话，那么在 38 亿年前的最后一次重大撞击中的撞击频率就是稳步下降，而不是急剧上升了。

目前唯一能确凿证明晚期重轰击发生过的方法是让人类或探测机器人回到月球，并从更广泛的地点收集岩石样本；然而，这一问题的许多疑虑都归因于缺乏合理的机制来解释这场突如其来的灾难性事件。

直到最近，一种模棱两可的解释认为，重轰击在某种程度上像是一场突发的清理行动，在这场轰击中未形成行星的碎片和星子被迅速地吸收了。幸运的是，在 2005 年，尼斯天文台的天文学家们提出了一种更详细的替代假说，他们将撞击归因于外太阳系的行星迁移，并认为大多数撞击天体是来自原始柯伊伯带的冰质天体（参见第 245 页）。如果正确的话，这一理论将对整个太阳系产生重要影响：因为它意味着晚期重轰击应该会同时影响几乎每一颗行星和卫星。

还有另一种解释，这种解释与尼斯模型惊人地相似，但却是由 NASA 科学家约翰·钱伯斯（John Chambers）和杰克·利索尔（Jack Lissauer）于 2002 年在尼斯模型之前提出。这个行星 V 理论假设太阳系原本还存在第五颗岩石行星，它比火星小，在火星和小行星带之间的某个轨道上运行。

最初，这颗行星轨道稳定，但大约 5 亿年后，与内太阳系行星的相互作用破坏了它的稳定，导致它撞入小行星带，产生了严重的后果。行星 V 假说没有像尼斯模型那样回答更多的问题，但这两种产生于不同情境中的不同撞击性质究竟哪一种才是正确的，还是交由未来的月球或行星任务去证实吧。

"行星 V 理论假设太阳系原本还存在第五颗岩石行星，它比火星小，在火星和小行星带之间的某个轨道上运行。"

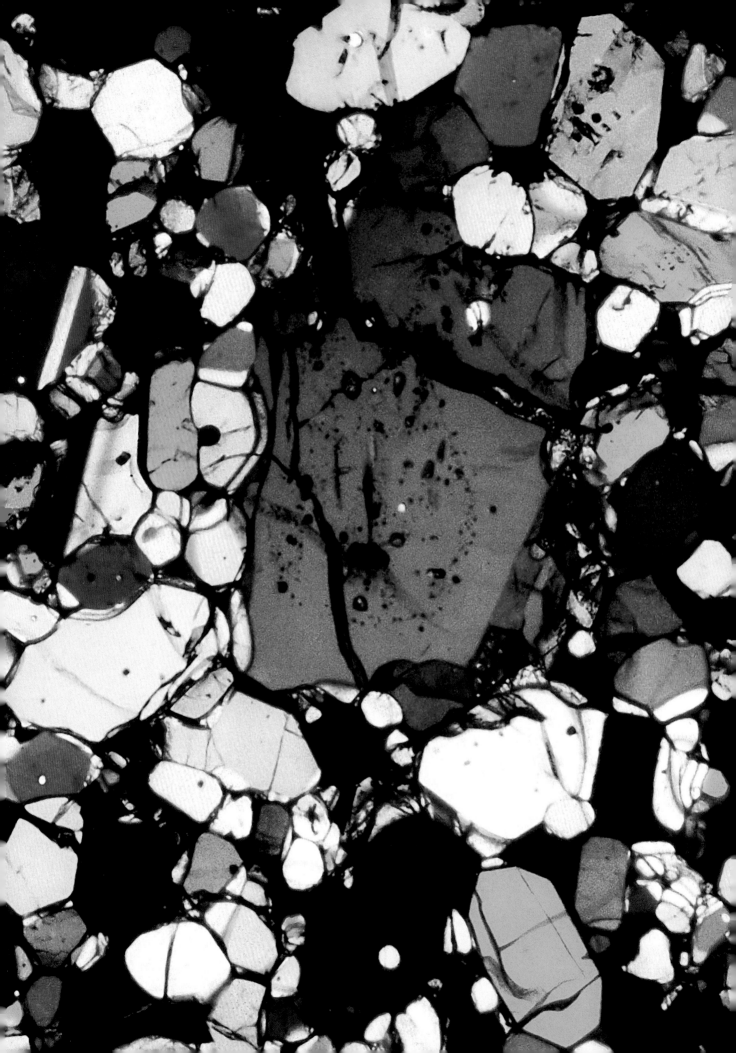

26

陨石的构成

定　义：	穿过地球大气层后降落到地面并幸存下来的岩石碎片。
发现历史：	1800 年左右，恩斯特·克拉德尼（Ernst Chladni）和让 – 巴蒂斯特·毕奥（Jean–Baptiste Biot）首次提出了太空物质降临地球的想法。
关键突破：	19 世纪中期，内维尔·斯特瑞·马斯基林（Nevil Story Maskelyne）定义了几种不同类型的陨石。
重要意义：	陨石为天文学家近距离研究太阳系的构成原料提供了一个难得的机会。

　　每天都有成吨的物体从外太空进入地球大气层，但大部分都在大气中燃烧殆尽，只有少数几块陨石能够到达地面——这些来自其他世界的碎片让我们对构成太阳系的原料有了宝贵的一瞥。

　　尽管古代的人类就已经知道了陨石的存在，但是和陨石有关的科学研究却是从 19 世纪早期开始的，直到那时，有物质从外太空进入地球这一观点才被广泛认同。直到最近几十年，天文学家和地质学家才认识到这些稀有碎片中含有关于原始太阳系的宝贵信息。

陨石的分类

　　19 世纪中期，大英博物馆的馆长内维尔·斯特瑞·马斯基林第一次尝试对陨石进行分类。他将陨石切成薄片并通过偏振光（在一个平面上振动的光）来研究陨石以突出它们内部的晶体结构。根据观察到的金属和硅酸盐含量的不同，他将陨石分为三大类——陨石（或"石质"陨石）、陨铁（或"铁质"陨石）以及中陨铁（或"石铁"陨石）。

　　尽管斯特瑞 – 马斯基林分类法被广泛运用于描述陨石的分类，但是该分类太宽泛了，以至于无法对地质研究提供帮助。柏林大学的矿物学者古斯塔夫·罗斯（Gustav Rose）后来修正了斯特瑞 – 马斯基林分类法，他意识到了球粒陨石的重要性（石质陨

对页图：偏振光线穿过球粒陨石的薄切面显示出对比颜色，有助于识别其中的各个陨石球粒。这些小碎片在太阳系初期合并形成一块岩石，并在之后的 4.5 亿年间保持不变。

石中的微小岩石球，其大小与陨石形成时冷却的速率有关）。罗斯的奥地利学生阿里斯蒂德·布雷齐纳（Aristides Brezina）后来提出了将石质陨石按照是否有可见的球粒陨石归类为球粒陨石和无球粒陨石的观点。尽管 20 世纪关于陨石分类的理论取得了很多进步，但罗斯和布雷齐纳的分类方案仍然为众多研究者采用。

陨石的种类及起源

已知的陨石中约有 86% 都是球粒陨石，它们的外表面通常为黑色且带有硬壳（在大气层中降落时烧焦而产生的）。它们的内部由一大团陨石球粒组成，边缘部分熔化黏结在一起，但在它们内部保存着行星形成时原行星云中的物质。它们以硅酸盐矿物为主，但其中有大约 5% 是富含水和碳基等有机分子的"碳质"。这些易挥发、易蒸发的化学物质的存在表明，碳质球粒陨石从未被高温加热过，因此它们将太阳系早期的物质保存在最原始的状态。一个有趣的问题是，球粒陨石是如何在没有完全熔化的情况下成功地结合在一起的？ 2005 年，华盛顿卡内基研究院的艾伦·波斯（Alan P. Boss）和印第安纳大学的理查德·杜里森（Richard Durisen）提出了一个大胆的想法，他们认为，球粒陨石是通过短时闪光加热黏合在一起的，这些光是由木星形成时造成的激波在原行星云中荡漾而产生的。

"天文学家认为 HED 陨石和一些 V 型小行星都是从一次发生在灶神星的撞击中喷射出的，这次撞击在灶神星的表面留下了一个巨大的疤痕。"

无球粒陨石是第二常见种类的陨石，占已发现陨石总数的 8%。由于缺乏陨石球粒，它们常常形似地球上的火成岩，并表现出明显的地质活动的特征，如熔融和火山活动。科学家们认为，无球粒陨石起源于大小足以产生地质活动的星子外壳，并在受到撞击时从这些星子表面被喷射出去。科学家们认为有些无球粒陨石来自月球，甚至是火星。

铁陨石占所有已知陨石的 5%（尽管金属特性使它们特别显眼，但它们的实际数量可能比这一数字还要少）。以铁为主，但通常也含有镍，铁陨石的组成与岩石行星的核心非常相似。它们总是显示出由精致的线条纵横交错而形成的图案（被称为魏德曼花纹），这意味着随着数百万年的缓慢冷却，这种金属长成了更大的晶体。所有这些证据表明，铁陨石起源于大型星子的冷却核心。

最后，石铁陨石只占已知陨石的 1%，并且含有金属和石质混合的无球粒陨石。它们被认为是在大型的、分化良好的星子或小行星的核心和地幔的交界处形成的。

家族历史

在过去的几十年间，新技术揭示了更多关于陨石起源的信息。通过测量氧同位素

的比值我们可以知道形成陨石的原行星云区域在哪里，而对小行星进行光谱分析表明了小行星更应该被归入哪个主陨石类别中。根据夏威夷大学的大卫·托伦（David J. Tholen）被广泛使用的学说，75% 的小行星属于 C 型，即表面呈黑色且富含碳，可能与碳质球粒陨石有关。C 型中还有几种不同的分类，这些子分类陨石具有相同的表面化学性质。除了 C 型以外，还有 17% 的陨石属于 S 型，类似于石质陨石。还有许多不常见的类型，包括富含铁质的 M 型，有点像铁陨石。

　　在一些情况下，特定类型的小行星与相关的陨石可以追溯到同一个母天体。最佳的例子就是 HED 陨石，它是由一组与地球上火成岩很相似的无球粒陨石构成的（古铜钙无粒陨石、钙长辉长无粒陨石和古铜无球陨石），且这些陨石很明显起源于同一颗地质活跃的母天体。HED 陨石在无球粒陨石中超过半数，20 世纪 60 年代，有人甚至认为它们来自月球。但是在 1977 年，天文学家盖伊·康索马诺（Guy Consolmagno）和迈克尔·德雷克（Michael J. Drake）构建了一个详细的母天体模型；1979 年，德雷克将它们的起源和大型小行星灶神星（Vesta）联系到了一起。望远镜观测和最近的太空探测器证实了灶神星上有一个巨大的撞击疤痕（参见第 173 页）——HED 陨石和一些较小的 V 型小行星可能即起源于此。

上图: 这是一块部分被抛光过的铁陨石显示出被称为魏德曼花纹的特征结构。它们是熔化的金属缓慢冷却后（例如在一颗大型小行星的中心）凝固形成的大块晶体。

27

岩石星球上的水

定　　义:	地球和其他岩石行星上水的存在引发了人们对这些水的起源的探究。
发现历史:	1998 年，金佰利·西尔（Kimberly Cyr）提出外来的冰体会给原行星云的内部区域带来水分。
关键突破:	最近的研究发现了 44 亿年前地球上存在液态水的证据，增加了它们来自地球内部的可能性。
重要意义:	水的起源与生命的出现有着极其重要的联系。

地球和其他岩石行星在形成过程中会产生大量热量，这些热量足以逼出任何原始物质中的水分并将它们赶入太空。那么，地球上的海洋以及曾经在金星、火星上形成海洋的水是从哪里来的呢？

现在，地球是内太阳系中唯一一颗表面有液态水的行星，水覆盖了地球大约 71% 的面积，海洋盆地中水的平均深度达到 3 700 米（12 100 英尺），但是有强有力的证据表明，金星和火星也曾有过充足的水。火星的大部分水目前仍以地下冰的形式存在，而金星的水早已进入了太空。不过，内太阳系行星上存在水使得太阳系的形成模型出现了问题。

一个潮湿的开端

原始太阳星云中有大量以冰的形式存在的水，但是随着太阳的形成，其中心区域温度升高，大部分冰都达到熔点并被蒸发掉了。一旦水变成气体，就会被太阳辐射分解为氢气和氧气，并随着太阳风向外飘散，就像金星上发生的那样（参见第 137 页）。最终，它们会在火星和木星的轨道之间形成一条冰霜线，这条线又会对两侧行星的发展产生重大影响。

冰霜线的存在并不意味着靠近太阳的行星就是在完全干燥的状态下形成的，因为

对页图: 水是地表上常见的化合物，但却具有独特的性质。它是少数几种在相对较窄的温度范围内同时存在固体、液体和气体三种形态的物质之一，并且在从一种形态转变成另一种形态的过程中重塑了地球和其他星球。

上图：长久以来，彗星撞击一直被认为是使水和冰在太阳系内部岩石行星开始冷却时重返它们内部的一种可能性机制，但现在看来，彗星上的许多冰是由与地球上的水不同的同位素组成的。

这仅仅是一个理论上的距离，只有少量且没有保护的冰才会在这种距离下挥发。实际上，更大的冰体可以在离太阳更近的地方留存一定的时间，那些从内太阳系穿梭而过的彗星就是最好的例子。确实，根据亚利桑那大学金佰利·西尔于1998年发表的模型，内太阳系曾经受过直径以米计算的小型冰体流星雨的持续洗礼，当这些冰体体积变大后，它们会呈螺旋式朝太阳的方向返回，并在冰霜线以外的区域因和气体的摩擦而减速。随着这些冰块的缓慢挥发，它们会在靠近太阳的原行星盘中形成一个水汽充足的区域——不断受到辐射和太阳风的侵蚀，但也持续有新的物质补充进来。这片区域的具体位置受诸多因素影响，例如当时太阳的精确强度，但通常情况下，地球现在的环绕轨道总是被包含在内的。还有证据表明，至少还有一些陨石和小行星中留下了水分，并且这些水分也可能对内行星的原始物质产生影响。

存在过风暴吗

要解释为什么地球上仍然存在水的真正难点在于，地球形成时的温度足以熔化岩石。即便是化学分子式上嵌入在水合矿物中的水，最终也会因一种叫作"除气"的过程而被分离出来，水蒸气进入原始大气后会被分解并被吹入太空。

由于这个原因，直到最近，大多数天文学家和地质学家还认为，是先由太阳系其他地方的物质形成行星，之后行星才发生再水合过程的。晚期重轰击——39亿年前重塑了内太阳系天体的一系列灾难性撞击（参见第97页），似乎为彗星和水合小行星给岩石行星返还大量水分这一行为创造了条件。

天文学家通过比较太阳系中不同地区的水所含的正常氢和氘（氢的一种同位素，其原子重量是氢的两倍，但化学性质相同）的比率来尝试追溯地球海水的起源。这就排除了地球上的水来自彗星的可能，因为它们通常含有多的氘。据尼斯天文台的亚历山德罗·莫比德利称，碳质球粒陨石的氘比率提供了更好的证据，因此那些撞击天体更有可能是来自冰霜线以外的冰质小行星。莫比德利等人开发的尼斯行星迁移模型（参见第93页）甚至提出了这样一种机制，即这些小行星受到干扰，并向木星以内的内太阳系方向迁移。

外表层冷却

氘比率的相似性并不能完全解释撞击再水合的原理。金佰利·西尔的研究已经表明，该地区也可能是地球早期水的来源地。过去几年的一些地质研究则表明，地球曾经非常冷，并且变冷的时间比以前想象的还要早很多。特别值得一提的是，澳大利亚国立大学的杰克·希尔（Jack Hills）和纽约伦塞拉尔理工学院的马克·哈里森（Mark Harrison）对在澳大利亚西部杰克山地区发现的微量锆石晶体进行的研究表明，这些晶体早在44亿年前液态水出现时便已形成。

这是一项看似不太可能的发现，其关键在于地球早期大气层比较复杂。虽然早期大气很薄，无法阻止经过除气过程的水蒸气向太空流失，但除过气的水蒸气中还有其他化学物质，特别是二氧化碳，会导致地球环境迅速发生变化。由于二氧化碳比水蒸气重得多，它会紧贴地表，吸收太阳的热量，并在地球周围形成早期的温室大气，虽然这又导致温度远远高于水的正常沸点，但同时也创造了一个高压环境，迫使水变成液体。通过这种方式，地球可能在其历史早期就出人意料地形成了海洋。这种炎热潮湿的条件最终促成了化学风化作用——一个形成碳酸盐岩石并从大气中除去二氧化碳的过程，进而导致生命的发展，才使地球变成我们今天所知的世界。

> "内太阳系曾经受过直径以米计算的小型冰体流星雨的持续洗礼，当这些冰体体积变大后，它们会呈螺旋式朝太阳的方向返回，并在冰霜线以外区域因和气体的摩擦而减慢速度。"

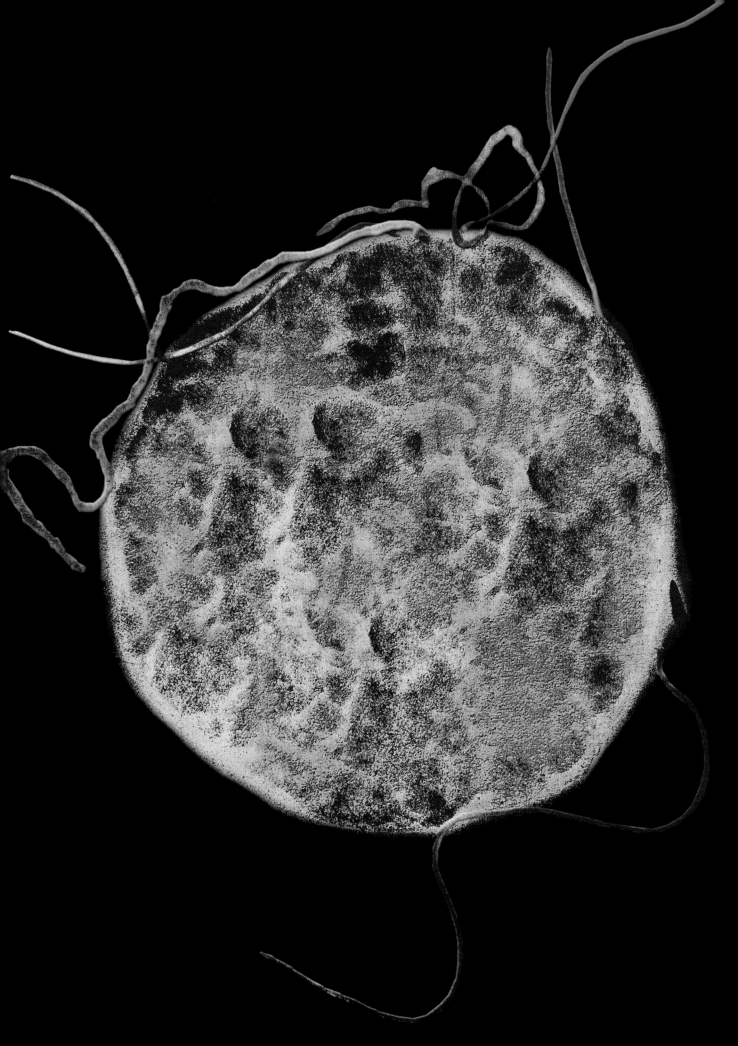

28 生命的起源

定　　义：	构成地球生命的简单有机物。
发现历史：	20 世纪 50 年代，受到生命从温暖的浅海中产生的想法的启发，恒星周围存在宜居带的观点被提出。
关键突破：	20 世纪 70 年代以来的发现表明，宜居带的概念可能已经过时。
重要意义：	了解地球生命的起源可以帮助我们预测宇宙中其他可能存在生命的地方。

地球是已知的唯一孕育了生命的行星，但关于地球上生命起源的最新发现正在改变科学家们在太阳系和整个银河系中寻找生命的方式。

尽管像动物和植物这样的复杂生物是在 6 亿年前左右才出现的，但地球上生命体的化石记录目前可以追溯到至少 36 亿年前。最早的生物是简单的单细胞生物，它们是如此渺小而精致，以至于它们在化石记录中只留下了一点点东西——通常是以化学痕迹的形式存在于岩石中，而不是真正的化石印记。此外，地球几十亿年间的地质构造运动和化学循环过程使得很少有化石能从最早时期被保存下来。这些已经发现的痕迹（尤其在澳大利亚）表明，生命是以微生物垫——在阳光可以照射到的浅层海床上，由简单生物体组成的单层菌落——的形式出现的。随着时间的推移，前代死亡后被埋在沙子和淤泥里，新一代在它们上面繁盛，逐渐形成柱状的层状结构，称为叠层石。这些奇怪有机物的鲜活样本现今在许多地方仍然可以看到，其中最著名的是澳大利亚西部的鲨鱼湾。

模拟原始汤

叠层石化石的存在支持了长期存在的理论——生命是在温暖的浅海中起源的。早在 1952 年，美国生物化学家斯坦利·米勒（Stanley Miller）和哈罗德·尤里（Harold

对页图：近几十年来，极端微生物细菌的发现改变了我们对生命生存条件的看法。例如，图中的嗜酸热硫化叶菌在高温和极端酸度下大量生长。

生命的起源　　**109**

Urey）在实验中模拟了早期地球的环境，成功地制造出了有机化学物质，如形成蛋白质的基础——氨基酸。生命就是从这种环境中演化而来的想法，使早期研究人员开始对是否存在地外生命进行了研究，并诞生了宜居带的概念——恒星周围存在一片温度可以让一颗大小适中的行星在其表面维持大量的大气和液态水的区域。对宜居地带的一致批评是，它假设宇宙中的所有生命的演化都遵循着地球的模式，并且或多或少需要像地球一样的条件才能开始。事实却是，生物化学这一假说并不像它起初看起来那么不容置疑——比如说，碳是唯一适合形成生命所需复杂分子的分子结构，而水是发生有机化学反应的理想溶剂。

对宜居带这一概念更为犀利的批评是：它已经过时了。在太阳系其他地方的发现（参见第 199 和 217 页）表明，远离太阳的地区也存在大量的液态水。自 20 世纪 70 年代末以来，地球上的新发现表明，极端微生物可以在明显不适宜生存的环境中茁壮成长，比如深海火山口、极端的酸碱环境和炽热的地下岩石。现在一些生物学家反而认为，深海火山口周围的环境其实比浅层地表水更适合产生第一批细胞——如果地球真是这样的话，我们又有什么理由限制其他星球的生命形成的标准呢？

> "胚种论的倡导者认为，生命的基本成分——有机化学物质，甚至整个细胞，是通过彗星和陨石在宇宙中广泛传播的。"

来自外太空的生命

不管是从哪里起源的，地球上的生命在自我复制和自然选择这些进化机制开始运作之前，都得先发展得极其复杂才行。复杂程度上的巨大鸿沟将简单的化学物质（如米勒·尤里实验中产生的化学物质）与最简单的生命所需的高级工作蛋白质和 DNA 分离开来，而且有些科学家认为，即便第一批单细胞有机体的偶然诞生，也应该花了数十亿年的时间。化石则显示，在地球上，只要地表能够维持生命，生命就会出现。

这种明显的矛盾使许多试图解释生命是如何这样迅速地形成的理论开始出现。一些进化论者认为生命的诞生是偶发的，有些人甚至提出了一些方法使创造生命的构建模块的试错过程变得更加容易。也有一些科学家，尽管仍然坚持普遍认同的进化方法，但也认为除了达尔文的自然选择之外，可能还有一些未被发现的原理可以在重要的早期阶段帮助这些生命加速形成。

也有一些人认为，地球上的生命源自太空中现成的生命。这种理论被称为"胚种论"（panspermia），它的拥护者认为生命的基本组成成分——复杂的有机化学物质，甚至整个细胞，以深度静止状态藏在彗星和陨石中，并通过彗星和陨石在宇宙中广泛传播。当这些陨石或彗星降落到一个适宜生命生存的环境中时，这些生命的胚芽

便会抓住机会生长。

胚种论起源于 19 世纪，但在 20 世纪 70 年代英国天文学家弗雷德·霍伊尔和他的同事斯里兰卡人钱德拉·威克拉马辛哈（Chandra Wickramasinghe）为之声援后，才得到了科学界的认可。虽然关于陨石内存在实际化石生命形态的说法普遍受到怀疑，但自那时以来，已经发现了的一些新证据表明，虽然这个观点依旧无法被证实，但又并非完全不可行。我们现在知道，陨石撞击肯定会使大块物质从行星表面被喷射到行星间的太空中；我们还知道，即使没有岩石层的保护，也有各种各样的有机体（有些甚至难以想象地复杂）可以在外太空暴露的环境中生存相当长的时间。如今一些彗星已经不再被认定为太阳系真正的成员，其运行的轨道表明，它们只是穿越太阳系的星际过客。最重要的是，在遥远的星云中识别出了有机化学物质的碎片，在陨石中同样发现了这些碎片。2011 年，NASA 戈达德太空飞行中心的迈克尔·卡拉汉（Michael Callahan）领导的团队甚至在碳质陨石的样本中发现了一些 DNA 构建块。

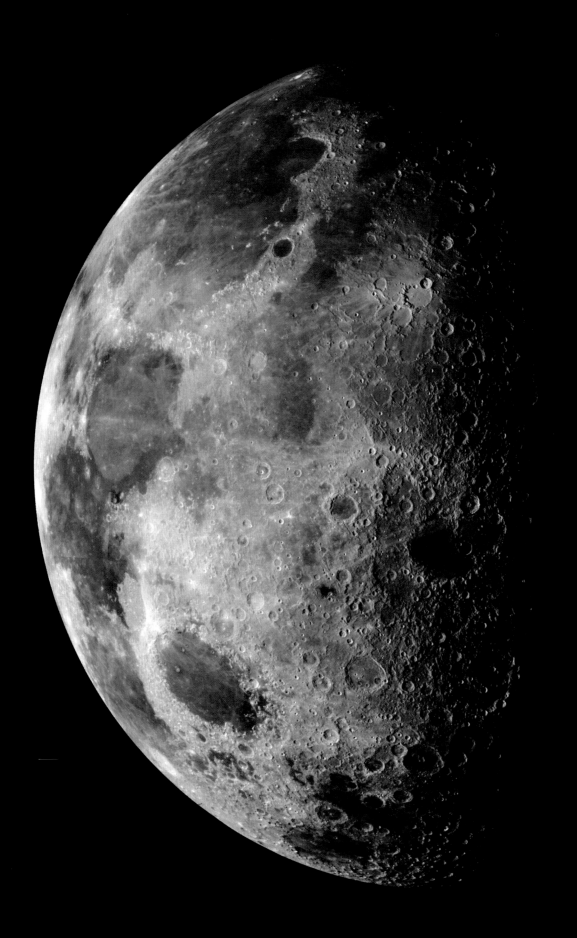

29 月球的诞生

定　　义：	月球是在早期的地球和一个同火星差不多大小的星球的碰撞中产生的。
发现历史：	阿波罗登月任务带回的岩石样本证实了月球的化学成分和"大碰撞"的模型。
关键突破：	有人提出撞击星体来自于地球轨道的某处，这一猜想或许可以解决大碰撞理论面临的难题。
重要意义：	月球的诞生对地球的历史具有重要影响。

在大行星的卫星中，地球的卫星月球是非常独特的——其大小达到了地球的 1/4，这个比例比任何其他卫星与其行星的大小比例都大得多。这个不寻常的星球的起源需要一个与其相称的不寻常的解释。

月球的起源对于天文学家来说是一个长期存在的问题——对于其他岩石行星而言，水星和金星是没有卫星的，而火星则有两颗小卫星，科学家们认为这些卫星是被捕获的小行星（尽管现在存有疑问，参见第 165 页）；巨行星（译注：气态行星）都有自己的卫星家族，有的甚至比我们的月球还要大，但至少与它们的行星的大小比是合乎比例的，而且可能是由早期的巨行星周围的碎片形成的，形成方式就像行星本身围绕太阳形成的方式一样。

月球是怎么形成的？最简单的解释是"双星吸积"，即月球与所有其他卫星的形成方式相同，且形成时间相近，均是在诞生地球的尘埃云中产生的。但是，考虑到地球的大小，为什么地球会比其他行星拥有更多的过剩物质呢？

分裂捕获假说

英国天文学家乔治·达尔文（George Darwin，1845－1912）提出了月球形成的另一种模型，被称为分裂理论。达尔文正确地计算出，地球和月球之间的潮汐力正导致月球以每年大约 4 厘米（1.6 英寸）的速度逃离地球，同时也减缓了地球的自转速度。

对页图：从月球北极上方看，我们熟悉的月球表面有着悠久而猛烈的历史痕迹。但是，它的起源只有通过计算机模拟和对从月表带回的岩石样本分析才能发现。

他推断，或许两颗天体起源于同一天体，而且这颗超大行星的旋转速度非常快，以至于在它的一侧形成了一个巨大的凸起，最终这一凸起（译注：指月球）从现有轨道脱离并进入新的轨道。为了支持他的论点，达尔文指出，月球密度较低，表明月球缺乏一个坚固的铁质核心，可能是起源自地球地幔的一部分。分裂假说盛行于 20 世纪初，太平洋盆地在当时被认为是月球分离时留下的"疤痕"。到了 20 世纪 30 年代，细致的数学分析已经证明达尔文的理论在本质上是不可行的。

月球形成的第三种可能性是，月球在内太阳系的其他地方以一颗独立的星球形成，只是被地球捕获而进入轨道。这一捕获假说也有其自身的问题，毕竟一颗在正确轨道上运行的行星在接近地球时被地球捕获却没有严重破坏地球的轨道的可能性很低。因此，即便还有问题未解答，双星吸积的模型仍是目前月球形成最合理的解释。

> "在'忒伊亚'成长到地球大小的 1/10 后，它的轨道开始变得不稳定，并且将要发生缓慢但不可避免的碰撞。"

"阿波罗号"带回的证据

1969—1972 年间，"阿波罗（Apollo）"登月任务将 382 千克（842 磅）的月岩带回地球。接下来的 10 年里，对双星吸积不利的证据以及先前的理论接踵而至。月球岩石与地球上的岩石有着有趣的相似和不同之处，例如，它们中氧同位素的比率表明，这两个星球形成于太阳系的同一区域（排除捕获假说）。但这些岩石中几乎没有水和熔融成因的证据，表明月球形成的过程远比双星吸积更为剧烈。这些重大差异也一并永久排除了分裂假说。

幸运的是，还有另一种可能性，也就是大碰撞假说。早在 1946 年，哈佛大学退休的加拿大籍地质学家雷金纳德·奥尔德沃斯·戴利（Reginald Aldworth Daly，1871—1957）就提出了达尔文分裂理论的修正版本，他认为形成月球的物质是因巨大的撞击才从地球分离出去的，而不是因快速自转抛出的。尽管戴利的想法在当时基本上被忽视了，但它们与"阿波罗"任务的新证据非常吻合。

20 世纪 70 年代中期，两组美国科学家进一步着手研究该理论。亚利桑那州图森行星科学研究所（Planetary Science Institute，简称 PSI）的威廉·哈特曼（William K. Hartmann）和唐纳德·戴维斯（Donald R. Davis）从行星吸积模型的角度进行研究，这个行星吸积模型由苏联的维克托·萨夫罗诺夫提出（参见第 70 页）。他们得出的结论是，地球轨道附近可能形成过几个较小的天体，其中任何一个都可能成为戴利理论中的撞击对象。同时，哈佛大学的卡梅隆（A.G.W. Cameron）和威廉·沃德（William Ward）正在研究撞击本身，他们认为撞击可能是由一颗大小等同火星的星体从切线的角度碰撞

地球造成的。这次碰撞蒸发了撞击星体外表的硅酸盐层及大量的地球地幔，同时其富含铁的核心沉入到受损的地球地幔中。这就解释了为什么月球明显缺少了铁质的核心。

上图：左侧为月球正面的照片，右侧为背面，两面表现出显著的不同——最明显的是月球背面大部分地区没有月海。人们提出了各种各样的理论来解释这种不对称现象，其中一些理论追溯到月球形成初期的条件或是形成后的余波（参见第 125 页）。

地球的姊妹星球

尽管研究人员做了大量的工作，但直到 1984 年在夏威夷举行的一次国际会议上，大碰撞假说才被广泛接受。如今它已成为人们普遍接受的模型，撞击的星体甚至以希腊月亮女神母亲的名字忒伊亚（Theia）命名；然而，仍有一些重要的问题没有得到解答。其中一个问题是，如果月球在如此高能量的碰撞中形成，那么月球岩石就不会像预期那样严重缺乏挥发性化学物质；另一个问题是，岩石中氧同位素的比例是一致的，难道所有进入月球的岩石都来自太阳系的同一区域？

2005 年，普林斯顿大学的爱德华·贝尔布鲁诺（Edward Belbruno）和理查德·戈特三世（J. Richard Gott III）提出了一个解决这些问题的潜在办法。他们勾画出一个模型，在这个模型中，"忒伊亚"形成于地球轨道的引力的"最佳点"拉格朗日点之一（位于地球前方或者后方 60° 角的位置），在这一点上，地球与太阳的引力是平衡的。在这里，"忒伊亚"成长到地球大小的 1/10，其轨道开始变得不稳定，并且要发生缓慢但不可避免的碰撞。贝尔布鲁诺和戈特的理论解释了月球岩石中缺乏同位素差异的原因，并且其最终碰撞涉及的能量要比"忒伊亚"来自太阳系的其他地方少得多，使得更多的挥发物得以保存。

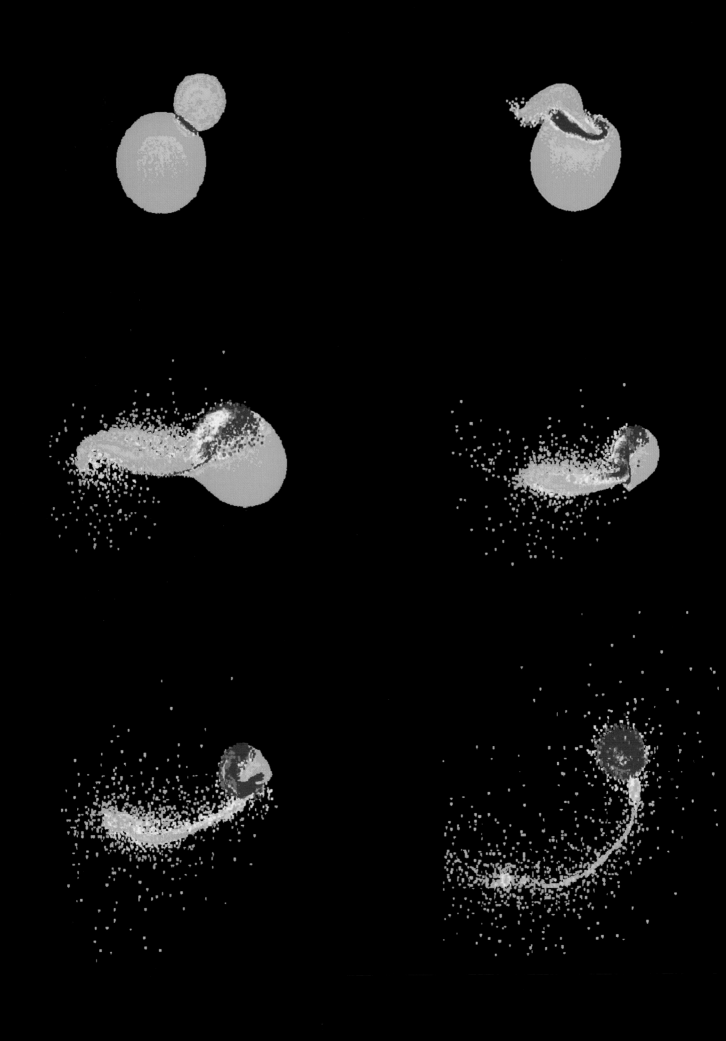

30 忒伊亚的残留

定　　义： 对月球形成产生影响的天体碎片，或在碰撞中产生的残骸。

发现历史： 2008 年，科学家们演示了忒伊亚撞击后抛出的物质是如何在月球轨道的拉格朗日点上保存下来的。

关键突破： 2011 年，另一个研究团队猜想地球存在过第二个卫星，它可能撞击过月球的背面。

重要意义： 确认残骸来自忒伊亚即可证实目前的月球起源理论。

　　大多数天文学家现在都同意，原始地球和一个叫作忒伊亚的行星（大小等同于火星）曾发生过一次远古的行星际碰撞，而月球正是在这次碰撞中产生的。但是，忒伊亚的残骸，也可以说成是它的近亲，仍然存在于地球附近的太空中吗？

　　根据计算机对大碰撞假说构建的模型（该模型解决了关于月球的大部分难题），地球和流浪行星忒伊亚的撞击导致了忒伊亚的大部分星体被地球吸收。虽然我们地球的体积增长了许多并达到了现在的规模，但是忒伊亚还有 2% 左右的部分被抛入了太空中，大约相当于地球地壳破碎的数量。

撞击产生的"难民"

　　这些撞击后形成的残骸碎片因为它们被抛射的不同速度而遭遇了不同的命运，约有一半的碎片因速度足够快获得逃离地球的引力，进入一个围绕太阳的独立轨道。碎片速度的微小差异使得它们在地球轨道周围的圆形环中散开。

　　忒伊亚残存的 1% 物质由于缺少逃逸的能量，因此被困在距地球 20 000 千米（12 500 英里）的轨道上。在这里，根据各种计算机模型的预测，它们在几个月或几十年间迅速地融合，形成了新的卫星。接下来的几百万年里，初期的地球和月亮绕着太阳转，它们吸收了忒伊亚遗留下来的大部分物质，而剩下的碎片则在互相碰撞中被

对页图： 西南研究所（Southwest Research Institute）的罗宾·卡努普（Robin Canup）的计算机模拟演示显示了火星大小的天体与初期地球的撞击是如何将一团物质抛入环绕地球的轨道的，而其中约一半更是完全逃离了地球轨道。

忒伊亚的残留　**117**

碾碎，最终只剩下一点粉末。甚至到现在，还有一些残留物像幽灵般在尘云中徘徊，它们紧贴地球的轨道，在夜空中发出一道著名的难以发现的辉光，称为对日照或黄道光。

根据最近的研究，忒伊亚的一些较大的碎片可能幸存下来，甚至可能现在还存在——它们的轨道使它们免于受到地球引力的扰动。要不是忒伊亚本身的残余物，这颗流浪行星的周围至少还会有小行星形成并幸存下来。

特洛伊卫星

"这些次级卫星的毁灭也可能使它们自身从地球附近射入围绕太阳的独立轨道。"

根据 NASA 加州艾姆斯研究中心（Ames Research Center）的杰克·利索尔和华盛顿特区卡内基研究院（Carnegie Institution）的约翰·钱伯斯在 2008 年提出的理论，这些残骸可能在地月系统的拉格朗日点（在月球轨道上月球前后 60°）上存在了一段相对较短的时间，在这里地月引力达到了平衡。利索尔和钱伯斯推测，初始碰撞的残骸碎片可能会聚集成直径 100 千米（60 英里）的天体。因为是以木星轨道拉格朗日点上围绕太阳运行的特洛伊小行星类推的，所以这些假想的天体被称为特洛伊卫星（Trojan moons）。

利索尔和钱伯斯认为，这些卫星在受到引力扰动前可能存在了大约 1 亿年。这种扰动要么是由月球的轨道稳定向外漂移造成的，要么是由太阳系向远处运动的变化造成的（参见第 101 页），从而使它们从拉格朗日点上被抛射出去。2011 年，瑞士伯尔尼大学的马丁·朱齐（Martin Jutzi）和加州大学圣克鲁斯分校的艾瑞克·阿斯哈格（Erik Asphaug）发表了他们对接下来发生的事情的计算结果。他们估计，第二颗卫星的直径可能增长到了惊人的大小——1 200 千米（750 英里），一旦它从稳定的轨道脱离，就会以相对较低的速度接近目前的月球。朱齐和阿斯哈格认为，撞击发生在月球背面，小卫星在撞击中粉碎，其成分溅散到月球背面。这解释了月球正反两面之间的明显差异，特别是月球背面的地壳似乎比正面厚几十千米这一点。

这些次级卫星的毁灭也可能使它们自身从地球附近射入围绕太阳的独立轨道。如此说来，这些失落的远古世界的残骸可能在地球的椭圆形轨道上等待作为近地小行星重见天日的那一天。辨认这些天体的一种方法是寻找成分与月球相似的小行星。

身边的幻影

另一个有趣的可能性是，忒伊亚的残骸可能在离地球非常近的地方幸存下来。2002 年，由麻省理工学院进行的林肯近地小行星研究（Lincoln Near-Earth Asteroid Research,

简称 LINEAR），对近地小行星进行了系统的搜索，发现了一块 60 米宽（200 英尺）的岩石碎片，并命名为"2002 AA29"。这颗小行星的质量估计为 23 万吨，它通常按照一个罕见的马蹄铁形轨道运行，轨道的近地点在离地球几百万千米的范围内。每隔几千年，它就会进入地球周围的临时轨道，成为我们星球上的一颗"准卫星"。

尽管还有其他绕着地球以马蹄铁形轨道运行的小行星存在（其中最出名的是克鲁斯，有时被称作第二卫星），但 2002 AA29 的轨道与地球的轨道是最相匹配的。2005 年，普林斯顿大学的 J. 理查德·戈特三世和爱德华·贝尔布鲁诺率先提出忒伊亚是在地球轨道的拉格朗日点上形成的（参见第 115 页），他们表示，可能有碎片起源于忒伊亚，那些碎片也可能是忒伊亚和地球撞击后所抛出的。

如果戈特和贝尔布鲁诺的理论无误的话，那么 2002 AA29 可能保留着构成地球和忒伊亚的确切物质的原始证据。更重要的是，这颗小行星就在我们的家门口——从太空旅行的角度来讲这个距离已经很短了，也是未来太空机器人探测的有趣潜在目标之一。

下图: 2009 年，NASA 发射的双星"日地关系天文台"卫星（STEREO）除了监测太阳的主要任务外，还负责寻找仍被困在日地系统拉格朗日点的忒伊亚的残骸。

31 月球上的冰

定　　义：	越来越多的证据表明月球上存在大量冰冻水源。
发现历史：	1994 年，"克莱门汀号（Clementine）"在月极附近通过光滑反射板探测到永久处于阴暗中的陨石坑。
关键突破：	2009 年，"月船 1 号（Chandrayaan-1）"太空探测器探测到分布在月球表面大部分区域的水合矿物。
重要意义：	月球冰冻水源在未来可以作为星际探索或移民的重要补给。

　　最近的发现证实了月球土壤中埋藏着大量的冰，并且这些冰有可能在月极地表下。确定其体积和精确位置对将来探索月球有极其重要的意义。

　　"阿波罗号"宇航员在 20 世纪 70 年代带回地球的月球岩石样本表明，外表荒凉的月球长久以来都是一个贫瘠、没有空气的岩石球体。月球形成过程中的超高温（参见第 113 页）使得原始物质中的所有水分都被赶入太空。自此之后的 45 亿年中，猛烈的太阳光线照射着月表，任何被带到月球的水分（例如，彗星撞击所带来的）都立即沸腾成为气体，尔后在太阳风中分解并被吹走。月球，似乎比地球上最干燥的沙漠还要干。

　　自 20 世纪 90 年代以来，更多证据显示，"阿波罗"并没有将所有事实都呈现出来。新证据表明，冰可能仍然附着在月表一些特殊的地方，过去甚至分布得更广泛。

冰冻的月极

　　早在 1961 年"阿波罗"任务之前，就有人提出了月球上某些区域可以充当冰库让冰保存数十亿年的想法。加州理工学院研究人员肯尼斯·沃森（Kenneth Watson）、布鲁斯·默里（Bruce C. Murray）和哈里森·布朗（Harrison Brown）意识到，地球轨道和月球轨道之间的关系使太阳在月球上看起来非常接近月球的赤道面。结果就是：

对页图：2009 年，搭载在印度"月船 1 号"卫星上的 NASA 月球矿物学测图仪证实月表岩石中存在冰。这张假彩色图显示了月球在三种不同红外波长下的亮度，蓝色部分表示水或者与水有关的化学物质。

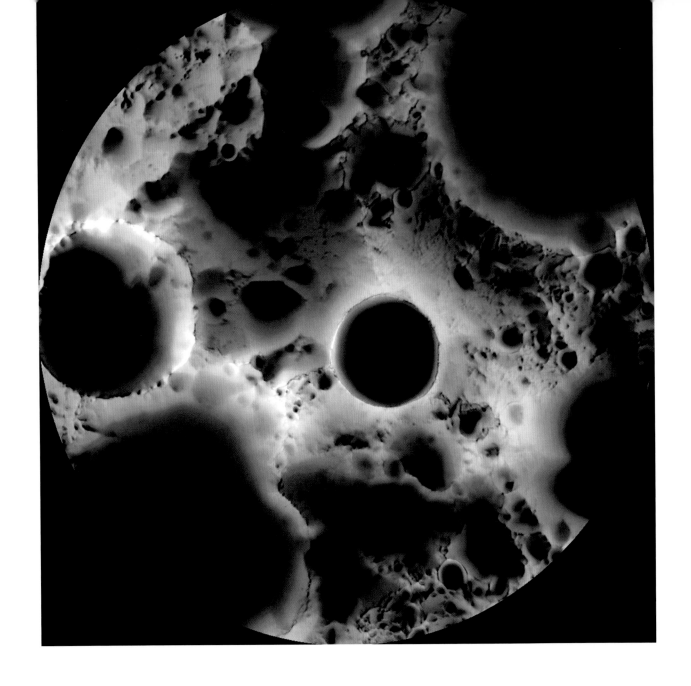

上图: NASA 的月球勘测轨道飞行器 (Lunar Reconnaissance Orbiter, 简称 LRO) 对月球南极地区 6 个月内的画面进行了成像，绘制出这幅"照明图"，显示的是不同地区接收到的日照量。这幅图证实了许多陨石坑永远处于黑暗中的理论。

从月球的赤道上看去，太阳直接从头顶掠过；但从两极看，太阳几乎没有从地平线上升起。这就使得月球两极上的陨石坑永久处于阴暗中，且温度永远不会超过 –220 ℃ (–364 ℉)。

这些陨石坑起初仅仅是因为好奇才被发现的。实际上，人们对极地区域仍然一无所知。阿波罗任务表明，月球形成时的热量将原生水从岩石中逼出，但是没人能回答月球上是如何又有水分的。

1986 年哈雷彗星经过太阳后，情况才开始变化，当时一系列太空探测器的研究引发了人们对彗星性质的新一轮关注。对哈雷彗星和其他彗星的研究表明，经常有水从这些冰体转移到行星上。如果这样的彗星碰巧撞到月球两极，那么冰永久储藏在月球上的可能性就极大。1992 年的雷达测绘实验意外发现，在水星上类似的环境中存在冰，这引起了人们更多的兴趣。

相互矛盾的证据

1994 年，第一个新一代月球探测器"克莱门汀号"到达月球轨道，探测器拥有遥感技术，而这种技术以前只用于观测地球。探测器传来的高分辨率图像确认了月极陨石坑永久阴影区的存在，"克莱门汀号"的雷达也侦测到类似表面高度反光的物质。

"克莱门汀号"的继任者，"探月者号（Lunar Prospector）"，从 1998 年起绕月球运行了 19 个月。它的中子频谱仪发现，极地区域明显含有大量的氢，这很可能与月壤中存在冰有关。在此次任务的最后，为了更深入地验证理论，NASA 的工程师们故意毁坏"探月者号"，让它撞向月球南极附近名为"鞋匠"的陨石坑的黑暗地面。工程师们通过地基望远镜观看了这一画面，他们希望这次撞击能将月球土壤以羽流的形式弹飞月表，运气好的话还可能带上点冰；然而，羽流并没有出现，所以实验没有成功。

在过去的几年里，一批新的太空探测器已经开始寻找月球冰，并取得了不同的结果。2008 年，日本的"赛琳娜"太空飞船（SELENE spacecraft）拍摄了沙克尔顿陨石坑（Shackleton）的阴暗地面（被反射的太阳光照亮），但没有发现月表存在冰的迹象（这也不足为奇，因为月球上的冰很有可能与岩石和尘埃混合，以永久冻土的形式存在）。

2009 年，多亏了印度的第一台太空探测器"月船 1 号"，在月球搜寻冰的工作才取得了更大的成功。此次任务携带了一个叫作月球矿物学测图仪（Moon Mineralogy Mapper，简称 M³）的 NASA 仪器—— 一种光谱仪，用于分析月球表面的化学物质。M³ 在月球土壤或高纬风化层发现了水合矿物，表明这些地区的地面是岩石和冰的"永久冻土"混合物。

同样在 2009 年，NASA 进行了一次新的、更复杂的尝试，试图用一架名为 LCROSS 的宇宙飞船来击飞月球上的冰。执行这次独特任务的包括烧毁的"半人马座"火箭壳体（用来发射宇宙飞船）和装满仪器的"牧羊人"飞船（Shepherding spacecraft），它们于同年 10 月 9 日在预定的轨道上撞向卡比欧斯陨石坑（Cabeus）。地基望远镜未能观测到科学家希望看到的月球南极上空的冰体羽流，但由"牧羊人"飞船装载的"半人马座"火箭壳体在其生命最后 6 分钟的撞击的测量表明，在卡比欧斯的月球风化层中可能有多达 5% 的物质是由冰组成的。"月船 1 号"的数据表明，卡比欧斯位于一个相对干燥的地区，其他地方的冰可能丰富一些。

"月球两极的陨石坑永久处于阴暗中，且温度永远不会超过 −220 ℃（−364 ℉）。"

32 运动中的月球

定　　义：	近期对月球的研究显示，月球比从前猜测的还要活跃。
发现历史：	2009 年发射的月球勘测轨道飞行器证实了月球在远古时期存在过火山活动。
关键突破：	2011 年发射的"圣杯号"（Gravity Recovery And Interior Laboratory，简称 GRAIL）飞船详细绘制月球内部的地图。
重要意义：	了解月球早期的历史，有助于揭示地球形成原因中被后来的活动所掩盖的一些方面。

NASA 的月球勘测轨道飞行器揭示了一个事实——我们的卫星的历史可能比先前想象的要复杂得多。与此同时，月球勘测轨道飞行器也提出了一些重要的问题。现在，一项新的任务旨在使用一对航天器深入月球内部寻找答案。

2009 年发射的月球勘测轨道飞行器装备有复杂的"遥感"仪器，用于测量月球表面的温度、矿物组成和地形等特征。虽然我们经常将这类仪器装在卫星上来研究地球，但这是第一次将这些技术广泛应用于月球，并且成果可观。

这次任务的主要目标之一是建立一份月球矿物分布图。即便是肉眼也能看清楚，月球表面被大致划分为两种地形：黑暗、低洼且相对平坦的月海，以及明亮、多陨石坑的高地。在"阿波罗"任务开始前，人们普遍接受的形成模型是大型陨石撞击形成盆地，随后被熔岩喷发淹没。"阿波罗"任务带回的岩石样本使地质学家得以确定这些事件的时间——主要撞击似乎发生在 38 亿年前的晚期重轰击期间（参见第 97 页），而熔岩喷发的时间相当晚，在 32 亿 ~ 20 亿年前。LRO 的调查发现，在月海里，富含铁的月海中心与富含硅酸盐的"海岸"在熔岩成分上存在明显差异。富含硅酸盐且缺铁的地区往往呈现红色，专家推测它们可能是最后一批喷发出月表的熔岩，温度比第一批喷发时要低得多。

对页图：1992 年，伽利略太空探测器在飞向木星的途中将仪器转向月球的北极。这幅马赛克图像为了突出月球表面不同的矿物质而夸张处理了自然色彩：蓝色和橙色代表火山物质，粉红色代表源自月球高地的物质。

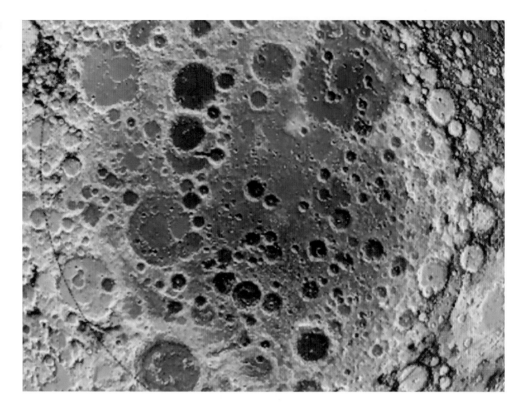

一个正在萎缩的世界

2011年，科学家们利用LRO搭载的月球轨道激光高度计（Lunar Orbiter Laser Altimeter，简称LOLA）的数据，宣布了另一项与火山有关的发现：月球上存在类似地球、金星和火星上已有的盾形火山。流淌的低黏稠度熔岩在地表蔓延，而不是在其发源地附近凝结，形成了这些直径达数十甚至数百千米的浅浅的穹顶，这可能是一些较小规模火山地貌集中的原因。

LRO的另一个意外发现是，月球正在缩小。在充足的光照条件下，人们看到的横穿月海的长长"皱脊"实际上是几百米高的断崖——它是由月球地壳挤压而成的。很长一段时间以来，人们一直认为这些地貌是由像蛋奶糊的表皮一样的物质形成的，因为熔岩海的表面是凝固的，而底层的物质仍然是熔融的。20世纪70年代，美国天文学家彼得·舒尔茨（Peter Schultz）发现山脊似乎延伸到了高地。接着在1985年，月球研究所的艾伦·宾德（Alan Binder）提出，山脊其实是由于月球内部收缩而形成的，这种收缩迫使月壳受到挤压。如今，高分辨率的LRO图像显示，山脊的范围比最初想象的还要广，在某些情况下还会发现一些相对较新的陨石坑。美国国家航空航天博物馆（the Smithsonian National Air and Space Museum）的汤姆·沃特斯（Tom Watters）和其他研究人员认为，月球的缓慢收缩一直持续到现在。

凹凸不平的月海

也许，月球火山活动最大的谜团是为什么月海集中在月球正面，而月球背面尽管有一些大的撞击盆地，却几乎全部由明亮的高地构成。一种存在已久的解释认为，月球内部是轻微不对称的，其核心因潮汐力而被拉向地球。因此，在月核与月球正面地表的等距离处形成了岩浆的蓄积层，它们喷发并形成月海。后来，人们又提出了许多其他假设。其中最新的观点是，在形成月球的撞击中一同形成的地球的第二颗卫星"溅散"在月球背面，导致月球背面地表抬高，岩浆蓄积层被深埋地下（参见第118页）。另一种观点由美国地质调查局的贾斯汀·哈格蒂（Justin Hagerty）等人提出，他们认为由于受到形成月球南极庞大陨石坑的巨大撞击的影响，岩浆本身的分布是不对称的。

在20世纪90年代，由"克莱门汀号"和"探月者号"任务证实，月球南极的艾特肯盆地陨石坑确实存在。它的直径达2 500千米（1 550英里），深度约13千米（8英里），是太阳系中已知的第二大陨石坑，它的形成曾对月球造成过创伤性的影响。撞击使下地壳暴露出了独特的富铁岩层，并且可能在月球高地重新分配了物质，从而使月球南北半球的矿物分配差异显著。哈格蒂的研究小组认为，撞击在地壳中造成的冲击波在月球正面引起了裂缝，使得富含放射性同位素的岩浆能够穿透这些区域，并最终喷发到地表。

哈格蒂的理论也一并解释了被称为"mascons"（质量密集的物质）的奇怪特征。1968年，由于月球重力引起了宇宙飞船轨道的偏差，这一特征第一次被探测到，"mascons"似乎是月球外表面下的致密物质聚集到了一起，而致密物质主要是在月海和其他大型陨石坑下面被发现的，它们可能是岩石因撞击受到挤压而形成的，但其形成过程却让人难以想象。2011年9月，NASA发射了名为"圣杯号"的宇宙飞船，"圣杯号"将以有史以来的最高精度来测量致密物质。"圣杯号"在月球周围平行飞行，发回地球的信号能够精确测量其变化的速度，从而使天文学家们能够勾勒出月球内部的重力图和密度图。

研究结果不仅解释了致密物质的起源和月海的分布，而且有助于解释小行星撞击对月球内部岩石世界更深层次的影响，或许还可以检验最近关于小行星撞击引发地球大陆形成的假说是否正确。

"在形成月球的撞击中一同形成的地球的第二颗卫星，'溅散'在月球背面，导致月球背面地表抬高。"

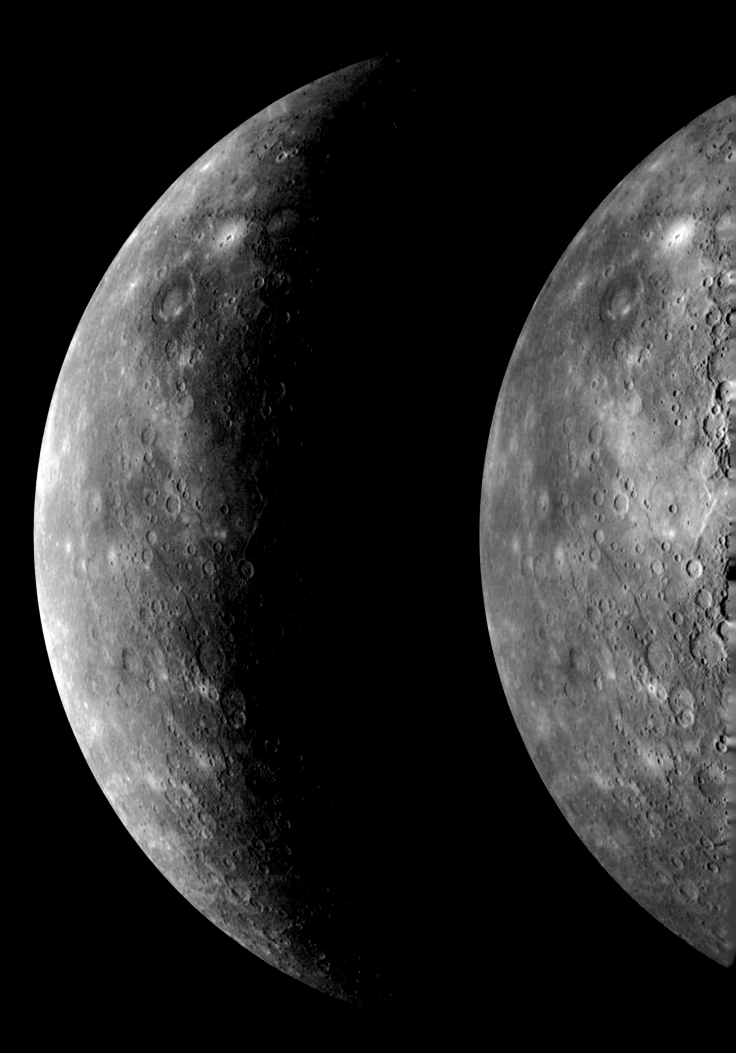

33 水星复杂的历史

定　　义：	水星是最靠近太阳的行星，它有许多无法解释的奇怪特征。
发现历史：	自古以来人们就知道水星的存在，但是直到 1973 年"水手 10 号"飞过水星的时候，人们才对它的地貌有所了解。
关键突破：	2011 年，"信使号"探测器成为第一个绕水星运行的航天器。
重要意义：	水星有可能为我们揭示岩石行星的演化过程。

水星是大行星中体积最小的行星，仅比月球大一点，也是从地球上最难研究的行星，因为它距离太阳很近。好在两个新发射的太空探测器能让我们更好地观察水星表面，并揭示了它的许多秘密。

就像所有已知的行星一样，自从 17 世纪初望远镜发明以来，水星一直是观测者们感兴趣的目标。尽管它距地球相对较近（最近时约 9 200 万千米，或是 5 700 万英里），但水星的微小体形使它成为一个难以寻找和定位的目标。水星绕太阳的轨道引起的类似月球相位模式很早就被观测到了，但在 19、20 世纪时，即使经验丰富的天文学家们使用大形仪器，也没有在水星表面看到任何东西，或者说，他们不认同彼此所看到的。直到 20 世纪 60 年代末，当天文学家用大型射电望远镜向水星发射雷达波束并研究其回波时，他们甚至连有关水星的一些基本参数，如直径和旋转周期，都仍不清楚。

当 20 世纪 60 年代行星际飞船成为现实时，水星自然成了目的地之一。这颗小行星离太阳比地球近得多，它绕太阳轨道的运行速度也比地球快得多，因此，想要造访水星的太空探测器不仅必须逃离地球的引力，速度还要快到追得上水星。

对页图：2009 年"信使号"飞越水星时拍摄的一组分别以真实和增强两种颜色显示水星的图像。这颗微小行星上的温度可以从灼热的 430℃（800 ℉）到严寒的 –200 ℃（–330 ℉）。

转瞬即逝

第一艘抵达水星的太空飞船是 1973 年发射的"水手 10 号"，它采取了一个更容易的办法，在两个水星年（合地球上 176 天）的时间内缓慢进入椭圆形的轨道。这样就使得飞船在 1974 年 3 次高速飞越水星，向地球送回数十张照片和其他数据。

但是"水手 10 号"送回的数据有限，因为它不仅受到飞越时速度的限制，还受到水星奇异自转的影响。潮汐引力，是一种类似于可以减缓月球自转速度使其与轨道相匹配的力量，起到了抑制水星自转的作用，因此水星上的一天正好是它一年长度的 2/3（译注：水星自转周期为 58 个地球日，公转周期为 87 个地球日）。因为两个水星年等同于 3 个水星日，所以"水手 10 号"总是在水星同一侧被照亮时飞越水星。结果就是，3 次飞越任务只能绘制出水星外貌的一半。

"水手 10 号"还是发现了一些有趣的现象。水星的地表看上去和月球很相似，有着浓密的陨石坑和一些可以辨认的熔岩平原。但是，它也有自己独特的地貌，叫作"峭壁"——一种长长的悬崖状的断层。这种断层跨越地表，并通过高达 1 000 米（0.6 英里）的陡峭悬崖将临近地区的地形分隔开来。如雷达观测的那样，事实证明水星比其他岩石行星的密度要高得多，并且还有一个强度惊人的磁场——证据表明，水星内部的 42% 区域由巨大的、部分熔化的铁芯占据（在地球上则为 17%）。1978 年，美国地质调查局科学家丹尼尔·德祖里辛（Daniel Dzurisin）提出，这个巨大铁芯意味着水星有一段不寻常的地质历史，它曾先膨胀而后稍微收缩。地表的先分裂再压缩可以解释"峭壁"地貌特征的成因。

> "水星的磁场是运动的，它会经常重新调整，形成扭曲的磁力'龙卷风'，使太阳风中的粒子能够降落到地面。"

可水星最初是如何形成这么大的核心的呢？早期太阳系中靠近太阳的地区含铁量不平衡的可能性已被其他证据和原行星云数学模型排除，因此在 1988 年，哈佛大学的威利·本茨（Willy Benz）领导的研究小组提出，这种不平衡可能是一颗巨大的行星在水星形成后不久对其"侧击"造成的结果。根据这一模型，水星最初要大得多，核心和地幔物质的混合配比也更合理。这次碰撞剥去了水星的大部分地幔，但是核心在很大程度上毫发无损。

轨道中的"信使号"

"水手 10 号"进入水星轨道面临的困境意味着在接下来的 30 年中，与其他更有吸引力的目标相比，水星在很大程度上会被忽视。直到 2004 年 8 月，NASA 才发射了新探测器——"信使号"（MESSENGER，MES 表示水星表面，SEN 表示太空环境，GE 表示地球化学，R 为测距），在旷日持久的飞行路径（包括多个飞行编队和重力助推）上，"信使号"将第一次获得足够的速度进入围绕水星的轨道。配备了一系列研究水星仪器的"信使号"最终于 2011 年 3 月进入轨道。在进入轨道的前 6 个月里，

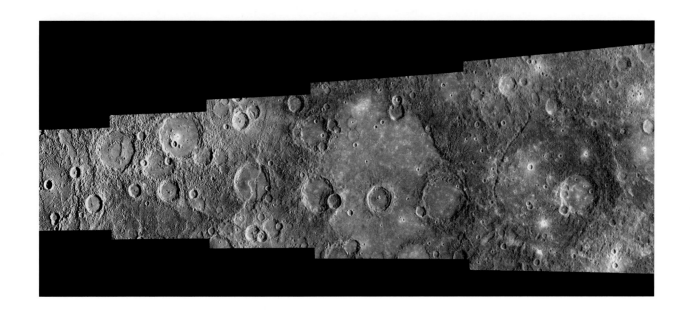

探测器第一次在太阳光线下拍摄到了整个星球，证实了水星地表大部分是火山，且这些火山物质在属性上都是玄武岩类（类似于地球和月球的火山岩）。"信使号"众多有趣的新发现之一是阿波罗多鲁斯（Apollodorus）——一个周围有辐射状断层的火山口，一经发现就被起了"蜘蛛"的绰号。

2011 年 10 月，在法国南特举行的欧洲行星科学大会（European Planetary Science Congress）上，科学家宣布了"信使号"第一阶段任务的结果。除了来自主摄像机和成像光谱仪（旨在探测地表化学成分）的惊艳的新图像外，"信使号"还揭示了水星磁场不可思议的特征。最值得注意的是，水星磁场偏离了行星中心位置大约 20%，这使它与天王星和海王星的磁场惊人的相似。虽然冰巨星不寻常的成分为它们奇怪的磁场提供了一些解释，但同样的理由不适用于水星。那么，这种偏移或许与形成其超大核心的碰撞有关？

"信使号"的仪器还显示，水星的磁场是运动的，受太阳风的相互作用，它会经常重新调整，形成扭曲的磁力"龙卷风"，使太阳风中的粒子能够降落到地面。这样便帮助形成了水星的外逸层——一层由氢原子、氦原子、钠原子和钙原子构成的稀薄光环，这些原子会不断地泄漏到太空中，因此必须不断补充。通过一种叫作"溅射"（sputtering）的原理，能够将动能从太阳风里转移到水星土壤或风化层的粒子里，使它们逃往太空。天文学家认为水星地壳的上层正是以这种方式受到太阳风的影响从而产生化学改变，并保留了太阳本身的痕迹。

上图："信使号"最终进入轨道前曾三次飞越水星。这条水星地表的图像拍摄于 2008 年底第二次飞越时，它以增强的颜色揭示了地表物质构成的变化。

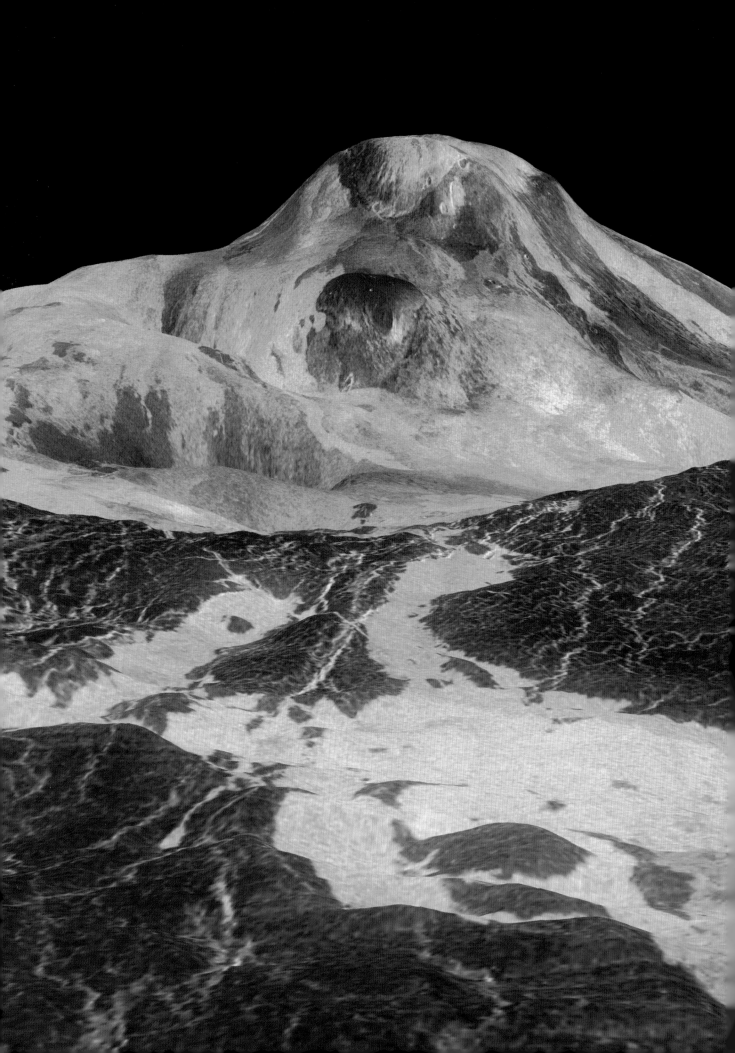

金星上的火山

定　　义：	构成我们的邻居 —— 金星地貌的巨大火山结构。
发现历史：	20 世纪 70 年代，人们通过地球雷达第一次发现金星上的火山高地。
关键突破：	来自"麦哲伦号"探测器的高分辨率图像首次详细展示了金星火山的细节。
重要意义：	金星和地球之间火山活动的差异有助于我们了解地球的地质作用过程。

　　金星地表的雷达测绘地形图揭示，金星表面覆盖着各种各样的火山，是太阳系内地表覆盖火山最多的行星。这些火山在金星的历史上发挥了重要作用，有些火山可能目前仍在活跃。

　　金星那令人窒息的、不透明的大气层形成了一层可怕的屏障，阻碍了人们在金星上进行测绘或者着陆。尽管一些天文学家在 19 世纪根据推测绘制了金星的地图，但是直到 20 世纪初，人们才知道金星被闪耀的云层笼罩。随着 20 世纪 70 年代雷达测绘技术的发展，天文学家们才首次穿透云层并揭示其下面地表的特征。20 世纪 70 年代中期，由位于波多黎各的著名的阿雷西博射电望远镜（Arecibo Radio Telescope，直径达 305 米，后扩建为 350 米，是世界上第二大的单面口径射电望远镜）使用信号束绘制而成第一幅雷达地图，尽管比较粗糙，但是已经可以借此识别高地的反射特征了。这些高地分别被命名为阿尔法区、贝塔区（Beta）、奥华特地区（Ovda）和麦克斯韦山脉（为纪念英国物理学家詹姆斯·麦克斯韦）。

　　1978 年，NASA 的"先驱者号（Pioneer）"探测器第一次在环绕金星的轨道上发射了雷达信号，并在接下来的 10 年里提供了许多更高分辨率的图像。这些图像显示了麦克斯韦山脉和其他地方的火山口，表明火山在金星上相当常见。图像上还显示有广阔的平原和幽深的峡谷，但没有发现构造断层的迹象。地球地壳相对较薄，分裂成许多独立、缓慢漂移的板块，而金星的地壳似乎更厚，并在星球周围形成一个整体的

对页图： 这是玛阿特山的模拟图像，通过将雷达测高数据与麦哲伦探测器合成孔径雷达收集的信息相结合绘制而出。玛阿特山是金星上最高的火山，约有 8 千米（5 英里）高。玛阿特山脉有几百千米宽，所以图像中的垂直部分被夸张处理过，以使整体形状更清晰。

壳。20 世纪七八十年代，苏联"金星号"登陆器（在金星表面上勉强维持了几分钟）发送回的图像揭示了被火山岩碎片覆盖的平坦平原景象。

"麦哲伦号"金星探测器的视角

虽然早期雷达提供了金星的大概情况，而且登陆器的图像显示了金星的局部地形，但我们不得不等到 20 世纪 90 年代 NASA 的"麦哲伦号"金星探测器出现才看到更宽广的金星景象。这项为时 3 年的雄心勃勃的任务携带了高分辨率的"合成孔径"雷达（以前只用于研究地球）进入金星轨道。"麦哲伦号"的雷达没有在金星表面发射短暂的无线电波并探测它们的反射，而是发射了卫星发送和接收的时间都更长的"线性调频波"。事实上，"麦哲伦号"为了接收到信号还沿着轨道走了一段路。缘于地球上巧妙处理数据的技术，麦哲伦号任务团队能够以更高的分辨率来产生图像。雷达还使得科学家们可以分析简单地形以外的地表特性，包括个别地区的粗糙度、陡度和反射率。

"当内部条件变得不足以支撑时，整个金星地表就会大面积爆发火山活动，并在数千万年的时间里重新塑造地貌景观。"

"麦哲伦号"在金星轨道上运行的 3 年中，根据它收集到的数据绘制而成的地图和图像显示，金星是一个主要为火山及其地质作用所主导的星球。在多山的盾形火山旁，"麦哲伦号"发现了坑状的火山口、圆盘形的"煎饼状穹丘"以及地下岩浆涌升后回撤形成的凹陷裂纹的蛛形网状纹络。现在已经从"麦哲伦号"的图像中识别出 1 600 多种火山特征，没有火山的地方都是熔岩平原，同时，撞击坑相对较少。撞击坑很少的部分原因在于浓密的金星大气对其起到了保护作用。但 1994 年美国地质调查局和亚利桑那大学的地质学家的一项分析表明，火山口的数量和分布恰恰证实了，3 亿 ~ 6 亿年前存在火山重新喷发这一灾难性时期。这一事件使金星地表覆盖了一层火山熔岩，填补了早前的陨石坑，只留下了几处较老的高地露在地表外。

"麦哲伦号"还证实了金星上缺少大规模的地质构造，这至少为广泛的火山活动提供了一些解释。在地球上，火山活动大多集中在构造边界，即海沟中央海床扩张的区域以及俯冲带（地壳活动中处于下方的地壳部分），例如太平洋的"活火山带"。这为能量从地球内部逃逸提供了一个自然的出口。金星，这个仅仅比地球小一点的星球，产生了与地球差不多的内部热量，但是由于缺乏构造边界，使得整个星球变成了一个没有安全阀的"压力锅"。因此，当内部条件变得不足以支撑时，整个金星地表就会大面积爆发火山活动，并在数千万年的时间里重新塑造了其地貌景观。

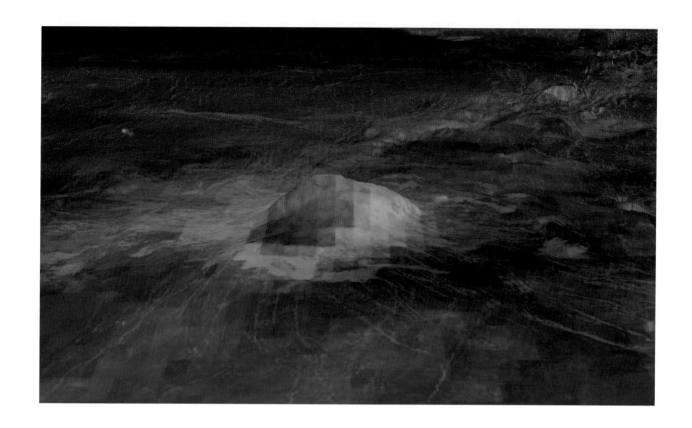

活跃的火山

剩下的一个主要问题是金星上的火山现在是否活跃。通过对雷达图像的仔细分析发现，玛阿特山（Maat Mons）周围有微妙的火山灰流动——这些特征很可能很快被侵蚀，因此指向过去几百万年的活动。1978 年，苏联"金星"登陆器 11 号和 12 号在通过菲比区（Phoebe）高地上空大气层时记录过闪电现象（可能与上升的火山灰云有关）。欧空局的"金星快车号（Venus Express）"也在大气层中观测到过大量闪电致使来自 1978—1986 年间的二氧化硫浓度下降了 90%，这一事实表明一次大规模火山喷发曾短暂提升了这种短时间存在的大气气体的含量。

2010 年，由 NASA 喷气推进实验室的苏珊娜·斯姆雷卡尔（Suzanne E. Smrekar）领导的团队为近年来金星的火山活动提供了最确凿的证据。他们利用"金星快车号"上的红外光谱仪观察云层，拍摄了 9 个潜在的热点地区——类似于地球上的夏威夷火山地区，其中 3 个地区的地形呈现出与它们周围环境不同寻常的反射性，表明它们几乎没有遭受大气风化，而且可能只有 25 万年的历史。

上图：这幅合成图像为"麦哲伦号"拍摄的艾姆德尔区（Imdr）的雷达地图，覆盖在上面的是"金星快车号"采集到的红外数据。红色的"热点"正好与艾邓山脉（Idunn Mons）火山峰相吻合，表明这些火山在最近的时间里一直很活跃。

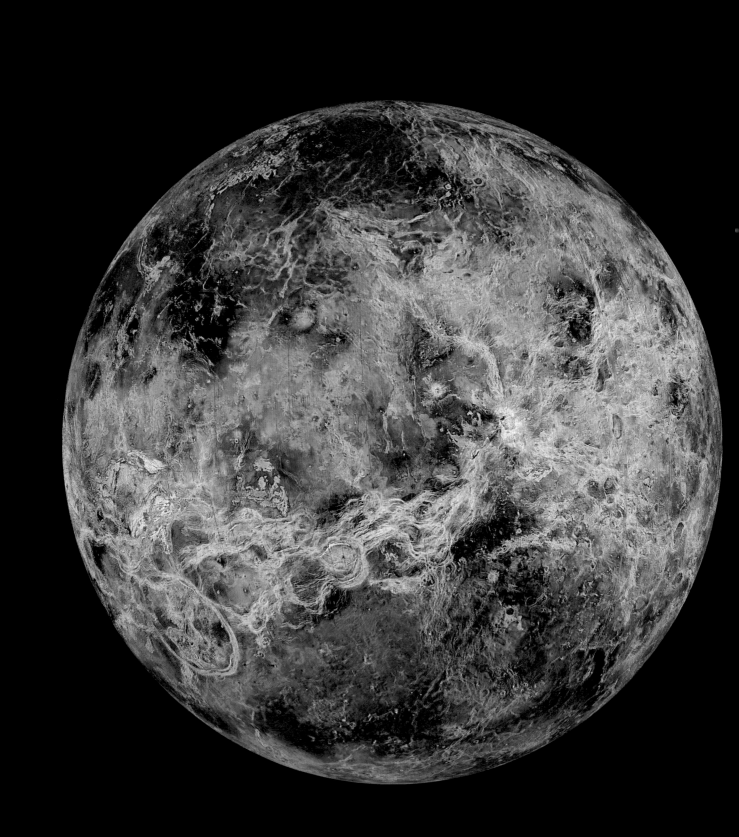

35 金星上的温度

定　　义：	金星上有毒的大气层使金星地表变为地狱般的高压烤箱。
发现历史：	20 世纪 60 年代，太空探测器证实金星云层下的温度极高。
关键突破：	1986 年，詹姆斯·卡斯汀（James F. Kasting）的实验显示，太阳热量的增加可能会对金星造成失控的温室效应。
重要意义：	通过理解金星大气的演变，我们可以更加了解地球。

金星是离地球最近的行星，体形上也与地球最为接近，然而自然的演变把它带到了一条截然不同的道路上，使它成为一个像有毒的高压锅一样的星球。那么，为什么这两颗行星会以截然不同的方式演化呢？

以古罗马爱与美之女神的名字命名，维纳斯（金星）是夜空中除月亮之外最亮的星体。它的光亮不仅是因为它靠近地球和太阳，还因为它密集的大气层反射了 90% 的太阳光线。直到 20 世纪初，天文学家们还幻想金星云层可能隐藏着一个繁茂的热带世界，那里也许有丰富的生命。到了 20 世纪 50 年代末，天文学家才把新射电望远镜转向金星，探测到的辐射显示金星表面温度高达几百摄氏度。

20 世纪 60 年代初，金星上超高的温度由第一架飞越金星的美国—苏联联合太空探测器证实。现在我们知道金星的地表温度为焦灼的 460 ℃（860 ℉），但是巨大的大气压力（超过地球 90 倍）是在 20 世纪 60 年代后期苏联尝试着将探测器着陆到金星上时才得到证实。一些着陆器在降落金星大气层的过程中与地球失去了联系，1970 年12 月，"金星 7 号"在传送回稳定的温度和气压读数的 23 分钟后也停止了工作，工程师们最终确定它们到达了金星地表。

从轨道和降落过程中测得的数据表明，金星大气的化学成分和它的温度一样恶劣。它的大气由二氧化碳（占大气总量的 96%）、少量的氮、少量的二氧化硫（大部分在云层中）、氩、水蒸气和一氧化碳构成。

对页图："麦哲伦号"探测器的雷达测绘了整个金星半球。虽然幽深而古老的峡谷穿过地表部分地区，但这些地貌似乎从未发展成完整的地质构造，这也许可以解释金星大气的演变。由于没有风化机制，金星上大量火山活动产生的温室气体聚集在大气中，加速了加热过程。

复杂的气候

虽然在可见光下看不见金星的特征，但紫外线图像显示了其大气中的复杂图案——可以在 4 天内绕金星运动一圈的巨大 V 形云体结构。由于金星异常缓慢的自转，大气中这些稳定的大规模特征便得以维持。金星的自转周期为 243 个地球日，而绕太阳旋转只需 224 个地球日。更重要的是，从地球上看，金星是顺时针自转的，这与其他行星的自转方向完全相反。

由于这种不寻常的情况，金星上的大规模空气流动主要是由从赤道到两极的热量传递造成的，而"科里奥利效应"（coriolis effects，快速旋转的行星上产生的与赤道平行的风，例如地球和海王星等）则可以忽略不计；并且，大气中的风速达到了惊人的 360 千米 / 时（220 英里 / 时），高层大气旋转速度更快，因为它的移动速度比低层大气或行星表面要快得多。

> **"由于没有风化机制，金星上大量的火山活动产生的温室气体聚集在大气中，加速了加热过程。"**

配备了各种仪器的欧空局"金星快车号"探测器于 2006 年到达金星的轨道，以前所未有的精细程度探测金星大气。"快车号"的发现包括：在金星的北极和南极上空存在像巨大眼睛一样的极地旋涡，氧气和氢进入太空的证据，以及金星在过去可能存在更冷、更潮湿的明显迹象。

所有原因都联系在一起

根据一个广为接受的模型，金星现在的气候形成是由于失控的温室效应。在这种循环中，一系列大气效应和地质效应使金星升温，并以一种螺旋式的正反馈方式相互加强。早在 1986 年，NASA 艾姆斯研究中心的詹姆斯·卡斯汀就进行了建模，表明行星（地球大小的行星）间接收到的太阳辐射量的微小差别，可能导致从海洋蒸发到大气中水分含量的巨大差异。纵观整个太阳系的历史，金星经历过这样的过程——由于太阳亮度增加了大约 25%，即便不受其他任何影响，也足以使金星气候从温和变为炽热，最终蒸发其海洋。

在地球上，大气中水蒸气变多会引起降水的增加，水分返回地面并加速岩石的化学风化。这一过程使得大气中的二氧化碳被锁在碳酸盐矿物中，从而有助于减少这一重要的温室气体蓄热效应。但是金星上缺乏足够的磁场，导致太阳辐射迅速分解水蒸气，分解后的氢气和氧气便逃往太空。由于没有风化机制，金星上大量的火山活动产生的温室气体聚集在大气中，加速了加热过程。

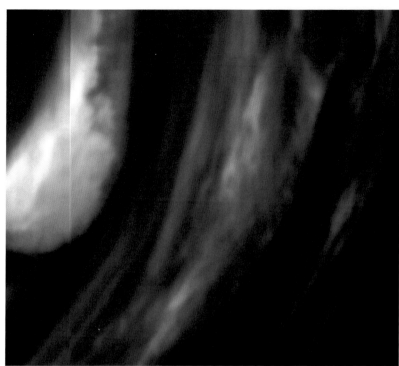
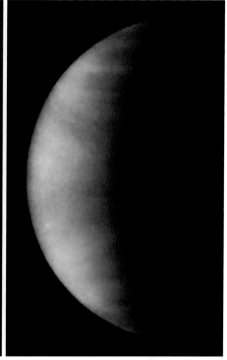

这些相互联系并非止步于此。在地球上，海洋的存在有助于润滑板块运动中处于下方的俯冲带。金星水分的消失使得所有新生的板块构造活动迅速停止，因此形成了现在由高压火山驱动地质为主导的金星（参见第 133 页）。地表缺乏冷却机制也使地壳和上地幔的温度显著升高，降低了从下地幔到上地幔的温度梯度，从而降低了对流活动的数量。在地球上，这种对流在磁场的形成中起着至关重要的作用，因此金星上缺少对流正是它没有磁场的原因。

最后，该模型还解释金星自转缓慢是由于受到大气增厚与太阳潮汐力相互作用的影响；然而，这并不是回答所有问题的唯一模型。2006 年，加州理工学院的研究员亚历克斯·阿莱米（Alex Alemi）和大卫·史蒂文森（David Stevenson）提出了另一个模型，在这个模型中，金星历史早期发生过的巨大撞击也可以导致同样的结果。

上图：欧空局"金星快车号"（左）和哈勃空间望远镜（右）分别拍摄的金星大气中的大规模结构。来自"金星快车号"成像光谱仪的红外图像显示了南极上方的亮点，而紫外 HST 图像显示了赤道上方的 V 形气流循环。

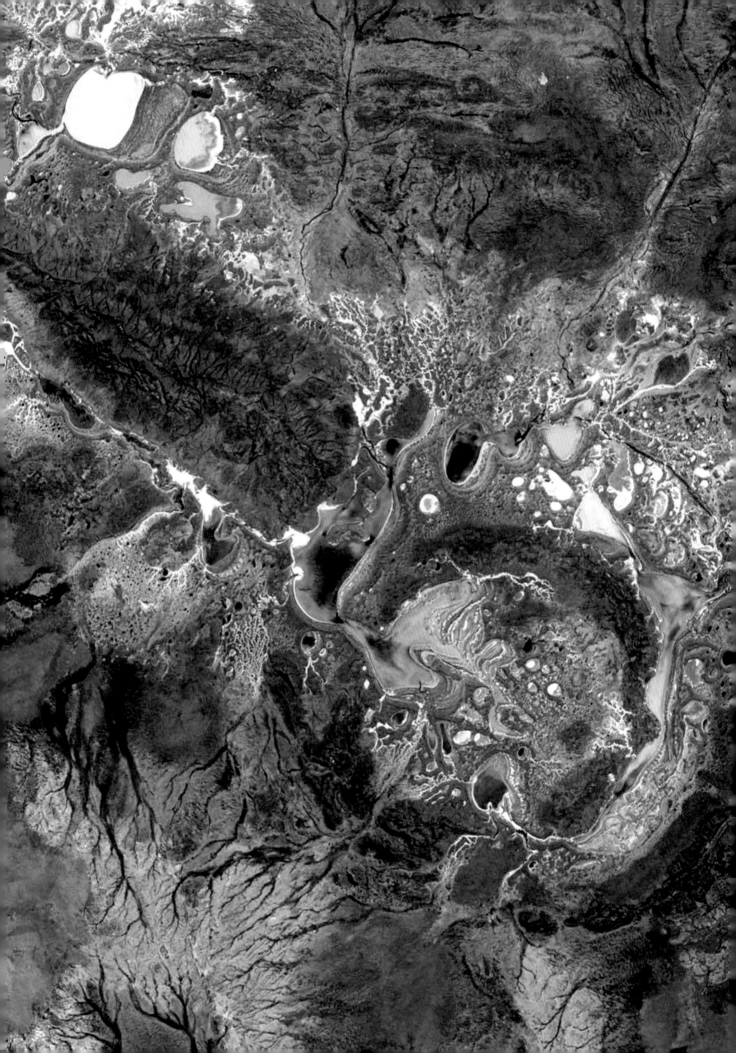

36 来自太空的撞击

定　　义：	偶尔会出现重大陨石撞击地球的情况，形成陨石坑并影响地质、气候及生命。
发现历史：	1800 年左右，科学家首次发现了太空陨石的存在。
关键突破：	1981 年，路易斯和沃尔特·阿尔瓦雷斯（Luis and Walter Alvarez）提出恐龙的灭绝与一次重大陨石撞击事件有关。
重要意义：	过去的证据表明，来自太空的撞击可能对地球的未来构成威胁。

从在大气中燃烧殆尽的尘埃碎片到造成广泛破坏的大型星体，这些大小不一的外太空物质在过去的很长一段时间内像雨点一样落到地球表面。不过这些形成地球地貌的撞击发挥的作用直到近期才被关注。

纵观历史，天文学家和哲学家们认为地球和太空是两个完全独立的空间范围，永远不会相互影响。地球是可变的，而太空则是不变的、永恒的。即使在 17 世纪，和宇宙性质有关的观念开始变化时，太空物体降落地球的想法仍然无法被人接受，尽管有无数民间传说和古代陨石的记录可以为此提供证明。

1794 年，情况发生变化，当时德国的地质学家恩斯特·切拉迪（Ernst Chladni）提出，名为"巴拉斯铁块"（Pallas iron）的奇特纯金属块可能源自太空。切拉迪的理论起初被人嘲笑，但在 1803 年 4 月，法国科学家让 – 巴蒂斯特·毕奥对法国北部莱格尔地区的陨石群进行了详尽的研究后，人们开始认真对待这些理论。毕奥搜寻农村地区时，发现了一片由 3 000 块特殊石头组成的"散落地"，这与在流星雨前看到的火球破裂现象相符。

陨石坑

大约在陨石事实被接受的同时，人们又发现了小行星，这增加了太阳系已知天体的数量。尽管如此，天文学家和地质学家仍然坚决否认来自太空的陨石可能会撞击地球。

对页图：在发现了因强力冲击波而产生的岩石和矿物结构后，人们确认了西澳大利亚颜色艳丽的舒梅克陨星坑的存在。这个 12 千米（7.5 英里）宽的陨石坑大概有 16 亿年的历史。

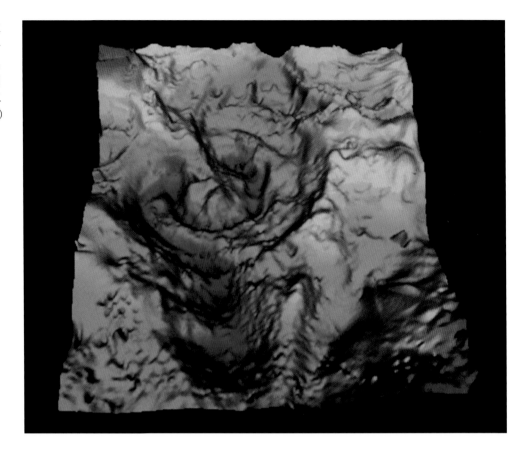

右图：奇克苏鲁布陨星坑埋在墨西哥尤卡坦半岛周围的沉积物之下，这幅重力不规则的地图清楚地揭示了该地区直径约180千米（110英里）的环形结构。

我们现在知道的大多数撞击坑结构，在当时，都被认为是由火山引起的。

亚利桑那州弗拉格斯塔夫附近著名的陨石坑（也叫作巴林格陨石坑或坎宁迪亚布洛陨石坑）提供了一个很好的例子。欧洲移民在19世纪中期发现了这一陨石坑，并普遍认为它是火山造成的，甚至美国地质学家格罗夫·卡尔·吉尔伯特（Grove Karl Gilbert）——最早提出月球陨石坑撞击源的人之一，也将其形成原因归于一次气体爆炸。在1903年，采矿工程师丹尼尔·巴林格（Daniel Barringer）买下了这个陨石坑，因为他相信这个坑是由一颗富含铁矿石的陨石形成的。

巴林格在1906年公布了撞击推测的证据，但因30年来未能找到陨石的大部分残骸，他的说法遭到了驳斥。现在我们知道，形成陨石坑的冲击波会汽化掉绝大部分陨石。直到20世纪60年代，行星科学家尤金·舒梅克（Eugene Shoemaker）才通过找出撞击后因高压高温而形成的矿物质解决了这场争端。

通古斯大爆炸

与此同时，还发生了另一项同样惊人的发现。1908年，一场巨大的爆炸摧毁了俄罗斯东部西伯利亚偏远地区的大片森林。目击者报告称，爆炸发生前曾看到一颗巨大的火球状流星穿过天空，但是直到 20 世纪 20 年代末，俄罗斯矿物学家莱昂尼德·库利克（Leonid Kulik）才首次抵达了这个撞击地点。这一次，毫无疑问，爆炸与来自太空的物体有关，但却没有发现预期中的陨石坑。通古斯事件的主要原因是一大块几十米长的外太空碎片在 5~10 千米（3 ~ 6 英里）的高空发生了爆炸。此后的很长一段时间里，人们认为这个物体是彗星，但自 20 世纪 90 年代以来，一些研究人员证明它在组成上更像小行星。

撞击和生命

虽然天文学家越来越清晰地意识到地球很容易受到撞击，但大部分地质学家仍盲目地对撞击可能对地球产生广泛而持久的影响这一观点持狭隘态度。几代人都曾以怀疑的眼光看待这种灾难论，就算到了 20 世纪 60 年代，天文学家和地质学家还在为月球陨石坑到底是由撞击还是由火山活动产生的而争论。一直到 20 世纪 70 年代，"阿波罗号"带回的岩石样本被彻底研究后，月球陨石坑形成的时间才变得清晰。虽然大部分撞击发生在太阳系历史的早期，但无可辩驳的是，撞击对月球的重大影响一直在持续。如果月球遭受了持续的撞击，那为什么地球会不一样呢？

1980 年，一切争论终于完结了。一支由诺贝尔奖获得者物理学家沃尔特·阿尔瓦雷斯和他的儿子（地质学家路易斯）领导的团队，提出了一个大胆的假说，这个假说基于他们对 6 500 万年前岩层的研究，认为当时恐龙在地球上瞬间就灭绝了。他们在世界各地的白垩纪和第三纪地质历史的岩层交界处发现了一层富含铱的物质。铱是地球上的一种稀有元素，但在小行星和彗星中更为常见，因此阿尔瓦雷斯研究小组得出结论：恐龙的灭绝是伴随着一次巨大的小行星撞击而发生的，其影响在世界各地都能感受到。这一假说受到了广泛的质疑，尤其是因为该小组无法确定一个符合年代条件的大型陨石坑，但它激发了新一代地质学家和古生物学家，他们开始考虑这样一种可能性，即一般稳定的地质变迁和演化模式有时可能会被短暂的灾难性事件取代。最终，在 1990 年，地质学家确定，埋在墨西哥尤卡坦半岛沉积物之下的 180 千米（110 英里）宽的希克苏鲁伯陨石坑（Chicxulub Crater）可能是白垩纪至第三纪地质历史时期陨石撞击的地点。一次单独的撞击导致了恐龙和无数其他物种灭绝的这种说法目前仍有争议，但毫无疑问，陨石撞击确实可能对我们的星球造成了灾难性的破坏。

"最终，在 1990 年，地质学家确定，埋在墨西哥尤卡坦半岛沉积物之下的 180 千米（110 英里）宽的希克苏鲁伯陨石坑可能是白垩纪和第三纪地质历史时期陨石撞击的地点。"

周期性撞击

定　义：	一个有争议的理论认为，地球受到过来自太空的周期性撞击，这与生物的大规模灭绝有关。
发现历史：	1984 年，大卫·罗普（David Raup）和杰克·塞夫科夫斯基（Jack Sepkowski）首次声称发现了物种大灭绝的周期。
关键突破：	2009 年，NASA 发射了 WISE 卫星（广域红外线巡天探测卫星），这颗卫星能够识别外太阳系中假想的"死星"。
重要意义：	如果物种大灭绝是周期性发生的话，那么这一理论将改变我们对生命史的整体认识。

　　来自太空的大规模撞击与恐龙的灭绝有关这一发现引起了天文学家的兴趣。一种观点认为，类似的撞击可能标志着生命历史上的其他重大事件，因此天文学家们想知道在生命发展过程的核心中是否存在一种天文脉动（译注：像脉搏那样的周期性变化或运动）。

　　20 世纪 80 年代初，引起恐龙灭绝的"阿尔瓦雷斯撞击假说"（参见第 143 页）迅速地从一个不可思议的边缘理论变为科学界中最令人激动的想法之一，最终引发一波又一波与古生物学、地质学、天文学有关的多学科研究。

　　地质学家因此开始寻找与生命史上其他重大变化相关的撞击证据。虽然恐龙的灭绝是这些"物种大灭绝"中最出名的，但如果把地球上所有物种都考虑进去的话，恐龙的灭绝只是众多灭绝物种中的一种，远不是规模最大的一种。一个早期的研究目标使得这项研究重新出现了希望，大约 3 390 万年前的始新世末期大灭绝似乎与几次撞击同时发生，尽管比白垩纪至第三纪事件规模要小，但仍可在大范围内造成毁灭性的影响。

物种灭绝也有循环

　　根据这些新发现，1984 年芝加哥大学古生物学家大卫·罗普和生命大规模进化模式专家杰克·塞夫科夫斯基在《自然》杂志上发表了一篇论文，提出了生物多样性中

对页图：每年 11 月，地球都会有形成狮子座流星雨（leonid）的彗星碎片穿过。有没有更大天体的流星雨在很久以前进入内太阳系并引发生命大规模灭绝的可能性呢？

存在周期或脉动的证据。他们认为，物种大灭绝的时间间隔大约为 2 600 万年。毫无疑问，这一说法从一开始就极具争议，并且有许多人试图推翻它。最近，德国马克斯－普朗克天文研究所的柯林·贝勒－琼斯（Coryn Bailer-Jones）于 2011 年发表的一项分析认为，这种假设的周期是统计数据上的假象；然而，罗普和塞夫科夫斯基的原始观点引来了一些同样引人注目的解释。

如果 2 600 万年的周期确实存在，那么在地球之外寻找触发因素就变得有意义。据地质学家所知，地球发展的内部过程并没有按照这样的规律循环，当然，地外撞击、K-T 事件（译注：发生在白垩纪至第三纪的陨星碰撞灾难，导致了恐龙时代的终结）和始新世末期的物种灭绝的巧合也具有启发性。自 20 世纪 80 年代以来，人们提出过将撞击与物种灭绝联系起来的各种推论，但至今这些推论都没有得到过研究的证实，在科学界看来，它们仍然疑点重重。同时，其他引起物种灭绝的可能原因——比如大规模火山爆发，海平面的整体上升，这些似乎都经常与物种灭绝同时发生。甚至恐龙灭绝的时候，印度德干高原的火山也在大规模喷发，这场火山喷发在物种灭绝的触发因素中是独一无二的。

> "由重大撞击引发的气候危机可能会对陆地植物和光合藻类产生严重影响，而这反过来又会摧毁依赖它们生存的动物。"

复仇女神和其他

如果物种灭绝有周期且这种周期和地外撞击有关的话，那么就不缺乏解释这种周期的潜在机制。这些机制中最出名的就要数由两个独立的天文学家团队在《自然》（罗普和塞夫科夫斯基的原始论文也发表在同一期）杂志上提出的"复仇女神假说"（nemesis hypothesis）。这种假说认为，太阳有一颗极其微弱的伴星——一颗红矮星或褐矮星（参见第 269 页），在它几百万年轨道的近日点上干扰奥尔特星云中的彗星（参见第 245 页）。这些干扰使大量彗星进入内太阳系，并坠落在行星上。

这一想法的一种变体是，在奥尔特星云接近其远日点时，轨道上有一颗未被发现的巨大行星擦过其内部边缘。最明显的问题是，为什么这样一个重要的天体到现在还没被发现？显然它并不是 1915 年偶然间被发现的比邻星（Proxima Centauri）——已知恒星中最接近太阳的一颗，也是灿烂的半人马座阿尔法的伴星，所谓的"复仇女神"甚至比比邻星还微弱。即使是一颗微弱的褐矮星也会发出大量的红外辐射，并且大多数天文学家都认为，"复仇女神"存在与否应该通过 2009 年发射的 WISE 卫星目前正在进行的全天空红外探测来验证。

如果复仇女神假说最终被推翻，那么纽约大学的迈克尔·兰皮诺基（Michael

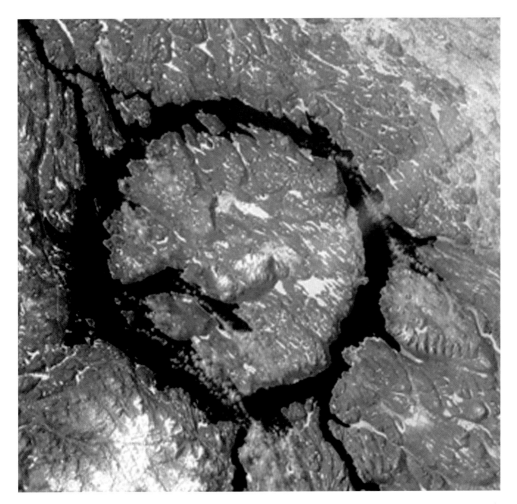

Rampino）基于太阳系在银河中的移动而提出的"湿婆假设"（Shiva hypothesis）则为物种周期性灭绝提供了另一种解释。太阳绕银河系运行一周需要 2 亿年，但其轨道的摆动使它每隔 3 000 万年穿过一次银河系圆盘的密集平面。兰皮诺认为，在穿越的过程中，太阳极有可能与其他恒星和大型天体发生近距离接触，并有可能引发潮汐，扰乱奥尔特云中的彗星。

如果撞击影响地球历史上生命演化的可能性存在争议的话，那么这种情况偶尔发生一次的想法则更容易被接受。除了大规模撞击本身的重大影响外，可能的后续影响还包括海啸、火灾和向高层大气射出大量碎片，它们遮挡阳光，引发全球降温。由重大撞击引发的气候危机可能对陆地植物和光合藻类等生物生命产生严重影响，而这反过来又会摧毁依赖于它们的整个食草动物和食肉动物金字塔。随着越来越了解塑造我们世界的生态关系，我们也更加清楚地认识到外星撞击事件可能会造成毁灭性的后果。

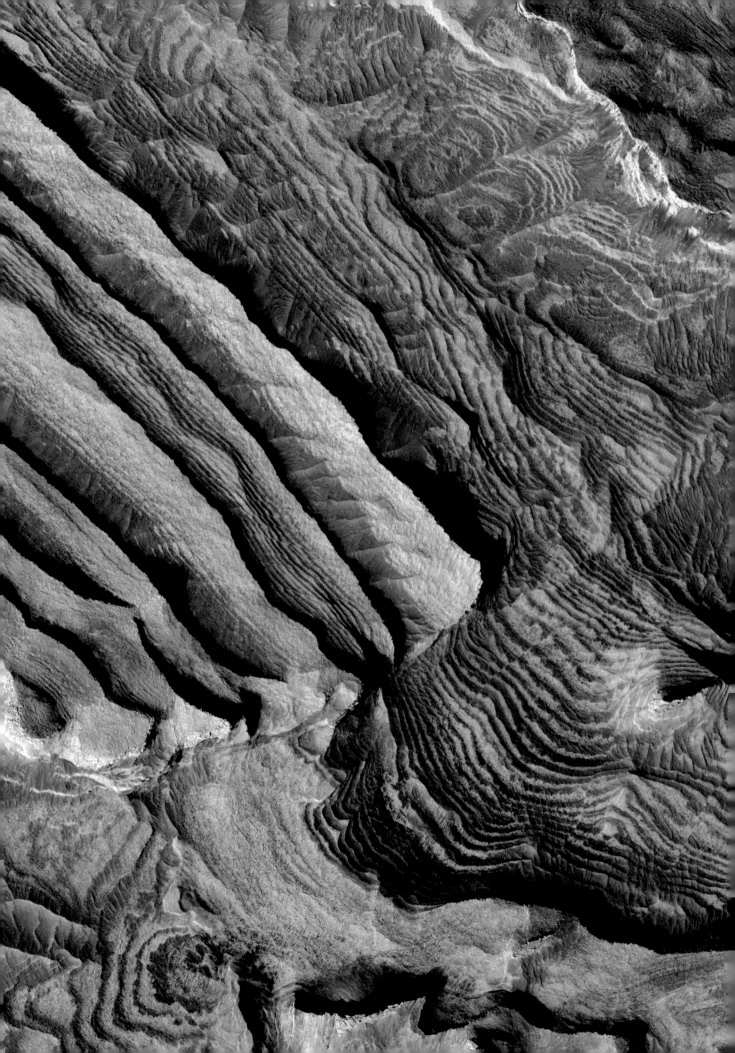

38 火星的活跃历史

定　　义：	新证据表明，火星的历史远比之前猜想的还要复杂。
发现历史：	1997 年，火星全球勘测者（Mars Global Surveyor，简称 MGS）的成功开启了一波新的探索浪潮，这一浪潮目前仍在继续。
关键突破：	2008 年，三个天文学家团队提出，一次巨大的撞击使得火星北半球的大部分地区形成一个巨大的撞击盆地。
重要意义：	了解火星的地质历史对未来的移民和研究火星上演化出生命的可能性有着重要的意义。

自 20 世纪 90 年代末以来，一系列机器人任务对火星地表进行了越来越详细的成像，揭示了这颗红色星球迷人的历史。火星全球勘测者探测器、"火星快车号（Mars Express）"以及一系列火星着陆器的探测结果，为一些长期存在的问题提供了答案。

20 世纪 70 年代，继 NASA 的"海盗号（Viking）"轨道飞行器和着陆器成功后，美国和苏联再无成功的太空探测器，这使得接下来 20 年里对火星的详细研究受挫。直到 1997 年，随着"火星探路者号（Mars Pathfinder，简称 MPF）"任务成功地将一个微型探测器降落在火星表面，以及火星全球勘测者卫星进入火星轨道，火星探测事业才真正恢复。

轨道上的景观

火星全球勘测者探测器携带了一套技术先进的仪器，它的相机可以分辨火星表面 1.5 米（5 英尺）大小的特征，而它以每秒 10 次的频率朝火星表面发射红外脉冲的激光测高仪，能以 37 厘米的误差精准测量并绘制火星地形变化图。它的其他仪器还能测绘火星表面矿物组成的热辐射光谱（TES）。

经过 9 年的运作，MGS 以前所未有的细致程度绘制了火星表面的地图。它揭示了极地冰盖中复杂的结构、与过去（也可能是现在）火星地表水有关的微妙侵蚀特征

对页图：这幅惊人的图片来自火星勘测轨道飞行器（MRO），它显示了火星赤道以北的贝克勒尔陨石坑（Becquerel Crater）复杂的分层地形。这一地区的岩石是由层状沉积物形成的，其模式显然与火星自转轴长期倾斜有关。图中用合成的颜色区分沙子（蓝色）和裸露的岩石（淡粉色）。

（参见第157页）、沙丘地带、沉积物层以及火星沙尘暴留下的黑色痕迹。同时，测高仪显示，北半球平原和南半球陨石坑之间的明显差异反映在火星的海拔高度和地壳厚度上，南半球的地壳厚度在50千米（30英里）到125千米（80英里）之间。

2008年，3组科学家团队在《自然》杂志上发表了论文，对火星上的这种一分为二的地形给出了一个令人惊讶的解释——他们认为，北半球的陨石坑是由一颗体积超过月球一半的巨大小行星的撞击造成的。计算机模拟显示，这颗小行星以每秒6~10千米的速度撞击火星，产生的巨大冲击可能造成一个长10 600千米（6 600英里）、宽8 500千米（5 300英里）的撞击盆地，我们称之为伯勒里斯盆地（Borealis Basin）。在这一区域及其周围，火星地壳将变成一片熔岩的海洋，最终凝固成现在北半球平坦、起伏的平原。这一理论有一个令人费解的地方——平原上没有陨石坑，这意味着撞击在火星历史上发生得非常晚，如果是这样的话，晚期重轰击（参见第97页）就不可能掩盖伯勒里斯撞击中扩散到整个星球的喷射层。对于这个问题，一种可能的解释是撞击发生在晚期重轰击前不久，直到太阳系历史的这段时期快要结束时，熔岩海不知何故还处于熔融状态。

三维火星

欧空局的"火星快车号"探测器于2003年发射，它经历6个月到达了这颗红色行星，这主要归功于地球和火星之间的有利排列。探测器携带的仪器包括能够搜索地表下冻结水源的探地雷达（参见第158页）、用于测绘矿物的光谱仪和新型的立体摄像机，这些仪器能够从不同的视角拍摄出详细的图像，然后再组合这些图像形成火星表面的三维图像，分辨率高达2米（6.7英尺）。

在8年多的运行中，探测器取得的重大发现包括：证实了火星南极冰盖中存在冻结的水（此前只在北极冰盖中发现过，参见第157页），并确认了火星大气中存在甲烷。甲烷在火星空气中会迅速分解，因此它一定是最近才产生的。这一发现对火星的研究有重要意义，因为目前唯一已知的甲烷生成机制是火山活动或生物体的活动。

火星上到处是高耸的火山，包括海拔 27 千米（19 英里）的奥林匹斯山脉（Olympus Mons）——太阳系中最高的火山。最初科学家认为这些火山早已消失了，但来自 MGS、火星快车和火星探测轨道器的高分辨率图像显示，火星北极附近有成片的小型火山锥，并且它们在不久前曾很活跃。包括奥林匹斯山脉在内的成片火山的侧面是平原，几乎没有陨石撞击坑，这表明在过去的 400 万～200 万年里，这些火山曾偶尔爆发过。

火星表面的探测器

与此同时，在火星表面，"火星探路者号"为以后的一系列着陆器铺平了道路。虽然 NASA 火星极地着陆器和欧空局的"猎兔犬 2"火星着陆器都在火星表面坠毁，但是 2008 年，"凤凰号（Phoenix）"探测器成功地着陆在北极冰盖附近，并在极地冬季来临之前成功运作了几个月，证实了火星永久冻土中存在冰。2004 年，"勇气号"和"机遇号（Opportunity）"火星探测器在火星中纬度的不同地区着陆。"勇气号"降落在一个 10 千米（6 英里）宽的被称为古塞夫的陨石坑中，该地区过去似乎曾受到流水的影响；而"机遇号"降落在平坦的子午平原，并碰巧滚进了一个小陨石坑。

两个探测器都获得了惊人的成功，并且任务执行时间比原计划多出几倍。"勇气号"确认了只可能发生在水下的地质过程，并发现了温泉存在的证据；而"机遇号"则发现了更多水成矿物和首批沉积岩。直到 2010 年，"勇气号"才和地球失去联系，而"机遇号"直到 2011 年底依然在工作。

"火星地壳将变成一片熔岩的海洋，最终凝固形成现在北半球平坦、起伏的平原。"

39 火星的气候变化

定　　义：	有迹象表明，火星温度目前正处于一个长期的大幅上升的过程。
发现历史：	2001 年，"火星全球勘测者号"在火星南极附近发现半永久性干冰消失的痕迹。
关键突破：	1912 年，米卢丁·米兰科维奇（Milutin Milankovic）发现行星轨道的长期变化可以影响气候。
重要意义：	火星气候的周期变化表明，这颗红色的行星曾经适宜生命生存。

在过去 10 年里，来自火星轨道器和着陆器的证据表明，这颗红色星球与地球一样，正处于一段气候快速变化的时期。更重要的是，火星由于受长期气候周期的影响，可能更适宜生命生存。

天文学家都知道火星有一个从地球上就能观测到的复杂的短期气候周期，随着二氧化碳在春季蒸发、秋季积累，极地冰冠会发生相应的变化。火星地轴倾斜角度略大于地球，因此火星上也有我们熟悉的四季循环，时间为 687 个地球日。火星公转轨道也是椭圆形的，到太阳的距离在 2.07 亿千米（1.29 亿英里）到 2.49 亿千米（1.55 亿英里）之间，因此北半球和南半球的季节有明显的不同。

火星的北半球因为冬季靠近太阳而夏季远离太阳的关系，气候变化比较小。南半球季节的特征却被放大了，因为它在夏季靠近太阳而在冬季远离太阳。此外，火星与太阳之间的距离还有一个整体的加热效应，在近日点附近，火星上会产生巨大的沙尘暴，这时火星上的细沙会飘到高层大气中并停留数周，加剧火星的温室效应。

除了这些短期变化以外，我们现在还了解到，火星正处于一个长期的气候变化中。2001 年，NASA 科学家将"火星全球勘测者号"上的镜头对准了他们之前拍摄到的南极冰冠的一个地方——永久性干冰区域里的一组小坑洞，即使冬天的霜冻来了又去，这些坑似乎依然存在。他们看到的情况令人吃惊：这些坑现在已经扩大并融合在一起，这表明火星上的一大片干冰已经消失，升华到大气中。

对页图：当火星南极进入春季开始变暖时，蒸发的干冰在极地冰冠上产生了奇怪的坑。这些坑的大小的长期变化表明，火星比几年前明显变暖了。

这是火星正处于快速变暖的第一个证据，而更具决定性的证据出现在 2007 年。现代探测器测得的火星温度和 20 世纪 70 年代的"海盗号"探测器测得的温度对比后发现：30 年来，火星温度上升了 0.5 ℃（0.9 ℉）。如果温度继续上升，火星可能会完全失去南极冰冠。是什么在推动火星上的气候变化呢？升温过程又会持续多久呢？

变化周期

"南极的冰冻干冰升华会使大气层变厚，加剧火星的温室效应，困住更多的太阳热量，导致目前的全球变暖变得更严重。"

天文学家认为造成火星气候的这种长期周期性变化，至少一部分原因是源于火星轨道的变化，即所谓的"米兰科维奇周期"，这一周期由塞尔维亚地球物理学家米兰科维奇在 20 世纪初发现。米兰科维奇当时在寻找证据来解释地球近期的气候周期，他提出了地球轨道的 3 种主要变化——"分点岁差"导致地球的轴向倾角在过去的 2.58 万年中发生了改变；轴向倾斜程度的震荡变慢（影响季节的程度）；以及使地球轨道形状变"弯曲"。

幸运的是，这个周期由于月亮的存在而对地球影响相对较小。当其他因素导致地球变脆弱时，这些因素对太阳照射地球的光线的数量和分布带来的微小改变可以对气候产生显著的影响。

米兰科维奇周期在火星上的影响比在地球上要大得多。火星的轨道可以在一个近乎完美的圆和它目前的椭圆之间变化，如前所述，火星轨道和轴向倾角之间的关系会使一个半球季节变化变显著，而另一个半球反之。每 17.5 亿千年，这种情况就要反转一次，而 10 万年和 220 万年的偏心周期将会使火星的轨道逐渐旋转。最后，在 12.4 万年的周期中，火星的轴向倾角在 15°～35° 之间变化，因此，会出现比现在更极端的季节变化。

反馈机制

米兰科维奇周期是影响火星气候的主要因素，但实际情况会因自然反馈机制而变得复杂。在自然反馈机制中，气候系统某一要素的变化产生的影响可能会加强或抵消原有的变化。例如，南极的冰冻干冰升华会使大气层变厚，加剧火星的温室效应，困住更多的太阳热量，导致目前的全球变暖变得更严重。接下来又可能导致高空形成风，引发沙尘暴，其加热效应将进一步加剧火星的全球变暖。

另一个潜在的反馈机制是火星甲烷的神秘来源（参见第 169 页）。2009 年，NASA 戈达德太空飞行中心的迈克尔·穆玛（Michael Mumma）领导的团队宣布了使用

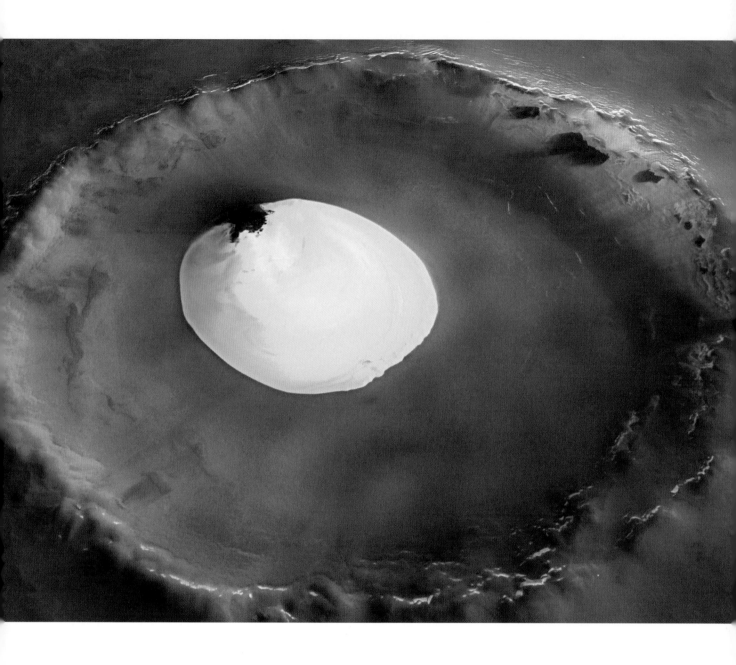

NASA 红外望远镜和位于夏威夷莫纳克亚山的凯克望远镜（Keck Telescopes）进行了数年仔细观察的结果。他们发现在春季和夏季有大量的甲烷从火星地下冰层丰富的地区释放出来，其中有一次大约释放了 1.9 万吨甲烷，这是一种比二氧化碳更有效的温室气体。如果甲烷释放到大气中的机制对升高的温度有积极的反馈，那么甲烷的排放在未来只会加速，从而加速火星总体变暖的趋势；然而，米兰科维奇周期表明，最终火星气候会逆转，火星将再次逐渐陷入深度冻结之中。

上图：这个未命名的陨石坑靠近火星北极，上面覆盖着一个直径约 10 千米（6 英里）的冰湖。部分陨石坑墙壁上也可以看见冰。这种分布模式可能与陨石坑不同部分受日照不均有关，因此也与火星轨道的米兰科维奇周期有关。

40 火星上的水

定　　义：	越来越多的证据表明，火星表面曾有水流动过。
发现历史：	2000 年，"火星全球勘测者号"拍摄到了可能是由流水造成的"沟壑"。
关键突破：	2011 年，火星勘测轨道飞行器探测到了深色的季节性斜坡纹线，这些痕迹可能是由地下渗出的盐水造成的。
重要意义：	液态水存在的确认将会改变火星生命生存的前景，有助于人类未来的探索。

经过了几十年的争论，来自火星勘测轨道飞行器和其他探测任务的证据最终表明，水不仅在火星历史上发挥了关键作用，而且如今还偶尔存在于火星地表上。

火星在太阳系中的位置表明它可能有水——要么在地表，要么在地下。19 世纪 70 年代，意大利天文学家乔瓦尼·斯基亚帕雷利（Giovanni Schiaparelli）声称他看到了连接火星表面深色区域的长长的直线，叫作"卡纳利"。他把它们解释为两片积水之间的天然通道，但其他人出于对意大利语"canali"的误解，认为它们是人工运河，这一理论最详尽的版本由美国天文学家珀西瓦尔·洛厄尔（Percival Lowell）提出。洛厄尔认为这些运河是聪明的火星人把水从极地冰冠转移到赤道沙漠地区的杰作。

毋庸多说，斯基亚帕雷利看到的"卡纳利"实际上并不存在，如今人们普遍认为它是某种视觉错觉。尽管如此，20 世纪的大部分时间，天文学家仍然认为火星可能显示出一些水流的迹象。直到 20 世纪六七十年代，天文学家看到早期太空探测器发回的照片里的是一个寒冷干燥的世界，这些希望才破灭。虽然火星的表面温度在 –90~20 ℃（–130 ~ 68 ℉）之间，但其低大气压（约为地球的 0.6%）意味着任何暴露在地表的液态水都会迅速沸腾并蒸发到大气中。

尽管如此，火星上确实有过水，它们冻结在北极冰冠中，大部分埋在结霜的二氧化碳干冰层之下。一些天文学家认为，南部高地上蜿蜒的山谷和北部平原上的泪珠状痕迹都是火星过去存在大量液态水的证据，但相信火星寒冷干燥的人认为，它们更像

对页图：水手谷（Valles Marineris）在火星表面形成了一道 40 000 千米（2 500 英里）的疤痕。它因火星地壳的地质断层而形成，但也有明显的迹象表明，它曾被由周围平原流入山谷的水流改变过形状。

火星上的水　**157**

是地下冰偶尔融化的结果，这个过程可能是受火山活动的影响。

沟壑和冰川

多亏了"火星全球勘测者号"和"火星快车"轨道飞行器传回的图像，21 世纪初期潮流开始转向。2000 年，NASA 宣布在一个叫作戈尔贡混沌（Gorgonum Chaos）的峡谷两侧发现了非常新的沟壑——可能是因水从峡谷边缘渗出并流向底部而形成的。尽管怀疑论者认为，这些沟壑可能是由液态二氧化碳逸出而形成的，但乐观主义者指出，它们看上去就像是从火星地下含水层或地下水位中冒出来的。

"巡视器对独特的赤铁矿的研究显示，它们和该地区的许多其他岩石一样，都是在一片积水中形成的。"

2003 年，NASA"火星奥德赛号（Odyssey）"探测任务在极地和中纬地区发现了大范围水的化学特征——按质量计算，这些水可能占了土壤的一半；然而，其中大部分被锁在水合矿物中，如黏土或者冻结的固体。"凤凰号"探测器于 2008 年在北极冰冠附近着陆，在飞扬的尘土下仅几英寸处发现了冰。

事实上，"凤凰号"的发现可能指向了一个惊人的秘密。火星勘测轨道飞行器传回的新图像显示，撞击摧毁了火星上标志性的红色土壤，使得地下冰显露出来。2009 年，MRO 的雷达还在名为"叶状碎片过渡带"的结构中识别了大量存在的冰，而它的高分辨率相机也拍摄到了大范围存在于火星地表的冰川状特征。与此同时，"火星快车号"在靠近赤道的埃律西昂平原（Elysium Planitia）南部发现了类似积冰的现象。尽管绝大部分的特征都被土壤和岩石所覆盖，但是有没有可能这些覆盖物只是薄薄的一层，下面隐藏着一个由冰和冰川构成的世界呢？

水的礼物

同一时期，从 MGS 图像中发现了壮观的层状沉积岩，这为火星过去存在大量的积水，甚至可能是海洋，提供了证据。同样地，认为火星干燥的人又提出，沉积岩可以由被风吹来的无数层薄薄的灰尘堆积而成，甚至火山灰也可以随着时间的推移产生类似的分层结构。当进一步的研究发现这些沉积岩层中含有类似黏土的矿物质时，水起源的证据又得到了加强。要想解决这个问题，就需要火星探测器"勇气号"和"机遇号"进行近距离的化学分析。"勇气号"降落在古塞夫陨石坑———一个疑似干涸的湖泊，但后来发现它被熔岩覆盖。当探测器的一个轮子被卡住开始在地面上打滑的时候，地质学家们发现轮子翻出来的岩石曾在过去的某个时候被一股含盐的热泉渗透

过。同时,"机遇号"则降落在梅里迪亚尼平原(Meridiani Planum)一个富含铁化合物赤铁矿的地区。巡视器对独特的赤铁矿或者"蓝莓"(译注:一种存在于陨石坑表面的微小球状矿物质,NASA 将其命名为"蓝莓")的研究显示,它们和该地区许多其他岩石一样,都是在一片积水中形成的。

2011 年 8 月,MRO 团队宣布了迄今为止最有希望的进展——有确凿的证据表明现在火星上有水流动。在一个火星年中,MRO 科学家们数次观测到许多高地陨石坑,他们注意到陨石坑边缘的基岩露出来的部分呈现出黑色特征,从春末到夏末沿着狭窄的通道逐渐向下倾斜,并在冬天逐渐消失。它们被命名为季节性斜坡纹线(RSLs),这些特征不可能由液态二氧化碳相对激烈的活动形成,并且因为纯水在观测地点会迅速结冰,因此最佳的解释是,它们是渗出来的盐水(其所含的盐分使凝固点降低)。火星上存在水的可能性如果能被后续的观察证实,将是一项重大突破。

41 火星存在生命的可能性

定　　义：	过去，甚至现在，火星上是否存在生命一直备受争议。
发现历史：	20 世纪 70 年代，"海盗号"探测器上进行的实验产生了相互矛盾的结果。
关键突破：	2008 年，匈牙利天文学家提出，火星南极周围类似蜘蛛的图案可能是由光合微生物产生的。
重要意义：	在其他星球上发现生命将具有极大的科学和哲学意义。

即使在今天，火星仍然是行星中最适宜居住的，而在过去，火星可能更像地球，其地表有丰富的液态水。那么，生命是否已经开始在这颗红色星球上进化，又能否在今天更加恶劣的环境中生存下去呢？

几个世纪以来，火星存在生命的可能性一直吸引着天文学家。早期天文时代著名的观测者，如克里斯蒂安·惠更斯和威廉·赫歇尔，他们认为火星可能是智慧生命的家园。火星地表深色斑块的移动被解释为植被的季节性变化，后来关于人工运河的报道也引发了一波猜测，这种猜测一直延续到太空时代。直到太空探测器传回的第一波图像表明，火星是一个寒冷、干燥和死寂的世界；而 1976 年"海盗号"着陆器的到来，科学家们才能够详细研究火星存在生命的可能性。

一个有争议的实验

"海盗号"的每一个着陆器上都带有一套实验设备来检测生命是否存在，要么直接检测土壤中的碳基有机化学物质，要么在土壤样本中添加营养物质并在进行培养时寻找微生物释放气体的迹象。大部分检测都没有反应，只有一个名为"标记释放"（LR）的实验结果令人困惑——起初，土壤样本中似乎确实有某种物质在处理养分并释放气体，但一周后当向样本中再次添加养分时，却没有释放气体。

对页图：根据匈牙利科学家的说法，这些壮观的"星爆"或"蜘蛛"状图案是由火星地表下的固态二氧化碳升华形成的，它们的颜色可能来自光合微生物。

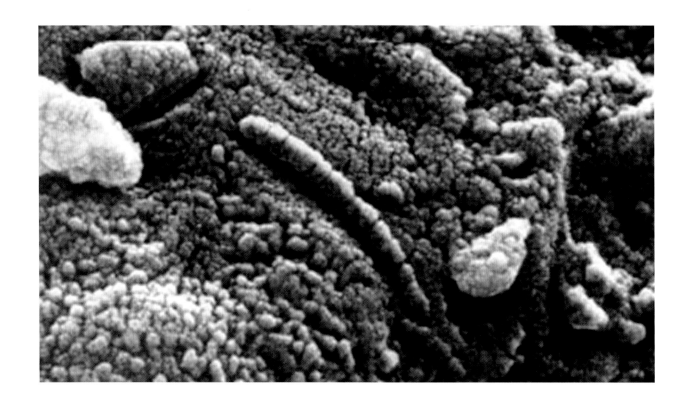

上图：一幅扫描电子显微镜图像显示了火星陨石 ALH 84001 中不寻常的结构。尽管科学家们通常认为这些潜在的微化石是自然形成的，但关于岩石中一些化学物质痕迹的起源的争论仍在持续。

"海盗号"项目（译注：NASA 的"海盗号"项目包括两个无人空间探测任务，即"海盗 1 号"和"海盗 2 号"）的两个着陆器都发现了类似的结果，科学家最终普遍认同的结论是，不是生物体，而是土壤中的某种未知的化学物质导致了最初的气体释放。包括 LR 实验设计者吉尔伯特·莱文（Gilbert Levin）在内的几位科学家则都对这一结论表示怀疑。

尽管"海盗号"项目搜寻火星生命的结果没有定论，但在之后的几十年里，大量的发现表明火星过去远比现在更适宜居住。那么，火星过去是否有生命存在呢？于 2012 年底开始工作的 NASA"好奇号（Curiosity）"探测器的主要目标之一便是测试火星过去的环境是否宜居。

火星"化石"

1996 年夏天，世界各地的头条新闻都报道了一条消息：在一块火星的古代碎片中发现生命可能存在过的迹象，这块碎片作为陨石在南极洲被发现。这块陨石被编号为 ALH 84001，它在太空漂泊了 1 500 万年后，于 1.3 万年前坠落地球，但它内部的火星岩石保存了超过 40 亿年，没有发生变化。现在，一群经验丰富的 NASA 科学家声称，他们在岩石中发现了矿物质和化学物质，这些物质在地球上被认为是细菌制造出来的。电子显微镜图像显示岩石中有蠕虫状的结构，通常只有几十纳米（十亿分之一米）长。科学家们初步认为它们可能是微化石——微小细菌的残骸，比当时地球上已知的任何细菌都要小得多。考虑到人们对 ALH 84001 的种种猜测，科学界对其证据进行了严格的审查。其中有些证据很快就站不住脚了，因为科学家们找到了在没有有机干预的情况下制造出同样的化学物质的方法。其他一些，比如所谓的化石，则通常被忽视，因为它们意味着微小的纳米级细菌的存在，而在我们目前的理解中，这些细菌太小，根本无法存在和复制。但是目前还没有实验可以通过其他方式来复制这些结构，而且最近还有发现为纳米细菌的存在提供了证据。

ALH 84001 中曾经存在生命的最有力证据来自碳酸盐和磁铁矿矿物，不同的沉积模式表明它们可能是古代细菌存在过的痕迹。2001 年，NASA 的另一个团队声称在类似火星的没有有机过程的情况下模拟出了这些模式，但之前的团队坚持认为这种比较是不准确的。虽然科学观点的平衡性仍值得怀疑，但在没有更多火星岩石样本可供研究的情况下，这场争论不太可能得到解决。

"'海盗号'项目搜寻火星生命的结果仍然没有定论，但是在这之后的几十年里，大量发现表明，火星过去远比现在更宜居。"

现在的生命

自从对 ALH 84001 的猜测平息之后，人们的注意力又回到了当前火星的生命前景上。火星地表下有水的新证据表明，火星远比之前所猜想的更适宜生命生存。"勇气号"火星探测车发现的古代酸性温泉遗迹，以及在地球上类似环境中生存的嗜极微生物（参见第 110 页），都进一步提高了生命存在的可能性。

其中一些有趣的证据来自欧空局的"火星快车号"探测器，它于 2003 年末进入火星轨道后就立即在火星大气中发现了甲烷的存在。由于太阳辐射会导致甲烷在短时间内分解，所以目前存在的所有甲烷都必须以大约每年 270 吨的速度不断生成。产生甲烷的可行来源只有两种——正在进行的火山活动和甲烷微生物的菌落。

2005 年 2 月，欧空局的科学家宣布发现了甲醛，它是另一种短时间存在的气体，可以通过火山或生命活动得到补充。有趣的是，这两种气体都在火星的同一区域被发现，而且通常与已知的水蒸气和地下冰源有关，这表明它们的来源更可能是微生物。

2008 年，布达佩斯天文台（Budapest Observatory）的安德拉斯霍（András Horváth）领导的匈牙利科学家团队提出了一个有意思的想法，即我们可能已经在火星上看到了微生物的踪迹。该团队认为，与南极周围二氧化碳蒸发有关的黑色蜘蛛状图案和斑点，可能是由火星短暂的春季中大量生长的光合微生物造成的。如果这一非同寻常的说法得到证实的话，那么它将是对早期火星地表植被季节性变化说法的神奇回应。

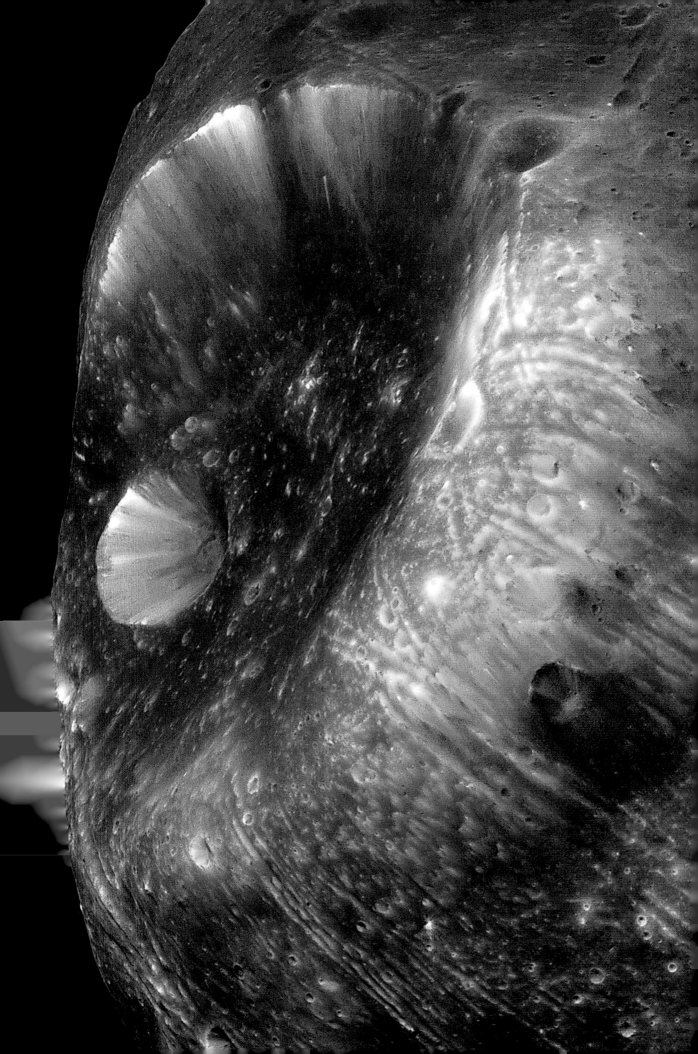

42 火星卫星的起源

定　　义：	关于火星的两颗小卫星起源的观念正在改变。
发现历史：	1877 年，阿萨夫·霍尔（Asaph Hall）首次发现了火星卫星，并且长期以来一直认为它们是被火星捕获的小行星。
关键突破：	2010 年的一份分析表明，火卫一和火卫二的起源很像月球，是火星受撞击时抛出的碎片。
重要意义：	火星卫星可能保留着远古火星地表的物质。

火星的两颗小卫星不同于太阳系的其他天体。长期以来，科学家一直都认为它们是被捕获的小行星，但最近对它们的轨道特征和组成成分的分析表明，它们可能有一个更引人注目的起源。

虽然"火星有两颗卫星"这一事实早在 17 世纪就已被相当于天文学权威的约翰尼斯·开普勒预料到了（参见第 6 页），但其背后的推理（基于单卫星地球和木星的 4 个卫星之间的数值差距）大多只是猜测。这个发现影响了几代天文学家，以及包括乔纳森·斯威夫特（Jonathan Swift）和伏尔泰（Voltaire）在内的讽刺作家。最终，它激发了天文学家阿萨夫·霍尔的灵感。1877 年 8 月，霍尔在华盛顿特区的美国海军天文台（US Naval Observatory）进行了详细的搜索，结果发现了两颗环绕这颗红色行星轨道运行的小卫星。

火卫一和火卫二从一开始就令人感到困惑。它们不仅体积小，平均直径分别为 22 千米（13.5 英里）和 12.5 千米（7.8 英里），而且它们的轨道非常接近火星，分别距离火星中心 9 400 千米（5 800 英里）和 23 500 千米（14 600 英里）。这意味着火卫一绕火星一周只需 7 小时 39 分钟（比火星自转速度快 3 倍多），而火卫二则需要 30 小时 18 分钟。当时，对它们起源的解释是"分裂假说"（这两颗卫星是从快速旋转的早期火星上抛射出来的，参见第 113 页），但火卫一的快速轨道却成为此观点的一个大漏洞。相反，它们的起源似乎有两种可能的解释——要么是由火星形成后留下的碎片形成的，要么是从太阳系的其他地方捕获的。

对页图：NASA 火星勘测轨道飞行器上的 HIRISE 相机拍摄的一幅特写图像，揭示了火卫一上斯蒂克尼陨石坑丰富多彩的细节。横跨卫星表面的沟状平行疤痕也可以清楚地识别出来。

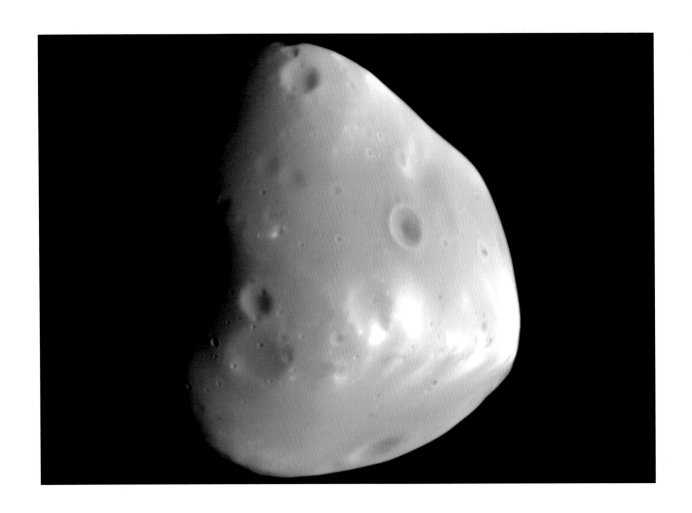

"海盗号" 及其之后的研究

1976 年, NASA 的两个 "海盗号" 太空探测器抵达火星轨道, 首次提供了这两颗卫星的详细图像 (尽管 "水手 9 号" 几年前传回了一些低分辨率图像)。火卫一外表黑暗, 外形细长, 且表面有大量陨石坑, 其中有一个特殊的碗状陨石坑, 直径约 9 千米 (5.6 英里)。同时, 这颗卫星的重量很轻, 表明它的内部有非常多的孔, 含有高达 30% 的空隙。除了陨石坑外, 火卫一表面最引人注目的特征是许多宽 200 米 (660 英尺)、长 20 千米 (12.5 英里) 的凹槽或条纹, 似乎是从斯蒂克尼 (Stickney, 火卫一表面最大的陨石坑) 周围辐射出来的, 一般认为它们与火卫一的形成有关。

火卫二也很暗, 布满陨石坑, 但它的外形更有规律, 显然是由于表面的灰尘使地形变得更平坦。它内部所含的孔甚至比火卫一还多, 平均密度略高于水。关于外表的灰尘, 有一种理论认为火卫二可能曾受到一次大规模撞击, 抛出了大量碎片, 这些碎片后来又落回地表。

根据对卫星表面进行的第一次光谱分析, 天文学家得出结论, 这两颗卫星由原始的"碳质球粒陨石"材质构成，类似于C型小行星（参见第179页），因此它们很可能是被捕获的小行星。后来，利用哈勃空间望远镜进行的光谱研究显示，这些卫星的颜色明显偏红，与通常潜伏在小行星带外围的D型小行星非常相似。这些卫星中似乎含有大量的冰，这使它们比C型小行星更加原始和缺少变化。一种理论认为，这些不寻常的卫星可能是在行星迁移的早期阶段受到扰动（参见第93页）而从柯伊伯带漂泊过来的"移民"。如果是这样的话，那么火卫一和火卫二可能起源于非常遥远的地方。

关于这两颗卫星的轨道还有一个很严重的问题——它们都在火星赤道上空沿着近乎完美的圆形轨道运行，这表明一定是某种机制改变了它们原本最容易被捕获的倾斜的椭圆形轨道。火星大气稀疏且相对较轻的质量意味着，依靠潮汐力或大气阻力来解释这一现象会面临问题。NASA约翰·格伦研究中心的杰弗里·兰迪斯（Geoffrey Landis）在2002年首次提出的另一种可能性是，这两颗卫星起源于双体小行星系统，分裂后被捕获到火星轨道上。分离这两颗行星所需的力量往往会将被捕获的天体拉入圆形轨道，但捕获初期仍需要相当精确的条件。

> "这些卫星与从柯伊伯带漂泊过来的'移民'——D型小行星非常像。如果真是这样的话，那么火卫一和火卫二可能起源于非常遥远的地方。"

最近的惊喜

在20世纪80年代和90年代，因为美国和苏联一系列火星探测任务的失败，火卫一和火卫二还只是一个有趣的谜团。自20世纪90年代末以来，NASA的几次任务对它们进行了一些详细的研究，这些研究带来了一些意想不到的惊喜。其中最重要的一点是火卫一的凹槽并不像之前认为的那样从斯蒂克尼辐射出来，而是与卫星本身的运行方向一致，并以卫星的中心点为中心。这表明它们可能是在卫星穿过轨道上的碎片时产生的，其中有十几种不同的情况。

更令人惊讶的是，在2010年，由意大利国家天体物理研究所的马可·古兰娜（Marco Giuranna）领导的国际团队发表了一项研究成果，极大地颠覆了之前关于卫星成分的观点。基于NASA火星全球勘测者和欧空局火星快车探测器上的光谱仪的结果，他们提出，火卫一地表事实上不可能匹配到任何已知的球粒陨石，特别是靠近斯蒂克尼的地区富含层状硅酸盐，这种水合矿物也曾在火星地表被发现过。基于这一证据，火卫一和火卫二可能根本就不是被捕获的小行星。恰恰相反，它们可能是在一次巨大的行星间碰撞（类似于月球形成的过程）中从火星里被喷射出来的碎片。根据这一理论，这两颗卫星甚至有可能在火星环内短暂存在过，而火星环最后的残骸正是火卫一上独特凹槽形成的原因。

43 谷神星

定　　义：	谷神星是小行星带中最大的一个，最近被重新归类为矮行星。
发现历史：	1801 年，朱塞普·皮亚齐（Giuseppe Piazzi）首次观察到了谷神星。
关键突破：	2003 年，天文学家首次使用哈勃空间望远镜绘制了谷神星的地图。
重要意义：	如果谷神星是太阳系形成过程中幸存下来的一颗小行星，那么它可能为研究地球的原始物质提供宝贵信息。

太阳系的小行星主带在火星和木星轨道之间围绕太阳形成了一个宽阔的环。大多数小行星都是直径为数千米的古代岩石碎片，但其中最大的一颗小行星——矮行星谷神星，似乎是一个有趣而复杂的星球。

谷神星是第一个被发现的小行星，由意大利天文学家朱塞普·皮亚齐于 1801 年 1 月 1 日发现，当时许多天文学家都认为火星和木星之间的巨大间隔中应该存在"第五颗行星"。的确，谷神星最初被认为是一颗新行星，但是，一开始就很明显的是，这个天体比其他任何行星都要小——天文学家估计它的直径只有几百千米。直到几十年后有了更多发现才将它降级为一颗小行星，也是无数小行星中最大的一颗。

如今，我们知道谷神星的直径约为 950 千米（590 英里），是小行星带中最大的天体。它占了小行星带中大约 1/3 的重量，并且有足够的重力把自己拉成球形。这意味着，根据国际天文学联合会在 2006 年达成的对太阳系天体的新分类标准，谷神星现在被归类为矮行星（球形天体、围绕太阳运行、没有清除其轨道周围其他天体）。

神秘的星球

虽然谷神星被提升为行星在很大程度上可能只是一个语义上的问题，但它恰好与人们对这个奇怪的小星球重新燃起的兴趣相一致，而且一些发现表明，谷神星并不完

对页图：这幅哈勃空间望远镜拍摄的图像代表了迄今为止我们观测到的谷神星的最佳视野，它清楚地显示了这颗矮行星略带红色的外表以及可能由冰产生的亮斑。

全是我们认为的那种光秃秃的岩石球。

最近的发现主要来自于哈勃空间望远镜的观测，这些观测将谷神星分解成一个圆盘，其表面特征虽然模糊却十分明显。在 2003 年 12 月至 2004 年 1 月期间，包括康奈尔大学的彼得·托马斯（Peter Thomas）在内的一个天文学家团队利用 HST 对谷神星进行了完整的旋转拍摄，共拍摄了 267 张谷神星的照片。虽然个别图像不可避免地略显粗糙，但它们显示出谷神星的一些明亮和黑暗的地表特征。最重要的是，这些图像表明谷神星的形状是近乎完美的球形，只有赤道部分有轻微的隆起。这种形状意味着这颗小行星有一个不同的内部分层，换句话说，就像内太阳系的主要天体一样，它在早期经历了相当大的演变。

对地表的研究

早期的光谱分析将谷神星归为 C 型小行星——C 型小行星的表面覆盖着富含碳的矿物质，一般认为其与碳质球粒陨石有关（参见第 102 页）。大体上来说，碳质球粒陨石是太阳系形成时遗留下来的原始物质的样品，基本没有发生过改变，直到新的证据显示内部出现差异前，谷神星还一直被认为是 C 型小行星中的一个特大案例。

"现在的大多数天文学家都认同谷神星可能是现存最大的小行星，并且从 45.6 亿年前太阳系形成开始，它就以非常原始的状态存在至今。"

现在的情况似乎要复杂得多。2006 年，研究谷神星红外光谱的天文学家们宣布在谷神星的地壳中发现了水合矿物——碳酸盐和黏土，它们的矿物结构中含有被锁住的水分子。这表明形成谷神星的物质富含冰和水蒸气，与它在早期原行星星云中接近冰霜线的位置相吻合（参见第 89 页）。更多关于其含冰性质的证据来自哈勃图像，其中心明亮的深色斑块很可能是陨石坑，陨石击穿了相对较暗的外层地壳致使下面的冰层裸露出来。地表上另一个突出的亮点可能是一大片高度反光的冰。

一个不断变化的世界

有趣的是，由夏威夷凯克望远镜拍摄到的谷神星红外照片显示，随着时间的推移，谷神星的亮斑和暗斑会发生变化，而且有证据表明谷神星可能有一层薄薄的由水蒸气构成的大气层。对于一个在太阳 2.5 AU 之外的星球来说，谷神星可谓是惊人的温暖，地表温度有时能达到－35℃（－31℉）——刚好足够让冰从地表升华。如果这个理论正确的话，那么谷神星表面亮度的变化模式可能是由于冰霜的升华和凝结造成的。

根据最近谷神星演化的几个模型来看，谷神星可能有独立的层状内部结构，一个岩石内核，大约 100 千米（60 英里）深的冰地幔层，甚至可能有一个液态的海洋层。

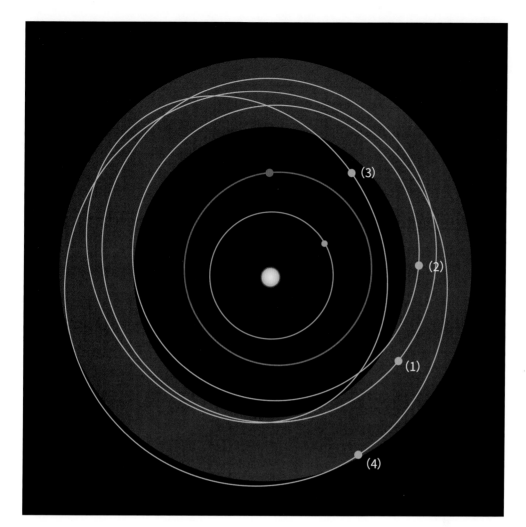

左图: 这幅示意图显示了4个最大小行星的相对轨道: 谷神星(1)、灶神星(2)、智神星(3)和健神星(4), 它们位于地球(蓝色)和火星(红色)轨道之外。灰色部分表示小行星主带。

虽然这颗矮行星从现在地质学的角度来说几乎可以肯定已经死亡了, 但有可能在早期历史上, 其核心的热量可能引发了类似从外太阳系的卫星上看到的那种冰火山活动。

考虑到谷神星在太阳系中的大小和位置, 现在的大多数天文学家都认同谷神星可能是现存最大的小行星, 并且从 45.6 亿年前太阳系形成开始, 它就以非常原始的状态存在至今。这个区域的原行星云含有的岩石物质相对稀少、木星引力的破坏性影响, 这些因素都限制了谷神星的大小, 所幸谷神星完好无损地留存了下来, 而它在小行星带的同伴们则进入了椭圆形轨道, 它们要么被整个抛射出太阳系, 要么相互碰撞结合成现代岩石行星。2008 年, 华盛顿大学的威廉·麦金农(William B. McKinnon)提出了另一个更大胆的想法, 他认为谷神星可能是一颗来自柯伊伯带的冰矮行星, 类似于海卫一和冥王星(参见第 237 和 241 页), 在外太阳系巨行星迁移期间才进入小行星带(参见第 93 页)。"黎明号(Dawn)"小行星探测器将于 10 年内进入谷神星轨道(编注: "黎明号"已于北京时间 2015 年 3 月 7 日 21 时 36 分进入谷神星轨道)。不管谷神星真正的起源是什么, 它都将成为一个令人着迷的目标。

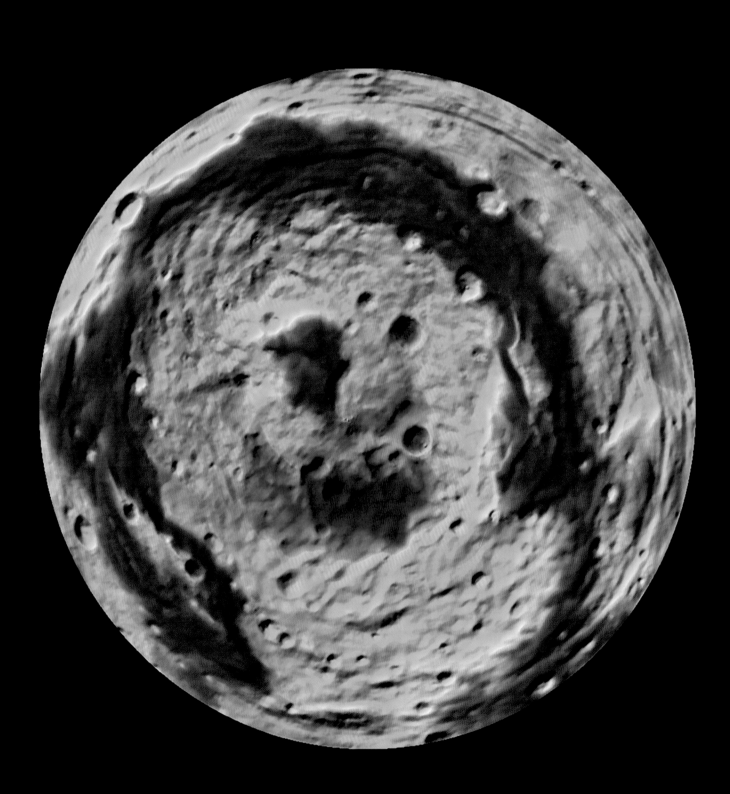

44 灶神星的火山地表

定　　义：	这颗第二大的小行星在过去曾有明显的地质活动迹象。
发现历史：	1807 年，德国天文学家海因里希·奥尔伯斯（Heinrich Olbers）发现了灶神星。
关键突破：	1970 年开始的光谱观测确定了灶神星表面岩石异常的火成岩性质。
重要意义：	维持灶神星活动的过程也影响了这颗内部由岩石构成的行星，并能提供有关早期太阳星云状况的罕见信息。

灶神星这颗奇怪的小行星是太阳系早期的一个有趣的遗迹，它曾遭受过火山活动和巨大撞击的破坏。在它的岩石中还可能存在造成太阳系的灾难性事件的重要线索。

小行星带中第二大的天体灶神星和谷神星是截然不同的。尽管它的邻居谷神星的地表从太阳系形成后基本没发生过变化（参见第 169 页），但是灶神星的地表却覆盖着火成岩，和那些大型岩石星球上火山喷发的火成岩很像。这些岩石的反光能力比谷神星的含碳矿物要强得多，使得灶神星成为所有小行星中最亮的一颗。

早期观测

灶神星是第四颗被发现的小行星，由德国天文学家海因里希·奥尔伯斯于 1807 年发现。奥尔伯斯在此之前已经发现并命名过第二颗小行星"智神星"，因此他授予著名数学家卡尔·高斯（Carl Gauss）为他的新发现命名的荣誉。高斯选择以古罗马灶台和家庭的女神的名字来命名。

对于希望发现灶神星物理特性的天文学家而言，这颗新小行星的亮度使它成为一个很好的目标。哈佛大学天文台的爱德华·皮克林（Edward C. Pickering）在 1879 年对灶神星的大小做了最准确的早期估测——直径大约 513 千米（319 英里），接着他又对其亮度进行了精确的光度测量。到了 20 世纪 50 年代，研究者们已经能够基于它

对页图：这幅色彩合成的高程图是 2011 年 NASA"黎明号"探测器在灶神星南极上空使用立体相机拍摄的。它清楚地显示了巨大的雷亚希尔维亚盆地（Rheasilvia）结构的轮廓，大约 500 千米（310 英里）宽。

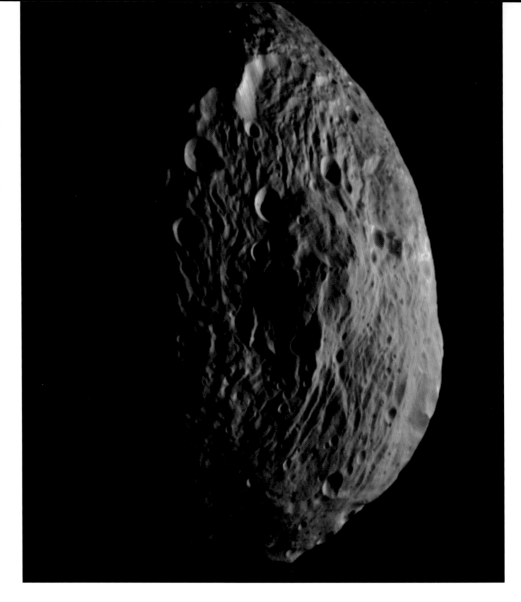

右图：从黎明号拍摄的灶神星南半球的视图中，我们可以清楚地看到雷亚希尔维亚盆地中央隆起的山峰，高出陨石坑底大约 23 千米（14 英里）。

亮度的微小变化来计算其自转周期。1966 年，德裔美国天文学家汉斯·赫兹（Hans Hertz）通过测量灶神星对其周围小型天体的影响计算出了它的质量，结果显示它的密度和火星一样高。对于一颗小行星而言，这样的密度高得出人意料。1970 年，麻省理工学院的汤姆·麦考德（Tom McCord）和他的同事通过光谱观测揭示了灶神星罕见的地表，很快它就被确认为 V 型小行星的原型。

"近在咫尺"的灶神星

大多数的早期灶神星模型都认为它的大小足够使其形成球形，但是 1989 年技术的进步解决了它的形状问题，结果表明，虽然灶神星的赤道直径为 550 千米（342 英里），但它两极之间的距离只有 462 千米（287 英里）。

1996 年，当天文学家首次将哈勃空间望远镜的相机对准灶神星时，他们发现了灶神星不对称的原因——它的南极因一个巨大的撞击陨石坑而满目疮痍。现在我们称之为雷亚希尔维亚盆地，是一次撞击在灶神星地表上造成的一个巨型坑洞，直径460千米（290英里），深12千米（8英里）。陨石坑中央有独特的山峰，高出坑底23千米（14英里）。

灶神星不寻常的特征使它成为NASA"黎明号"任务的首要目标。"黎明号"是2011年7月抵达灶神星的一个机器人太空探测器，任务是在一年内从轨道上绘制灶神星的地图，然后在2015年按计划与谷神星会合（编注：2015年3月7日，NASA宣布"黎明号"正式进入谷神星轨道，成为首个造访矮行星的探测器）。"黎明号"初步的观测证实了雷亚希尔维亚盆地的形成对整个小行星造成的创伤性影响，也表明环绕灶神星赤道的凹槽可能是因撞击产生的冲击波形成的。观测结果还证实，这个陨石坑穿透了灶神星的外层地壳，使其数个不同的地壳岩石层的一部分裸露在外，并进入到富含橄榄石矿物地幔层的顶部。这次撞击中喷射出来的物质被认为是其他V型小行星的成因，其中也包括在地球上被发现的相关陨石"HED"（参见第103页），这使得灶神星成为少数几个可以在实验室条件下研究其组成成分的小行星之一。

太阳系遗迹

灶神星的火山地表和异常密集的内部结构表明，它是太阳系早期形成的星子家族的幸存者。根据这些火成岩小行星的熔化方式，它们一定形成于太阳星云中富含放射性物质——比如同位素铝26的区域。1999年，印度物理研究实验室的格帕兰·斯里尼瓦桑（Gopalan Srinivasan）和同事对HED陨石"皮普里亚·卡兰"（Piplia Kalan）进行了研究，结果表明，为了从放射性原子衰变时释放的热量中获得尽可能多的热量，灶神星和它的同胞们必须在这种物质被注入太阳星云后不久就聚集到一起。

随着衰变同位素的热量在岩石中扩散，像灶神星一样的小行星的内部熔化并分离为密度不同的层，在橄榄石地幔层下形成了一个由熔融铁和镍构成的核心。在这些小行星再次冷却并开始形成固体外壳时，它们的地幔仍然非常热，足以在凝固前为火山活动提供一段时间的动力。在形成的数十亿年时间里，这些金属核心的小行星大多数早已化为碎片，只有灶神星幸存了下来。

2011年，华盛顿卡内基研究院的天文学家艾伦·博斯（Alan P. Boss）和加州大学圣克鲁兹分校的马蒂亚斯·格里施奈德（Matthias Gritschneder）各自独立地寻找为火山活动提供动力的放射性物质的来源。通过不同的建模技术，他们得出了相同的结论，即这种物质产生于一次距太阳星云15光年之外的超新星的爆炸，并在2万年后被扩散的冲击波送入太阳系内。鉴于小行星和行星一定是在这之后不久才开始形成的，所以格里施奈德和博斯有可能已经发现了太阳系成因的痕迹。

"灶神星的南极因一个巨大的撞击陨石坑而满目疮痍。现在我们称之为雷亚希尔维亚盆地，这次撞击在灶神星地表上造成了一个巨型坑洞，直径460千米（290英里），深12千米（8英里）。"

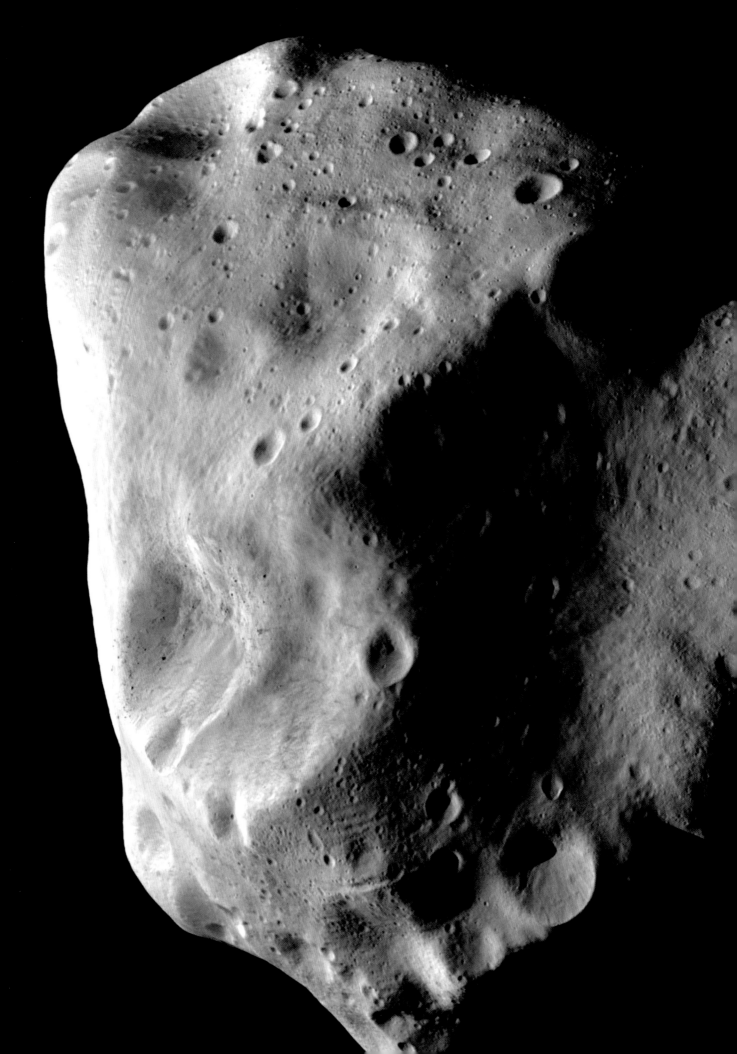

45 小行星的演化

定 义：	有证据表明小行星是在不断演化中的动态天体。
发现历史：	第一批小行星是在 19 世纪初被发现的。
关键突破：	1918 年左右，平山清次（Kiyotsugu Hirayama）向我们展示了如何通过某些小行星"家族"追溯到更大天体的解体。
重要意义：	通过确定小行星家族的起源，天文学家可以重建太阳系早期的远古星子。

　　夹在火星和木星轨道之间的小行星带一直被视为布满碎片的早期太阳系遗迹，但是最近的研究提供了不同的视角，因为小行星带上的天体仍在不停地演化。

　　继 19 世纪初发现了谷神星和灶神星等少数几颗明亮的小行星之后，整个 19 世纪的技术进步使得已知的小行星数量上升到数百颗乃至数千颗。今天，在主小行星带内大约有 170 万个直径超过 1 千米（0.6 英里）的天体，以及无数更小的碎片。

　　起初，天文学家认为所有这些不同天体的轨道都起源于当时理论所预测的"第五颗行星"（编注：当时木星尚未被确认）的解体，但是人们很快就弄清楚了，除了都被外侧木星和内侧火星的引力包围以外，这些单个小行星的轨道之间几乎没有什么共同之处。小行星带标志着一个区域，在这一区域里，木星强大的引力和缺乏原料这两个因素阻止了小型岩石行星的形成。在很长一段时间里，天文学家认为这些小行星似乎只是早期太阳系遗留下来的随机碎片。事实证明，并非如此。

偏离小行星带

　　并不是所有的小行星都停留在小行星主带内，这是了解它们轨道动态性质的重要线索。这些近地天体（NEOs）中第一个被识别的是慕神星（Amor），由比利时天文学家尤金·约瑟夫·德尔波特（Eugène Joseph Delporte）于 1932 年发现，目前已知的近

对页图：欧空局的罗塞塔彗星探测器在 2010 年 7 月发回了这幅小行星 21 号司琴星（Lutetia asteroid）的图像。司琴星是一颗富含金属的致密小行星，它在漫长的历史中曾遭受过严重的撞击，但并没有完全破碎。

地天体有数百个。尽管它们的名字叫近地天体，但很少有几个能对地球构成威胁——大多数都远离地球轨道，或者沿着使它们处于安全距离的倾斜轨道运行。

在这样偏离的轨道上的小行星都不会存在太久。与其他行星的密近交汇将在数百万年的时间里干扰它们的轨道，要么最终在螺旋式运动中撞向太阳，要么被推至与行星保持安全距离的"特洛伊"轨道（参见第118页），要么从太阳系中被抛射出去。大量近地天体仍然存在表明有某种机制在为它们提供补充，这可能与在小行星主带某处发现的"柯克伍德空隙"（Kirkwood gaps，编注：小行星带中的一系列轨道与木星的轨道成共振而不稳定的地区，处在这些地区的小行星很早就已经被排挤掉了）有关，与共振轨道相对应的空白地区，这里的小行星轨道周期是木星周期的几分之一。任何进入这个空隙的天体都会受到木星引力反复且系统性的干扰，最终被推入近地天体的椭圆轨道。

"并不是每一次碰撞都能产生完整的碎片——测量显示，一些小行星由于受到的作用力太小，所以产生的碎片无法完全分离。"

发现小行星家族

1918年前后，日本天文学家平山清次取得了一项重大突破，他的研究揭示了不同轨道上的小行星可能有一个共同的起源。他认为许多小行星的轨道特征并不是固定不变的。恰恰相反，它们在太阳、行星甚至其他小行星的漫长而密切的周期影响下发生了改变。

平山还发现了另一组长期保持稳定的轨道特征，被称为适当元素。当对这些适当元素的分布进行研究后，平山发现聚在不同家族中的小行星约占所有小行星的35%。

目前已知的小行星家族超过20个。一些家族与大型小行星有关，如智神星、灶神星和健神星，其中较小的成员则来源于较大行星受到撞击而产生的碎片。其他家族没有特别占优势的成员，它们可能来源于单个较大天体的分裂。

2010年12月，搜寻近地天体卡特琳娜巡天系统（Catalina Sky Survey）的史蒂夫·拉森（Steve Larson）注意到主带小行星希拉（Scheilla）呈现出彗星状的外观，这让天文学家对这些碰撞有了难得的了解。通过与先前的图像做比较可以发现，在之前的一个月中，这颗小行星周围形成了一片云，地面观测站和哈勃空间望远镜的近距离图像证实了这片云由大块碎片组成，而不是彗星状的气体。根据最新的模型，希拉被一颗直径约35米（100英尺）的小行星以5千米/秒（3英里/秒）的速度撞到了。小行星之间的碰撞以人类的时间尺度来说可能是罕见的，但在太阳系的历史长河中是不可避免的，而且不是每一次碰撞都能产生完整的碎片。太空探测器的测量显示，一些小行星，如马蒂尔德（Mathilde）和系川（Itokawa），由于受到的作用力太小，所以

产生的碎片无法完全分离。相反，彼此间微弱的引力把它们拉回到一起，形成了一个低密度的碎石堆。

小行星的种类

人们可以通过分析小行星光谱（参见第 17 页）发现表面性质来进行分类。小行星的主要类别与地球上发现的陨石的类型有明显的关系（参见第 101 页），并分为三大类：C 型、S 型和 M 型。C 型小行星是深色的碳质小行星，表面覆盖着吸收光线的碳基分子。S 型更明亮，主要成分为硅基岩石和一些较大行星上常见的矿物。S 型距离太阳较近而 C 型距离太阳较远，这种倾向可能反映了形成小行星的原行星云的差异。最后一种 M 型小行星主要由金属构成，其金属的大部分是大块的铁碎片。

尽管这听上去很简单，但还有很多其他复杂的问题。目前小行星分类没有一个统一的分类清单，因为存在无数子类型的提议和少数几个完全不属于这三种主类型的独特小群体。小行星家族成员之间地表的相似性往往表明它们起源于同一个母体。但在某些情况下，家族中的成员会含有不同的矿物种类，这表明它们很可能是在内部具有分层结构的大型小行星消亡的时候形成的。在这众多消失了的天体中，灶神星（参见第 173 页）可能是唯一的幸存者。

木星的内部

定　义：	可以驱动木星上层大气中复杂天气系统的一种神秘的内部动力源。
发现历史：	1966 年，首次通过红外成像发现了木星异常的热量输出。
关键突破：	1995 年，伽利略大气探测器穿过木星的云层，传回了木星大气状况的宝贵信息。
重要意义：	了解木星的内部可以解决这颗巨行星形成的未解之谜。

木星是太阳系中最大的行星，也是包裹在色彩斑斓的云带中的巨型气态行星，这些云带在强大的风暴中被摧毁，又受到内部能源的加热。如今，我们对这颗行星表层以下的情况仍然知之甚少。

尽管木星大气的细节一直处于不断变化的状态，但自从 16 世纪 60 年代吉安·卡西尼和罗伯特·胡克绘制了木星的第一张望远镜地图以来，它的总体结构一直没改变过。其最主要的特征是深浅不一的条纹，被称为带云和域云，按这些名称去理解的话，深色条纹就是均匀浅色背景上的局部特征，可事实却恰恰相反。20 世纪 70 年代末"旅行者号（Voyager）"太空探测器飞掠木星时发现，深棕色和浅蓝色的带云是深层大气中云层的空隙，乳白色的域云其实遮挡了下方深色物质的高海拔云层区域。

带域

和所有行星一样，木星的气候也是由热量从温暖地区往寒冷地区移动所控制的。在地球上，每个半球的气候形成都有 3 个步骤：暖空气在低纬度上升，然后冷却，最终在极点附近下沉。木星的带域是由无数个类似的步骤组成的，因为木星大气的密度和深度要比地球大气的大得多。

带域间的边界形成了木星最复杂的天气。高速气流沿着边界流动，将高处质量轻

对页图：2000 年 12 月，"卡西尼号"太空探测器在飞往土星的途中拍下了这幅木星的壮观的天气系统远景图。

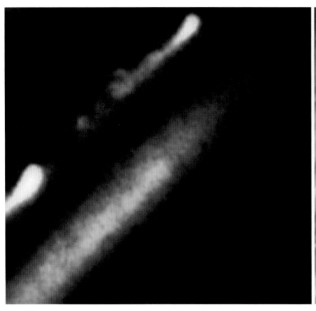

的云卷入参差不齐的彩云中，这些彩云位于邻近深层云层的上方。小型风暴在几天或几周的时间里不断地出现、消失，但较大、较显眼的风暴往往很少。它们通常以白斑的形式出现在带域的边界上，在那里，来自南北两个方向的风推动着它们旋转。

大气化学

当混合气体跟随对流带上升时，气压下降，大气冷却，各种气体便凝结成云。对这些云的光谱分析和实验室模拟表明，水在最低的高度凝结，形成了通常看不见的深层基层；再稍高一点，氢硫化铵冷凝形成带云；最后，氨在更高的地方凝结，形成了这些域云。位置较低的带云有随着木星自转一起自东向西的趋势，而在较高的地方，由木星高速自转产生的科里奥利力变得更大，并使域云区的风朝向相反的方向，也就是自西向东。

这样就出现了一个有趣的问题，这些构成木星云层的主要化学成分都应该形成白云才对。实际上，我们看到的蓝色、橙色、奶油色和红色可能是少量其他化学物质的痕迹。1994 年，舒梅克 – 列维 9 号彗星（SL-9）撞击木星（参见第 189 页）后，使云带内部深层的化学物质上翻形成的瘀青在大气层中扩散开来，包括二硫化碳、硫化氢和纯硫，这些物质可能是造成这些颜色的原因。

"伽利略号"木星探测器的大气层探测器，是一个重 339 千克（746 磅）、包裹结实的球形科学仪器，1995 年 10 月，它一头扎进木星的大气外层，在下降的 58 分钟里一直持续传送数据，最后在相当于 23 倍地球大气压力的条件下停止了工作。尽管探测器记录到了高达 725 千米 / 时（450 英里 / 时）的大风，但它遇到的云层很少，也没有发现水蒸气，这一结果对公认的木星大气模型构成了挑战。后来进一步的分析表明，探测器恰巧落入了木星大气中一个干燥、相对无云的"热斑"区。

木星内部的秘密

木星的大部分活动都是由其内部深层辐射的能量驱动的。这颗巨行星的红外图像显示，它发出的热量比从太阳接收到的热量要多，这种明显的不平衡由亚利桑那大学的弗兰克·洛（Frank Low）在 1966 年首次发现。总的来说，大家普遍认为木星有内部动力来源，它自己产生的能量和从太阳辐射中接收的大致相同。与其他巨行星一样，一般认为这种内部能量来自行星形成后的余热和行星在重力作用下的缓慢收缩，这也是 19 世纪末为解释太阳能量来源而首次提出的开尔文 – 赫尔姆霍兹收缩（编注：一种天文事件，发生在恒星或行星表面冷却时）。木星外层的冷却会导致压力下降，使整个行星略微收缩，内层则因此升温——为了产生迄今为止所测到的内部能量，木星必须以每年约 2 厘米（0.8 英寸）的速度收缩。

木星内部深处的精确结构仍不确定。一般认为，在活动的外层大气下，木星的内层主要由氢气组成，进入木星 1 000 千米（600 英里）后，氢气在压力的作用下会变成液体。再向下一点，氢气就会分解成带电的氢离子，形成一片液态金属氢的海洋，人们认为就是这片海洋产生了木星强大的磁场。

长期以来，人们一直认为木星中央的岩石内核与地球大小相仿，而且密度更大，这一点得到了"伽利略号"太空探测器重力测量数据的证实；然而，木星的形成模型（参见第 90 页，木星是由旋转的气体云形成的）表明，它可能根本就没有核心。与此相对的另一个极端是 2008 年加州大学伯克利分校进行的建模工作，这项研究表明木星内核可能是此前认为的 2 倍大，质量为地球的 18 倍。

解决木星内部这种不确定性的一个方法是使用地震学技术，即类似于那些成功地探测过太阳的技术（参见第 78 页）。自 20 世纪 70 年代以来，天文学家一直在徒劳地寻找木星大气中存在全球振荡的迹象，但直到 2011 年，巴黎大学的帕特里克·高梅（Patrick Gaulme）领导的研究小组才宣布取得了成功。再结合 2016 年进入木星轨道的"朱诺号（Jupiter）"太空探测器的数据，这项技术有望最终解决这颗巨行星的主要问题。

"舒梅克 – 列维 9 号彗星撞击木星后使内部深层的化学物质上翻形成的瘀青在大气层中扩散开来。"

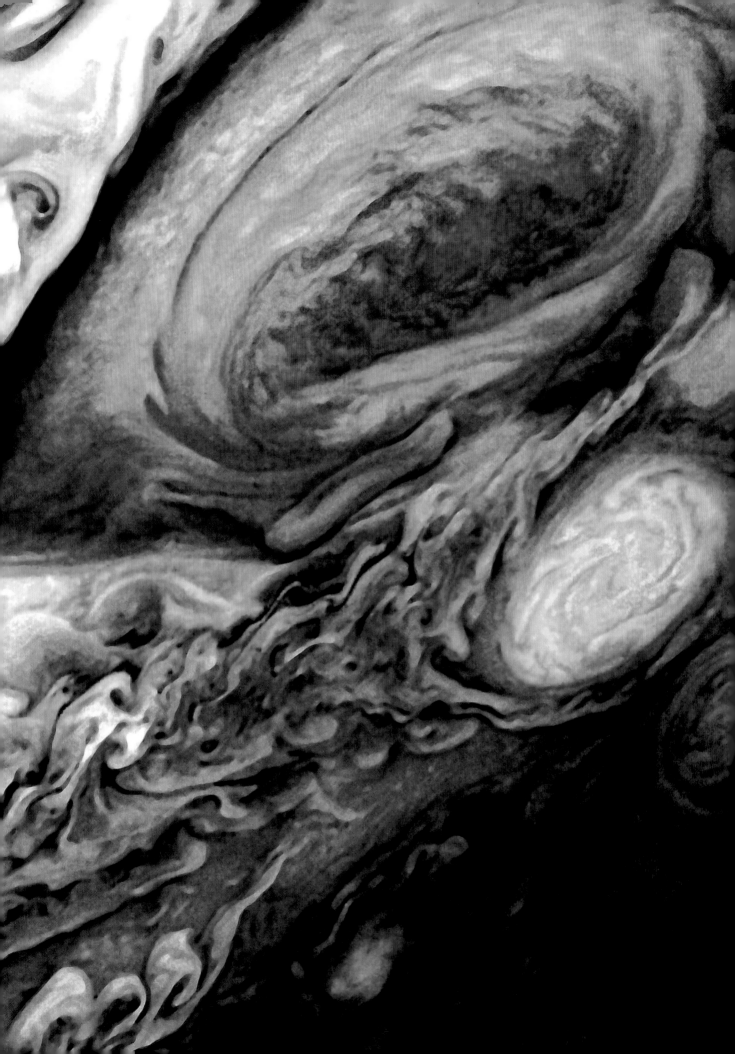

47 木星红斑

定　　义：	木星的红斑是木星南半球巨大的低压风暴。
发现历史：	从 19 世纪中期，也或许是 17 世纪中期开始，人们就观测到了大红斑。
关键突破：	2005 年，天文学家见证了名为 Oval Ba 的巨大白色风暴变成一个新红斑的过程。
重要意义：	木星大气是太阳系中最复杂的大气，研究它可以为我们研究其他行星大气层提供经验。

木星的大红斑是太阳系中最著名的风暴——一个大小达到地球 2 倍的反气旋，并且可能持续了好几个世纪。最近的观察表明，木星上的红斑不都像大红斑一样长寿。

虽然天文学家直到 1878 年才认出并命名了大红斑（GRS），但它曾在一段时间里尤为明显，这块红斑和伴随它的"大红斑穴"至少半个世纪前就在木星的云带中被观测到了，而它形成的时间还能追溯到更久之前。意大利天文学家吉安·卡西尼于 1665 年在木星的南半球发现了一块深色斑，他和其他人对木星的观察一直持续到 1713 年它消失的时候。卡西尼斑与现代 GRS 的确切关系目前还不能确定，尽管它们出现在行星的同一区域，但尺寸不同，绕行星运动的速度也不同。

天文学家很快就发展出几种解释 GRS 出现的方法。一种流行的模型认为它是木星海洋中一个漂浮的岛屿，而另一种理论则认为它是在云层之下假想的固体表面之上形成的大气扰动。

和地球一样大的风暴

望远镜的改进和摄影技术的发展使我们能够对红斑图像进行保存和研究，越来越多的证据表明大红斑其实是反气旋—— 一种低压气候特征，由于木星快速自转所产生的科里奥利力使其在南半球逆时针旋转。

对页图:1979 年"旅行者 1 号"太空探测器拍摄到的木星大红斑的壮观增色图，显示了这个行星大小的风暴周围巨大的折叠云结构。

自 20 世纪 70 年代以来，太空探测器的图像已经证实，大红斑确实是一个直径为地球 2 倍的巨大反气旋。大红斑在南赤道带（SEB）和南方热带区域之间旋转，最上面的云层比周围的云带高出了 8 千米（5 英里）。它在南赤道带的一个空穴中，这个空穴深约 50 千米（30 英里），以至于最下面的可见云层露了出来。大红斑的自转周期为 7 天，其边缘风速可达 430 千米 / 时（270 英里 / 时）。

尽管存在的时间很长，但大红斑一直在变化——计算机模型和实验室测试都表明，它是上层大气中一个自由飘浮的旋涡，不依赖于任何地表下的动力。它绕木星旋转的速度变化很大，这显然与南赤道带的出现有关。大红斑自身的影响已经延伸到了木星深处：人们认为它的颜色来源于一团复杂的富含硫的化学物质，这些物质跟随木星深处的强力气流一起上升，经过紫外线的照射形成这种颜色。大红斑的大小和强度都会发生剧烈的变化，有时几乎完全从视野中消失，只留下南赤道带内部的空穴来标记它的位置。人们认为，只有最强烈的低压区才能到达木星大气足够深的位置，从而带出红色物质，因此偶尔出现的苍白时期可能就是大红斑比平时弱的时候。2010 年，通过欧洲南方天文台的甚大望远镜对大红斑进行红外观测，结果发现了令人意想不到的结构——它中心区的温度要比边缘低，但暴风眼最深处红斑的温度却相对较高（虽然它们的温差最多只有几度）。

"小红斑被环绕着大红斑的强风卷走并撕成碎片，其残骸在大红斑上盘旋了一小段时间后才被完全吸收。"

新的红斑

长期以来，人们认为大红斑是独一无二的，但在过去的 10 年里，天文学家使用哈勃空间望远镜惊奇地发现，木星大气中还有另外两个红斑。其中一个也是较大的那一个，学术上称之为"Oval BA"，通常的昵称为"红斑 Jr"，它由 3 个较小的白色卵形斑合并而成。这些白色卵形斑在 1939 年左右形成并在大红斑以南盘旋了几十年，当它们在 1998 年和 2000 年合并的时候，最初只形成了一个单一的白色风暴，从 2005 年开始才变成红色。巴斯克大学的圣地亚哥·佩雷斯 – 霍尤斯（Santiago Pérez – Hoyos）等天文学家认为，这个斑的颜色变化机制和大红斑的很像。到了 2008 年，Oval BA 旋转的速度变得更快，并且其大小几乎与地球直径相当。在 Oval BA 不断增长的同时，大红斑却在不断缩小。根据加州大学伯克利分校科学家进行的一项研究，2007 年的大红斑比 2000 年小 15%。研究团队认为，这 3 场风暴的合并可能为木星南半球气候的大规模变化开辟了道路，而现在这种变化正以各种方式显现出来。自 Oval BA 形成以来，它曾多次接近大红斑，但迄今为止，这两个风暴都毫发无损地在碰撞中幸存。

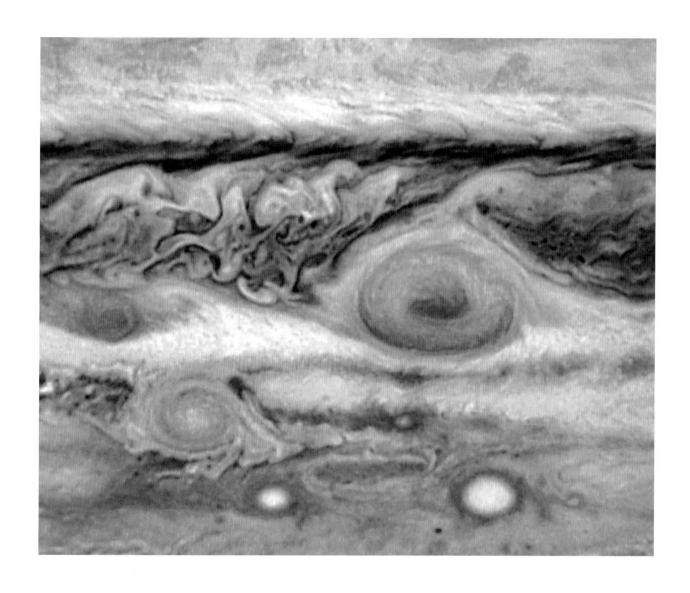

与此同时，2008 年 5 月，由艾姆克·德·帕特（Imke de Pater）领导的另一个伯克利研究团队报告说，在木星的南热带区域，一个较小的白色椭圆风暴在新的 HST 图像中变成了红色。这个白色椭圆风暴被称为南热带小红斑（LRS），绰号"婴儿红斑"，它预示了未来可能会出现在木星上的风暴的命运。

在颜色发生变化后不到一个月，南热带小红斑就被环绕着大红斑的强风卷走并撕成碎片，其残骸在大红斑上盘旋了一小段时间后才被完全吸收。南热带小红斑的命运是许多木星风暴的典型特征——大红斑和 Oval BA 这样的大型风暴似乎通过捕获较小的风暴来维持它们的能量。

上图：哈勃空间望远镜拍摄的图像显示了 2008 年 5 月木星上短暂共存的 3 个红斑。从左到右，分别是"婴儿红斑""Oval BA"和"大红斑"。

48　木星的引力盾

定　义：	木星巨大的引力经常将彗星拖入并将其毁灭。
发现历史：	1994 年，舒梅克－列维 9 号彗星撞入木星大气层，引发了一场壮观的爆炸。
关键突破：	2009 年和 2010 年，天文学家在木星上勘测到了更多的撞击。
重要意义：	一些天文学家认为木星的引力盾使内太阳系免受彗星的撞击。

　　木星对外太阳系的一大片区域施加了巨大的引力，经常与较小的天体相互作用，有时会把它们拖入并毁灭。但它是否也在保护内太阳系行星方面发挥着关键作用呢？

　　如同对地球的撞击一样（参见第 147 页），天文学家花了很长时间才认识到撞击对于太阳系进化的重要性。特别是在过去几十年里，人们对彗星和小行星撞击的认识已经发生了转变，人们不再认为这是相对罕见的事件，而是令人惊讶的，甚至是令人担忧的频繁事件。

发现一颗步入死亡的彗星

　　在 1994 年 7 月，我们的认知发生了巨大变化，当时舒梅克—列维 9 号彗星的碎片撞向木星，引发了太阳系有史以来最大的爆炸。1993 年 3 月，卡洛琳（Carolyn）、尤金·舒梅克和大卫·列维（David H. Levy）发现了一颗彗星，它以一种独特的方式脱颖而出——既不是球形彗发也不是点状彗核，而是类似棒状的结构。它看起来非常接近木星，进一步的观察确认了它其实在围绕着这个巨行星运行。当哈勃空间望远镜将其镜头转向这颗彗星时，发现 SL－9 并不是一个单一的天体，而是一串"珍珠链"，或者说是一系列的碎片，每一个碎片直径可达 2 千米（1.2 英里），它们沿着相同的路径穿过太空。

对页图:1994 年 7 月 21 日，哈勃空间望远镜拍摄了这幅木星的紫外线图像，它揭示了碎片状的舒梅克—列维 9 号彗星撞击木星造成大气中显眼的"瘀青"。

追溯 SL-9 的轨道后我们发现，在 1992 年 7 月的时候它就非常接近木星了，并且在这颗巨行星潮汐力的作用下被撕成了碎片。进一步分析表明，SL-9 可能是在 20 世纪 70 年代被捕获到木星轨道上的，更重要的是，它不会在目前的轨道上持续很长时间。事实上，这颗彗星注定会在一年内与木星发生碰撞。

这是一次难得的可以观测到大型地外撞击的机会，世界各地的天文学家和天文爱好者们为了观察这次活动都将望远镜对准了木星。哈勃空间望远镜和其他天文卫星的观测重点也因此改变，同时，飞往木星的"伽利略号"太空探测器也将镜头对准了木星。

根据彗星轨道的几何形状推算出，它的碎片将撞向木星南半球，从地球上看正好在木星背侧，但仍在"伽利略号"的视野内。人们对这次撞击场面的预测也不尽相同，从壮观的大爆炸到对木星系统永久性的破坏（也许是补充了木星脆弱的环形系统），再到一切完全消失，各种说法都有。

1994 年的撞击

事实证明，这次的撞击非常壮观。第一次撞击在木星云层数千千米的高空生成了一个温度高达 24 000 ℃（43 000 ℉）的巨大火球。在接下来的几天里，又有大约 20 多块碎片撞向木星，其中最大的"碎片 G"释放了相当于 600 万吨 TNT 爆炸的能量，也就是全世界核武器总当量的 600 倍。当撞击点旋转到木星近侧时，它们呈现出深色环状"瘀青"似的样貌，行星深处的物质受到搅动并扩散了数千千米，为我们提供了一瞥木星大气层深处的难得机会。

"木星遭遇巨大撞击的频率要比内太阳系高得多——据估计高出几千倍。"

尽管撞击造成了巨大的破坏，但木星表现出了惊人的复原能力。它的"瘀青"在几周内就消失了，全球和地区的大气温度和化学成分的变化也在一年内消失了。尽管彗星没有给木星环带来大量新物质，但确实对它产生了长期的影响——2011 年，由 NASA 卡西尼成像小组的马修·海德曼（Matthew Hedman）和马克·肖沃特（Mark Showalter）领导的一个天文学家团队在木星环中发现了螺旋状波纹的图案。受到在土星 C 环和 D 环中发现的类似图案的启发（参见第 215 页），他们提出波纹是由稀薄的云状物质飘移到木星并与木星环中的物质碰撞而产生的。通过对比"伽利略号"探测器在 1996 年和 2000 年拍摄的木星环图像，肖沃特确定波纹起源于 1994 年。

多大？多频繁

尽管 SL-9 的撞击毫无疑问地令人着迷，但人们普遍认为这是一起罕见事件，从

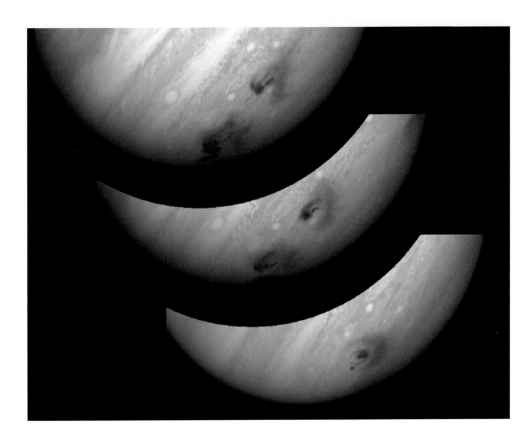

左图：哈勃空间望远镜的可见光图像描绘了舒梅克－列维 9 号"碎片 G"撞击后的景象。

其规模来说可能一千年才发生一次；但是，最近的发现表明情况并非如此。2009 年 7 月，在木星上发现了一个新的"瘀青"，人们认为它是由一个密度更大的天体（可能是一颗小行星）撞击大气层而产生的。2010 年，天文爱好者在木星上发现了两道明亮的闪光，但没有形成"瘀青"——可能是小流星在大气中爆炸造成的。2011 年，马克·肖沃特利用"新视野号（New Horizons）"探测器在 2007 年拍摄的图像，识别出了另外两种最新的"环状波纹"图案，这证明木星还遭到过其他彗星的撞击，而地球上的观测者却完全没有注意到。

很明显，木星遭遇巨大撞击的频率要比内太阳系高得多，高出几千倍。出现这种情况并不仅仅因为是这颗巨行星形成了一个更大的目标。相反，木星巨大的引力会对大部分经过它附近的天体产生毁灭性的影响，导致它们走向灭亡。一些天文学家认为这种"彗星捕获"效应可以减少彗星对内太阳系的撞击次数，并且很可能是地球生命能稳定发展的一个关键因素。

木星引力的影响也可能并没有那么明显。英国开放大学的 J. 霍纳（J. Horner）和 B.W. 琼斯（B.W. Jones）最近的研究表明，在一些模型中，行星系统中的巨行星实际上具有增加它们所在的恒星中小行星或彗星的流量的功能。尽管如此，迄今为止的证据表明，在我们的太阳系中，木星的影响总的来说是良性的。

49 木卫一的火山

定　　义:	由潮汐力引发的剧烈火山活动影响着这颗最靠近木星的卫星。
发现历史:	1979 年 3 月,"旅行者 1 号"飞掠时发现木卫一上存在火山活动。
关键突破:	2011 年,天文学家发现木卫一地表下可能有一片熔岩海。
重要意义:	木卫一展示了潮汐力对巨行星的卫星具有潜在的巨大作用。

木卫一是太阳系中最著名的火山天体,它久经风霜的地表不断地被富含硫的火山喷发所重塑。行星科学家们仍在努力了解木卫一火山活动的供能机制。

木卫一是主导木星卫星系统的 4 颗大卫星中最内层的一颗。17 世纪初,望远镜发明后不久,伟大的意大利天文学家伽利略首次观测到了这些卫星,因此传统上称它们为伽利略卫星。甚至在太空时代之前,一些关于木卫一的重要事实就已经出现了。对木卫一进行的光谱观测表明,这颗卫星没有冰,相反,它似乎富含钠和硫,这与外层卫星形成鲜明对比。视觉观测表明整个地表存在明显的差异,最显著的是赤道附近较亮而两极偏暗。20 世纪 60 年代,射电望远镜的观测显示,木卫一对木星强大的磁场有影响,产生的脉冲在射电噪声中随木卫一轨道周期的变化而变化。

火山世界

20 世纪 70 年代初,NASA "先驱者(Pioneer)" 10 号和 11 号太空探测器飞近木卫一,并很好地估计了它的大小、质量和密度,结果表明它是伽利略卫星中密度最大的;然而探测器在木卫一轨道周围遇到了强烈的辐射带,使它们无法传回详细的图像。这些图像不得不等到 1979 年 3 月 "旅行者 1 号" 飞掠木卫一时才传回地球。这张特写照片显示木卫一的表面由黄色、棕色、红色和白色组成,且有疤痕和凹坑,但显然没有陨石坑。对此最好的解释是,木卫一的表面在不久前刚被火山活动重新塑造

对页图:这幅伽利略号太空探测器拍摄的色彩增强图强调了木卫一硫黄色地表的颜色差异。从旅行者号飞越木卫一到伽利略号到达木卫一的 15 年里,木卫一上长时间大面积的火山活动使许多地区发生了难以辨认的变化。

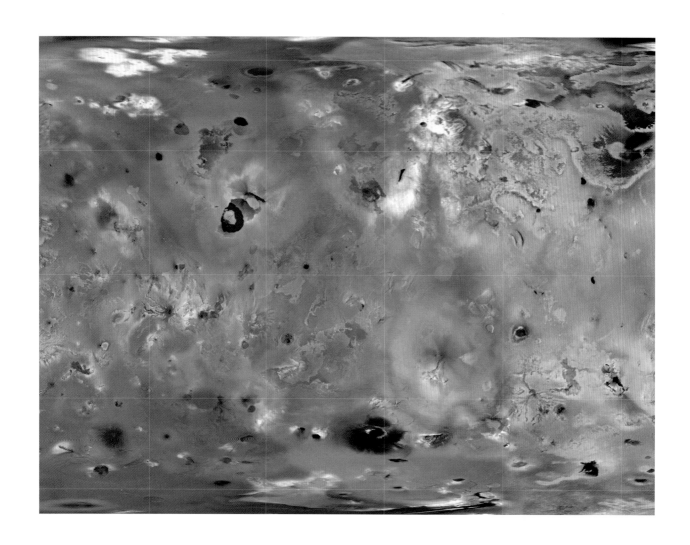

上图：这幅木卫一地表的全球投影用不同颜色显示了各种硫化物的显著特征。图中红圈为火山中心贝利（Pele）。

过，并且就在探测器掠过木卫一后不久，这一解释戏剧性地得到了证实。当时 NASA 工程师琳达·莫拉比托（Linda Morabito）正在研究木卫一从背后被照亮的图像，正好发现这颗卫星上有大量的羽状物质被喷射到太空中。对这些图像的进一步分析证实了 9 个火山羽状物存在，它们将硫黄化合物抛掷到离地表数百千米的高空。当这些喷流落回木卫一上时，它们以硫黄霜冻的形式覆盖在地表。硫黄中各种不同的晶体结构，或者说是"同素异形体"结构，形成了它们的颜色。

4 个月后，"旅行者 2 号"也进行了木卫一飞掠，明确证明了火山活动产生的影响——与上次看到的情况相比，木卫一已经发生了翻天覆地的变化。当"伽利略号"探测器于 1995 年进入木星轨道时，它发现木卫一再次发生了变化，这证实了这颗卫星是太阳系中火山活动最活跃的天体。

虽然外太阳系的大多数卫星是由冰和岩石混合而成的（我们可以从它们位于原行星星云冰霜线外围预料到这一点，参见第 89 页），但木卫一不同，它主要由硅酸盐岩石组成，几乎不含水分。据推测，大部分水分都被木卫一早期火山活动的内热给蒸发掉了。

木卫一的直径仅比月球大一点点，可为什么在地质上会如此活跃呢？它不可能完全由卫星形成时剩余的热量或卫星内部放射性矿物产生的热量驱动，因为更大的卫星，比如木卫三，它的地质活动要少得多。

事实上，在"旅行者1号"飞掠木星之前，加州大学圣巴巴拉分校的斯坦·皮尔（Stan Peale）、帕特里克·卡森（Patrick Cassen）和 R.T. 雷诺兹（R.T. Reynolds）以及 NASA 艾姆斯研究中心联合发表的一篇论文就确认了木卫一火山活动的动力。他们预测木卫一在木星系统中的位置使它同时受到木星、木卫二和木卫三强大引力的拉扯。外层卫星的拖曳力阻止木卫一轨道形成完美的圆形，因此它长期受到不断变化的引力的拉扯，导致木卫一面对木星一侧的表面弯曲长达 100 米（330 英尺）。类似的潮汐热力影响了外太阳系的许多卫星（特别是木卫二、土卫二和海卫一，参见第 197、217 和 237 页），但在木卫一上表现得最为剧烈。

近距离的冒险

基于大量硫黄羽状物和霜冻的发现，科学家们认为木卫一火山喷发出的熔岩也可能由容易熔化的硫黄化合物组成，因此相对较冷；然而，由地球上的望远镜进行的红外测量和伽利略号探测器确认过的事实表明，木卫一表面的熔岩比预期要热，而且实际上是由熔化的硅酸盐岩石组成的。

"近距离图像揭示了高耸的火山形成的原因——木卫一地壳运动的时候在一些地方伸展，而在另一些地方弯曲。"

在最初的任务中，"伽利略号"探测器刻意和木卫一周围危险的辐射带保持安全距离。直到 1999 年，它才改变轨道接近这颗火山卫星，对其地表拍摄了近距离图像。这些图像揭示了高耸的火山形成的原因——木卫一地壳运动的时候在一些地方伸展，而在另一些地方弯曲。

"伽利略号"已于 2003 年完成了任务，但地球上的科学家到目前为止仍在分析它提供的大量数据。2011 年，由洛杉矶加利福尼亚大学的地球物理学家克莉珊·库拉纳（Krishan Khurana）领导的一个研究小组宣布，他们终于解开了木卫一和木星磁场之间关系的一个长期谜团。"伽利略号"的磁力仪探测到靠近木卫一的磁场中存在扭曲，以前科学家们认为这种扭曲和木卫一稀薄的大气层有关，但库拉纳的团队用木卫一内部流体产生的感应磁场更好地解释了这一现象。木卫二、木卫三和木卫四附近类似的磁场解释起来相对容易，因为它们存在液态水海洋，但矿物物理学的最新进展表明，熔融岩石在特定条件下也能起到同样的作用。因此，现在看来，木卫一很可能隐藏着一个由熔融岩浆组成的海洋，其最深的地方可能有 50 千米（30 英里）。

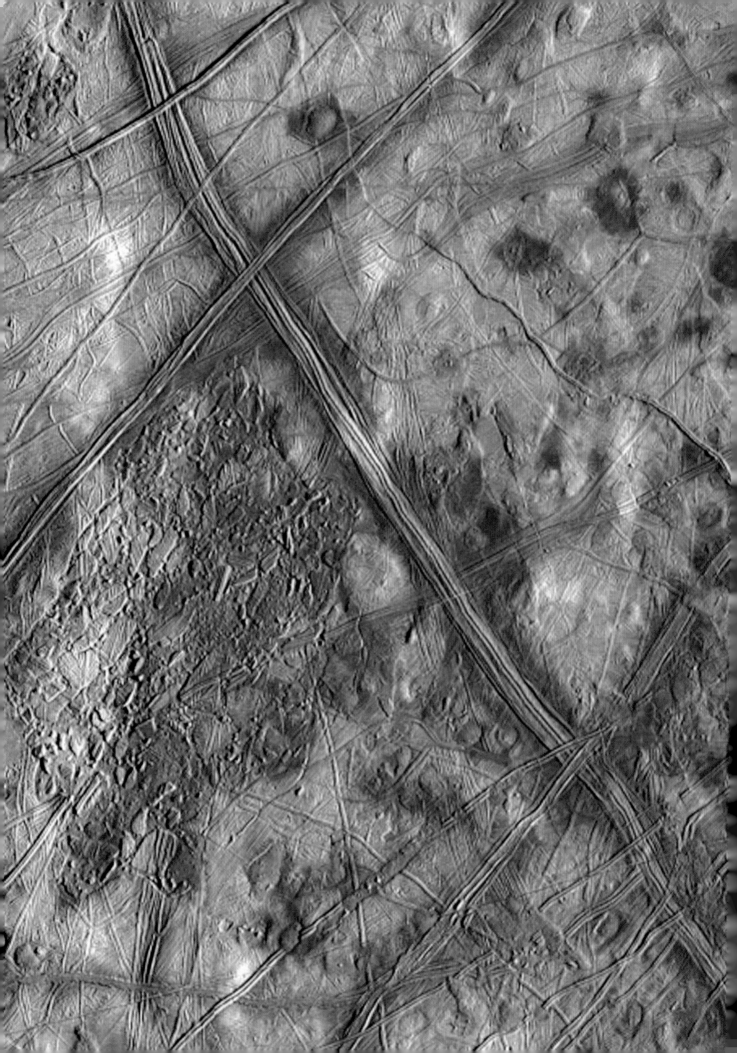

50 木卫二的冰洋

定 义:	木星的"伽利略"卫星——木卫二的冰壳下隐藏着一片深海。
发现历史:	1995 年,"伽利略号"太空探测器发现木卫二冰壳存在的时间并不久。
关键突破:	2001 年,一份对木卫二地表陨石坑的研究表明它的地壳并不厚。
重要意义:	木卫二的海洋可能是太阳系其他地方生命的避风港,但我们未来能否证实这一点将取决于上面冰层的厚度。

木卫二是 4 颗大型"伽利略"卫星中距木星第二近的,它的轨道处于被火山破坏的木卫一和更大、更平静的木卫四之间。像所有"伽利略"卫星一样,我们对它知之甚少,直到 1979 年"旅行者号"太空探测器飞掠木星。

"旅行者号"发现木卫二是一个奇怪的冰球——乍一看,这个星球似乎是白色的,毫无特色。但照片经过色彩增强后显示,木卫二纵横交错着无数条名为"lineae"的褐色条纹(line 在拉丁语中是"线条"的意思),并点缀着粉红色和蓝色的斑点。陨石坑很少且相距很远,而有些地方的奇怪地形让人联想起杂乱的北极浮冰。最奇怪的是,木卫二很光滑,它的地表是太阳系中最平坦的,而且以它的大小来说,其光滑程度不亚于台球的母球。天文学家惊奇地发现这颗和月球一样大的星球并没有实质性的山脉或悬崖,也没有深沟或陨坑,只有起伏的山丘和山谷,偶尔才有标志着陨石撞击的幽灵陨坑。

对于木卫二的地表特征,似乎一开始就只有一个解释:木卫二的表面是一层致密的冰,能够像地球上冰川中的冰一样滑动和重新排列。木卫二的任何地形都被深埋于冰下,冰填满了洼地,抚平了隆起,只留下平滑的、几乎毫无特色的地形。

对页图: 这幅"伽利略号"太空探测器拍摄的木卫二地表的假彩色图,显示了蓝色的纯冰以及红色和棕色的杂质。长线型特征和点状"雀斑"表明有物质从木卫二隐藏的海洋中涌上来。

水世界

冰面下有陆地吗？在木卫一（参见第 193 页）上发现的火山活动几乎令所有人都感到吃惊，但解释木卫一火山活动的模型——木星潮汐引力的加热效应，也预测了木卫二曾受到过同样的影响，所以木卫二应该只是稍微没那么活跃而已。这样就得出了一个结论：木卫二内部可能足够温暖，使它能维持液态水海洋，而冰壳只是它的表层。一个隐蔽的海洋上面自然会形成一个光滑的冰壳，这就解释了木卫二平坦地形形成的原因，同时也可能是覆盖在地表上和冰块一样的地区出现的原因。

尽管这一理论很快就流行了起来（尤其是在科幻小说作家中），但行星科学家们还要花很长时间来确认它是否正确。1995 年，"伽利略号"探测器终于到达木星，并进入轨道开始了为期 8 年的探测任务。"伽利略号"能够多次造访木卫二，而且比"旅行者号"离木卫二更近，因此揭示了"旅行者号"没发现过的地表细节。木卫二上稀少的陨坑表明地表在行星之中相当年轻——其存在历史在 2 000 万 ~ 1.8 亿年之间。

> "天文学家惊奇地发现，这颗和月球一样大的星球没有实质性的山脉或悬崖，没有深沟或陨坑，只有起伏的山丘和山谷，偶尔才有标志着陨石撞击的幽灵陨坑。"

不过最终是另一种仪器证实了地壳下存在液体："伽利略号"的磁力仪在木卫二周围探测到微弱的磁场。磁场的形状和强度表明它是诱发型的，而不是由卫星核心的熔融铁或固态铁产生的，它是由导电液体（极有可能是咸水海洋）与木星本身更强大的磁场在相互作用下产生的。"伽利略号"还发现，尽管有时木卫二地表裂缝的宽度达到 20 千米（12.5 英里），但这些裂缝实际上和卫星上其他地方一样光滑。它们之所以突出，主要是因为沾染了硫酸镁和其他硫化物等化学物质。探测器还发现了一些新地形，包括被称为"lenticulae（雀斑）"的棕色斑点，以及一些乱七八糟的混乱区域，在这些区域中，冰块似乎受到了挤压而堆积在一起。

地表之下

2001 年，亚利桑那大学的科学家伊丽莎·特特尔（Elizabeth Turtle）和伊丽莎贝塔·皮拉索（Elisabetta Pierazzo）通过"伽利略号"拍摄的图像确认了木卫二冰层的最低厚度。通过寻找大到可以在中心形成凸起山峰的陨石坑，他们能够研究陨石坑下冰层的性质。任何星球上形成陨石坑的过程都会自然地推高由撞击地点下方物质构成的中心峰，因此如果陨石坑足够大而地壳又很薄的话，那么中心峰很可能受到撞击点下方存在的水或冰的影响。但即使是木卫二最大的中心峰陨石坑——24 千米（15 英里）宽的皮威尔陨石坑（Pwyll），也有一个相当正常的山峰。这表明在皮威尔之下，木卫

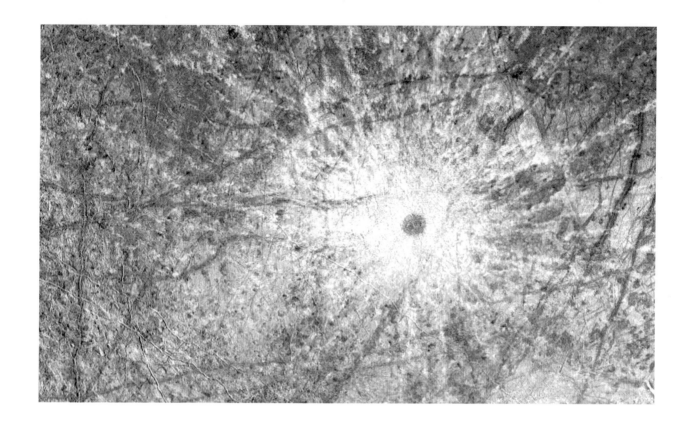

二坚硬寒冷的外层地壳至少还有 4 千米（2.5 英里）厚。

尽管有这些证据，行星地质学家们仍然在争论冰层的精确厚度和结构。这些争论和产生地表特征的不同成因有关。薄地壳模型的支持者认为，当水从表面的裂缝中逸出时就会形成"lineae"，而"lenticulae"的形成方式与上升水流经过冰层时冰层的融化方式相似。根据他们的说法，有些地方的地壳可能只有 200 米（650 英尺）厚。相反，厚地壳的支持者用经过地壳的上升水流来同时解释"lineae"和"lenticulae"。他们认为，地壳总深度可能有 30 千米（19 英里），在寒冷坚硬的冰下面有更温暖、更具有流动性的冰，并且它们偶尔还会受力向上移动。

薄地壳模型认为这些地区是由于地表的灾难性融化形成的，这些混杂的冰块实际上是突然融化而漂浮上来的冰山再次冰冻的结果。厚地壳模型认为，由于来自地下几千米处的上升水流的关系，这些板块被打乱并向上隆起。这两种理论都难以解释这些区域的所有特征。

无论木卫二的地壳有多厚，在它下面一定还有 100 千米（62 英里）深的海洋，而海底则有火山。这样一个海洋里，海水的量至少是地球海洋的两倍，这使得木卫二成为未来行星探测器的理想目标，更重要的是它存在一种有趣的可能性，即生命会像在地球深海一样在木卫二海底的火山周围悄然诞生。

上图：这幅 NASA "伽利略号"探测器拍摄的色彩增强图显示了木卫二明亮表面上的棕色斑点和线条。巨大的皮威尔陨石坑的中心直径为 40 千米（25 英里），被认为是木卫二最新的特征之一，而且现在仍被明亮的白色喷射物包围着。

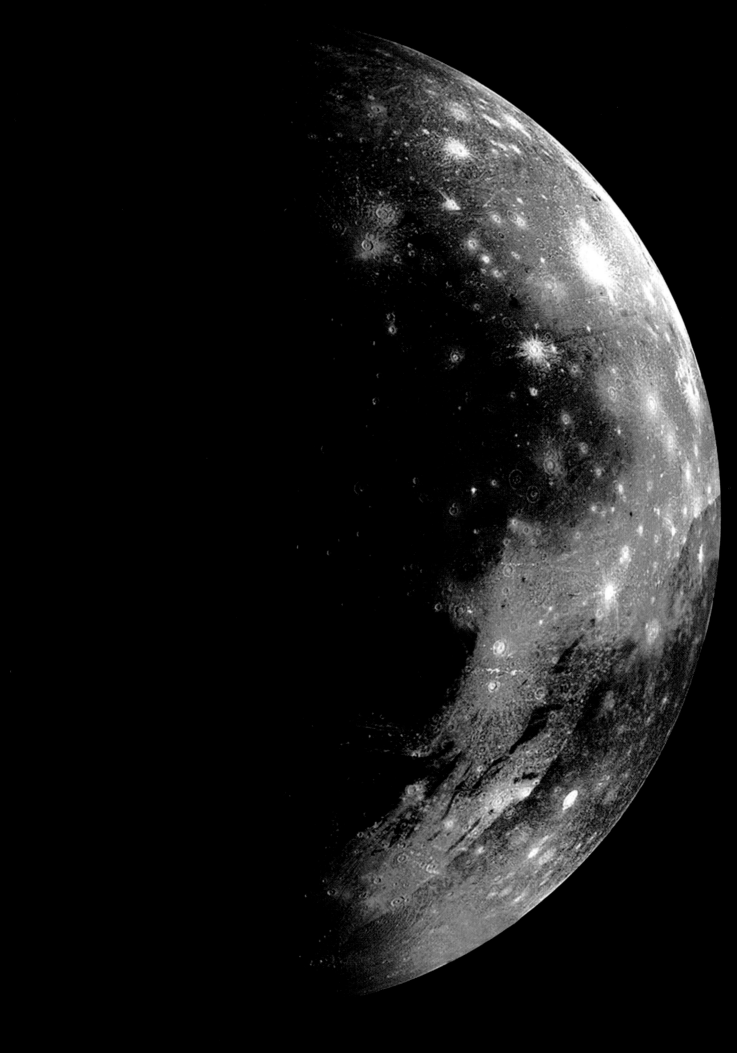

51 木卫三和木卫四的海洋

定　　义：	木星外围的"伽利略"卫星地表下隐藏的水层。
发现历史：	"伽利略号"太空探测器的磁场测量结果显示，这两个卫星都有产生于内部导电液体的干扰。
关键突破：	液态水的存在可能是由于冰在高压下产生的奇怪特性。
重要意义：	这两颗卫星上存在液态水环境使它们有可能成为生命的栖息地。

木卫三和木卫四是木星目前最大的两颗卫星，而且不受重塑木卫一和木卫二地形的潮汐加热的影响。木卫三和木卫四彼此之间有很大的差异，然而，一个惊人的相似之处是，它们的外壳下可能都隐藏着海洋。

木卫三和木卫四的轨道在木卫二之外，而且离木星很远，因此可以避开木星潮汐力的影响。尽管木卫四是一个由岩石和冰组成的布满陨石坑的球体，但自其形成以来几乎没有发生什么变化，而比它稍大一些的木卫三（整个太阳系中最大的卫星，比水星还要大）却能明显地显示出过去地质活跃的迹象。木卫三的地表是由深色的陨石坑地区和浅色的少陨石坑地区混合而成的，它们的边缘处往往模糊不清。

这两颗星球的密度表明了它们和木卫二一样，都是岩石和水冰的混合物。事实上，尽管木卫二地表呈现冰的外貌，但从整体上看，木卫三和木卫四似乎含有更多的冰（水冰和硅酸盐岩石的比例大约各为 50%）。以木卫三为例，这颗卫星的内部结构至少经历了部分分化，导致岩石物质向核心下沉，冰集中在地壳中。

多样化的两个世界

木卫三最显著的特征是陨石坑（集中在较老和较暗的地形中，但不限于此），在较浅的地区有山脊和沟槽。这些平行的山脊被称为"sulci"（拉丁语中是"沟"的意

对页图："伽利略号"拍摄的这幅木卫三表面图像揭示了一个由明暗不一的地形构成的复杂网络，表明木卫三明显存在地质构造活动的迹象。这种地质变化一定是由这颗巨大卫星内部的热量所驱动的。

思），通常认为它们是地壳中被拉伸的区域。它们有点像地球海底形成的山脊，在那里地壳的两部分被拉开，新的火山物质从海底涌出并填补了这一缺口。为了给这些活动供能，木卫三的内部在过去一定比现在更热。这样就产生了相当于地球地质构造活动的冰状物质，可能是受从卫星内部上升的热流物质的驱动，最终导致布满陨石坑的古老地壳移动和分裂。

相较之下，木卫四地表颜色偏暗且地形均匀，只有在陨石坑内部和周围才有被明亮的冰状喷射物打破的地貌特征。木卫三是太阳系中陨石坑最密集的星球，在木星用强大引力将小行星和彗星拉向自己的过程中，它成了一个靶子，无数的撞击使它变成了今天的模样。

"海洋在卫星内部几百千米深的地方形成，在这里常见的低压冰会因熔点的突然下降而转化为罕见的高压结晶。"

为什么木卫三会变暖到足以让地质构造过程短暂形成，而与它相似只是体积略小一些的木卫四却没有呢？这两颗卫星之间的差别太大了，无法用大小和内热等细微差别来解释，所以一定有其他力量在起作用。其中一种可能的原因是木卫四的形成过程异常缓慢，但找出实现这一过程的机制本身就存在很大的挑战。

1997年，加州理工学院的亚当·谢尔曼（Adam Showman）和大卫·史蒂文森（David J. Stevenson）和月球与行星研究所的雷努·马尔霍特拉（Renu Malhotra）共同指出，这些伽利略卫星早期轨道的变化可能会帮助我们理解这一现象。根据他们的模型，这些卫星形成时的位置可能比现在更靠近木星，当它们向外旋转时，彼此经历了一系列密近交汇，这些密近交汇阻止了内部三颗卫星的轨道变成完美的圆形。这个过程叫作轨道抽运，目前仍然发生在木卫一和木卫二之间，由此产生的略呈椭圆形的轨道在很大程度上导致了这两颗卫星所经历的强大潮汐力。相比之下，木卫三和木卫四现在有着近乎完美的圆形轨道，但如果木卫三在早期经历过类似的轨道抽运的话，那么潮汐力所产生的能量将足以加热木卫三内部并为其构造活动提供动力。如今木卫三的内热只剩下一点点，因此它似乎有一个小的铁水构成的核心使它能够产生自己的磁场。

隐藏的海洋

近期关于这两颗外层卫星最惊人的发现，可能是木卫三和木卫四各自都有证据表明它们的固态地壳下面存在着地下海洋。科学家根据搭载在"伽利略号"太空探测器上的磁力计的读数才发现了这些证据。从1995年到2003年，"伽利略号"太空探测器一直在木星系统中巡回。

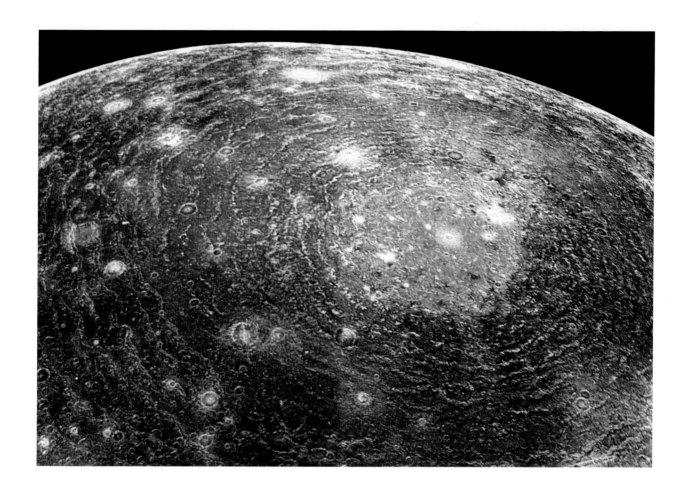

设计磁力计是为了测量木星强大磁场的变化，这种变化是由木星和周围卫星的磁场发生相互作用而产生的。木卫三除了已经被预料到的内部磁场外，还发现了一个微弱但独特的"感应"磁场。这种类型的磁场是由导电流体通过一个更强的磁场时发出的电流产生的，它的存在表明木卫三内部有导电流体，比如水。

在木卫三上发现水并不使人吃惊，因为它在过去很活跃，但是在木卫四上发生相似的事却令人震惊，因为当时科学家们认为它是岩石和冰的均匀混合物。

天文学家们认为，在外围卫星上维持液态水需要一种非常不同的机制，这种机制会使木卫二的海洋变暖。早在 20 世纪 80 年代，就有一种针对木卫三提出的可能性，即海洋在卫星内部几百千米深的地方形成，在这里常见的低压冰会因熔点的突然下降而转化为罕见的高压结晶。在此基础上再加上余热（来自卫星形成后剩余的热量和地幔中放射性物质产生的能量）和少量的"防冻剂"（比如氨或硫酸盐等化学物质），使得这种转化足以形成一个稀薄的液态海洋。与木卫二上的情况相比，这些地底海洋的条件要恶劣得多，因此在木卫三和木卫四上演化出生命的可能性似乎很渺茫。

上图：巨大的瓦哈拉（Valhalla）撞击结构可能是太阳系中最大的陨石坑——这个浅而多环的盆地直径约为 3 800 千米（2 360 英里）。它中心明亮的平原是由地壳下涌出的新物质构成的。

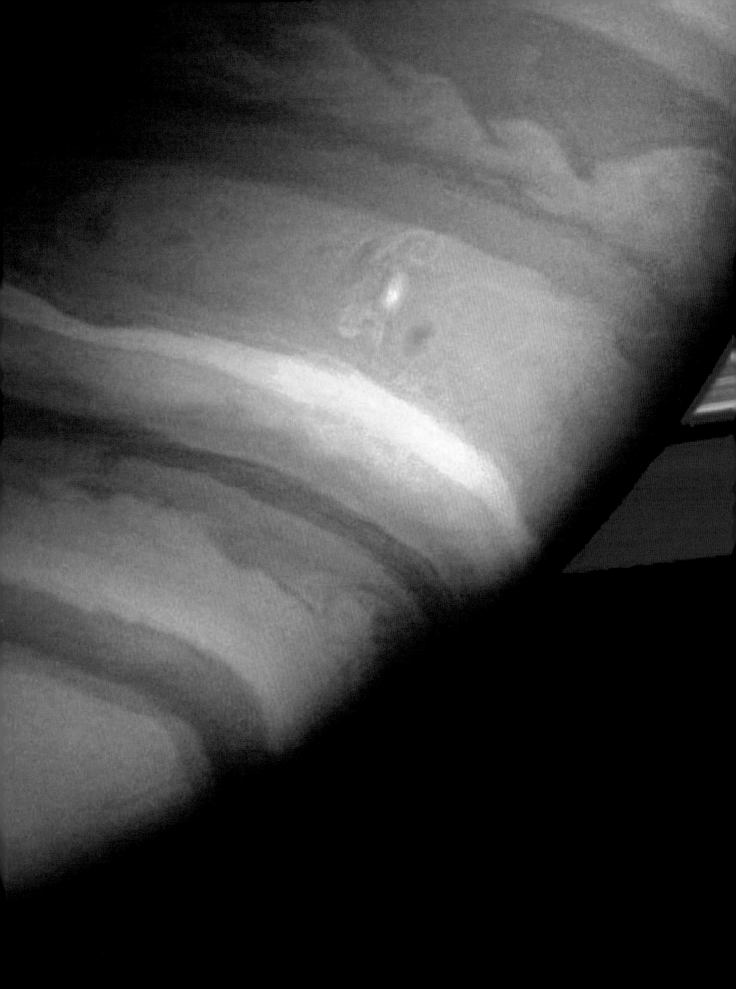

52 土星的复杂天气

定　　义:	天文学家在土星貌似平静的大气中发现了新的天气特征。
发现历史:	1876 年，阿萨·霍尔（Asaph Hall）观测到第一场"白斑"风暴。
关键突破:	2010 年，天文学家观测到一场雷暴的剧烈增长，其最后形成了一个环绕木星的气象特征。
重要意义:	未来的太空探测任务需要提前防范土星雷暴的干扰。

　　土星是太阳系第二大行星，以其壮观的光环系统和迷人的卫星家族而闻名。但是，尽管表面上看似平静，这个迷人的星球却饱受风暴和其他剧烈天气的摧残。

　　土星是太阳系中的第二颗气态巨行星，直径约为木星的 80%，但重量却不到木星的 1/3，和木星一样，它主要由氢、氦以及一些其他成分组成。这两颗星球最主要的不同是土星的密度要低一点（平均密度低于水）。低密度导致土星的引力较弱，而且它的赤道附近存在明显膨胀的趋势。土星从太阳那里获得的热量也少得多，因此它的平均云顶温度在 30 ℃（54 ℉）到 –153 ℃（–243 ℉）之间。

　　低温导致只有在木星高海拔云带中才会出现的白色氨云在土星上空形成了一层深黑色的烟雾，在很长一段时间里，天文学家在土星大气层中只能看到这种烟雾。1876 年，美国天文学家阿萨·霍尔在大气中发现了一个巨大的白斑，这是土星气候特征显著的第一个证据。从那时起，类似的斑会定期出现，但直到最近几十年，由于地面望远镜的改良和几次太空探测任务的助力，天文学家才能开始详细研究土星的天气。

气象带和季节

　　和所有的巨行星一样，土星气象系统的主要结构是一系列环绕土星且平行于赤道的带状结构。土星云带分为浅色区和深色区，肉眼看来就是不同色调的奶油色，而且

对页图: "卡西尼号"的土星假彩色图显示了 2004 年发现的"龙形风暴"的原始状态。不同颜色代表大气云层的不同层次，红色代表最深的云层，灰色代表最高的云层。

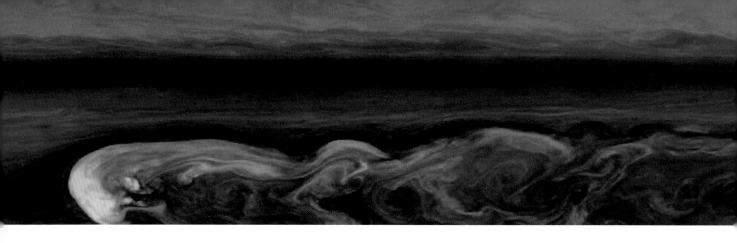

它们比木星云带更宽，也更模糊。虽然这些云带表面看上去是平静的，但实际上它们被速度高达 1 800 千米 / 时（1 125 英里 / 时）的盛行风吹向彼此相反的方向。这些云带的形成方式与地球的环流圈相似，它们是由暖空气在赤道附近上升、两极附近下沉的对流形成的。

和地球一样，土星的旋转轴明显倾斜，产生了与地球相似的季节模式。对于某个特定半球的冬天来说，当它倾斜的极点远离太阳时，低日照的影响会因土星光环的阴影而变得复杂。光环上的细小颗粒散射阳光的方式与地球大气中的空气分子相似，使处于冬季的半球呈现出浅蓝色。

白斑和龙形风暴

虽然土星没有可以与木星大红斑相提并论的半永久性风暴，但它确实会定期产生大白斑。这些斑自 1876 年以来每隔 30 年就出现一次，它们和 1933 年英国天文爱好者、喜剧演员威尔·海伊（Will Hay）发现的风暴都是土星到目前为止最显著的气象特征。它们似乎是高压区的标志，而不是地球上常见的低压风暴天气模式，而且通常与北半球的仲夏时节相吻合。这些白斑遵循着一个复杂的周期——首先是一场强烈的风暴在赤道附近生成，27 年后它被北温带中一场较弱的风暴取代，然后在下次赤道风暴到来之前大约有 30 年的间隔。

这个周期最近一次爆发是在 1990 年，但现在看来土星的天气变得越来越难以预测。1994 年和 2006 年比其他年份爆发了更多次的白斑。2010 年，澳大利亚天文爱好者安东尼·韦斯利（Anthony Wesley）发现了一场在土星的纬度地区迅速蔓延的、壮观的涟漪风暴。这种气象活动可能与低压区及最近在土星大气中发现的雷暴旋涡有关。

第一次发现"龙形风暴"是在 2004 年。当"卡西尼号"太空探测器接近土星时，它的无线电和等离子体波科学仪器开始接收到土星上强大的无线电波。"卡西尼号"的相机最终确定它们起源于一片高海拔白色云层的区域，有点像雷暴云的顶部。看来土星和地球一样，也有由上升暖气流驱动的雷暴，但土星雷电携带的能量是地球的 1 万倍。

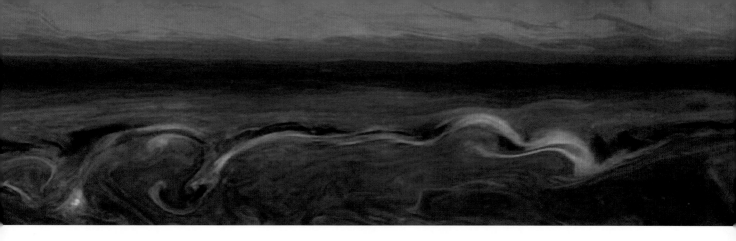

2004 年的"龙形风暴"持续了整整一个月，并在 2006 年、2008 年又出现过，而令人印象最深刻的一次则发生在 2010 年。一些天文学家推测，这些风暴的爆发是同一场风暴在活跃和平静时的不同表现。

极地结构

"卡西尼号"还在土星两极的天气系统中发现了一些有趣的现象。土星北极被一个巨大的六角形图案环绕，最初是"旅行者号"探测器观测到这一现象，但第一次对其进行详细成像的是"卡西尼号"。它的六边各有 14 000 千米（8 700 英里）长，整个结构的旋转速度与土星自转速度相同，也就是说，它们与土星云带的速度不同。一种可能的解释是，这种结构是大气中电流相互干扰所形成的驻波；另一种解释是，它可能与土星的磁场有关，因为它正上方的高层大气中似乎聚集着闪亮的极光。

同样令人感兴趣的还有南极上空的巨大飓风，它的直径为 8 000 千米（5 000 英里）。这种飓风在其他行星上很少见，因为它有一个被 75 千米（47 英里）高的云墙包围的显著的中央眼。中央眼是地球飓风的常见特征，这表明土星南极的旋涡也可能是一个低压区。这一奇怪的现象可能与该地区异常温暖的气温有关——南极云层比赤道云层要高 60 ℃（108 ℉）。如果是这样的话，这个巨大的旋涡很可能是土星大气的永久特征。

> "2010 年，澳大利亚天文爱好者安东尼·韦斯利发现了一场在土星中纬度地区迅速蔓延的、壮观的涟漪风暴。"

53 土星光环的秘密

定　　义：	土星复杂的光环系统由无数的冰和尘埃组成。
发现历史：	1655 年，克里斯蒂安·惠更斯确认了光环的真实形状。1856 年，詹姆斯·麦克斯韦描述了它们的组成成分。
关键因素：	卡西尼号太空探测器在土星环中发现了以前从未见过的精细结构。
重要意义：	光环是巨行星的共同特征，而土星为我们提供了研究它们的最佳机会。

光环是土星最漂亮、最容易辨认的特征，它们由无数在土星不同轨道上运行的微小粒子组成。尽管它们远处看上去很平静，但最近的发现表明这些光环是一个不断变化且持续混乱的系统。

早在 1610 年，意大利天文学家伽利略就发现土星有"问题"：就算是用他低功率的原始望远镜，他也能看出土星的形状不是球形。伽利略推测土星外形的这种扭曲可能是因为其两侧有两颗巨大的卫星。1655 年，荷兰天文学家克里斯蒂安·惠更斯第一次正确解释了土星神秘形状的成因——环绕土星的薄而扁平的光环。

光环的结构

到了 17 世纪晚期，望远镜的改进使得天文学家能够辨认土星环的缝隙，进而对它们的结构提出更多疑问。牛顿的万有引力定律和运动定律表明，一个宽而扁平的固体结构不可能在轨道上长期存在，引力会使它中间的移动速度比两边快得多，从而将它撕裂。1787 年，法国数学家兼天文学家皮埃尔－西蒙·德·拉普拉斯认为，土星的光环可能由无数实心圆环构成。直到 1856 年，英国物理学家詹姆斯·麦克斯韦才证明，即使是这样薄的结构也不可能持续很长时间；相反，他认为光环由大量独立的粒子组成，每一个粒子都在环绕木星的扁平圆形轨道上运行。粒子之间的碰撞自然会使这些碎

对页图：2007 年 5 月，"卡西尼号"太空探测器在土星北半球上空翱翔时，拍摄到了土星光环系统的壮观景象。就像土星的影子穿过光环一样，我们可以清楚地看到这个由无数光环组成的复杂结构，它的每个光环的亮度和透明度都与临近的光环不同。

片保持在有序的轨道上，而众多卫星的引力影响可以解释土星光环缝隙的成因。

今天，事实证明麦克斯韦的土星环模型是正确的，但多亏了巨型天文望远镜和太空探测器，我们才知道土星环系统比麦克斯韦想象的要复杂得多。土星环最亮的部分在距土星 9.2 万千米（5.8 万英里）至 13.7 万千米（8.5 万英里）之间的区域，这一区域又被中间 11.76 万~12.22 万千米（7.3 万英里至 7.59 万英里）的"卡西尼号"所处的相对空旷的地带分割为 A 环和 B 环。尽管范围很广，但土星环却出奇的薄，平均只有 10 米（33 英尺）厚。

在 B 环的内部是更薄的 C 环或被称为绉纱环（Crepe Ring），而非常微弱的 D 环几乎延伸到土星云层顶部。A 环外侧是狭窄的 F 环，它由"先驱者 11 号"太空探测器于 1979 年发现。宽阔、弥漫的 E 环大致在冰卫星土卫一和土卫五的轨道间延伸，显然它是由土卫二的间歇泉喷出的冰形成的（参见第 217 页）。

G 环位于 E 环和 F 环之间，而"卡西尼号"太空探测器还发现了其他几个环，以及一些与小卫星的轨道有关的破碎环弧。2009 年，斯皮策空间望远镜的红外图像显示，一个由尘埃物质构成的圆盘从土星延伸出 200 个土星半径的距离，并与其余土星环呈 27° 角倾斜。从地球上看，这个光环覆盖的天空面积约有 2 个满月那么大，但光学望远镜却无法探测到。现在一般认为它们是由土星的一颗类似彗星的卫星土卫九，受到小型微流星体撞击而从表面喷出的尘埃构成的。

太空探测器的发现

尽管早期太空探测器，如"先驱者"10 号和 11 号、"旅行者"1 号和 2 号，都确认了土星环是由无数圆环组成的复杂结构，但是直到 2004 年"卡西尼号"太空探测器进入土星轨道，土星环的复杂性才真正显露出来。土星环中的微粒、环内轨道运行的"小卫星"以及土星大量卫星之间的相互引力作用创造了一个不断变化的动态系统。明亮和黑暗的径向辐条偶尔会在土星环平面的广阔区域上展开，其波纹在水平方向和垂直方向同时扭曲了土星环的外部边缘，卫星的引力将物质从背后拉出土星环并在环上形成一条黑暗的通道。

2010 年，康奈尔大学的菲尔·尼克尔森（Phil Nicholson）领导的团队重点研究了可以呈现土星环复杂性的最佳范例——C 环内的冰海啸。通过研究穿过土星环的光的变化，他们确认了螺旋状的"冰墙"大约有 1.6 千米（1 英里）高，位于光环物质中一个狭窄的 0.5 千米（0.3 英里）宽缝隙的两边。这个结构似乎是由从裂缝中清除出来

左图: 这幅合成图显示了 2009 年在土星的一个倾斜轨道上发现的巨大外环的结构。NASA 斯皮策太空望远镜首次测出这个光环的红外光与土星的距离在 600 万~1 200 万千米（370 万~1 200 万英里）之间。

的成堆的碎冰组成的，它类似于海啸引发的海平面的下降，并且每隔 16 天就会在 C 环上产生涟漪。这表明它与距土星很远的巨大卫星土卫六的引力影响有关。

"卡西尼号"的发现还包括"螺旋桨"——数十千米紧密堆叠的粒子形成的云。"螺旋桨"与土星环轨道的大致方向成一定的角度倾斜，并且在其中间还有一个缝隙，据猜测这里有一颗看不见的小卫星，它扰乱了周围的环境，产生了"螺旋桨"。2006 年，天文学家首次在土星 A 环的中心发现了小型"螺旋桨"，从这时起它就被用来确定该区域小卫星的位置，目前已经发现了超过 150 个直径约 100 米（330 英尺）的小卫星。2010 年，康奈尔大学的马修·蒂斯卡雷诺（Matthew Tiscareno）领导的团队发现了一类长度达数百千米的巨型"螺旋桨"，它位于 A 环深处，其形成似乎与更罕见的、千米级的小卫星有关。在一项意义远超土星环系的研究中，"卡西尼号"在 4 年的时间里跟踪观察了这些"螺旋桨"以及它们与周围粒子的相互作用，天文学家们认为土星环上小卫星的行为模式与太阳系形成期间原行星盘中绕轨道运行的小行星类似。

尽管"卡西尼号"取得了许多突破，但土星环仍然隐藏着许多秘密。我们还没有仔细观察过土星环的单个粒子（考虑到太空飞船过于靠近土星环可能会带来的风险，也许永远没有这个机会），虽然我们知道土星环的 99.9% 都是由纯水冰组成的，但我们对于赋予粒子各自特性并在土星环上引起壮观变化的 0.1% 的杂质仍然知之甚少。

54 环系统的起源

定 义：	太阳系中 4 个截然不同的环系统对行星科学家来说是个难题。
发现历史：	天王星、木星和海王星的环分别在 1977 年、1979 年和 1989 年被发现。
重大突破：	2007 年，"卡西尼号"太空探测器发现土星环的质量比之前认为的要大得多，并且可能已经存在了数十亿年。
重要意义：	环系统可能诠释早期太阳系形成的过程。

近几十年来，天文学家们在木星、天王星和海王星周围均发现了环系统，证实了环系统是巨行星的一个共同特征。但是这些环系统的起源以及它们之间的巨大差异，仍然是有待解决的问题。

1977 年，天文学家们在观测天王星对一颗遥远的恒星进行掩星（参见第 230 页）时意外地发现除了土星以外，还有其他行星也存在环。但是发现被证实后，我们可以很明显地看出天王星的环系统与土星的环系统是非常不同的。虽然土星轨道面上的物质薄而密集，但它的外邻天王星却有细而清晰的、直径大多只有几千米的窄环。

天文学家们立即开始使用类似的方法（在经过行星的恒星光线中寻找线索）寻找海王星环，但得到的却是混杂且自相矛盾的结论，这些结论一直等到"旅行者 2 号"太空探测器在 1989 年飞掠海王星时才得到了合理解释，当时"旅行者 2 号"拍摄到了 3 个极薄且极不均匀的环。1979 年，"旅行者 1 号"与木星相遇时对木星环的新发现则是另一个意外惊喜。木星的环又一次不同于其他任何行星的环，它由薄而宽的尘埃层组成，只有在太阳的背光下才能被发现。

环系统似乎是巨行星的一个共同特征。它们从何而来？我们是否可以把太阳系中 4 个截然不同的样本拼凑在一起形成环系统演化的连贯故事？

对页图："卡西尼号"拍摄的这幅令人惊叹的图片揭示了土星周围轨道上无数的窄环，从中我们可以看到土卫一延伸的阴影在土星环上横穿而过。右下角外侧线条般粗细的 F 环向我们诠释了整个太阳系的环系统中常见的精细结构。

右图：左下角密集层中的旋涡型图案是"卡西尼号"对土星 B 环外缘的特写。天文学家认为这些"块状"结构是受到土卫一轨道的轻微扰动而形成的，它们在维持土星 B 环外观明亮的物质循环利用的过程中发挥了关键作用。

环系统存在了多久

知道环系统的年龄对预测它们可能的发展方向尤为重要。环系统存在于一个行星的"洛希极限"内，在这一区域里，引力阻止光环凝聚成更大的天体，这样导致光环会缓慢而稳定地分解，环系统中的粒子由于碰撞而粉碎并在潮汐力的作用下失去能量，最终向行星漂移。正因为如此，20 世纪早期的天文学家普遍认为光环很可能是一种短暂存在的系统。在一颗巨行星生命的短暂间歇中，卫星解体或坠落的彗星向洛希极限内不稳定区域注入的物质都会导致光环的形成。事实上，1850 年，法国天文学家爱德华·洛希（Édouard Roche）计算洛希极限就是为了解释土星的环系统。一颗行星的洛希极限的大小取决于行星的质量，这很好地解释了为什么目前只有巨行星才有环系统。2008 年，一个团队在分析了"卡西尼号"太空探测器的磁测数据后认为，土星的第二颗卫星土卫五可能有自己的环系统，但在 2010 年找到的证据表明这种光环并不存在。

在发现其他巨行星也有环系统时，这一得到普遍认同的理论出现了明显的问题——如果光环是短暂的，那么在太阳系漫长的历史中，尤其是现在的这个特定时刻，所有 4 颗巨行星都存在光环的概率有多大？不过这一理论并不是完全站不住脚，因为土星光环的明亮表面（显然没有受到被注入的陨石尘埃的污染）和环中大量存在的物质表明它们相对来说还很年轻。因此，在 20 世纪 90 年代，科学家们开发了一个简洁的模型，在这个模型中，明亮、"年轻"的环系统（如土星的环系统）由母天体分解形成，再随着时间的推移继续分解为像天王星和海王星那样更薄的窄环，最终被磨成像木星周围的薄尘埃平面一样的环。尽管如此，对天文学家来说，土星明亮、短暂的环系统依旧是个天大的巧合，因此他们仍在寻找可以为环系统提供物质补充的机制，或是可以在相对频繁的时间间隔内形成全新环系统的机制。

一个古老的环系统

在土星轨道上运行的"卡西尼号"太空探测器传回的结果推翻了"年轻环系统"模型。取代它的新模型认为，土星光环很古老，仍在不断变化，而且还可以自我再生。对从土星 B 环背面经过的闪烁恒星光进行复杂的物理模拟和测量，科学家们在对 B 环中物质质量的重新估算中发现了关键证据。2007 年，科罗拉多大学的拉里·埃斯波西托（Larry Esposito）领导的团队发表了新的估算，他们认为 B 环包含的物质可能比之前认为的多 3 倍。他们还发现了直径从几十米到几千米不等的造型独特的"块状"结构，他们认为这些块状结构是由光环中的碎片物质重新聚合形成的半固态、更坚固的天体。埃斯波西托和他的团队提出，这种循环利用搅动着土星 B 环中的物质，使它们即便在数十亿年的时间里也能保持清新，没有沾染太多尘埃。目前看来土星 B 环至少已经存在相当久远的一段时间了，而土星环系统现在的结构可能只是其悠久历史的一个简短的"快照"。

就算知道了土星环的精确年龄，也无法回答它们是如何起源的根本性问题。事实上，尽管数十亿年间不停地有尘埃进入土星环中，但土星环中 90% ~ 95% 的成分仍然是冰，这也表明最初形成土星环的物质几乎都是纯冰，因此它们不太可能是由土星卫星形成后的"残余物"（主要成分是岩石与冰的混合物）构成的。由于类似的因素，一个中等大小的卫星，甚至一颗大彗星的解体都不太可能达到这些成分含量的要求。在 2010 年，西南研究所的罗宾·卡纳普（Robin Canup）提出了一个巧妙的新方案。她认为土星环是由大小和土卫六（泰坦星）差不多并且已经分化出岩石内核和冰冷外地幔的卫星分解形成的。当这颗卫星在轨道持续以螺旋式撞向土星时，土星的潮汐力会优先剥离卫星的外层形成土星环，而它的岩石内核则继续向内旋转，最终与土星相撞。目前还有许多问题是这一新猜想没能解释的，比如太阳系其他环系统的成因。

"如果光环是短暂的，那么在太阳系漫长的历史中，现在的这个特定时刻，所有 4 颗巨行星都存在光环的概率有多大？"

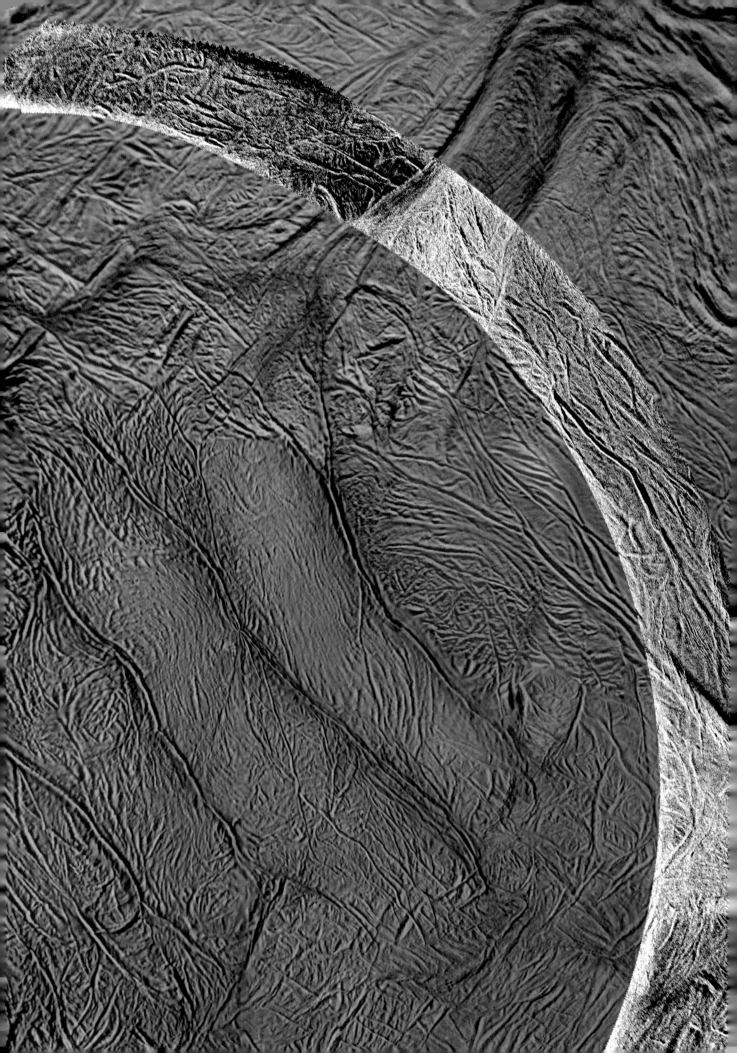

55 土卫二上的冰羽

定　　义：	在土星的小卫星土卫二上，从潮汐热点喷涌而出的液态水喷流。
发现历史：	20 世纪 80 年代，由"旅行者号"太空探测器拍摄的图片显示，土卫二被新的降雪覆盖。
关键突破：	2005 年，"卡西尼号"太空探测器直接穿过了一个喷发的水冰羽。
重要意义：	由于土卫二表面下有液态水，因此很可能存在适合简单生命形式进化的环境。

土卫二是土星的一颗相对较小的内卫星，尽管它的成分中包含冰，但是它并不是天文学家们通常寻找液态水的地方。土星和土星的其他卫星产生的潮汐力，造就了这个在地表之下隐藏液态水的奇妙世界。

从 1789 年被发现到太空时代，土卫二一直被认为是它的内侧邻居土卫一的近亲。正如土星的众多卫星一样，光谱学仅揭示了它有一个结冰的地表，直到 20 世纪 80 年代初期，"旅行者 2 号"传回了第一张详细的图片，天文学家才意识到这颗直径 500千米（300 英里）的卫星有可能存在一些特别的地方。

雪球状的卫星

一眼望去，土卫二最显著的特点便是其表面的亮度。虽然土星的很多卫星都是冰结构的，但是它们的地貌通常没有那么原始，它们有可能因为内部的化学污染物而褪色，有可能因为来自陨石和彗星的尘埃溅射到表面而造成污染，也有可能因为长时间暴露在太阳风和辐射之下而产生化学变化。相比之下，土卫二呈现出像白雪一样洁白的表面，它的表面是整个太阳系中最亮的，可以反射 99% 的入射太阳光。

1980 年 11 月，"旅行者 1 号"首次远距离飞掠土卫二时，仅发现了它惊人的亮度以及它的可能位置——土星脆弱的外 E 环中最密集的部分（参见第 210 页）。这对

对页图：这幅"卡西尼号"拍摄的图片包含了一个带状地形数据，是由太空探测器的机载雷达拍摄到的卫星南半球的色彩增强图像。其中最显著的特征就是蓝色的"老虎纹"——这些暖斑与地表下的冰羽喷发有关。

于 NASA 喷气推进实验室的理查德·泰里莱（Richard J. Terrile）和艾伦·库克（Allan F. Cook）来说已经足够了，他们指出液态水有可能从脆弱的地壳喷射而出，在为 E 环补充新物质的同时还会为卫星的表面制造新雪。"旅行者 2 号"在 1981 年 8 月以更近的距离经过了土卫二，传回的图片显示了土卫二表面下的陨石坑和峡谷等特征，这给理查德和艾伦的假设提供了更有力的证据。科学家对土卫二表面不同部位的陨石坑密度进行统计后发现，有些区域比较古老，而有些区域则相对年轻（可能只有 1 亿年的历史）。根据当时的模型，土卫二由于体积太小而无法在最初形成时保留太多的内热，因此它应该像它的邻居土卫一样，是一个地表坑坑洼洼、地质上死气沉沉的星球。很明显，是某种外力（很可能是潮汐力）使得土卫二变热，并使得它至少在历史上的某些时期里变得活跃。

近距离观察土卫二

"这些'老虎纹'释放的能量比之前猜测的要多 10 倍——相当于 20 座燃煤发电站。"

尽管有这些理论，但是土卫二上活跃的间歇泉的具体情况仍然没有定论，因此，当"卡西尼号"太空探测器在 2004 年进入土星轨道时，便把土卫二设为优先观测目标。"卡西尼号"对土卫二的几次近距飞掠，飞到了距离地表几百千米甚至几十千米的地方，这使得天文学家们认定土卫二是一个充满了奇异特征的迷人世界。

事实上，"卡西尼号"太空探测器在 2005 年 2 月第一次近距飞掠土卫二时，便很快获得了科学界的赞誉，它传回了这个卫星南极上空散射太阳光的羽状物质的图像。同年 7 月，"卡西尼号"再次与土卫二密近交汇时，探测器的飞行路径恰好直接穿过了羽状物，这使得它可以探测到水蒸气的存在。

同时，这些近距离的照片也显示出了土卫二地表的复杂性。尽管"旅行者 2 号"拍摄的照片揭示了一些地貌构造的存在，比如与断层有关的槽和陡坡、由表面拉伸而成的沟槽带（类似于在木星的卫星木卫三上发现的那些，参见第 201 页），但是"卡西尼号"依然能够更详细地研究这些特征。"卡西尼号"还在土卫二的南极附近发现了一个温暖且地质活跃的区域，这块区域被 4 条平行的被称为"老虎纹"的线性沟壑围绕着。土卫二表面上的每一条沟壑长约 130 千米（80 英里），宽达 2 千米（1.2 英里）。通过进一步观察，科学家已经将这些沟壑与水羽的起源直接联系起来了。红外仪器显示，这些条纹的温度比土卫二表面的温度要高 45～90 ℃（81～162 ℉）。

很明显，土卫二这颗冰冷的卫星是从内部加热的，但是是如何加热的呢？2005 年，NASA 喷气推进实验室的一个团队提出了一种理论，土星的卫星在土星形成后不久便很快地聚合在一起，这使得它们能够受益于聚合其中的短寿命放射性物质的热效

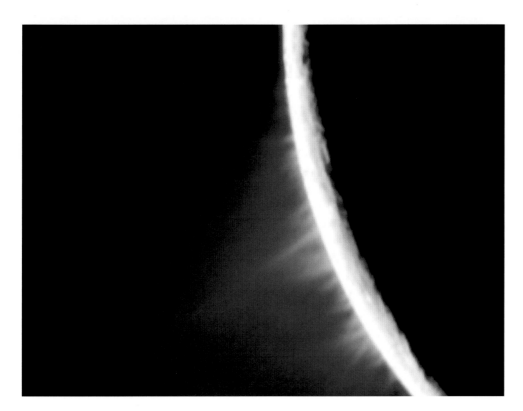

左图: 2005 年 11 月,"卡西尼号"从 148 000 千米(92 000 英里)外拍摄了一系列土卫二的背光照片。项目中的科学家在地球上将这些照片组合起来,揭示了土卫二南半球上空升起的大量羽状物的细节。

应。在如此遥远的外太阳系,土卫二算是一颗不同寻常的多岩石卫星,它可以从热效应中获益最多。因此,土卫二的一部分呈现熔融状态,并分离成了岩石内核和冰地幔。从那时起,拖拽土卫二内部的潮汐加热作用便起到了大部分保持土卫二温度的作用。仅由木星引起的潮汐力太弱了,但是由于土卫二绕木星的时间是它较大的外围邻居土卫四的一半,恰好可以与之发生共振。这一安排可以引发异常强烈的潮汐力,足以使土卫二核心保持半熔融状态。

令人惊讶的是,由美国西南研究院(Southwest Research Institute)的卡利·霍伟特(Carly Howett)领导的团队在 2011 年对南极地区的一项研究中发现,这些"老虎纹"释放的能量比之前猜测的要多 10 倍,相当于 20 座燃煤发电站释放的热量,这远远超过了正常的由土卫二与土卫四共振产生的能量。有一种理论认为土卫四与内部卫星的关系会随时间的推移而缓慢变化,我们看到的土卫二正处于能量释放的巅峰之一。

2007 年,来自德国海德堡马克斯–普朗克核物理研究所(Max Planck Institute,简称马普所,是德国联邦和州政府支持的一个非营利性研究机构,和我们的中科院一样,下设很多分所,核物理研究所便是其中之一。)的弗兰克·波斯特伯格(Frank Postberg)领导的团队,使用"卡西尼号"的宇宙尘埃分析仪对羽流的成分进行了详细的研究,得出了它们含有盐、碱以及一些有机(碳基)化学物质的结论。最近的研究又发现,羽流物质中含有氨(这有助于降低水的冰点)。因此,从本质上来说,羽流的来源是地下的液态水储集层,这些水可能局限于洞穴中,也可能广泛分布于地下海洋中。但是无论水存在于哪里,现在都被我们视为寻找地外生命的主要标准。

56 土卫六上的湖泊

定　　义：	在土星最大的卫星表面，存在着液态的有机化学物质。
发现历史：	1944 年，杰拉德·柯伊伯（Gerard Kuiper）发现了土卫六的甲烷大气层。
关键突破：	2005 年，在"卡西尼号"太空探测器传回显示了土卫六表面细节照片的同时，"惠更斯号"着陆器降落到了土卫六的大气中。
重要意义：	土卫六复杂的环境被认为与地球的原始环境相似。

土星最大的卫星是一个迷人而复杂的星球，是太阳系卫星中独一无二的存在。在这里，极地的温度使得甲烷扮演了水的角色，从而制造了一种类似地球的奇怪景观。

1655 年，荷兰天文学家克里斯蒂安·惠更斯发现了土卫六，它是土星众多卫星中最大的一个。它的直径为 5 152 千米（3 200 英里），比水星还要大，是太阳系中仅次于木卫三的第二大卫星。

尽管土卫六很大，但是在太空时代之前，人们对它的了解非常少。1906 年，西班牙天文学家约赛普·科纳斯·索拉（Josep Cornas Solà）发现了土卫六星系盘边缘的昏暗现象（大气的一种迹象）。1994 年，荷兰裔美国天文学家杰拉德·柯伊伯确定了甲烷的光谱特征。柯伊伯认为，得益于自身巨大的引力和外太阳系的低温，土卫六可以保持一个稀薄的大气层。

"旅行者 1 号"在 1980 年飞掠土星时曾近距离经过土卫六，但是传回的图片只增加了土卫六的神秘感，因为土卫六的地表被一层均匀橙色薄雾所笼罩。它的大气层比柯伊伯预测的要厚得多，而且其主要成分是氮，甲烷仅占 1.6%（即使这样，也足够形成云层且赋予大气独特的色彩）。尽管对土卫六云层下方环境的猜测甚嚣尘上，但是科学界等待了二十多年才揭开它的神秘。

着陆土卫六

NASA 的"卡西尼号"太空探测器于 1977 年发射升空，它携带的雷达和红外探

对页图："卡西尼号"拍摄的一系列结合了红外和可见光的土卫六图片，提供了这个土星最大卫星的最好的全球视图。图片分别是于 2005 年 10 月、12 月以及 2006 年 11 月拍摄的，其中的马赛克显示了不同云结构在亮度上的明显变化。

测仪可以透过土卫六的薄雾看到大气之下的地面。它还携带了一个欧洲制造的着陆器——"惠更斯号"，且"惠更斯号"于 2005 年 1 月降落到了土卫六的云层中。从薄雾退散后传回的图像可以看出，土卫六的表面有平滑的侵蚀高地、类似三角洲的流出区域以及一片被黑色的起伏沙丘所覆盖的平原。这幅图的整体结构显现出一个带有近岸岛屿的海岸线，尽管有科学家猜测土卫六表面存在由甲烷雨或雪形成的液态湖或海洋，但是目前并没有信息支持这个猜测。

"惠更斯号"从土卫六地表传回了 90 分钟的数据，而"卡西尼号"太空探测器则是作为中继飞船在轨道上飞过。"惠更斯号"传回的图像显示，土卫六地面布满卵石且永远被笼罩在暮色中。参与该项目的科学家得出结论，"惠更斯号"降落在了一个河流三角洲，在这个河流最后一次活跃时，岩石和冰的碎片从高地上被冲下来。

轨道上的视角

"惠更斯号"仅在土卫六地面做了一次简短的观测，而"卡西尼号"太空探测器则在数年里频繁地传回与土卫六轨道交汇时拍摄的照片。使用特制的滤光片可以透过薄雾进行拍摄从而绘制地图，地图显示土卫六是一个由高原大陆和低地盆地组成的世界，且

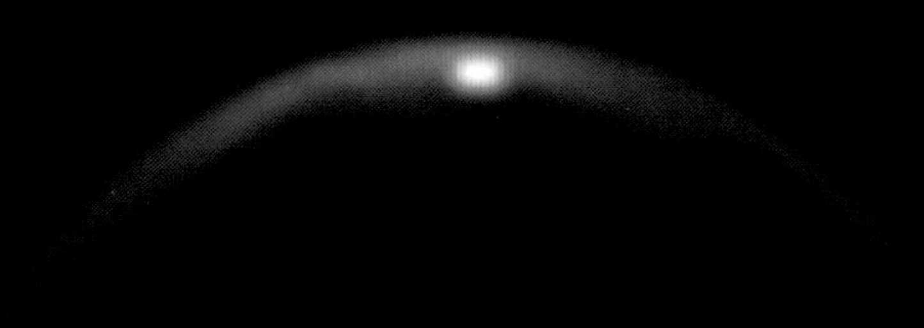

右图: 2008 年 7 月，"卡西尼号"上的摄像机拍摄到了这幅令人神往的照片，照片中太阳在土卫六北极附近的湖面上闪耀着。这次的反射可以追溯到土卫六上最大的甲烷湖之一——克拉肯海（Kraken Mare）的位置。

与地球的相似之处远不止于此。土卫六的地表结构是平滑起伏的，这表明存在河流侵蚀的过程，这些流动的河流和其他水体都存在联系。土卫六上的陨石坑非常罕见，这表明它的地貌非常年轻，而且是在相对较短的时间里出现的。

土卫六上最明显的特征便是被叫作世外桃源（xanadu）的区域，这是一片靠近赤道且面积和澳大利亚差不多的明亮区域。在其他区域，标志着巨大沙海的黑色斑块与赤道平行横贯东西。由于受到土星不同方向潮汐力的拖拽，土卫六厚重的大气形成了一种缓慢而持续的风，正是这种风造就了这些沙丘。

就像在火星上发现甲烷一样（参见第163页），甲烷在土卫六上的存在也引发了一些有趣的现象。当大气中的甲烷暴露在紫外线下时，往往会分解产生化学烟雾，因此必须不断地补充甲烷，补充方式可以是冰彗星的影响、火山活动或者是微生物活动。

由于土卫六大气中缺少其他彗星气体，因此受到冰彗星影响的可能便被排除了；土卫六地表的平均温度为-180 ℃（-292 ℉），因此生命存在的可能性也比较低（尽管土卫六的大气与地球的原始大气非常相似）；在某种程度上，火山活动倒是有很大的可能性。"卡西尼号"的红外摄像机在土卫六的表面和大气中都探测到了明亮的热点以及类似熔岩流的结构。这些表面上的明亮斑点意味着可能存在活跃且低温的"冰火山"，在"冰火山"中，冰冷的水/氨水从地下水库涌向地面。天文学家惊讶地发现土卫六的地壳似乎在滑动，因为一些地表特征的位置每年都会漂移超过10千米（6英里），这意味着土卫六的地下可能存在深达数百千米的移动海洋层，这将有助于土卫六内部的热量转移到地壳。

变化的气候

多亏了"卡西尼号"，使得关于备受推崇的土卫六气候的理论终于得到了证实。土卫六上似乎存在一种类似地球水循环的甲烷循环，这种循环使得化学物质在星球上运输，并在固态、液态和气态之间转化，同时会推动星球表面的侵蚀，使得地貌形状改变并变得平滑。"惠更斯号"最初发现的干燥的地貌对这一理论是一个打击，但是在2005年，"卡西尼号"在土卫六的南极区域发现了干涸的河床，并且"卡西尼号"的雷达在2006年又探测到了北极的盆地中漂浮着吸收雷达信号的液体。

土卫六和土星一样，四季循环需要29.5个地球年，并就目前来看，甲烷循环对它的影响似乎远远超过了之前人们的猜测。从土卫六温暖区域蒸发的甲烷随盛行风传播，并在温度较低的区域以雨雪的形式返回土卫六表面。自从在北半球首次发现湖泊以来，土卫六的南极已经由夏季进入了秋季，且该地区干燥的湖床也重新活跃起来。虽然关于土卫六的许多理论已经被证明是正确的，但是这颗复杂的卫星肯定隐藏着更多的秘密。

"从薄雾退散后传回的图像可以看出，土卫六的表面有平滑的侵蚀高地、类似三角洲的流出区域以及一片被黑色的起伏沙丘所覆盖的平原。"

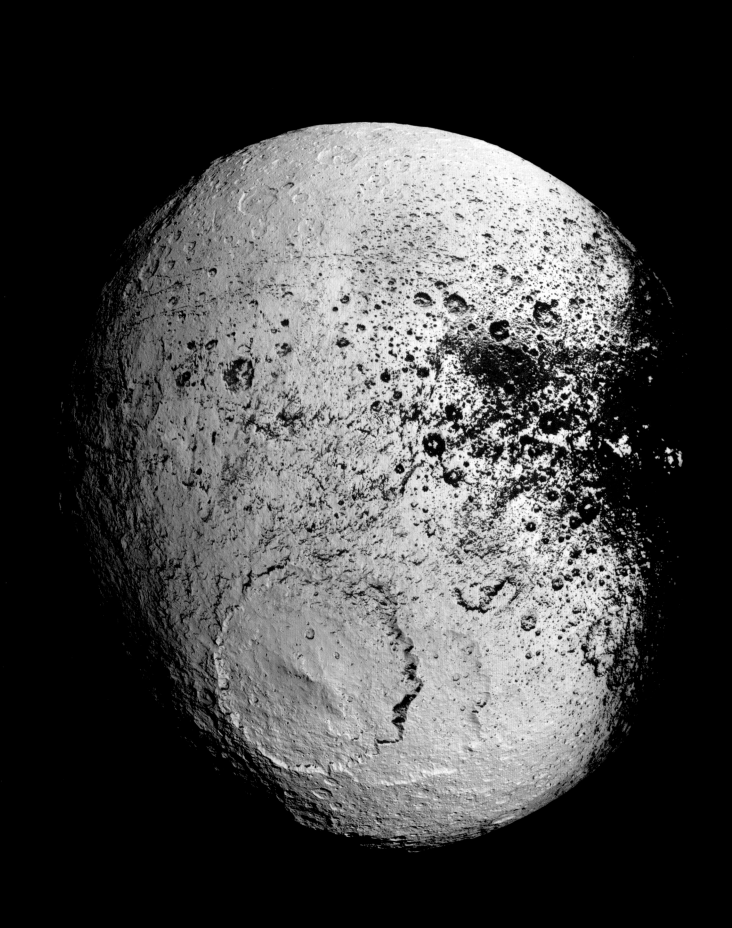

57 对比鲜明的土卫八表面

定　　义：土星最外层的大卫星的表面有明显的明暗区分。

发现历史：17 世纪 70 年代，吉安·卡西尼发现了土卫八表面的图案。

关键突破：2010 年，天文学家解释了来自外围卫星土卫九的尘埃是如何触发"冰迁移"这一过程的，正是这一过程造成了土卫八地形上的明显差异。

重要意义：土卫八表明，像尘埃的散射这样基本上可以忽略不计的影响，也会产生意想不到的重大后果。

土卫八虽然是土星最外围的普通卫星，但是它是太阳系中最奇怪的星球之一，因为它有着两个明暗差异巨大的半球。自从"卡西尼号"太空探测器进入土星轨道后，土卫八奇异的表面又重新得到了探测。

在大多数情况下，科学家不得不等到太空时代才能发现气态巨行星（如土星）的卫星拥有如此迷人的特征，但是土卫八从一开始就清楚地表明了它奇异的外表。1671年，意大利天文学家吉安·卡西尼发现了这颗位于土星西侧的卫星。但是后来当卡西尼尝试在土星的东侧寻找时，却无法寻找到它的踪迹，直到 1705 年，卡西尼才用改进过的望远镜找到了这颗卫星。卡西尼正确地推测出土卫八同月球一样，公转周期和自转周期一致，并且有一个明亮的"后随"半球（当土卫八远离地球时，在土星西侧看到的）和一个昏暗的"前导"半球（当土卫八接近地球时，在东侧很难看到）。

尽管后来的天文学家对土卫八的亮度变化进行了修正，但是直到无人太空探测器时代，土卫八仍然是一个谜团。1981 年，"旅行者 2 号"传回了第一张土卫八的近距离照片，确定了这颗卫星表面存在着明显的不同，有一个几乎是黑色的黑暗前导半球以及一个反射光线的明亮的后随半球。那么土卫八究竟是一颗表面有深色涂层的卫星，还是有浅色涂层的卫星呢？

对页图：2007 年 9 月，"卡西尼号"太空探测器第一次近距离观测了土卫八明亮的后随半球。这张照片显示了土卫八南半球高纬度地区存在严重的陨石坑，其中包括南半球两个重叠的大型撞击盆地。

一层外来的尘埃

基于这些发现，行星科学家发展出了一种理论，将土卫八的地表与其外部邻居土卫九联系起来。土卫九是一颗被捕获的大型彗星或是半人马型小行星（参见第 245 页），其逆行的轨道半径是土卫八的 4 倍多。科学家们认为，土卫九上的黑色物质是由微小的陨星撞击形成的，这些陨星旋转着冲向土星并被土卫八的前导半球捕获。

这个理论存在一些瑕疵。即使是"旅行者号"在相对较远的地方拍摄的图像也显示出，土卫八明暗地形之间的边界并不是笔直的，明亮的物质覆盖在较暗半球的极区，并且在两个半球上都出现了暗斑和亮斑。"卡西尼号"太空探测器于 2004 年传回的图像显示，前导半球上的明暗物质均比后随半球上的对应物质偏红，而在一些地方，明亮和昏暗的地形直接相邻，且没有明显的边界。

2009 年，天文学家利用斯皮策空间望远镜观测发现，土星膨胀的外行星环与土卫九相连（参见第 210 页）。结合"卡西尼号"的观测数据，柏林自由大学的天文学家蒂尔曼·登克（Tilmann Denk）和美国西南研究所的天文学家约翰·斯宾塞（John R. Spence）在 2010 年提出了关于土卫八地貌的新解释。

"卡西尼正确地推测出土卫八同月球一样，公转周期和自转周期一致，并且有一个明亮的'后随'半球和一个昏暗的'前导'半球。"

在这个模型中，落在土卫八冰冷表面的红色尘埃来自土卫九的环，但没有覆盖完全，它仅仅扮演了"冰迁移"过程的触发器这一角色。被尘埃覆盖的区域吸收了更多的阳光，导致冰升华（直接从固体变成气体），从而留下冰中包含的灰尘，变成了昏暗的区域。随着时间的推移，这个过程使得接受阳光最多的前导半球变暗（解释了为什么两极和深坑等一些地貌特征中仍然是冰）。与此同时，冰在较冷和颜色较淡的区域由气体逐渐积累起来，因此导致地表分离成了我们今天所看到的两极分化的样子。

一个棘手的问题

"卡西尼号"拍摄的照片在解决了一个旧问题的同时，又抛出了一个新问题。最引人注目的便是赤道脊，它宽达 20 千米（12.5 英里），在昏暗区域绵延 1 300 千米（800 英里），平均海拔 13 千米（8 英里），最高可达 20 千米（12.5 英里）。这使得土卫八变得像核桃一样的山脊没有出现在明亮的一面，但是一些孤峰却表明了它的走势。

赤道脊在太阳系中是独一无二的，行星科学家已经用 3 种对立的理论来解释这一现象。其中一个理论是由"卡西尼号"科学团队的科学家提出的，他们认为这是一个在卫星自转比现在快很多且赤道有明显隆起的时期遗留下来的冰冻遗迹。土卫八目前的形状表明，它在早期的历史中自转可能达到 16 小时，而在随后的时间里由于受到潮汐力的影响，变为目前 79 天的同步自转。为了使赤道脊更加突出，土卫八需要在早期历史中处于相对熔融的状态，这意味着它的形成过程快速而炽热，使得它捕获了寿命较短的放射性物质（正如土卫二一样，参见第 217 页）。但是，要解释土卫八是如何在保存化石山脊的同时还改变形状的，对科学家来说仍然是一个挑战。

另一种观点就是，山脊是由早期土卫八内部涌出的冰物质组成的。如果形成了远离赤道的山脊，那么潮汐力便会拖拽它，使得卫星进入到当前的旋转状态。

不过，最有趣的观点是，山脊是由太空中坠入的碎片构成的。2006 年，中国台湾中央大学的天文学家叶伟雄指出，土卫八在土星系统中的孤立位置，也许可以使得它在形成后捕获一圈物质。当这个环变得不稳定时，这些物质便会坠落到行星的赤道周围。2010 年，圣路易斯华盛顿大学的威廉·麦金农（William B. McKinnon）和芝加哥伊利诺伊大学的安德鲁·东巴尔（Andrew Dombard）使得这个想法又更进了一步，他们提出，土卫八实际上形成了自己的卫星，并且促使卫星自转速度减慢，最终撞向土卫八而毁灭。

不幸的是，这 3 种观点都存在问题：没有一个可以解释为什么山脊只存在于昏暗区域，特别是碎片假说，可能会被连接山脊和周围环境的地貌特征打破。因此，关于土卫八赤道脊的形成原因目前还没有定论。

下图："卡西尼号"从 62 000 千米（38 500 英里）处拍摄到的土卫八奇特的赤道脊。

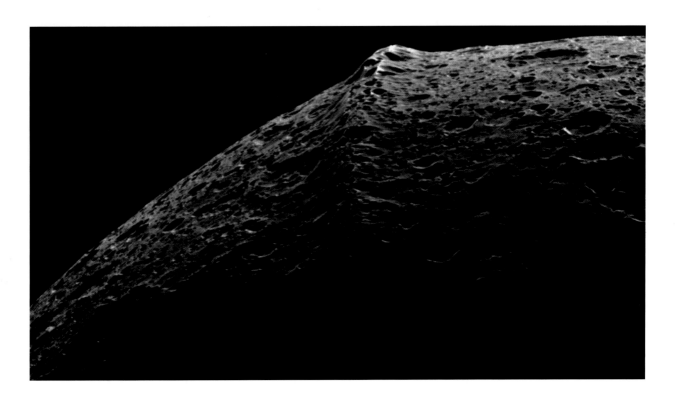

58 天王星奇怪的自转轴倾角

定　　义：	天王星的自转轴倾角非常显著，相对于垂直方向偏转 98°，天王星是自转轴倾角最大的大行星（译注：太阳系中自转轴倾角最大的行星为金星，自转轴倾角为 177.4°。因其自转方向与其他七大行星是相反的，所以有些资料会认为金星进行的自转轴倾角只有几度）。
发现历史：	自转轴倾角是通过天王星的卫星轨道进行推测的，直到 1977 年，随着天王星行星环的发现才确认了这个猜测。
关键突破：	2011 年，科学家研究发现，天王星的自转轴可能是在一系列的撞击下才偏转的。
重要意义：	极大的自转轴倾角使得天王星具有一些独有的特征，其中包括极特殊的季节变化。

　　天王星是太阳系内由内向外的第七颗行星，同时大倾角的自转轴使得它的季节变化在太阳系内是最奇特的。在"旅行者 2 号"飞掠天王星 20 多年后，天文学家依旧在尝试解释为什么这颗行星会有如此平静的天气以及如此奇特的自转轴。

　　天王星与太阳的距离大约是土星的 2 倍，是望远镜时代被发现的第一颗行星。天王星是被出生于德国的业余天文学家威廉·赫歇尔于 1781 年发现的。在接下来的两个世纪中，天王星依旧保持着它的神秘。天文学家们估算出天王星的直径大约是地球的 5 倍，并且通过光谱分析（参见第 17 页）成功地确认了其大气中含有甲烷。尽管如此，天王星在最大的望远镜的视野中依旧只是一个暗淡的蓝绿色光点。关于天王星自转轴的唯一线索是它的卫星。自从威廉·赫歇尔在 1787 年独自发现了天王星的第一颗卫星后，人们便发现这些卫星的运行轨道面与行星公转轨道面之间的夹角非常大。由于大多数卫星都会在所属行星的赤道上方附近运行，这就意味着天王星本身倾斜的角度要比其他已知行星的大得多。

宇宙中的标靶

　　直到天文学家詹姆士·艾略特（James Elliot）、爱德华·邓纳姆（Edward Dunham）和道格拉斯·明克（Douglas Mink）在 1977 年发现天王星的环带，关于天王星自转轴

対页图：这是"旅行者号"拍摄到的图片，经过色彩增强后，可以看到天王星最亮的 9 条环带，其中最亮的是右侧的 ε 环。对于天王星自转轴是在行星形成的早期被撞倒这一假设而言，行星赤道上方的光环系统队列是非常重要的线索。

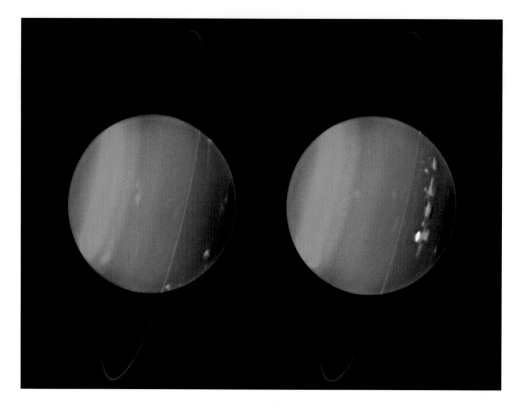

倾角的假设才被确认。天文学家们当时是在观测一场经过预测的掩星现象，当掩星发生时，天王星正好经过并遮挡住一颗遥远的恒星。这次观测使用的是 NASA 的柯伊伯机载天文台（Kuiper Airborne Observatory），这是一架经过改装的洛克希德公司（Lockheed Starlifter）的货运飞机。天文学家们惊喜地发现，恒星的亮度在主掩前后连续下降，并认为这是由环带的遮挡引起的。值得注意的是，今天我们所知道的 13 条最亮的环带明显与赫歇尔提到的环带非常匹配，但是没有其他天文学家可以证实两者之间的关系。环绕行星的环面揭示了天王星的自转轴倾角达到了 98°。这样的自转轴倾角对行星的季节产生了不同寻常的影响。天王星的极区会分别经历 42 年的白天和黑夜，赤道区域也会经历较长时间的黄昏和相对正常的日夜交替，天王星的日夜交替受到自转周期（目前确认的是 17 个小时）的影响。

尽管发现了环和自转轴，但天王星仍然是一个毫无特色的圆盘，令人十分沮丧。因此，天文学家们非常渴望看到"旅行者 2 号"在 1986 年飞掠天王星时的发现。在发现了木星和土星令人震惊的云景之后，天文学家却发现天王星是一颗平静得令人吃惊的淡蓝色圆球。"旅行者 2 号"飞掠天王星时，它的南半球正处在太阳光的完全照射中，天王星上最引人注目的特征便是位于南极的亮斑、赤道附近的暗带以及两者之间位于南纬 45°~50° 的亮环。

天王星的这种平静本身就非常有趣。一种可能的解释就是天王星的天气本身就是平静而简单的，因为它并没有接收到足够的太阳能量，同时在一些测量中，天王星还是太阳系中最冷的行星。随着 1989 年"旅行者号"传回显示海王星活跃且多风暴的图片，这个想法便被推翻了。取而代之的猜想是，由于行星内部的能量源导致了这种不同，或者说是缺少内部能量导致了这种不同。木星、土星以及海王星内部产生的热量要比从太阳那儿接收到的多，但天王星似乎与它们不同——这可能与它奇怪的自转轴倾角有关。

幸运的是，到了 20 世纪 90 年代中期，由于技术的进步，我们得到了更多关于这颗行星的信息。哈勃空间望远镜和新一代的地基望远镜现在已经可以从地球拍摄到天王星和它最近的邻居的详细图片。现在事情好像有了实质性的变化。亮云已经开始出现在南半球的中纬度地区，并且条带变得更加显著，和北半球在初春开始接受阳光照射时一样。2006 年天王星接近春分点时，天文学家使用哈勃空间望远镜在赤道南部识别出一个和海王星上类似的黑斑。看起来天王星的气候在至点和分点之间有很大的变化（编注：季节变化过程中太阳高度变化的几个临界点。类比地球上的春分点、夏至点、秋分点和冬至点）。有一种理论认为，在分点前后，热量从夏天一极向冬天一极的转移产生了影响行星其他天气现象的气流。

被撞倒的自转轴

无论如何，最有趣的问题也许就是天王星是如何拥有那么大的自转轴倾角的。目前赤道周围的环和卫星排列得如此整齐，这表明无论发生了什么，都一定发生在行星形成的早期，因为天王星的整个系统来不及从这种变化中恢复过来。2009 年，法国巴黎天文台的天文学家米卡埃尔·加斯蒂诺（Gwenaël Boué）和雅克·拉斯卡尔（Jacques Lascar）认为是一个质量为天王星质量 1% 的大卫星在大约 200 万年前将天王星自转轴拖拽到如此大的倾角的。但是这就产生了两个重要的疑问——这个大卫星是从哪里来的（因为剩余的碎屑盘形成不了这么大的卫星）以及这颗大卫星又去了哪里？

一个更加广为人们接受的解释是行星际间的撞击，与水星和地球在形成初期帮助定型的撞击一样，但是规模要大得多。这次撞击也许是由一个 5 倍地球质量的外来天体引起的。然而，这个理论也存在问题。2011 年，一个由法国蔚蓝海岸天文台（Cote d' Azur Observatory）的亚历山德罗·莫比德利领导的科学家团队表示，年轻的天王星系统可以从一次早期的撞击中恢复过来，从而产生今天我们看到的行星环和卫星。但是有一点不同，那就是在单次撞击的情景中，卫星最终可能会朝与行星自转方向相反的轨道运行。莫比德利团队的研究还表明，一系列较小的撞击更容易造成顺行的卫星。

那么，是一系列的撞击"撞倒"了天王星的自转轴吗？似乎是这样，但是如此一来又引出了关于外太阳系大流浪行星是否存在的尴尬问题。另一个解释与早期太阳系内行星迁移（参见第 99 页）有关，那就是天王星的自转轴是被土星和海王星的一系列密近交汇拖倒的。

> "当赤道区域在长时间的黄昏和相对正常的昼夜之间轮替时，两极区域则要经历 42 年的白天和 42 年的黑夜。"

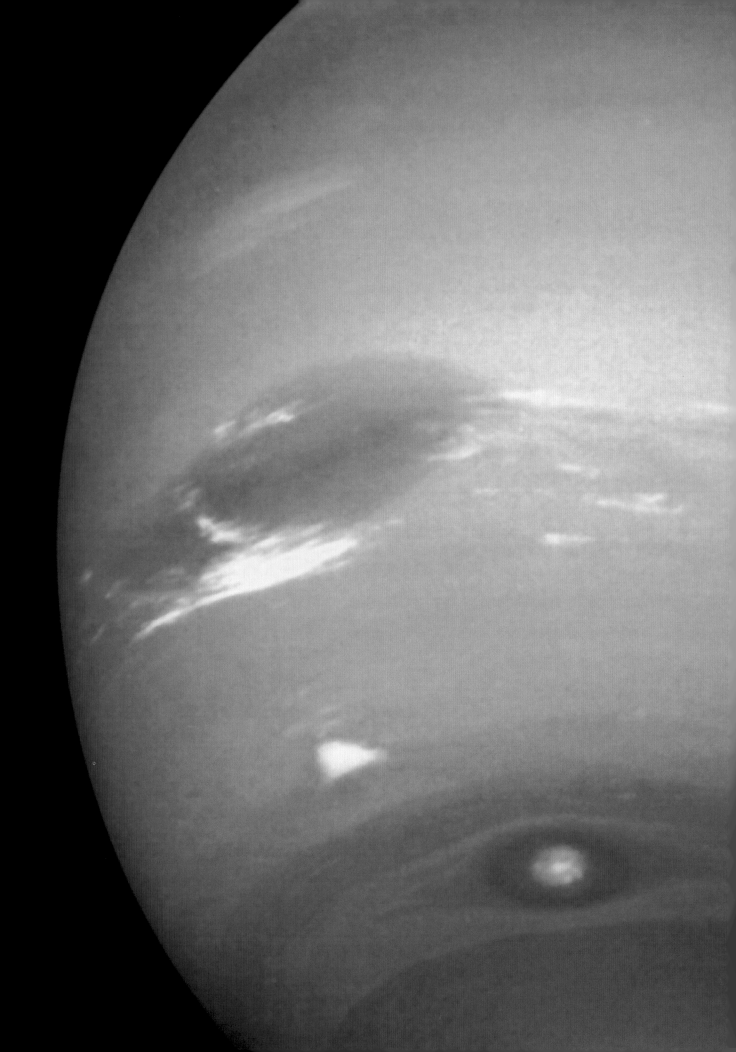

59 海王星极端的内部环境

定　义：	在类似海王星这样的冰巨星内部，由热冰和冰晶雨引起的离奇的化学变化。
发现历史：	1999 年，科学家们发现甲烷在一定压强下可以分解并产生金刚石晶体。
关键突破：	2005 年，一项研究表明，在高压下水可以转变成坚硬的"超离子导体"形态。
重要意义：	超离子导体水冰或许可以最终解释外太阳系冰巨星令人疑惑的磁场。

　　根据最新的研究，海王星作为太阳系最外侧的巨行星，在风暴多发的表面之下还包含有多层结构，这些多层结构中的菱形晶体以小液滴的形式凝结而成，并且这个区域的水冰不仅坚硬如铁而且呈黄色。

　　海王星就像太阳系冰冷深处的一个令人惊奇的海蓝色绿洲，它和天王星一样，一直到望远镜时代才被发现。1864 年，天文学家在仔细搜寻一个扰乱内行星轨道的大质量天体时发现了海王星。和天王星一样，在 1989 年"旅行者 2 号"空间探测器飞掠海王星前，我们对它的了解非常少。

动态的行星

　　尽管海王星和天王星的大小几乎一样，但是海王星却是一个与平静的天王星非常不同的世界。当"旅行者 2 号"到达时，海王星被一个被称为大暗斑（Great Dark Spot）的巨大风暴主宰（不过不像木星的大红斑，目前看来，海王星上的风暴存在的时间相对较短，仅能持续几年的时间）。这里有明显的天气带和飘在高空的白云，这些云的运动表明了海王星具有太阳系内最高的风速，可达 2 100 千米 / 时（1 300 英里 / 时）。

　　海王星与太阳的平均距离是地球与太阳平均距离的 30 倍，其接收到的光照远远不能为活跃的天气系统提供能量，然而测量值却显示它的表面温度和天王星的相近

对页图：1989 年"旅行者 2 号"飞掠海王星时，这个蓝色的球体被一个被称为大暗斑的巨大风暴所主宰，这仅是受行星内部能量驱动的强大天气系统的一种表现。

（天王星接收到的太阳能量是海王星的 2 倍）。计算结果显示，海王星释放的能量是它从太阳接收到的 2.6 倍，这表明它拥有一个强大的内能源。为了解释海王星的内部结构以及在天王星和海王星上发现的强大磁场（相对于行星自转轴有很大的倾角，并且由于位移而不经过行星的中心），科学家们发现了这些带外巨行星惊人的内部情况。

由于与气态巨行星木星和土星内部的显著不同，天王星和海王星常被称为"冰巨星"。土星和木星被大量的氢气包层所占据，这使得它们在不同的深度和压强下呈现的形态也不一样，而天王星和海王星则只有很少的这样的物质（这可能同它们在太阳系早期形成的时间有关，参见第 90 页）。相反，它们被具有低熔点且更重的化合物所占据，用化学术语来说，这些物质就是冰。这些物质包括我们熟悉的水冰（H_2O），还有甲烷（CH_4）和氨（NH_3）。在冰巨星大气中的一小部分甲烷（约 2%），被认为是它们拥有独特蓝色特征的原因，这是因为甲烷吸收了入射太阳光的红色部分，以至于行星只能反射太阳光中其他更短的波段。

压强之下

和气态巨行星一样，海王星的温度和压强会随着深度的增加而增大，并且在一般情况下，尽管温度升高了，但是这些冰并不会按照我们认为的方式融化。相反，它们会形成一种可形成行星地幔的热化学泥浆，温度在 2 000 ~ 5 000 ℃（3 600 ~ 9 000 ℉）。每颗行星的中心都存在和火星大小差不多的岩核。

"随着压强的增大，分子随之分裂，在氢原子自由移动的同时，氧原子依旧被固定在晶格结构内。"

虽然人们通常认为，木星和土星的内部能源与它们的逐渐冷却和引力收缩相关（参见第 183 页），但是这种"开尔文 – 亥姆霍兹收缩"不足以解释海王星内部产生的能量。相反，天文学家们相信，在行星内的一定深度，一定发生了化学转化。1999 年，由加州大学伯克利分校的劳拉·罗宾·贝内代蒂（Laura Robin Benedetti）领导的科学团队发现了一个值得注意的现象，在海王星表面下大约 7 000 千米（4 400 英里）处，压强大约是 25 万个地球大气压。他们使用激光加热钻石砧，对小样本的甲烷施加极端的温度和压强，这种钻石砧将物质样本积压在钻石的两面之间；然后利用激光束来激发它。这表明甲烷比原来人们猜想的更加容易分解成它的组成元素。甲烷分解释放出的碳原子和氢原子相互反应会形成其他碳氢化合物、纯氢和以金刚石形态存在的碳。如果海王星内部与实验演示一致，那么深入到表面之下，微小的金刚石就会从周围的环境中沉淀出来，并随着金刚石雨向下沉降。贝内代蒂的团队表示，这个过程释放的能量，加上金刚石和碳氢化合物沉降时产生的引力收缩的增加以及轻氢的上升，

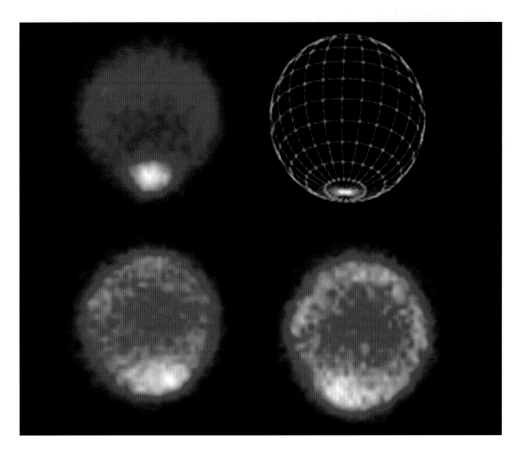

将会为海王星的内部动力提供能量。

坚硬如铁

2005年，由加利福尼亚州劳伦斯利弗莫尔国家实验室（Lawrence Livermore National Laboratory）的亚历克斯·贡恰罗夫（Alex Goncharov）领导的团队使用相似的设备，研究了在类似的极端压强下水的特性。虽然假定冰巨星内部是被加热到远高于熔点的稀泥状的奇怪化学混合物，但是却由于来自其上方的巨大压力而保持着固态。

科学家对水在47万个地球大气压和1 300℃（2 400℉）左右的高温下进行了光谱分析，发现水分子会呈现出一种奇怪的超离子态。最初，水分子与预期的一样，冻结成了晶格，但是随着压强的上升，分子随之分裂，在氢原子自由移动的同时，氧原子依旧被固定在晶格结构内。利弗莫尔的实验是第一批详细探究在这样的极端状态下水会发生什么变化的实验。虽然利弗莫尔的实验仅仅追踪到了几十个水分子的活动，但是总体而言，超离子导体态的水会像铁一样坚硬，并散发出黄光。氧原子穿过这种奇怪的冰的过程，有可能是产生冰巨星如此奇特磁场的关键一环。

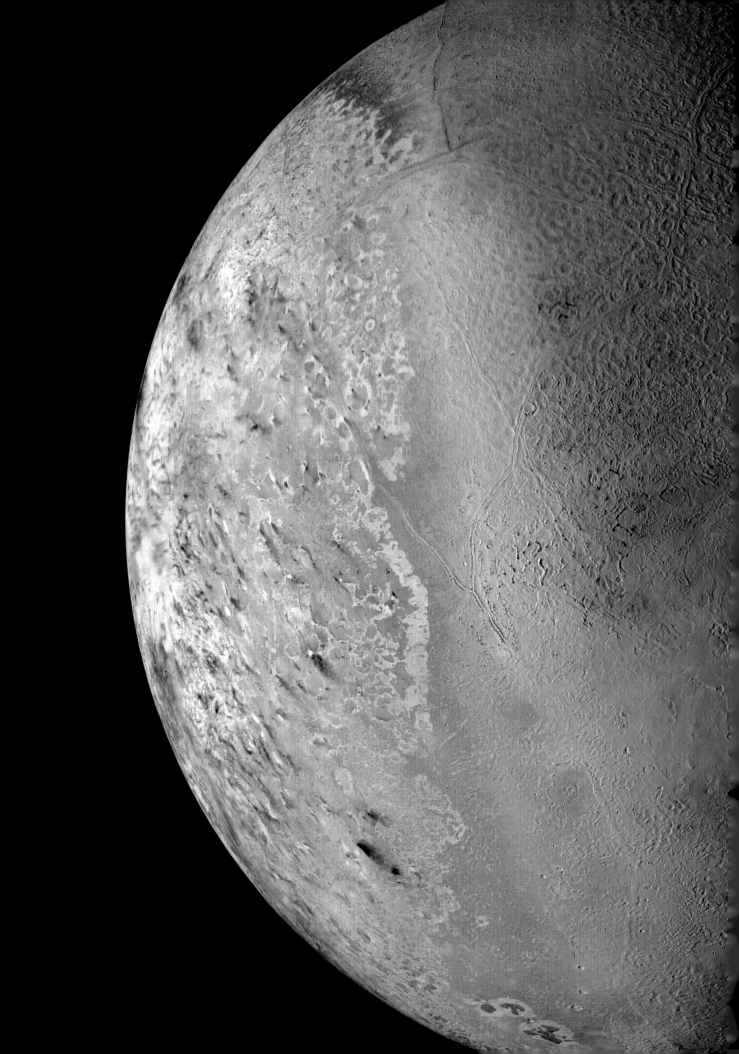

60 海卫一的轨道和活动

定 义:	海王星奇怪的巨大卫星似乎是从柯伊伯带捕获的一个冰矮天体。
发现历史:	20 世纪 80 年代早期,发现了海卫一不寻常的轨道,这是证明海卫一是被捕获到海王星轨道上的第一个线索。
关键突破:	1989 年,"旅行者 2 号"发现海卫一表面存在活跃的间歇泉。
重要意义:	海卫一是我们在外太阳系发现的第一个重要的小天体。

　　"旅行者 2 号"探测器发现海王星的大卫星海卫一是一个非常复杂的星球,即使在外太阳系各式各样的卫星中,它似乎也不太"合群"。现如今,天文学家猜测它可能是被海王星的引力从柯伊伯带捕获的冰矮天体。

　　海卫一是英国业余天文学家威廉·拉塞尔(William Lassell)在 1846 年 10 月发现的,距离发现海王星仅仅过去了几周的时间。在很长一段时间里,海卫一是海王星唯一一颗被发现的卫星,并且直到 1 个世纪之后发现了海王星的第二颗卫星——海卫二,它才被正式命名。从一开始,海卫一就因为它的轨道而显得十分特殊。这颗卫星明显很大(直径为 2 700 千米,即 1 700 英里,是太阳系中的第七大卫星),而且它的轨道与海王星的轨道平面之间有很大的夹角。虽然已被证实,天王星卫星与之类似的轨道倾角是由于撞击形成的,但是对于海卫一,还需要考虑另一个因素——海卫一是逆向运行的,它的轨道运行方向与海王星自转方向相反。

外来的卫星

　　自 1977 年偶然发现天王星环(参见第 230 页)之后,天文学家们尝试用同样的方法(探测被掩恒星的光度变化)来发现海王星环。观测结果表明,海王星环稀薄而且成块状,但是也显示出海王星本身相对于轨道平面有 28° 的倾角,这个倾角相对

对页图:"旅行者 2 号"对海卫一的特写揭示了这颗卫星的复杂地貌,从点缀着由气羽形成的黑色痕迹且相对平滑的灰色区域,到凹凸不平呈现明显蓝色的甜瓜形地貌,都存在于地表。

适中。这就表明海卫一并非起源于海王星周围的轨道，而是一个被捕获的天体——在过去的某个时候，一个被行星的重力所捕获的流浪的天体。这个理论同样很好地解释了，为什么天文学家没有像期望的那样，在海王星周围找到其他的大卫星。海卫一的到来打乱了其他环绕在海王星周围的天体的轨道，并使它们分散到太阳系的深处。海王星的外卫星海卫二绕海王星一周需要一年，它可能是罕见的原卫星系统留存下来的天体。

在 1989 年"旅行者 2 号"短暂高速飞掠海王星时，天文学家第一次近距离观察了海卫一，发现这颗卫星的表面特征和它的起源一样有趣。飞掠过程中，太阳、卫星和航天器的几何位置意味着仅能拍摄海卫一 40% 的表面，但是这些图片依然揭示了海卫一的一些吸引人的特征，包括东西半球间显著的差异，即西半球有块状或点状区域（很快便被戏称为"甜瓜形地表"），而东半球的地貌更加多样化，有像脊、沟和宽阔平坦的高原这样的多种结构。整个表面几乎没有陨石坑，这意味着海卫一的表面是在相对较近的时间重新形成的。

出乎意料的活跃

"一百个疑似陨石坑的位置整齐地排列在海卫一的前导半球，这暗示着它们是由这个外来的冰矮星撞击海王星轨道上其他物质而形成的。"

最令人吃惊的也许是"旅行者 2 号"在海卫一南极周围平面拍摄到的黑色条纹。经过详细的分析发现，这些条纹是由从地表下喷出的含有不可见气体（最有可能的就是氮）的间歇泉组成的，并且正在被盛行风带向北方。虽然气体本身是看不见的，但是它携带的黑色颗粒会在海卫一微弱的引力作用下缓慢地降落到地表，因此可以标记出间歇泉的轨迹。"旅行者 2 号"甚至在侧面拍摄到了稀薄的间歇泉，表明在被盛行风捕获之前，这些尘埃状的气柱会被喷射到 8 000 米高的稀薄大气层中。

海卫一的表面是冰的混合物，以冷冻氮、水冰和二氧化碳为主。它稀薄的大气以氮气为主，同时也有二氧化碳和甲烷的痕迹。参与"旅行者 2 号"任务的科学家发现，间歇泉的喷射集中在海卫一的对日点之下，这意味着即使在寒冷的外太阳系深处，来自太阳的热量影响依然可以将地表之下的氮气的温度加热到熔点之上。

海卫一的一系列不寻常的特征，不禁让人想起冥王星一些鲜为人知的特征，冥王星在当时仍被归类为太阳系的第九颗行星。这两个天体的体积大致相同，也拥有相似的地表和大气成分。长期以来，天文学家一直在怀疑，冥王星仅是海王星轨道外一圈冰冷小天体（这一圈冰冷的小天体被称作柯伊伯带）中最明显的一个。海卫一是否来自柯伊伯带？它是否真的是我们第一次发现的被称为"冰矮星"的天体？

右图: 2009 年, NASA 的科学家们利用1989 年飞掠海卫一时"旅行者2号"拍摄的一组照片, 制作了这个冰冻卫星的第一张三维视图。这张视图显示了一个长达300千米(185英里)的火山链存在于冰冷的"熔岩平原"的中部。为了使特征更加明显, 科学家对垂直地形进行了夸大处理。

失落的世界

在与"旅行者2号"相遇后的10年里, 随着大量其他大大小小的柯伊伯带天体(KBOs)被新一代的望远镜发现, 证明海卫一来自柯伊伯带的证据越来越充分。现如今, 海卫一的冰矮星性质已经被广泛接受, 并且它异常活跃的地表很大程度上要归因于大量的潮汐能以热能形式散发出去这一特点, 这是由于这个流浪的天体是被迫进入目前的绕海王星轨道的。海卫一西半球的地幔加热使其部分熔化, 然后低密度的冰形成的"气泡"不断上升, 迫使熔化的地幔浮出地表, 从而形成了甜瓜形地表。

2007年, 月球和行星研究所的保罗·申克(Paul M. Schenk)和NASA艾姆斯研究中心的凯文·扎内尔(Kevin Zahnle)通过对卫星上罕见的撞击坑的分析, 为捕获理论提供了进一步的证据。通过测绘100个疑似陨石坑的位置, 他们发现这些陨石坑整齐地聚集在海卫一的前导半球上, 这意味着它们是由这个外来的冰矮星撞击海王星轨道上其他物质而形成的。另外, 通过模拟成坑过程, 证明海卫一的表面非常年轻——即使这些陨石坑是碰巧遇到正在下落的彗星才形成的, 那海卫一最古老的陨石坑也应该不超过5 000万年, 而且最年轻的甜瓜形地表大概仅有600万年的历史。如果陨石坑是由海卫一周围的碎片导致的, 那便意味着它的地表更加年轻, 即使在今天, 海卫一的内部也可能保持着足以维持地下液态海洋的温度。

61

遥远的冥王星

定 义：	一个运行在海王星之外的小天体，并且是第一个被观测到的柯伊伯带天体。
发现历史：	冥王星是克莱德·汤博（Clyde Tombaugh）经过长时间的仔细搜寻后于 1930 年被发现的。
关键突破：	1978 年，天文学家发现了冥王星的巨大卫星卡戎（Charon），同时冥王星的表面第一次被绘制出来。
重要意义：	冥王星是距离我们最近的大型柯伊伯带天体，也是"新视野号"空间探测器的主要目标。

从 2006 年开始，曾经被归类为行星的冥王星降级为"矮行星"；然而，冥王星依然是位于海王星外柯伊伯带中最大的天体之一，并且是一个迷人而神秘的世界。

天王星是偶然被发现的，而海王星是经过精确的数学计算而发现的，冥王星之所以比其他柯伊伯带天体早 60 年被发现，主要归功于天文学家的勤奋和毅力。1929 年，在亚利桑那州弗拉格斯塔夫市洛厄尔天文台工作的天文学家克莱德·汤博开始了一项艰难的巡天工作，目的是寻找一颗当时被怀疑存在的外海王星行星。汤博希望通过细致对比相隔数日的摄影底片，发现在恒星背景下运动的天体。汤博的策略在数月之后获得成功——他发现了被誉为太阳系第九大行星的天体冥王星。

冥王星一经发现便成了一个问题。根据它的亮度，它显然太小而无法影响内行星，也无法产生推测它存在时所预期的扰动。事实上，这些扰动根本不需要第九颗行星就可以解释清楚，冥王星的发现是一个幸运的意外。

格格不入的行星

这个奇怪的小天体为何会如此远离太阳？有一段时间，天文学家曾怀疑冥王星会不会是海王星丢失的卫星（在冥王星公转的 248 个地球年中，它的轨道有 20 年比海王星更接近太阳），但是这个较小天体的轨道相对于太阳系平面有大幅度的倾斜，所

对页图：在地球的高空轨道上，哈勃空间望远镜于 2006 年拍摄的图片可以分辨出冥王星和它的巨大卫星卡戎。望远镜同样也确认了这颗矮行星周围有两个新的卫星存在，并最终被命名为冥卫二和冥卫三。

以它们两者永远不会靠近。在冥王星被发现后不久，天文学家弗雷德里克·伦纳德（Frederick C. Leonard）提出，它可能是海王星轨道之外的一类新天体中的一个，这类新天体最终被称为柯伊伯带（参见第 245 页），而第二个"柯伊伯带天体"直到 1992 年才被发现。由于明确了冥王星不是柯伊伯带中的最大天体，2006 年，它便被从行星的特殊地位中降级。

尽管地位有所下降，但冥王星依然是一个有趣的天体，并且是"新视野号"空间探测器的最初目标。"新视野号"目前正在飞向柯伊伯带并计划在 2015 年飞掠冥王星（编注："新视野号"空间探测器于 2015 年 7 月 14 日成功抵达了冥王星及其卫星系统）。冥王星的体积很小，几十年来它只是一个类似星星的光点，直到 1976 年，夏威夷大学的一个团队才获得了它的光谱，光谱显示冥王星表面大部分被冰覆盖着。这一发现具有重要的意义，因为它意味着冥王星比地球反照率大得多，因此它的体积和质量会比天文学家之前猜想的更小。

多样的卫星

"1985 年，天文学家们观测到了一次冥王星的掩星，发现了冥王星上存在稀薄的大气层，现在已知其化学成分与地表的冰相似。"

1978 年，华盛顿特区美国海军天文台的詹姆斯·克里斯蒂（James Christy）和罗伯特·哈林顿（Robert Harrington）在冥王星的图像中发现了一个轻微的扭曲，并且扭曲的位置会随着时间的推移而改变——这是第一次看到卡戎这颗有非凡性质的卫星。卡戎的直径为 1 270 千米（750 英里），超过了冥王星自身直径 2 036 千米（1 432 英里）的一半，并且距离冥王星中心只有 19 600 千米（12 200 英里），轨道周期为 6.4 个地球日，冥王星的自转周期也是 6.4 天。就像卡戎有一面永远朝向冥王星运行一样，冥王星也有一面永久朝向卡戎。

卡戎的运动表明了冥王星和天王星比较类似，相对于绕太阳公转的轨道平面，冥王星的自转轴倾角为 119.5°，因此这也给了天文学家们一个绘制这两个天体表面的独特机会。1985—1990 年间，卡戎的轨道平面与地球平行，冥王星和卡戎每 6.5 天相互掩食两次。从地球上看，掩食改变了两个天体的亮度。洛厄尔天文台的马克·布伊（Marc Buie）和夏威夷大学的戴维·托伦（David J.Tholen）通过详细测量，绘制了冥王星和卡戎的表面地图。这些原始的地图在 2003 年被使用哈勃空间望远镜拍摄的图像替代，两年之后，哈勃还发现了两颗围绕冥王星运行的新卫星——冥卫二和冥卫三。2011 年，又发现一颗尚未命名的卫星，使得冥王星的卫星总数上升至 4 个。2005 年，西南研究所的罗宾·卡纳普公布了模拟结果，认为冥王星的卫星可能是由一次巨大撞击造成的，这种撞击类似于月球产生时发生的撞击（参见第 113 页）。

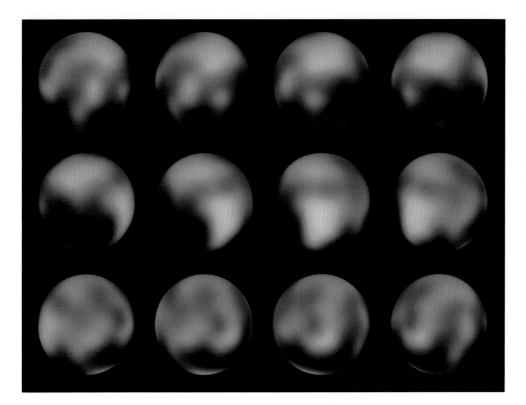

冰冷的表面

冥王星的地表拥有苍白的橙色斑点以及明暗相间的斑点等明显不同的特征。2010 年, 布伊公布了哈勃空间望远镜在 1994 年和 2003 年所拍摄的照片的最新对比, 表明冥王星的地表形状发生了很大的变化, 而且冥王星整体上变亮了。

光谱测量显示, 冥王星的表面主要是氮冰, 并且在一个特别明亮的斑点处集中了甲烷和二氧化碳。1985 年, NASA 柯伊伯机载天文台的天文学家们在观测冥王星掩星时发现, 冥王星上拥有稀薄的大气层, 现在已知的大气层中的化学成分与冥王星表面的氮冰相似。1989 年, 冥王星距离太阳最近, 天文学家们认为, 太阳的加热使得冥王星表面冰层挥发并形成大气。

随着冥王星远离太阳, 冥王星的大气层变得越来越厚且成分也在改变, 这使得"是太阳的加热导致冥王星表面冰层挥发形成大气"这一巧妙的想法不再像我们一开始以为得那样简单。2011 年, 由苏格兰圣安德鲁斯大学的珍妮·格里维斯(Jane Greaves)领导的团队证明了冥王星大气的厚度和大气中二氧化碳的含量在近几年急速地上升, 并且当它被太阳风吹离太阳时, 大气会形成彗星状的尾巴。关于冥王星大气和地表的变化, 一种可能的解释就是, 这颗行星的南极在 120 年里第一次被太阳照射。如果南极存在一个具有挥发性的冰盖, 那么南极挥发气体进入大气的速度就会比逐渐冷却的北极冷凝气体冷凝的速度快。

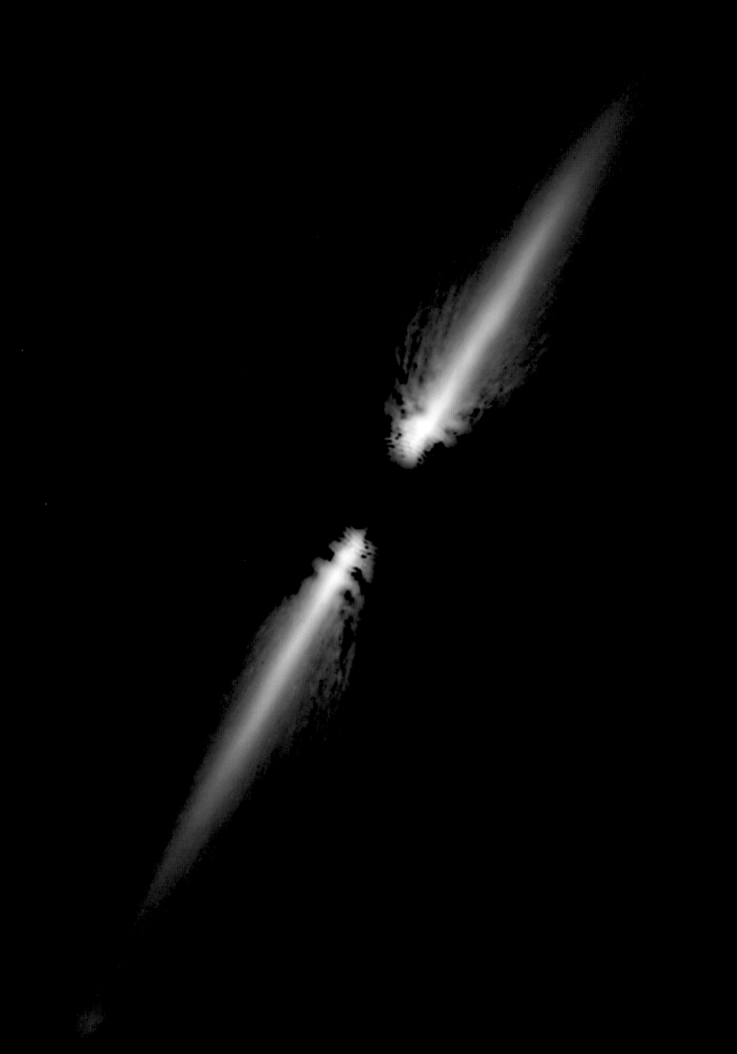

62

柯伊伯带和奥尔特云

定 义：	围绕着我们太阳系的巨大的冰质小天体云。
发现历史：	柯伊伯带的假说是 1930 年提出的。1992 年，人们发现了第一颗除冥王星以外的柯伊伯带天体。
关键突破：	2003 年，天文学家们发现了太阳系中已知的最远天体"塞德娜"（Sedna）。
重要意义：	柯伊伯带和奥尔特云是那些轰击太阳系内部的彗星的重要源头。

在海王星的轨道之外，太阳系被柯伊伯带包围着。柯伊伯带是一个由像冥王星一样的冰冷的冰矮星组成的宽广的环。它的外部边界与奥尔特云最靠内的部分相融合，奥尔特云是一个距离太阳 1 光年、由冰冻彗星组成的球形光晕。

海王星外存在一个由小天体组成的环带这一设想，是由美国天文学家弗雷德里克·伦纳德在 1930 年提出的，而且是在冥王星发现后的几个月内提出的（参见第 241 页）；然而，没有任何直接证据表明冥王星有伴星，这就意味着伦纳德的想法基本被忽略了。爱尔兰天文学家肯尼斯·艾奇沃思（Kenneth Edgeworth）和荷兰裔美国人杰拉德·柯伊伯，分别在 1943 年和 1951 年基于太阳系形成模型提出了类似天体带存在的想法。讽刺的是，尽管柯伊伯认为这个太阳系外由冰天体组成的环带，在太阳系早期由于冥王星（在那个时代依然被认为和地球的大小相似）的影响便已消失，但是这个环带依然以柯伊伯的名字命名。

在 1977 年美国天文学家查尔斯·科瓦尔（Charles T. Kowal）发现第一颗小型冰天体凯龙星之前，这条环带存在的证据依然难以追寻。凯龙星的椭圆轨道经常会穿过外行星的轨道，并到达海王星轨道之外的远日点。各种各样的彗星，包括著名的哈雷彗星，它们轨道的远日点也达到了这个区域。那么，这些天体是不是可能都起源于柯伊伯带呢？

对页图：尽管我们不可能从内部对太阳系的柯伊伯带成像，但是其他恒星周围相似的环带却可以揭示与它类似的结构。距离地球 32 光年的年轻红矮星显微镜 AU（AU Mic）周围的"散布盘"便显示了这一结构。

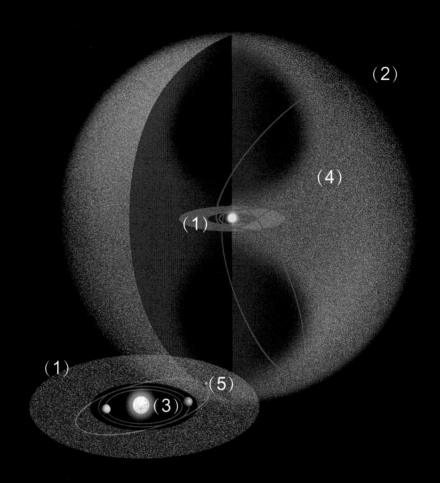

在冰矮星之间

　　1992年,在经过了5年的研究之后,夏威夷大学的大卫·朱伊特(David Jewitt)和珍妮·刘(Jane Luu)最终宣布,在假定的柯伊伯带区域发现了一个新天体绕轨道运行。编号为1992 QB1的这个新天体在近圆轨道上绕太阳运行,轨道半长径超出了40 AU,这个半长径远超海王星轨道。这一发现为使用地球和空间望远镜进行更多的发现开辟了道路,而今天已知的类似天体已有1 000多个。根据朱伊特的预测,直径超过100千米(60英里)的柯伊伯带天体可能至少有7万个,较小的则有数百万个。其中最大的天体接近冥王星的体积,而阋神星甚至还要更大一点。2005年,阋神星的发现促使天文学家重新评估对行星的定义。经过多轮讨论,天文学家们设立了一个新的矮行星类别,矮行星有足够的引力使自己变成球形,但没有足够的质量将轨道上的其他物体清除。

　　尽管柯伊伯带与位于火星和木星之间的小行星带有一些相似,但是它的结构更复杂一些。大多数柯伊伯带天体的平均轨道在39.5 ~ 48 AU之间,在这个距离之中的它们将会受海王星引力的影响而运行。它们有各种轨道倾角,并且进入特定区域的天体最终将会被海土星抛射出去，要么朝太阳方向前进变成半人马小行星，要么向外移动进入散射盘区域。一些天文学家将散布盘作为一个独立于经典柯伊伯带的区域进行分类，并认为阋神星是一个散盘型天体（SDO），而不是真正的柯伊伯带天体。

在撰写本文时，已知最远的太阳系天体是"塞德娜"，它被官方列为散射盘天体，于 2003 年在它长达 11 400 年的轨道内部边缘处被发现。塞德娜在 76 ~ 937 AU 的高椭圆轨道上运行，具有显著的红色表面。它的发现者是加利福尼亚理工学院的迈克尔·布朗（Michael Brown）、莫纳克亚山双子座天文台的乍德·特鲁希略（Chad Trujillo）和耶鲁大学的戴维·赖比诺维兹（David Rabinowitz），他们认为塞德娜不应该是一个散射盘天体，而应该是太阳系最远的天体系统——奥尔特云的内部成员。

遥远的彗星

1932 年，爱沙尼亚的厄恩斯特·奥皮克（Ernst Opik）首次提出，在距离太阳将近 1 光年的地方环绕着一个巨大的彗星环；1950 年，荷兰射电天文学家简·亨德里克·奥尔特（Jan Hendrik Oort）独立发展了奥皮克的理论。尽管无法直接观测奥尔特云，但是它存在的证据比柯伊伯带的证据更有力。偶尔穿过内太阳系的长周期彗星显然存在远离太阳的远日点，奥尔特指出，它们往往聚集在 20 000 AU 以外的地方；而且，这些彗星从天空的各个方向飞来，并没有贴近行星运行的黄道面的倾向。短周期的彗星存在自然退化的趋势，这是因为每绕太阳一圈，冰就会融化（参见第 250 页），因此在太阳系的深处一定有一个新彗星的储藏库。

在过去的几十年里，对长周期彗星轨道的深入分析，揭示了奥尔特云的进一步结构。它包含着数万亿个宽度超过 1 千米（0.6 英里）的彗星核，总质量是地球的几倍。奥尔特云分为一个球形的外云和一个盘状的内云（有时称为希尔斯云）。

奥尔特云的彗星不可能在距离太阳那么远的地方形成，因此天文学家认为它们一定来自其他地方。最为流行的理论认为，它们形成于外行星现在所在的区域，并通过早期的行星迁移（参见第 93 页）被抛射到长椭圆轨道上。星系潮汐力以及与过往恒星的近密交汇使得轨道变圆。1996 PW 的发现证实了这一观点。1996 PW 是个沿类彗轨道运行的岩石类天体，这说明一些小行星也被这些扰动波及，并与彗星一起被抛射到奥尔特云里。迁移理论也存在一些问题，并且人们还提出了其他可能的起源。例如，2011 年，西南研究院的哈尔·利维森（Hal Levison）公布了太阳是如何从其他恒星的原行星盘中捕获到大量彗星的研究结果。

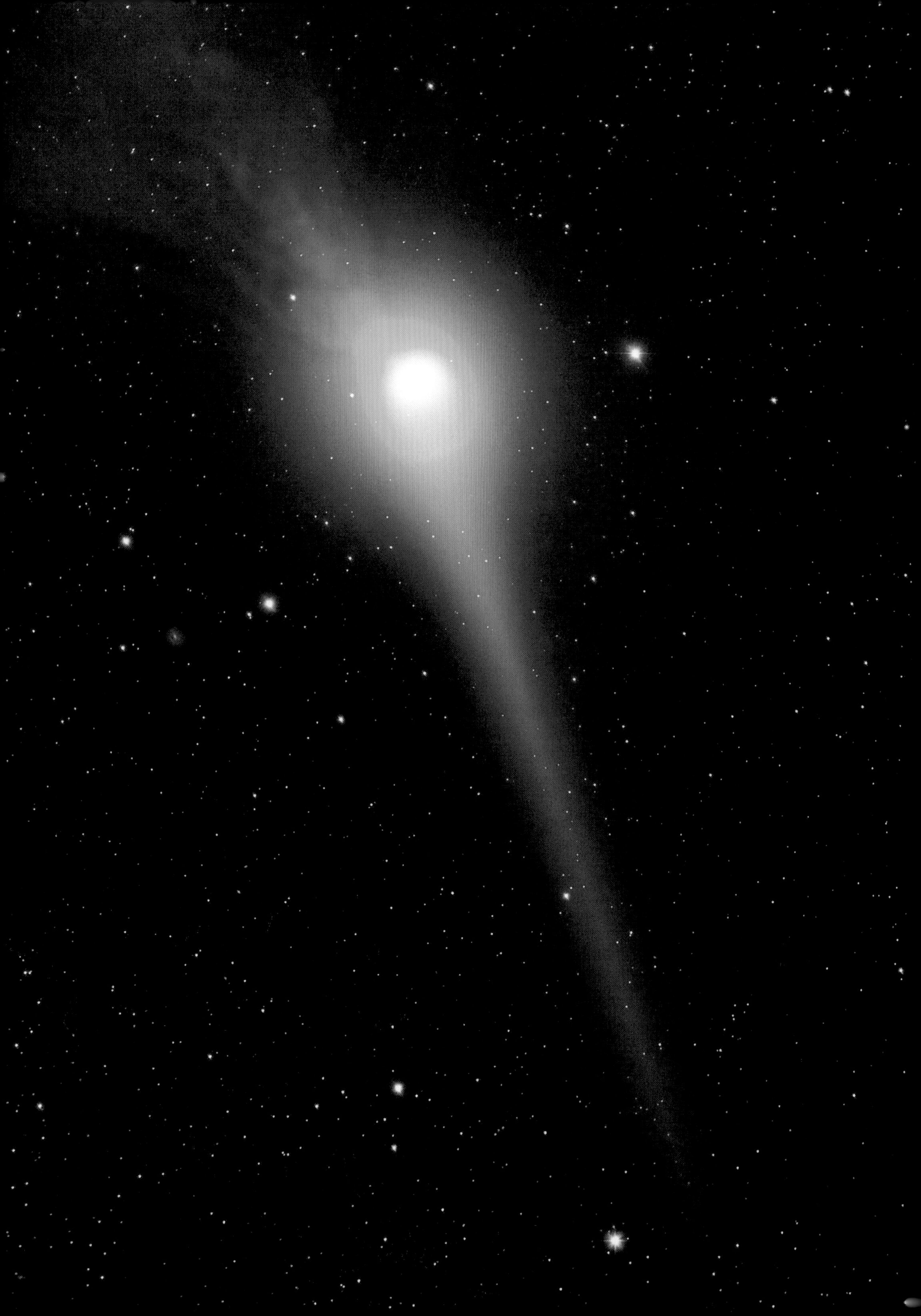

63 复杂的彗星

定　　义：	由岩石和冰混合而成的小天体，并围绕太阳在椭圆轨道上运行。
发现历史：	埃德蒙·哈雷（Edmond Halley）于 1705 年发现了第一颗周期性返回的彗星。
关键突破：	1986 年对哈雷彗星的飞掠，证实了它的彗核含有岩石和冰的混合物。
重要意义：	对彗星历史的了解是研究早期太阳系情况的重要线索。

自 20 世纪 80 年代以来，彗星被称为"脏雪球"——在环绕太阳的过程中，松散的岩石和冰会不断地升华。最近太空探测器对休眠彗星的研究揭示了关于彗星核的一个发现。

纵观历史，明亮的彗星已经被我们看到并记录下来，它们常常被认为是灾难的征兆。在很长一段时间里，它们被认为是上层大气的一种现象，而非天文领域的现象。第谷·布拉赫证明了 1577 年的大彗星位于月亮之外，这也为哥白尼革命做出了巨大贡献。

1705 年，英国天文学家埃德蒙·哈雷首次计算出了彗星轨道。他指出，1531 年、1607 年和 1682 年看到的明亮彗星实际上是同一天体，它在一个周期为 76 年的椭圆轨道上绕太阳运行。他准确地预测到这颗彗星将在 1758 年回归，因此这颗彗星便以他的名字命名。如今，哈雷彗星被认为是短周期彗星中最明亮、最稳定的一颗。短周期彗星是指轨道周期小于 200 年、远日点在柯伊伯带的彗星。大多数非常明亮的彗星的轨道周期都是几百年甚至几千年，而且都起源于遥远的奥尔特云。

彗核的性质

直到不久前，彗星的物理组成依然是一个有争议的问题。艾萨克·牛顿和德国哲学家伊曼努尔·康德早在 18 世纪就推测，彗星基本上是冰质的，但是 19 世纪中期的

对页图：2009 年的鹿林彗星展示了一些令人印象深刻的特征，包括明显的绿色彗发，这可能是彗核周围富含碳的气体造成的。本图中，黄色的尘埃尾巴（下图）从移动的彗星后面流出，而蓝色的离子尾巴（上图）则是由于太阳风吹离彗星上的电离气体颗粒形成的。

发现表明，地球在经过彗星轨道时会有规律地产生流星雨，这就导致天文学家猜测彗星其实更像是含有少量冰的大块飞行砾石。哈佛大学的天文学家弗雷德·惠普尔（Fred Whipple）在 1950 年提出了一个新的模型，来解释彗星的诸多行为。他的"脏雪球"理论将彗星描述成一种岩石和冰屑的混合物，且表面呈深色，这样在接近太阳时便可以吸收热量。蒸发机制会使彗星在其固体核周围产生光晕（气体挥发）。由太阳风吹离彗星的气体与太阳辐射相互作用而发生电离，创造了一个总是指向远离太阳方向的蓝白色气体尾巴，而喷射出的包含灰尘和碎石的黄色尾巴受到的影响则较小，并且倾向于沿着彗星的轨迹向后弯曲。

"深度撞击计划产生了惊人的爆炸，这次爆炸从彗星的表面抛射出了大约 2 万吨的物质，并且形成了一个直径大约 150 米（500 英尺）的新陨石坑。"

1986 年，一支国际空间探测舰队见证了哈雷彗星的稳定回归，同时还测量了它彗尾和彗发的成分。欧空局的"乔托号"探测器飞到距彗核 600 千米（370 英里）的范围内，返回了一个长约 16 千米（10 英里）形状似花生一样的哈雷彗核特写图像。由于其表面非常黑暗且有冰流抛出，以至于彗星仅能反射照射到它的 3% 的光线。

这次的哈雷彗星任务似乎在宏观上证明了惠普尔模型的正确性，但事情的发展却更加复杂了。近期的彗星任务表明，每个彗星在外观、行为和成分上都存在极大的差异。

星尘、深度撞击和超越

2004 年，NASA 的"星尘号（Stardust）"探测器对"怀尔德 2 号"彗星（Comet Wild 2）进行了近距离飞掠，并在 2006 年的飞掠中，从彗尾的一个轻质气凝胶表面收集到粒子并返回地球。此后，天文学家们在实验室进行了详尽的研究，发现其中存在大量的碳基有机分子和硅酸盐矿物。2008 年，日本九州大学的中村友木（Tomoki Nakamura）领导的研究团队，根据氧同位素比值，证明了"怀尔德 2 号"彗星起源于冥王星轨道之外，但是后来微小晶体物质的形成要更接近太阳。更有趣的是，2011 年，亚利桑那州大学的一个团队公布，他们发现了水合矿物，并且宣称水合矿物一定是在液态水存在的条件下形成的，这意味着彗星的内部温度有时会升高到足以熔化的程度。

2005 年，NASA 的"深度撞击号（Deep Impact Mission）"向"坦普尔 1 号"彗星（Comet Tempel 1）发射了一颗油桶大小的抛射弹，并由抛射炸弹的空间探测器和一系列地基望远镜进行观测。这次深度撞击计划产生了惊人的爆炸，从彗星的表面抛射出了大约 2 万吨的物质，并且形成了一个直径大约 150 米（500 英尺）的新陨石坑。科学家对彗星残骸进行分析后，发现了一种二氧化碳和水冰的混合物，这种物质与在彗

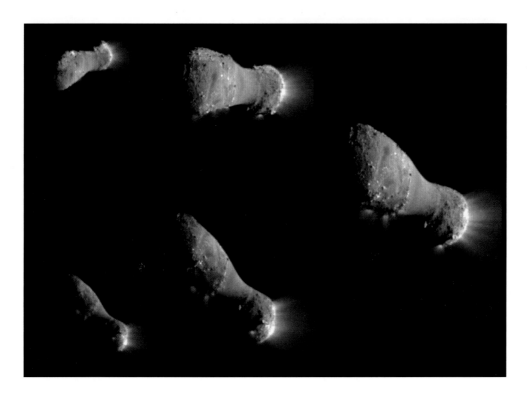

左图：这组"哈特利2号"彗星的图片是"深度撞击号"在2010年飞掠期间拍摄的。这颗彗星独特的双叶结构非常明显，其"腰部"周围的光滑物质也是如此。

尾中发现的物质惊人的相似，这意味着至少在这颗彗星上的物质在蒸发时，二氧化碳干冰并没有因为更容易挥发而比其他物质蒸发得更多。2011年，自与"深度撞击号"相遇后，"坦普尔1号"彗星大致经历了一个完整的轨道周期，"星尘号"探测器飞过这颗彗星，对其表面的变化进行了测量。"星尘号"拍摄的图像显示，在围绕太阳一周的过程中，彗星表面的物质平均被侵蚀了50厘米，其中一些地区没有受到影响，但另一些地区则可能由于剧烈的断裂而失去了数十米的外壳。

最近造访过的彗星中，最奇特的一定是"哈特利2号"彗星了。这颗体积小但异常活跃的彗星围绕太阳的轨道周期是6.5年。2010年，"深度撞击号"造访了它，并发现它表面的不同区域会散发不同的物质。在它双叶结构的其中之一上，出现了二氧化碳蒸气和固态水冰，同时它腰部周围的光滑区域释放出了水蒸气。此外，这颗彗星还被足球大小的冰碎片环绕。天文学家认为，这些碎片是由双叶结构中活跃的爆炸引起的（爆炸则是由于表面下逃散的二氧化碳产生的压力造成的），然后再落回腰部并产生缓慢释放水蒸气的平坦地貌。事实上，这颗彗星的两个叶瓣在组成上可能有显著的不同，这表明它们形成于太阳系的不同区域，只是后来融合到了一起。

经过这些任务和其他任务的探测，目前来看，彗星的起源比以前人们认为的要复杂很多。虽然它们肯定是在太阳系冰霜线（参见第89页）以外的地方形成，但是它们经常吸收距离太阳更近的物质，这意味着它们可能向内或向外迁移，然后才定居到当前奥尔特云（参见第247页）中的合适位置。

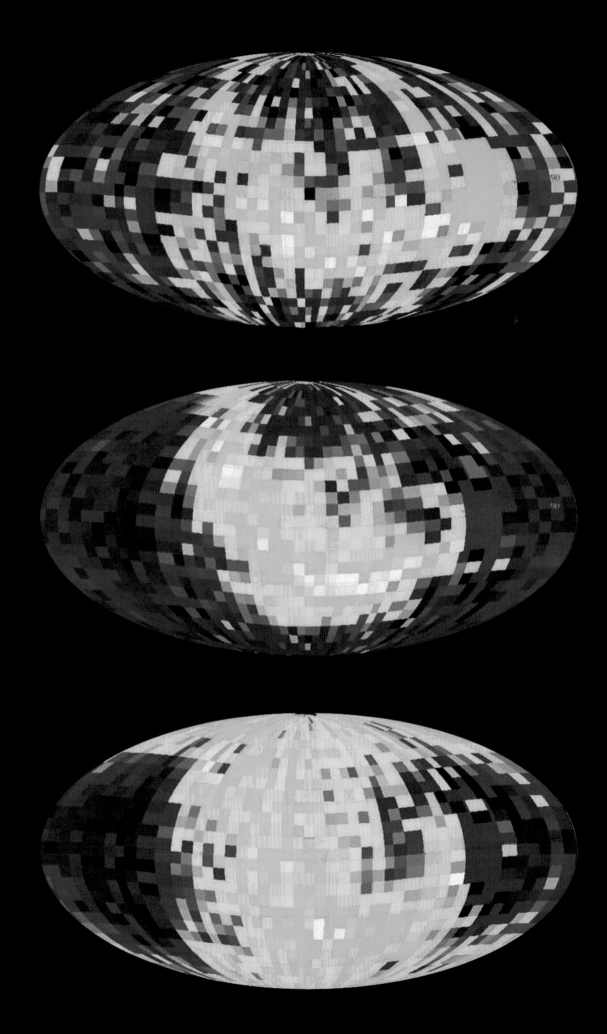

64 太阳系的边界

定　　义：	在这个复杂的边界上，太阳风对行星际空间的主导地位被星际介质（Interstellar Medium，简称 ISM）所替代。
发现历史：	1959 年，苏联的月球探测器证实了太阳风的存在。
关键突破：	2009 年，NASA 发射了第一颗致力于探测太阳系边界区域的卫星"星际边界探测者"（Interstellar Boundary Explorer，简称 IBEX）。
重要意义：	太阳风的强度会对航天器和卫星产生重大的影响。

在柯伊伯带和奥尔特云之间的一个湍动区域内，从太阳吹出的太阳风遇到了星际介质，从而导致太阳的影响力逐渐减弱，这个区域通常被叫作日球层顶。

虽然太阳对周围环境的引力影响延伸到了柯伊伯带的边缘，也许还会影响到超过 1 光年的位置，但是它对周围空间的其他影响会减弱得更快。太阳风是一股稳定的粒子流，以每小时 300 万千米（190 万英里每小时）的速度从太阳表面吹出，它会对行星产生巨大的影响。太阳风携带的粒子轰击着每一个经过的天体，并且与磁场和上层大气相互作用，产生极光和大气辉光。当某颗行星的磁场变弱或者消失时，太阳风中的粒子便会将气体从行星的大气层中剥离，或者在其表面产生化学反应。

1859 年，有记录以来的最强一次太阳风暴携带着大量的粒子扑向地球，导致早期的电力系统（如电报系统）失控，并产生了极为壮观的极光，这是天文学家第一次意识到了太阳风的存在。直到 1958 年，美国天体物理学家尤金·帕克（Eugene Parker）才首次对太阳风做出了详尽的解释。帕克认为太阳风源自太阳外层大气和日冕中高达几百万度的气体，他还利用与太阳风的相互作用解释了诸如彗星尾巴总是远离太阳之类的现象。不到一年的时间，苏联的月球探测器在前往月球的途中直接探测到了太阳风的存在，从而验证了帕克的想法。

对页图：这三幅图是由"星际边界探测者"拍摄到的太阳系边缘的能量辐射，其中令人惊讶的辐射带（使用绿色和黄色表示）被认为是我们的星系磁场的标注线。

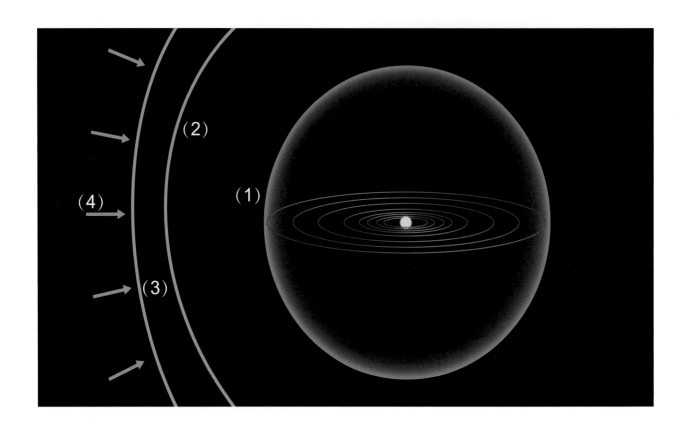

上图：这张示意图显示了目前通用的外太阳系模型。环绕行星轨道的类似球形的是日球层，它的外边缘以终端激波为标志（1）。日球层外泪滴状的便是日鞘，它的外边界是日球顶层（2），日球顶层是日鞘在星系中运行方向上最接近太阳的位置。最终，迎面向太阳系而来的恒星风（4）在弓形激波区域（3）速度减慢。

离开太阳系

当太阳风在太阳系中传播时，不可避免地会失去动量，并且会在海王星以外的某个点上达到一个临界值，超出这个临界值，太阳风速度将会降低到音速以下（约360 000 千米 / 秒或者 22 5000 英里 / 秒）。这种转变会产生巨大的音爆激波，这种音爆是一种被称为终端激波的激波。在这种激波中，平滑的超音速流转变为速度较慢的亚音速流，从而失去方向、分解成旋涡，且向外漂移的速度要慢很多。

从这里开始，太阳风开始和来自数十亿其他恒星吹出的粒子流——星际介质相接触。这种稳定的向内的压力和来自太阳风不断减小的向外的压力之间的较量，产生了一个被称作日鞘的复杂区域。日鞘的外边缘被称作日顶，在这里太阳风速度实际上为零。日球层顶内部由太阳风主导的区域被称作日球层。

科学家们根据目前正在驶出太阳系的"旅行者 1 号"太空探测器搜集的数据，推断出"旅行者 1 号"在 2004 年底越过了终端激波，"旅行者 2 号"则在 2007 年进入日鞘。"旅行者 2 号"进入这一边界的位置要比"旅行者 1 号"进入的位置靠近太阳16 亿千米（10 亿英里），正好验证了整个日球层由于太阳在银河系中的运动而被压扁的猜想，这就使得日球层像一颗子弹一样，拖着一个长长的尾巴。2010 年，NASA 宣布"旅行者 1 号"已无法探测到太阳风的动态，这意味着"旅行者 1 号"已经到达日球顶层并进入星际介质，比预期的要早一些。对"旅行者号"2011 年搜集的数据做进一步分析后发现，这两个勇敢的探测器正在穿越一个泡沫区域，在这里太阳磁场正在分解成一系列巨大的泡泡。

描绘边界区域

虽然日球顶层代表了太阳系的边缘，但是太阳对于临近空间的影响远不止于此。太阳的引力不仅影响到了更远的地方，而且使得太阳系中围绕在星系运行轨道周围的星际介质如同终端激波一样，速度下降至超音速以下。由此产生的弯曲压力波被称为弓形激波，这种激波类似于在快速移动的船只前面形成的波。

大多数天文学家认为，弓形激波伴随着一个被称作氢壁的热气体区域，这个区域是由 ISM 中的气体原子与日球层粒子相互碰撞形成的。这个过程产生的高能中性原子（ENAs）可以高速穿过太阳系，并可以用各种探测方法记录下来。由于 ENAs 是由行星磁场产生的，因此包括"卡西尼号"土星探测器在内的几艘空间探测器都携带了 ENAs 探测器。2009 年，由约翰·霍普金斯大学的斯塔马蒂奥斯·克里米吉斯（Stamatios Krimigis）领导的科学团队宣布，他们利用"卡西尼号"搜集的数据首次绘制出了来自太空的 ENAs 图案。他们最引人注目的发现是弓形激波在太阳系后缘部分竟然如此靠近太阳，这似乎说明日球层的形状实际上更像一个气泡，而不是一颗子弹。

> "这种稳定的向内的压力和来自太阳风不断减小的向外的压力之间的较量，产生了一个被称作日鞘的复杂区域。"

2008 年 10 月，NASA 发射了第一颗用于绘制日球层边界的卫星。IBEX 搭载了两个探测器来探测不同能量的 ENAs，科学家希望它可以发现来自太阳运动方向的高能 ENAs 图案；然而，第一次的结果显示了一个非常不一样的边界图案——一个环绕太阳系的明亮的"绸带"。2010 年，阿拉巴马大学亨茨维尔分校的雅各布·黑里克会森（Jacob Heerikhuisen）解释了这种现象，认为这种现象是太阳风粒子的反射，通过一个强大的银河磁场波段将太阳风粒子反射回太阳系。结合"卡西尼号"和 IBEX 的研究结果可知，太阳系在银河系中的运动对日球层的影响远远小于之前人们的设想，相反，影响日球层的主要力量似乎是粒子压力的变化以及太阳和银河系磁场之间的相互作用。

65 恒星演化

定 义：	恒星在一生中通过不同的途径产生能量，从而发生改变和进化的过程。
发现历史：	1910 年左右，埃希纳·赫茨普龙和亨利·诺里斯·罗素（Henry Norris Russell）发现恒星的光谱型和光度倾向于遵循确定的关系。
关键突破：	亚瑟·爱丁顿对质光关系的发现，表明了恒星不会在赫茨普龙–罗素图（Hertzsprung–Russell daigram，简称赫罗图）的主序向上或者向下演化。
重要意义：	恒星演化模式对理解单颗恒星的性质十分重要。

恒星在一生中经历的大部分变化，都是以百万年，甚至十亿年为尺度的。幸运的是，一系列观测突破和理论飞跃已经允许天文学家将我们现在对星系中不同恒星的观测转化为恒星演化的模型。

即使是对最业余的观测者来说，夜空中恒星的多样性也是非常明显的，只需用肉眼瞥一下天空，就能发现各个恒星的颜色和亮度差别很大。古代的天文学家将恒星亮度的差异解释为源自内在，因为他们相信，恒星是被镶嵌在离地球固定距离的天球表面的。自文艺复兴以来，天文学家才开始认识到，恒星实际上散落在巨大的空间中，但是直到 19 世纪中期，人们才首次精确测出了恒星的距离（参见第 16 页），证实了从地球上看到的恒星亮度（它们的视星等）的差异是由距离的差异和它们光度（或者说绝对星等）的真实变化共同导致的（编注：衡量天体光度的量）。

哈佛计算机

到了 19 世纪末，摄影技术和望远镜技术已经相当先进，人们第一次获得了单颗恒星的光谱。从 1888 年开始，哈佛大学天文台的台长爱德华·皮克林启动了一个雄心勃勃的项目，要根据光谱将恒星编制成星表，为此他聘请了一个女性天文学家团队〔该团队被称为"哈佛计算机"，由他以前的女仆威廉明娜·弗莱明（Williamina

对页图：这幅哈勃空间望远镜拍摄的图像是一个位于船底座（Carina）的 2 万光年远的区域，展示了恒星形成的多个阶段。在区域的中心是疏散星团 NGC 3603，它仍然被形成初期遗留的气体包围，并且由炽热而年轻的白色恒星主导。明亮的红色恒星是红巨星，它们已经接近其生命的终点。

Fleming，参见第 310 页和 329 页）领导，团队还包括了安妮·江普·坎农（Annie Jump Cannon）和亨利爱塔·斯旺·勒维特（参见第 25 页）]。最终，这个团队整理并发表了亨利·德雷珀（Henry Draper，HD）星表，星表的名字是为了纪念用遗产资助这个项目完成的业余天文学家。亨利·德雷珀星表提供了丰富的数据，使得天文学家能够首次大规模地比较恒星的性质。特别值得一提的是，坎农在恒星光谱分类上的工作引领了哈佛分类法（harvard classification scheme）的发展，为现代光谱型系统奠定了基础。

1910 年前后，丹麦天文学家埃希纳·赫茨普龙和美国天文学家亨利·诺里斯·罗素各自独立提出了用图表将恒星的光谱型（乃至它们的颜色和表面温度）和亮度进行

"恒星从星云凝聚而来，在一个由其质量决定的位置加入主序，并几乎终其一生都会停留在大致相同的位置。"

比较的想法，赫茨普龙使用了位于特定星团的恒星的视星等作为它们真实光度的替代，因为星团中的恒星到地球的距离基本相同，它们的表观变化反映了其性质的真实变化；罗素的工作稍晚一些，他画出了已知视差的恒星，这样就能算出它们的距离，从而得知真实光度。如今，这类图被称为赫罗图，并为人们所熟知。

理解赫罗图

赫罗图展现了一个重要的模式——绝大部分恒星位于一条对角线带上，这条线将冷的、红色的、暗弱的恒星和热的、蓝色的、明亮的恒星连接起来。赫茨普龙将那些明显亮于太阳的恒星命名为"巨星"，显著暗淡的命名为"矮星"，还将连接两种恒星的带命名为"主序"。远离主序的恒星看起来也落在了不同的团组内——暗淡的蓝色和白色的（白矮星），明亮的橙色和红色的（红巨星），还有明亮的"超巨星"，它们数量不多但各种颜色几乎都有。

1912 年，罗素向伦敦的英国皇家天文学会（Royal Astronomical Society）提交了他的赫罗图版本，这一图表被迅速接受并成为分析恒星的一个强大新工具。看着图表展示的图形规律，许多天文学家立刻猜想这是某种程度上的恒星演化路径。我们如今所见的恒星代表着恒星演化的一个快照，显而易见的是，依照这个原则，绝大部分恒星一生的绝大部分时间都是在主序上度过的。因为赫罗图上最明显的轨迹就是对角线上的主序，它从左上到右下，从炽热的蓝色过渡到冰冷的红色，所以天文学家发展了一个模型，在这个模型中，恒星以红色或橙色的巨星作为生命的开端，收缩之后加入主序，然后随着年龄的增长离开主序。相对而言，这种模型与引力收缩机制刚好符合，而当时的大部分天文学家都相信是引力收缩机制为恒星提供了能量。

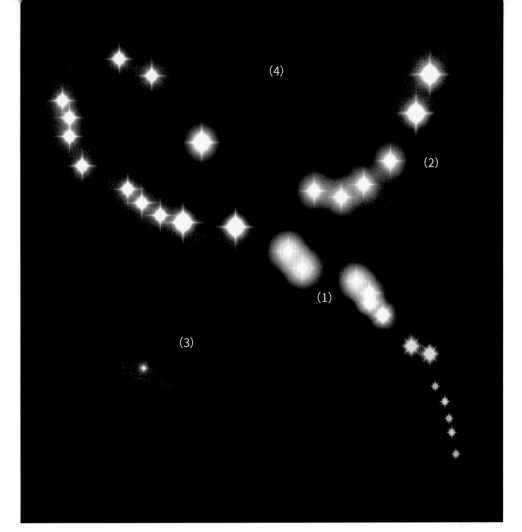

左图：赫茨普龙—罗素图以恒星的颜色和表面温度为横轴，它们的光度为纵轴。大部分恒星位于对角线的主序上（1），但是也有其他界限清楚的团组，包括红色和橙色的巨星（2），白矮星（3）和超巨星（4）。

爱丁顿及以后

　　赫罗图也启发了剑桥大学的天文学家亚瑟·爱丁顿（参见第 39 页），他开始考虑它对恒星性质的阐述。由于恒星的温度和颜色是由加热恒星表面一定区域的能量决定的，由此可见，如果一颗蓝色恒星的体积和一颗红色恒星有着相同的光度，那么为了分散逃逸的能量，有着较低表面温度的红色恒星一定会显著大于蓝色恒星。这样的洞见促成了爱丁顿对恒星内部结构（参见第 77 页）的开创性研究。到了 1924 年，他又证明了主序上的恒星显示出质量 - 光度的关系——恒星质量越大，它的光芒越明亮，在主序上的位置也就越高。这个发现明确了引力坍缩不可能是恒星的真实能量来源，因为它依赖于恒星保持它的质量，但会随着时间流逝变得更加致密。相反，爱丁顿提议的核聚变反应（允许恒星终其一生保持它们的质量），现在成了天文学家研究的重点。

　　到了 20 世纪 20 年代末期，赫罗图的现代解释已经大致成形。这个图表确实显示了一个演化序列，其中恒星从星云凝聚而来，在一个由其质量决定的位置加入主序，并几乎终其一生停留在相同的位置，最后在开始耗尽核燃料的时候演化到主序以外成为红巨星（参见第 310 页）。但无论如何，白矮星和其他极端恒星体的秘密，只能通过理论物理的突破来解决（参见第 329 页）。

66 鹰状星云

定　　义：	一片巨大的星际气体和尘埃云，揭示了恒星形成的很多秘密。
发现历史：	鹰状星云（the Eagle Nebula）在 1745 年和 1764 年由两个法国天文学家分别独立发现。
关键突破：	1995 年，哈勃空间望远镜发回了第一张鹰状星云中恒星形成区气体柱的清晰照片。
重要意义：	鹰状星云给天文学家提供了关于恒星形成早期的很多新见解。

　　形成恒星的星云广泛分布在银河系中，其中位于巨蛇尾星座（Serpens Cauda）的一团由气体、尘埃和年轻恒星组成的独特星云，给天文学家提供了一个解读恒星形成过程以及在这个过程中产生的作用力的机会。

　　鹰状星云是一团美丽的发光气体，形状是类似于猎户座大星云（参见第 369 页）的玫瑰形，与之不同的是中央尘埃云的形状，这一区域的名字也由此而来，它的亮度恰好是我们裸眼不可见的，距离地球大约 7 000 光年。1745 年，这个星云的中央星团被法国天文学家菲利普·洛伊斯·德塞瑟（Philippe Loys de Chéseaux）记录下来。1764 年，它被另一个法国人查尔斯·梅西耶重新发现。这个著名的彗星猎人第一次记录了围绕着恒星的暗弱星云状物质，为了避免它与经过这片区域的彗星相混淆，他将它作为 M16 加入了著名的梅西耶星表（Messier Catalogue）中。

　　尽管如此，相比于猎户座大星云、船底座星云以及巨大的人马座恒星形成云那样的奇观，鹰状星云（后来被分类为 IC 4703 来与星团 M16 区分开）在被发现后的两个世纪里都被看作确定的二级星体。到了 1995 年，当亚利桑那州立大学的天文学家杰夫·海斯特（Jeff Hester）和保罗·斯科文（Paul Scowen）将哈勃空间望远镜指向鹰状星云的时候，他们看到了令人震惊的结果：雄鹰终于展翅翱翔！海斯特和斯科文在 1995 年拍摄的照片作为头条新闻在全世界发表了。它给了我们迄今为止最详细的恒星形成过程图像，在像手指一样的尘埃柱中，初生的恒星清晰可见地从中出现。这张图

对页图：这张哈勃空间望远镜拍摄的鹰状星云"尖顶"的照片，显示了一个巨大的气体柱的顶部正被新生恒星的辐射不断侵蚀着。紫外线激发使得靠近气体柱顶部的氧发出蓝色的光，而靠近底部的氢则发出红色的光。

右图: 图中的"创生之
柱"由 HST 在 1995 年
首次拍摄,向天文学
家提供了迄今为止关于
恒星诞生的最清晰的图
像,特别是蒸发气态球
状体或称"EGG"的形
成过程。

被迅速命名为"创生之柱"(Pillars of Creation)。

在第一张照片出现之后的这些年中,鹰状星云被地基和空基望远镜在不同波段反复而详细地观测,成为研究恒星诞生早期阶段的独一无二的"实验室"。

柱子和塔尖

这些著名的柱子长度约为 4 光年,天文学家认为它们包围着诞生了数十颗恒星的区域。在这里,气体结(knots of gas)变得足够致密,从而可以产生强大的引力,开始将周围的物质向内拉,就像我们的太阳在几十亿年前所做的那样(参见第 69 页)。

在 2005 年,天文学家重新将哈勃空间望远镜对准了这个星云,拍摄了更长的气体卷须的更多细节,并将其命名为"塔尖"。这个结构大约 9.5 光年长,正在被来自附近 M16 星团的年轻恒星的辐射快速地侵蚀。M16 的成员被认为是这个星云中形成的第一代恒星,它们是质量很大的蓝白色恒星,释放着强烈的辐射和恒星风。这些年轻恒星的紫外辐射与星云外部的气体相互作用,加强并激发气体,发出一种怪异的辉光。随着辐射穿过星云的更深处,它看起来有两个相反的效应,一方面产生了可以激发更多恒星诞生的压缩波,但是另一方面也吹走了大量可以为新一代恒星提供原材料的气体。其结果是,星云中正在形成的恒星不会比我们的太阳大太多。尽管如此,塔尖看起来包含比它周围更加致密的氢气云,使它可以更长时间地经受辐射的激流。但是这不是早期几代恒星协力阻止新一代恒星生长的唯一方法。2007 年，法国天文学家尼古拉斯·弗拉热（Nicholas Flagey）使用 NASA 的斯皮策空间望远镜在红外波段研究这个星云，确认了在原有的柱子旁边有一个热尘埃塔。这个尘埃塔看起来是由来自一场超新星爆发事件（第一代大质量恒星壮观的死亡）的膨胀激波加热而成的，激波好像势必会与柱子发生碰撞。事实上，激波可能在很久以前就到达了柱子所在的位置，但是由于星云距离我们非常遥远，可能还要再过几千年，我们才能看到它撕裂柱子，从而使任何正在进行的恒星诞生过程戛然而止。

神秘的 EGG

就目前而言，天文学家可以继续研究这些恒星形成场所中正在进行的过程。一些微小的、卷须状的挤出物格外引人注意，它们广泛分布于所有主要柱子的表面，但是大部分是在最高的顶部附近。这些结构被称为蒸发气态球状体或 EGG，它们似乎正在向柱子外面生长，但是现实情况却并非如此。实际上，它们显示了更致密的气体和尘埃区域，这些区域可以更容易挨过侵蚀它们周围的柱子顶端的辐射压力。每个暗球状体的直径大致与我们的太阳系相当，仍然通过气体的细流与柱子的主体相连，EGG 自身的阴影保护着这些细流免于被侵蚀。

因为 EGG 会保护它们之中的物质远离辐射的腐蚀效应，因此被认为是恒星系统形成的孵化器——无论是单独的恒星，还是双星或者聚星系统。在哈勃观测的鹰状星云和其他星云的几个 EGG 中，这些恒星刚刚从它们的茧中破壳而出，位于暗材料圆锥体的顶端。

2001 年，欧洲南方天文台使用甚大望远镜进行的近红外巡天揭示了一个更加复杂的事实。德国波茨坦大学的天文学家马克·麦考伦（Mark McCaughrean）和莫伦·安德森（Moren Anderson）发现，在 73 个 EGG 中，只有 11 个存在恒星形成的红外信号，而有 57 个似乎是空的。此外，这些在 EGG 内部形成的恒星看起来相对较小和暗弱（也许是因为它们可获得的物质的量有限）。恒星形成的主要中心看起来位于主要柱子的顶端，那里包含着更多和更亮的恒星。

2007 年，一个由科罗拉多大学的杰弗里·林斯基（Jeffrey Linsky）领导的小组，使用 NASA 的钱德拉卫星，对该星云的 X 射线源进行了成像。他们发现这个区域最热的发射 X 射线的恒星与柱子或者 EGG 的关系非常小，这就证实了该星云的主要恒星形成时期也许已经结束了的观点。

"由于星云距离我们非常遥远，可能还要再过几千年，我们才能看到它撕裂柱子，从而使任何正在进行的恒星诞生过程戛然而止。"

67 初生恒星

定　　义：	恒星混乱的生命早期，同时抛射和聚集质量。
发现历史：	约翰·罗素·欣德（John Russell Hind）在 1852 年第一次看到不可预测的金牛座 T 型变星（Variable Star T Tauri）。
关键突破：	乔治·赫比格（George Herbig）意识到金牛座 T 型变星是非常年轻的。理查德·施瓦兹（Richard D. Schwarz）将附近可见的星云解释为中央恒星喷流的产物。
重要意义：	质量吸积和抛射的过程决定了一颗恒星在剩下的生命中呈现的最终性质。

从一片星际气体云最初的坍缩开始，恒星会走上一段崎岖的道路，然后才在恒星演化的主序上安顿下来。内落气体和尘埃的效应、恒星表面的突然喷发和两极的巨大物质外流，都会产生壮观的效果。

1852 年 10 月的一个夜晚，英国天文学家和小行星猎手约翰·罗素·欣德偶然在金牛座（Taurus）发现了一颗之前星表中没有记录的暗弱恒星。这个天体被证明是一种新的变星，被命名为金牛座 T。欣德注意到，由于金牛座 T 本身的亮度变化，一个近邻的反射星云也发生了变化。1890 年前后，这颗恒星的亮度大幅下降，加州大学利克天文台（Lick Observatory）的舍本·卫斯里·伯纳姆（Sherburne Wesley Burnham）发现，它嵌入了自己的一个致密星云中。伯纳姆还注意到其近邻有一个形状奇怪的发射星云，但当时还没有意识到这个星体的重要性。

20 世纪 40 年代早期，美国天文学家艾尔弗雷德·乔伊（Alfred Joy）进行了一项对这些暗弱变星的系统研究，并发现了它们的一些共同特征，比如星云的存在、低总光度、10 ~ 20 倍的亮度变化和独特的类太阳光谱。1945 年，乔伊提出，这些暗弱变星形成了被称为金牛 T 型变星的单独分类。

对页图：这张哈勃空间望远镜拍摄的船底座星云的壮观图像，展示了一个别称为"神秘山"（Mystic Mountain）的恒星诞生区域。在图像的顶端，一颗嵌入气体和尘埃中的年轻恒星正在从它的两极喷出多余的物质。

理解初生恒星

利克天文台的乔治·赫比格跟进了乔伊的研究工作，他确定了金牛座 T 型变星最有可能是仍然被形成它们的星云围绕的年轻恒星。如今，天文学家相信金牛座 T 型变星本身就是天空中最年轻的恒星之一，年龄只有 100 万年。根据对这些恒星质量的测量可知，它们通常跟太阳相似，质量不到太阳质量的 2 倍，分别处于进入主序列的旅程中的不同阶段，这段旅程大约需要 1 亿年。

因为金牛座 T 型变星还没有在它们的核心燃烧氢，所以必须用其他方式来发光。对于最年轻的那些恒星，这个能量来源可能是引力收缩。这些恒星的低光度意味着它们内部的主要能量输运方法是对流，这一方式与快速旋转耦合，使得它们可以表现得与低质量耀星（参见第 273 页）相似。它们形成了强大但纠缠的磁场，在表面产生了巨大的星斑，并且产生了巨大的恒星耀斑和爆发。

无论如何，很多像金牛座 T 型变星这样的恒星都是不可见的，隐藏在形成它们的尘埃云中。幸运的是，它们的低温度意味着产生了大量红外辐射甚至射电波，可以透射不透明的尘埃。1981 年以来，科学家们在金牛座 T 型变星旁边找到了两颗红外伴星。随着恒星周围的不可见物质开始减少以及恒星自身变强，我们最终将能在可见光波段看到它们。

> **"核心的低水平核聚变使得恒星的外层快速膨胀，从大约木星大小到太阳大小的几倍，之后引力重新变为主导。"**

大约一半的金牛座 T 型变星被气体和尘埃盘环绕着。这些盘中的大部分物质仍然在向中央恒星聚集，质量向系统中心集中的过程导致恒星开始旋转，并且旋转得越来越快（同样由于角动量守恒定律，就像滑冰者收回手臂的时候旋转得更快）。两种作用力最终减缓了中央恒星的生长速度——席卷自恒星表面的强烈星风，以及以气体形式堆积在快速移动的赤道上的所谓的"离心力"。尤其是后一种作用力，有着引人注目的效应。

赫比格 – 阿罗天体

在观测一系列金牛座 T 型变星和其他疑似年轻恒星时，乔治·赫比格发现它们经常与一侧或者两侧的独特星云相关联，包括伯纳姆在金牛座 T 型变星本身附近看到的星云。赫比格的光谱分析显示，这些星云发射出与氢、氧和硫等元素相关的特有波长。墨西哥天文学家吉列尔莫·阿罗（Guillermo Haro）在 20 世纪 40 年代末在相同的星体上独自开展了工作，确认了其他独特的性质，例如红外辐射的缺乏，这表明它们非常炽热。有关这些赫比格 – 阿罗（H-H）天体的早期研究认为，它们可能是被嵌入其中的暗弱但炽热的年轻恒星加热的。20 世纪 70 年代中期，密苏里大学圣路易斯分

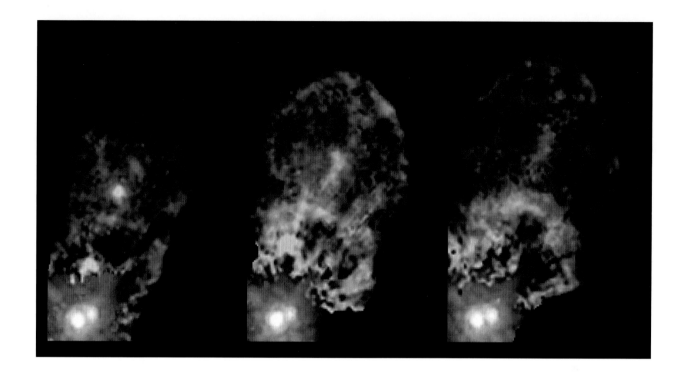

校的理查德·施瓦兹提出，它们可能是被恒星本身喷射出的物质撞击星际气体时产生的冲击波加热的。20世纪80年代拍到的图像，揭示了连接H-H天体和它们的中央恒星的极端狭窄的喷流状结构的存在。

这些喷流是怎样形成的？天文学家认为，如果一颗年轻恒星旋转得足够快，落到其赤道上的物质就会移动得很快，从而能够克服引力的拉扯并被扔回太空。当这些物质遇到仍然环绕着恒星的内落物质环，逃逸的质量就会形成两个喷流，大致上平行于恒星的两极。随着与附近太空中的气体云的相互作用，这个高速双极外流会将能量注入气体云，从而产生壮观的发光效果。

双极喷流在恒星的整个生命期中只存在一个短暂的瞬间，在仅仅几千年后就会减弱和消亡。内落和喷射材料之间的动态平衡导致恒星本身的状况发生可观的变化，所以，考虑到恒星在其形成初期这一特定阶段产生恒星光的过程的敏感度，它的亮度可能会剧烈地波动。

与此同时，恒星的内部仍然在变化。随着它接近主序，不需要如此极端条件的、要求较低的核聚变反应开始形成。核心的低水平核聚变引起恒星外层的快速膨胀，从大约木星大小到几倍的太阳大小，引力重新变为主导，结果是恒星外层缓慢收缩，同时核心稳定地变得更热、更致密。只有在核心最终变得足够炽热，可以点燃真正的氢核并聚变的时候，这种波动才能终止。这时恒星的尺度和亮度变得稳定，它也在主序一个由质量决定的位置安定下来，在这里它会度过一生中的大部分时间。

上图：这是年轻的双星系统金牛座XZ（XZ Tauri）的一系列哈勃图像，捕捉到了3年中一个巨大的喷射气体柱的膨胀过程。这个快速移动的泡泡被认为仅有30年的历史。

初生恒星　**267**

68 最小的天体

定　　义：	其质量勉强高于甚至可能低于能够通过氢核聚变发光的最小质量的矮星。
发现历史：	比邻星（Proxima Centauri），最有名的红矮星和距地球最近的恒星，被发现于 1915 年。
关键突破：	1994 年，天文学家确认了第一颗褐矮星 —— 格利泽 229B（Gliese 229B）。
重要意义：	红矮星和褐矮星占据了恒星的绝大部分，但是我们目前对它们仍然缺乏了解。

恒星大小的下限是什么？光学和红外望远镜的最新发现已经将恒星的定义推到了极限，揭示了界定恒星和行星的一个奇特的临界区域。

即使是最强大的现代望远镜，要追寻最小的主序星也是一个巨大的挑战。虽然像白矮星和中子星（参见第 329 页）这样的恒星的遗迹可能也很小，但是它们足够热并发射了大量的辐射，所以能被追踪。与之相比，即便是离我们最近的小主序矮星，肉眼也不可见。

门阶上的矮星

比如，拿距离地球最近的恒星比邻星来说。它距离太阳系仅仅 4.2 光年，是半人马座阿尔法星系统的第三颗星体，另外两颗星体形成了一个近轨双星对。半人马座阿尔法星 A 和 B 的质量分别为 1.1 和 0.9 个太阳质量，它们合并的光芒使得它们成为全天肉眼可见的第三亮星。相比之下，比邻星的质量仅有 0.12 个太阳质量，光度仅为太阳的 1/500，但其表面温度达到了太阳的一半，因此能发出红色的光芒。尽管比邻星距离地球如此之近，但也只能通过望远镜才能看到，而且自 1905 年发现它以来，它在很长一段时间内都是已知的最低光度的恒星。它是典型的红矮星。

红矮星是暗淡的，因为给主序星提供能量的核聚变反应严重地依赖于恒星核心的

对页图：这幅由坐落在智利拉西拉天文台的欧洲南方天文台新技术望远镜（NTT）拍摄的图像，展示了在近红外波段拍摄的著名的猎户座大星云。与猎户四边形星团中明亮的新生恒星一起，一系列其他星体都变得可见了，包括暗弱的红矮星（在这里显示为白色）和褐矮星（显示为黄色）。

密度和压力。恒星越轻，外层挤压恒星核心、加热和压缩它的质量就越小，从而导致恒星的光度随着质量的增加呈指数上升，而不仅仅是遵循线性关系。

自比邻星发现一个多世纪以来，更多的红矮星被发现了，但是它们仍然给天文学家带来了一些谜团。在离地球最近的 30 颗恒星中，有 19 颗是矮星，它们要么独自在太空中运行，要么在多体系统中运转。模型表明，红矮星是在银河系和其他星系中分布最广泛、数量最多的恒星，但是它们很难被我们探测到。

这里也存在一个定义的难题。根据传统，红矮星是指质量为太阳质量 40% 以下的恒星，但它们的下限是什么？能发光的恒星可以有多小？自从 20 世纪 50 年代恒星核聚变的过程确立以来（参见第 75 页），肯定有一个阈值的事实变得明确起来，低于大约 8% 的太阳质量（或 80 倍木星质量）的恒星，将不能通过将氢核转化为氦的传统核聚变发光。

极限之下的恒星

即使确立了这个界限，也没有理由说明，为什么较小的恒星状天体不能像明亮的恒星一样在同样的星云中形成。最初，人们认为这些星体中的物质会在它自身重量的作用下坍缩成一颗致密的黑矮星，但是在 1975 年，美国天文学家吉尔·塔特（Jill Tarter）指出，"黑矮星"这一术语也被用于冷却的白矮星（参见第 329 页），但它们是非常不同的天体。另外，这些恒星也有很多其他机制可以释放辐射，所以将这些坍缩的恒星命名为褐矮星可能更加精确。

"与不活跃的气态球体明显不同的是，一些褐矮星显示了不同寻常的活跃，包括变化的亮度……和惊人的强大磁场引起的 X 射线爆发。"

20 世纪 80 年代的理论研究工作显示，由于一些过程的结合，褐矮星仍然可以在可见光波段暗弱地发光，还会发出大量的红外辐射。这些过程包括引力收缩（类似于巨行星中所发现的，参见第 183 页）以及在较重的褐矮星中，有一些要求较低的核聚变过程，例如氘核聚变，包括比普通氢核更容易聚变的重氢同位素，可以在相对较低的温度和压力下被触发。尽管如此，褐矮星通常更多地由它们自身形成过程中剩余的热量提供能量，所以它们随着年龄增长会逐渐变得暗弱，而在年轻时更容易被观测到。

寻找褐矮星

尽管有了这些概念上的突破，直到 20 世纪 90 年代，褐矮星的观测证据仍然难以找到。在空旷的太空中寻猎褐矮星看起来就像在干草堆中找一根针，所以当来自加州理工学院和约翰·霍普金斯大学的一组天文学家开始搜寻工作时，他们将注意力集中于可能的双星系统，其中较明亮的恒星本身就是一颗暗弱红矮星，这减少了星光淹没显著暗弱的星体的风险。1994年，这个方法取得了成果，一颗候选褐矮星被位于加利福尼亚州帕洛马山的5米（200英寸）海尔望远镜（Hale Telescope）的红外分光镜发现。第二年，NASA的哈勃空间望远镜证实了这一发现，这颗褐矮星环绕着一颗被称为格利泽229的微弱恒星，距离地球19光年，被称为格利泽229B。它的质量相当于20～50个木星，因为太大而不可能在较亮恒星周围的原行星盘中形成。与之相反，它肯定是在一个坍缩的恒星诞生星云中，作为一个独立的节点以恒星的形式形成的。这两颗恒星之间的距离相当于冥王星到太阳的距离，红外测量显示格利泽229B的表面温度大约为700 ℃（1 300 ℉）。

自从这次发现以来，天文学家找到了大量的褐矮星，它们藏于恒星形成星云和年轻星团，也存在于围绕红矮星的轨道和开放的太空中。它们的表面温度低于最冷的M型红矮星，所以被赋予了光谱型 L、T 和 Y（按照温度的降序排列）。另外，与不活跃的气态球体明显不同的是，一些褐矮星显示了不同寻常的活跃，包括可能产生于快速移动的云层的亮度变化，以及强度惊人的磁场引起的 X 射线爆发。天文学家已经在少数褐矮星周围的轨道上探测到了行星，更令人感兴趣的是，在近邻空间也许仍然潜藏着没有被看到的褐矮星，甚至比比邻星还要靠近地球。

下图：这两幅假彩色图像展示了第一颗被发现的褐矮星，叫作格利泽229B。左侧的图像于1994年在帕洛马天文台（Palomar Observatory）拍摄，使得人们首次能够证实这种可疑的天体，在天兔座（Lepus）大约18光年远处围绕着一颗暗弱的红矮星。右侧的图像来自哈勃空间望远镜，证实了这个发现。

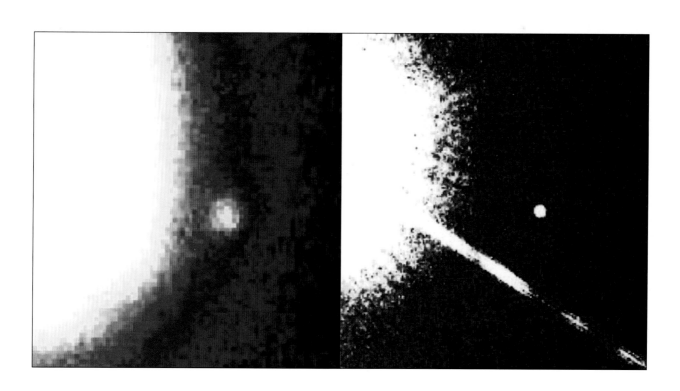

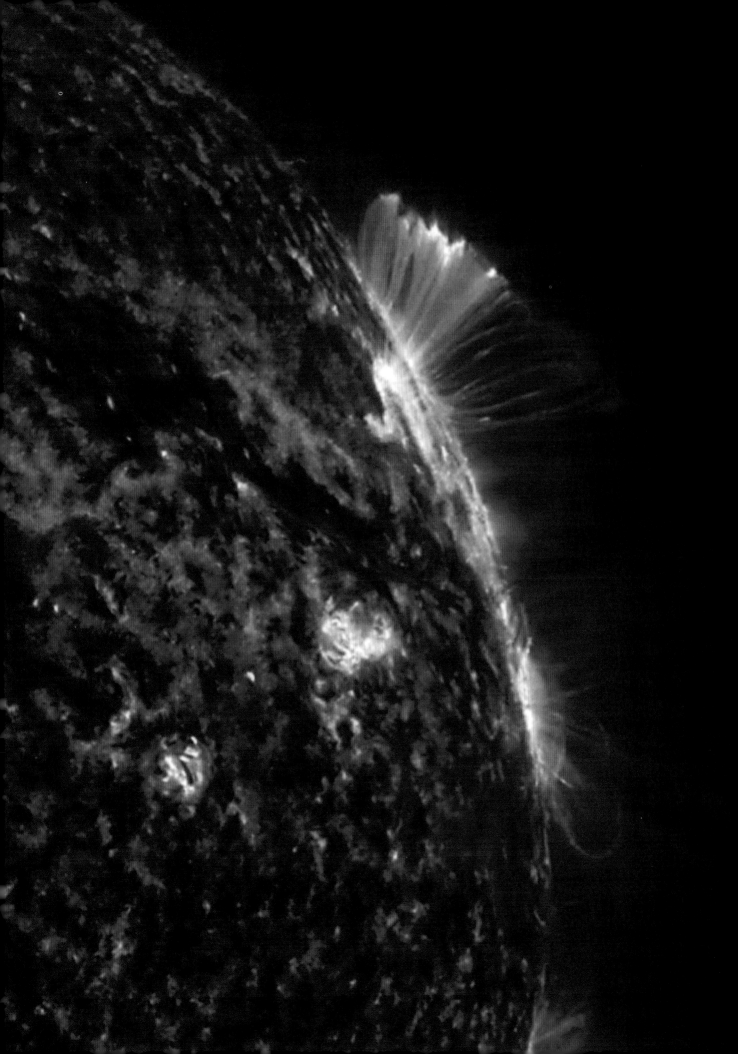

69 耀星

定　　义：	暗弱的低质量矮星，但能产生强大的爆发。
发现历史：	威廉·卢登（Willem J. Luyten）在 20 世纪 40 年代汇编矮星的时候，发现了矮星中出乎意料的变化。
关键突破：	2008 年对蝎虎座 EV（EV Lacertae）超级耀斑的研究指出，这些恒星的活动是由激烈流和快速旋转的结合产生的。
重要意义：	耀斑是理解非常小的矮星结构的有效工具。

虽然最小的恒星产生的能量只相当于我们太阳的很小一部分，但是它们也能表现出惊人的活动，活跃的低质量矮星大气层中有巨大的星斑以及不可预测的高能量爆发，这种行为看起来与不同寻常的强大恒星磁场有关。

荷兰裔美国人威廉·卢登首次发现了矮星中不同寻常的活动的踪迹。他证实了恒星天鹅座 V1396（V1396 Cygni）和显微镜座 AT（AT Microscopii）出乎意料的变化——它们的氢发射线的快速变亮看起来与太阳耀斑的行为相似。

卢登的高自行（参见第 10 页）恒星巡天发现了大量暗弱的近邻恒星，其中的卢登 726-8 被证实为距地球最近的恒星之一，距离仅为 8.7 光年。它发现于 1948 年，被证实为一对质量相近的双星，每颗恒星的质量大约为太阳质量的 10%。在它被发现之后不久，名为卢登 726-8B 的恒星就经历了一次突然的爆发，在数秒内变得异常明亮，然后慢慢地变暗。在加利福尼亚的威尔逊山天文台工作的艾尔弗雷德·乔伊和米尔顿·赫马森，记录下了卢登 726-8B 在爆发期间的光谱，分析显示，恒星的亮度增加了 40 倍，温度从 3 000 ℃（5 400 ℉）飙升至 10 000 ℃（18 000 ℉）。此后，这颗恒星又被命名为鲸鱼座 UV（UV Ceti），成为一种新的变星分类"耀星"的原型。

这种类型的其他很多恒星被迅速发现，揭示了耀星在我们星系中的普遍性（或者至少在我们能够观测到暗弱矮星的相对有限区域内）。

对页图：虽然太阳表面的耀斑非常壮观，但是太阳本身是如此的亮，所以耀斑难以盖过太阳的光芒。相比之下，在比太阳更小更暗的恒星表面，类似的磁场所产生的耀斑会带来更加戏剧化的结果。

上图: 2008 年 4 月，NASA 的卫星跟踪了蝎虎座 EV 的一次巨大的辐射爆发，这是一颗距离地球大约 16 光年的暗弱红矮星。这幅艺术想象图展示了爆发中释放的磁风暴。

超越可见光的活动

很快被明确的一点是，恒星不只在可见光波段活跃。1966 年，曼彻斯特大学焦德雷尔班克射电天文台（Jodrell Bank Radio Observatory）的伯纳德·洛弗尔（Bernard Lovell）和史密松天体物理台（the Smithsonian Astrophysical Observatory，简称 SAO）的伦纳德·所罗门（Leonard H. Solomon）合作，同时在光学和射电波段测量了鲸鱼座 UV 的活动，发现耀斑伴随着射电辐射的爆发。十年之后的 1975 年，由约翰·汉斯（John Heise）领导的荷兰天文学家团队使用刚发射的荷兰天文卫星（Astronomical Netherlands Satellite，简称 ANS）的 X 射线和紫外望远镜，确定了鲸鱼座 UV 以及另一颗红矮星大犬座 YZ（YZ Canis Majoris）的耀斑伴随着 X 射线辐射。

天文学家立刻怀疑发生在耀星上的活动和我们看到的太阳上的耀斑十分类似，特别是，对耀星的光谱分析揭示了磁场在耀斑中起作用的迹象。

核心到光球层都是对流的。这将整个恒星变成了一个沸腾的热气体大锅，通过向核心提供新鲜的氢燃料，帮助矮星在主序上比大多数恒星燃烧更久、发光时间更长。

超级耀斑

从理论上来说，这些恒星中缺乏明显的辐射区，会使它们丧失内部的磁性，但是耀斑的存在则明显表示情况并非如此。事实上，红矮星太过暗弱，以至于一个像太阳那样的耀斑就足够大幅提高它们的亮度，而很多红矮星上的耀斑实际上比太阳上的耀斑要强大得多。

2008 年，NASA 的雨燕伽马射线暴任务（Swift Gamma-Ray Burst Mission）观测到了有记录以来最强大的耀星，同时注意到了一些有价值的新发现。蝎虎座 EV，一颗距离地球大约 16.5 光年的年轻红矮星，我们已经知道它有一个快速变化的磁场，但是当它产生了一个携带着比已知最大的太阳耀斑多数千倍能量的光学和 X 射线爆发时，天文学家还是从中获得了意外的惊喜。

对蝎虎座 EV 的过往研究也表明，它正在快速旋转，大约以 4 天为周期。天文学家现在猜想这个快速旋转可能是解释最剧烈的耀星的关键——气体的湍急对流和快速旋转可能将整个恒星变成一个发电机，产生一个复杂的磁场，可以产生巨大且不可预测的重联事件和耀斑。当然，有一些证据表明，最狂暴的耀星也是最快的旋转体。

70 系外行星

定　　义：	最近发现的大量围绕着其他恒星的行星。
发现历史：	1992 年，第一颗系外行星被发现围绕着一颗脉冲星。
关键突破：	1995 年，米歇尔·麦耶（Michel Mayor）和迪迪尔·奎罗兹（Didier Queloz）使用视向速度法［编注：视向速度是物体朝向视线方向的速度。一个物体的光线在视向速度上会受多普勒效应的支配，退行的物体光波长将增加（红移），而接近的物体光波长将减少（蓝移）］探测到了第一颗围绕着类太阳恒星的行星——飞马座 51（51 Pegasi）。
重要意义：	大量系外行星的存在增加了生命在银河系中广泛存在的可能性。

　　长久以来，天文学家希望能发现围绕其他恒星运行的行星，但是直到 20 世纪 90 年代中期，技术发展和一系列新方法的结合才带来了突破。从那时开始，成百上千个系外太阳系被发现了。

　　探测围绕其他恒星运行的行星是现代天文学的最大挑战之一。这些行星几乎无一例外地表现为太暗弱，离恒星太近，只能通过反射星光来发光，无法用现有的仪器直接观测到。因此，天文学家必须使用间接的探测方法，也正是这些方法，使得我们在过去的 20 年里最终发现了系外行星。

摆动的行星

　　受发现海王星的启发，早期识别其他恒星周围的行星的尝试，都是寻找恒星在太空中运行轨迹的摄动。就像双星围绕着一个共同质心运转，有着行星系统的恒星会在行星围绕它们运动时被拉向不同的方向。早在 1855 年，马德拉斯天文台（Madras Observatory）的 W. S. 雅各布（W. S. Jacob）台长就宣称，在双星蛇夫座 70（70 Ophiuchi）的运动中探测到了异常现象，其指向了一颗行星的存在。这一说法持续到了 19 世纪 90 年代，直到一个新的双星运动模型的出现，才消除了"需要施加额外影响来解释其运动"这一猜想。

对页图：2011 年末，NASA 的开普勒任务发现了一个名为 KOI-961 的行星系统，三颗岩石行星围绕着一颗红矮星，大约距离地球 130 光年。行星的大小介于 0.57～0.78 个地球半径，轨道周期为 0.5～2 天。位于它们附近的那颗缺乏活力的恒星表明，它们的表面是极其炽热的。

类似的说法还出现在了 20 世纪 60 年代，因为有人宣称著名的巴纳德星（Barnard's Star）出现了摆动。巴纳德星是一颗暗弱但是与我们近邻的红矮星，也是天空中移动速度最快的恒星。令人遗憾的是，即使对于一颗距离地球只有 6 光年的恒星，由行星影响导致的摆动尺度也会小得无法观测。换句话说，这样的摆动不可能在视觉上被看到，也无法用天体测量的方法观测。到了 20 世纪 80 年代，一种全新的技术为相关的观测带来了希望。

视向速度

"目前发现的大部分行星都是类似木星质量或比木星质量更大的巨行星，它们围绕着自己的恒星运行，轨道相对较近，速度也较快。"

这个新技术可以测量微小的行星运动——不是在天空中的横向运动，而是视向的，即沿着地球视线方向的前后运动。利用完善的光谱学技术，现在测量星光中由相对小的视向移动造成的多普勒位移已经成为可能。同时，计算机技术的进步正在使同时测量和分析一个望远镜视场中的大量光谱成为可能。

20 世纪 80 年代晚期，加拿大天文学家布鲁斯·坎贝尔（Bruce Campbell）、G.A.H. 沃克（G.A.H. Walker）和 S. 杨（S. Yang）首次协同尝试了这种技术，利用夏威夷莫纳克亚山的加拿大—法兰西—夏威夷望远镜收集了 16 颗恒星的光谱。他们识别出了 7 颗看起来按预测的方式震荡的恒星（还有两颗有着更大的摆动，可能是因为存在没有发现的伴星）。讽刺的是，正是那两颗恒星中的一颗名为少卫增八（Gamma Cephei）的恒星，最终被证实是最早探测到的系外行星。

确定第一个系外行星所使用的是一种另类的技术，这种技术还揭示了一个围绕着一颗与众不同的恒星运行的行星系统。通过测量来自距离地球大约 2 000 光年的、名为 PSR 1257+12 的脉冲星的快速信号的微小变化，波兰射电天文学家亚历山大·沃尔兹刚（Alexander Wolszczan）和他的加拿大同事戴尔·弗雷（Dale Frail）在 1992 年发现了证据，该证据显示了围绕着一个超级致密的恒星灯塔的三颗行星和一颗小"彗星"的系统。

尽管靠近脉冲星运行的行星的存在引出了有趣的问题（参见第 283 页），但是天文学家仍然急切希望能够在更加主流的恒星周围找到行星。20 世纪 90 年代早期，瑞士天文学家米歇尔·麦耶和迪迪尔·奎罗兹开始使用法国上普罗旺斯天文台（Observatory of Haute-Provence）先进的 ELODIE 光谱仪收集恒星光谱。到了 1995 年，他们得到了确凿的证据，证明距离地球大约 51 光年的类日恒星飞马座 51，正在一颗质量至少为一半木星质量、每 4.23 天围绕恒星一圈的伴星的影响下摆动。麦耶和奎罗兹的发现打开了更多发现的大门。截至 2011 年底，超过 700 个系外行星被识别出来（包括坎贝尔、沃克和杨的围绕少卫增八的行星的确认），其中大部分使用了相同的技术。

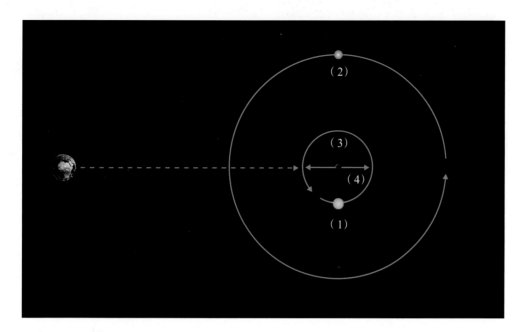

上图：行星探测的视向速度法依赖于这样的事实：一颗恒星（1）被一颗大质量的行星（2）环绕，围绕着系统的引力中心（3）前后摆动。其结果是，恒星的光经历着交互的多普勒频移，随着朝向和远离地球（4）的运动，它的光谱先朝向蓝端移动，再朝向红端移动。

视向速度法并不是完美无缺的。轨道上的行星必须质量足够大，足以将它的恒星拉离平衡位置足够大的距离，才可以被探测到（尽管技术的灵敏度随着时间逐渐提高），而且为了确定摆动的性质确实是周期性的，这个系统必须在多个轨道周期被观测。结果是，目前发现的大部分行星都是类似木星质量或比木星质量更大的巨行星，它们围绕着自己的恒星运行，轨道相对较近，速度也较快。另外，这个技术只向我们揭示了恒星运动的视向成分，也就是正好朝向和远离地球的运动。我们目前无法知道恒星的运动在横向上是多大，所以只能得到行星质量的下限（译注：恒星运动的横向速度和视向速度合成了恒星的总速度，根据恒星的速度可以计算出互相绕转运动的行星的质量，但是我们现在只能知道一个速度的最小值，所以只能得到一个行星质量下限）。

新技术

为了克服这些限制，科学家们开发了寻猎行星的许多其他技术。最直观的是掩星法，简单来说，就是用一个高精度的望远镜指向一组恒星，寻找由行星经过恒星表面引起的报警似的亮度变化。这个方法被用于 NASA 的开普勒任务和欧空局的 CoRoT 任务（Convection Rotation and Planetary Transits，参见第 290 页）。

引力微透镜法几乎是掩星法的镜像，因为它包括寻找恒星的反常变亮现象。微透镜是引力透镜（参见第 385 页）的一种形式，发生于两颗恒星从地球看来精确成一条直线的时候，前景恒星聚焦并放大背景恒星的光线。如果前景恒星有一颗围绕着它的行星，就可以改变透镜的强度。截至 2010 年，有 4 颗系外行星被微透镜技术探测到。

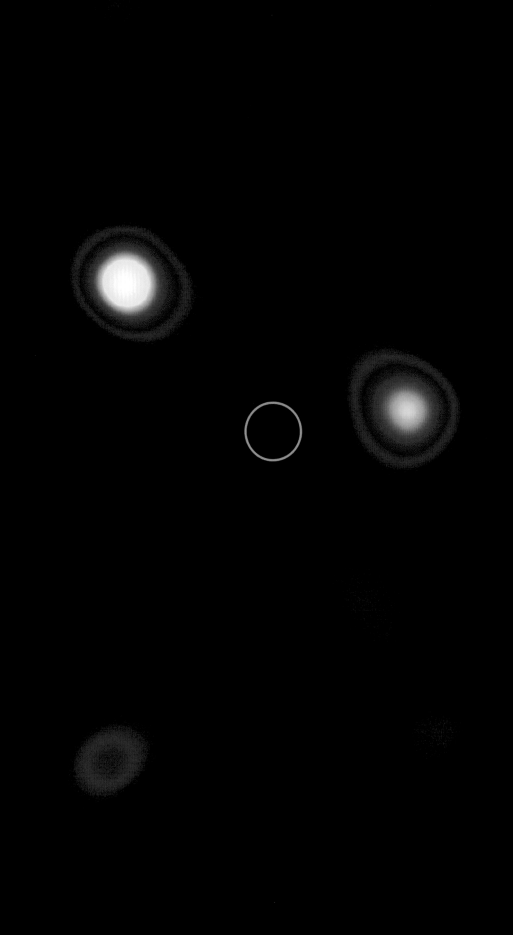

71 五花八门的系外行星

定　　义：	对系外行星的分析揭示了一系列奇怪轨道上的离奇世界。
发现历史：	1995 年，作为被发现的第一颗围绕类太阳恒星的行星，飞马座 51 被证明是一颗"热木星"，它是以紧凑的轨道围绕着恒星的气态巨行星。
关键突破：	2011 年，天文学家发现了一颗行星，它似乎是一颗恒星的核心。
重要意义：	各种各样的系外行星表明，整齐排列的太阳系也许是星系中的稀罕物。

近年来发现的成百上千颗围绕其他恒星的系外行星，揭示了以前从未想象过的新型行星，其中包括掠过其恒星表面的气态巨行星、远大于地球的巨大岩石行星以及围绕着死亡恒星的行星。

直到 20 世纪 90 年代，天文学家还倾向于认为我们的太阳系是个普通的星系。他们假设其他星系最终被发现的时候，会遵循相似的定律：有着较小的岩石行星和较大的气态巨行星，并沿着围绕它们母星的近圆轨道运行。过去 20 年的发现显示，现实是截然不同的。目前太阳系的有序状态看起来是历史早期复杂过程的幸存结果（参见第 93 页），其他的行星系统没有显示出遵循太阳系规则的倾向。

热木星

其他星系不同于太阳系的迹象从一开始就存在。飞马座 51b，是在正常恒星（参见第 278 页）周围发现的第一颗系外行星，被证明是一种新型行星的原型，它不同于天文学家曾经猜测的任何一种行星。飞马座 51b 的质量至少是木星的一半（超过地球的 150 倍），但是它围绕类太阳恒星飞马座 51 运行一周的时间只有 101 个小时，距离只有 700 万千米（430 万英里），也就是 0.045 AU。起初，天文学家们认为，如此靠近

对页图： 这幅假彩色图是一个其他恒星系的罕见摄影。它显示了 3 颗气态巨行星。它们在年轻恒星 HR8799 周围的轨道上，距离地球大约 120 光年。为了捕捉这些遥远星体反射的暗弱光芒，中央恒星本身被一个叫作星冕仪的仪器遮掩住，它的位置由绿色的圆圈标记。

右图: 一系列计算机生成的图像追踪了HD80606b 大气中一个巨型风暴的发展过程。这个气态巨行星有着目前发现的所有系外行星偏心率最大的轨道。这个风暴形成于行星距离恒星最近的时候,能够被计算机模型和红外观测的结果预测。

恒星的大质量天体肯定是由固体岩石组成的球体,当然,在如此靠近母星的地方形成大质量行星始终存在着理论上的问题。当确定了这样的行星是迁移到它们目前的位置上时,天文学家就得出结论,这些大质量天体更有可能是气态巨行星(所谓的"热木星"),这一点已经被更多的发现所证实。

气态巨行星能在如此靠近恒星的地方存活的想法看起来不太可能。如此强烈的热量真的不会使它的大气蒸发吗?事实上,类似彗星的气体尾迹已经从这样的星球上被探测到了。如此看来,大部分巨星都有足够的质量来凝聚成团,即使是被加热到几千摄氏度。热木星都有着偏心率极低的圆形轨道,这是它们受到的强大潮汐力所造成的。同样的作用力减慢了旋转速率,因此同一面永远朝向恒星,这就造成了极端的气候。

这些怪异的星体是如何变得如此靠近其恒星的?此前已经被证明,对于理解我们的太阳系十分有用的行星迁移模型并不能应用在这里。相反,热木星被认为在它们的恒星系形成的极早期就已经迁移,甚至在恒星开始正常发光之前就已经迁移。根据这个模型,巨行星形成时在原行星云中产生了波,导致行星丢失角动量并向内旋进。当核聚变过程在恒星内部点燃,并且恒星的辐射和恒星风吹走了剩下的星云时,这种迁移也走到了尽头。

更奇怪的世界，更奇怪的轨道

热木星只是新类型行星的一种。还有"热海王星"，其质量类似海王星，轨道比地球的轨道小；以及"幽冥行星"——失去了核心气体层的热木星。"超级地球"是质量至少为 10 倍地球质量的行星。尽管有这个名称，这些天体不一定是类地的，其中有些可能是"气体矮行星"。

这些行星的奇怪之处并不仅仅在于它们的物理结构。热木星和我们太阳系的行星所遵循的近圆轨道被证明是例外，而不是普遍规则，其中的大部分行星都沿着明显的椭圆轨道运行，有些甚至被发现于围绕双星系统中的一颗或两颗恒星的稳定轨道。

> "现在太阳系的有序状态看起来是历史早期复杂过程的幸存结果，其他恒星的行星系统没有显示遵循我们太阳系规则的倾向。"

充满挑战的脉冲星行星

最令人惊讶的类型也许是脉冲行星，其中包括 1992 年发现的第一颗系外行星（参见第 278 页）。现在已知有几颗脉冲星有行星系统，这些行星的存在对天文学家来说是一个巨大的挑战。脉冲星是毁灭性的超新星留下的遗迹，应该有足够的力量摧毁轨道上的任何行星，特别是考虑到这些行星中有几颗比地球更靠近脉冲星而不是太阳。即使行星以某种方式在爆炸中幸存，它们也会遭受来自新形成的脉冲星的高能辐射，这些辐射强到足够剥离它们的表面，最终使它们蒸发到太空中。

一些天文学家猜测，这些行星可能是在超新星爆发之后被捕捉到轨道中的星际流浪者，或者是最近朝着脉冲星旋进的更加遥远的星体。在 2006 年，天文学家使用斯皮策空间望远镜发现了围绕脉冲星 4U 0142+61 的一个碎屑盘，距离地球大约 1.3 万光年。根据麻省理工学院的研究者迪普托·查克拉巴蒂（Deepto Chakrabarty）推测，这个盘可能是由大约 10 万年前的超新星产生的富金属物质所组成。与正常恒星周围的原行星盘相比，它看起来可能最终能够合并成一系列小而致密的行星。

2011 年，来自德国马克斯·普朗克射电天文研究所的研究者宣布发现了更加奇异的行星形成方式。一个由澳大利亚天文学家马修·贝尔斯（Matthew Bailes）领导的小组发现了一颗围绕着脉冲星 PSR J1719–1438 的相当于木星质量的行星，其公转周期仅为 130 分钟。对于在如此极端的条件下幸存的行星，它肯定非常致密，天文学家认为它可能实际上是伴星的幸存内核，其外层被脉冲星剥离了。随着恒星外壳的压力被移除，恒星核心的核聚变终将停止，它变为了一个早产的白矮星（参见第 329 页）。基于它可能的富碳成分，这个奇异的新型行星被戏称为"钻石行星"。可以确定的是，天文学家还会在未来发现更加古怪的新型行星。

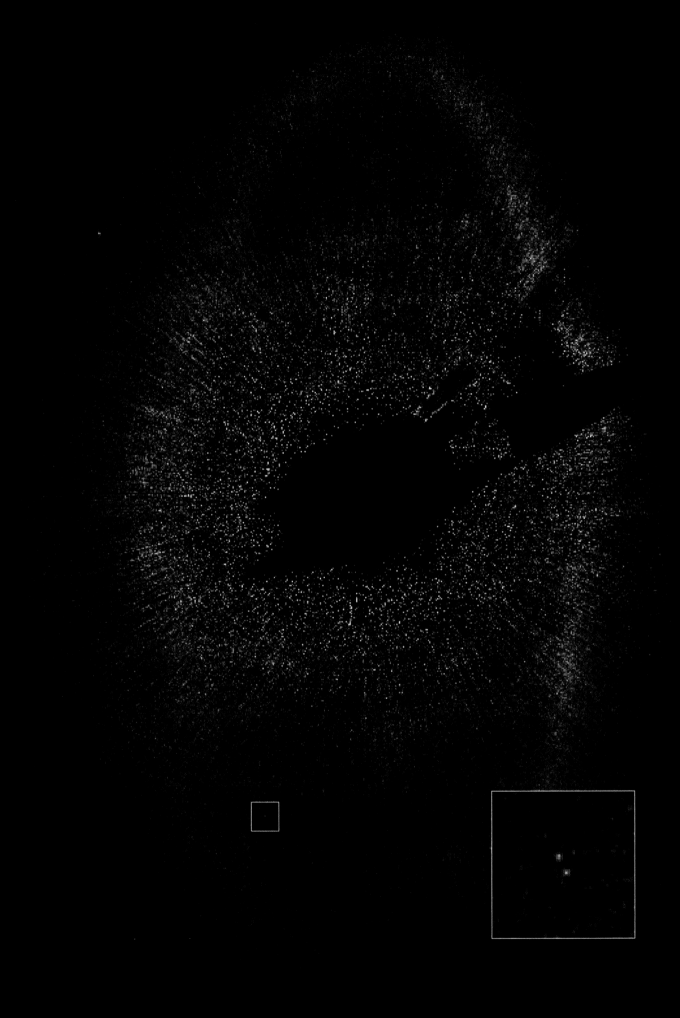

72 北落师门系统

定　　义： 一颗与地球相对较近的恒星，在它周围的轨道上有一个突出的尘埃物质盘。

发现历史： 1998 年，人们首次在射电波段对北落师门（Fomalhaut）周围的盘进行成像；2004 年，由哈勃空间望远镜进行成像。

关键突破： 2008 年，天文学家宣布发现了在尘埃盘中运行的行星。

重要意义： 北落师门给了我们一个珍贵的机会，来观测正在进行的行星形成过程。

一个巨大的尘埃盘围绕着附近的明亮恒星北落师门，这个尘埃盘被认为和我们太阳系的柯伊伯带相当。在这个云内，天文学家认为他们追踪到了一场新行星形成过程。

北落师门的英文名意思为"鱼嘴"，它是南鱼座（Piscis Austrinus）最明亮的成员，也是夜空中最明亮的恒星之一。北落师门距离地球大约 25 光年，有着大约 18 倍太阳光度和 2 倍太阳质量。根据恒星演化（参见第 259 页）的标准模型，它的年龄为 1 亿 ~3 亿年，预测寿命约为 10 亿年。

一个尘埃盘

1983 年，红外天文卫星 IRAS 意外探测到来自北落师门的红外超（编注：天体的红外辐射大于相同光谱型天体的正常红外辐射的现象）。因为恒星的表面发出了 8 500 ℃（15 300 ℉）的白热光，但它应该比太阳产生的红外辐射要少，所以天文学家猜测这颗恒星被一个较冷的尘埃云所环绕，事实上正是这个尘埃云造成了红外超。IRAS 成功地对老人增四（Beta Pictoris）周围的类似盘进行了成像，但是不能分辨出北落师门周围的盘。1998 年，一个由英国和美国天文学家组成的团队，第一次在亚毫米射电波段看到这个盘。通过 2002 年进一步的射电观测，加上 2003 年斯皮策空间望远镜获取的红外图像，天文学家确定了这个盘从地球上看是成较小的角度，并且它的

对页图： 这幅哈勃空间望远镜图像显示了北落师门周围的行星形成物质的湍动盘（中央恒星的直射光被一个星冕仪遮挡了）。插入图展示了存疑行星在碎片中的轨道运动。

中心有一个大约 20 AU 宽的空隙。北落师门的盘就像我们太阳系的柯伊伯带中碰撞产生的尘埃，但是其尺寸大约为柯伊伯带的 4 倍。奇怪的是，盘的中心看起来偏离了恒星本身。基于射电图像，天文学家证实了盘中的扭曲，他们相信这是由距离恒星50 ~ 100 AU 轨道上的一颗或更多行星引起的。

通过采用哈勃空间望远镜的锐利视角，特别是于 2002 年一次维修任务期间安装的高级巡天照相机（advanced camera for survey，简称 ACS），提升了北落师门图像的精度。通过使用一个叫作星冕仪的可移动盘来遮挡恒星本身的光，ACS 第一次能够在可见光波段拍摄这个盘，远高于原先能够达到的分辨率。

碎片的细节

哈勃拍摄的图像显示，北落师门的盘从外表看是奇特的眼睛形状，它的大部分质量都集中在距离恒星 133 ~ 158 AU 的相对防御良好的环中。在这个区域的内部和外部，尘埃密度大大降低，但是仍然存在。盘中心由星冕仪造成的黑暗区域，掩盖了恒星实际上距离盘的几何中心只有 15 AU 的事实。

虽然它的表观是扁平的，但是这个盘有着可观的厚度，特别是在致密环的区域，这也是谜题中的一部分，因为在理论上，吸积的过程会导致原行星盘随着时间变得扁平。2007 年，由纽约罗彻斯特大学的爱丽丝·奎伦（Alice Quillen）领导的一个小组指出，尘埃环的膨胀是因为星子在其中碰撞合并产生的扰动和加热。根据他们的计算，这些天体可能已经增长到了和冥王星相当的尺寸，随着它们的引力变得强大到可以从盘中吸出尘埃，使得这些天体正在进入一个失控的增长阶段。

奎伦对盘中相对清晰的内边界进行了进一步分析后提出，在盘中存在一个海王星大小的行星。这样的行星会从尘埃盘中清除敢于进入它轨道的物质，使得它们堆积在行星轨道外的环上。如果行星的轨道是椭圆形，其近日点显著比远日点靠近恒星，这也就解释了盘中质量的偏离分布。在一个如此年轻的恒星系统中存在一颗有着如此椭圆形的轨道的行星，解释本身就是有问题的，因为人们认为幼年行星从诞生的行星盘中继承了近圆的轨道。显著的椭圆形轨道通常被认为通过恒星系统中行星的相互作用演化了更长一段时间，但是在这个例子中，这个椭圆形轨道看起来发生在一个格外早的时期。奎伦提出，也许行星遭受了一些罕见的灾难，推动它进入了一个不同的轨道，或者现有的行星形成理论缺失了一些更普遍适用的东西。

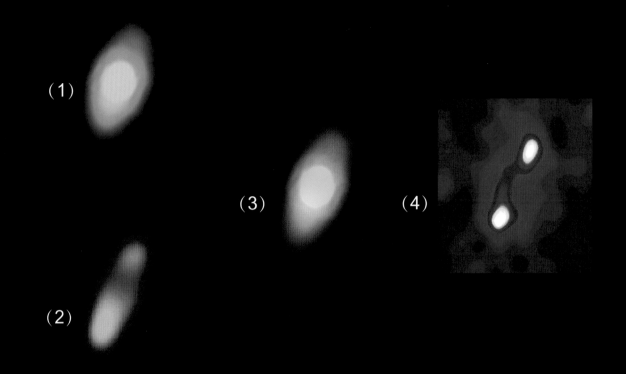

（1）

（3）　　　　（4）

（2）

视野中的一颗行星

2008 年，由加州大学伯克利分校的保罗·卡拉斯（Paul Kalas）领导的一组天文学家，发表了一个戏剧性的结论：行星在北落师门环的形成过程中发挥了作用。通过比较 2004 年和 2006 年拍摄的尘埃盘的哈勃 ACS 图像，他们注意到恰好在环的内边缘以里有一个明亮的点稍微改变了位置，通过仔细计算似乎可以证实，这个天体是围绕恒星运动的。

众所周知，北落师门 b 是第一颗在可见光波段直接成像的系外行星。它位于距离母星 115 AU 的地方（几乎是海王星到太阳距离的 4 倍），质量接近于 3 倍木星质量。北落师门 b 的年龄小于 1 亿年，它的表面温度超过水的沸点。在两次观测中，它的亮度的改变被归咎于热大气层的活动，或者围绕行星的环的存在。

虽然对系外行星有过很多初步观测，但是人们仍然有很多疑问。2010 年，当卡拉斯的小组使用哈勃对北落师门进行成像的时候，他们惊讶地发现北落师门 b 离预测位置还有一段距离。另外，对这个天体经过修正的轨道计算显示，它横切了尘埃盘，而根据亮度显示的尺寸，这会导致环中产生明显的扰动。一种可能的猜测是，有第二颗看不见的行星的存在，它抵挡了这些扰动而保持环的稳定；但也有其他解释认为北落师门 b 可能是盘中物质的短暂凝聚，甚至是一颗在天空中有着欺骗性轨迹的背景恒星。

上图：来自斯皮策空间望远镜的红外图像揭示了北落师门系统看不见的细节。一个短波图像（1）显示了明显空旷的环中心的暖尘埃。较长波段的辐射（2）显示了恒星一侧和另一侧尘埃辐射的明显不同。中央图像（3）结合了两个斯皮策图像，还有一个来自麦克斯韦望远镜（James Clerk Maxwell Telescope，简称 JCMT）的射电图像（4）确定了环相对于地球的倾斜。

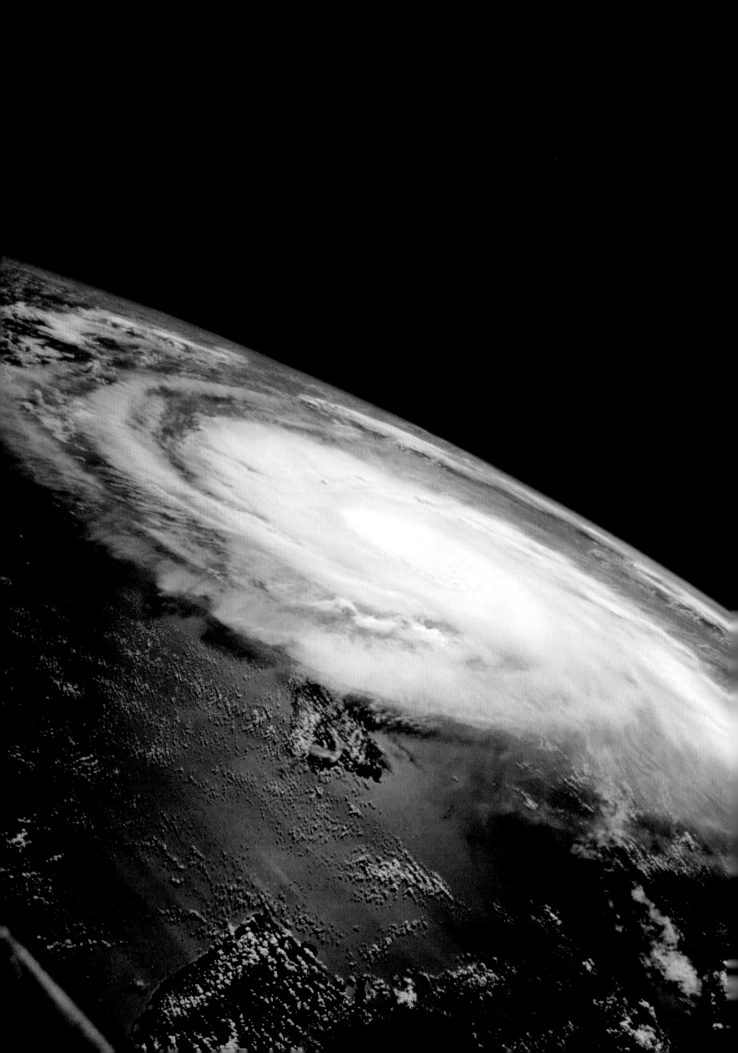

73 类地行星

定　　义：作为恒星周围宜居带中的渺小世界，对类地行星的探测是一项特别的挑战。

发现历史：最早使用掩星法寻找小型系外行星的人造卫星是 2006 年发射的科罗系外行星探测器（CoRoT）和 2009 年发射的开普勒空间望远镜。

关键突破：2011 年，天文学家宣布发现开普勒 -22b，这是一颗大约 2 倍地球大小的行星，处于它的恒星的宜居距离。

重要意义：类地行星提供了在我们星系中其他地方存在生命的最大可能。

搜索能够支持生命的类地行星对人们来说是一项独特的挑战，将现代技术推到了极限。尽管如此，在 2011 年末，我们获得了第一个重大成功——发现了一颗距类日恒星相当远的较小行星。

虽然行星搜索的视向速度法被证明在定位围绕其他恒星的巨行星（参见第 277 页）上极其成功，但是定位质量较小的类地行星仍然存在巨大的问题，需要更加独特、巧妙的方法。幸运的是，在 20 世纪 90 年代想都不敢想的技术进步，为当今的研究带来了更加直接的探测方法。多亏了新一代超灵敏的电子光探测器（照相机中 CCD 的先进版本），它们能够探测由行星穿越恒星表面或者说"凌星"引起的微小变化，以如此高的精度测量来自单独恒星的光子数量。

尽管有些正在凌星的行星是由地基望远镜探测到的，但是由地球湍动的大气引起的星光的不断抖动，使得凌星（尤其是小的凌星）几乎无法被探测到。对掩星的大规模搜索，则依赖于远高于大气层的空基天文台。在这里，一台望远镜一次可以聚焦同一个视场中的恒星数月，甚至数年之久，寻找它们的亮度变化。凌星能够提供关于系外行星性质的新信息，比如它们的直径，但是它们不能直接揭示行星的质量。无论如何，如果一颗行星能够用视向速度法来计算（这个方法能产生一个质量估计），它的密度和成分就可以被发现。

对页图：地球是太阳系中最大的岩石行星，为丰富的生命提供了一个宜居的环境。天文学家希望尽快在其他恒星轨道上发现相似的世界。

CoRoT 和开普勒

第一个将凌星法投入使用的任务是法国制造的卫星 CoRoT，欧空局也参与了这项任务。它发射于 2006 年末，2007 年 2 月开始运行，该任务的两个目标分别是行星寻猎和星震学（测量恒星表面的振荡，类似于日震，参见第 84 页）。CoRoT 装备了一个大小适中的 27 厘米（10.6 英寸）望远镜和 4 个 2 048×2 048 像素的 CCD，用来监控天空相反两侧位于巨蛇尾和麒麟座（Monoceros）的两个星场。

2009 年 3 月，NASA 发射了凌星寻猎任务，名为开普勒。它装备了 42 个 CCD，每个 CCD 的分辨率为 2 200×1 024 像素，并配备了一个 1.4 米望远镜，使其拥有更大的视场和不同的观测技术。与地球轨道上的 CoRoT 不同的是，开普勒被放在太阳轨道上，使得它可以"盯"着天空中的同一个位置，跨过天鹅座（Cygnus）、天琴座（Lyra）和天龙座（Draco），而不会有被地球挡住的危险。开普勒在之后至少三年半的

右图: 开普勒的天空视图，由 42 个相邻的长方形区域组成，覆盖了包括银河系北部致密恒星云的 100 平方度区域。

时间里，监视了一个包括 145 000 颗可测量主序星的视场。

然而这两颗卫星也都存在一些问题。CoRoT 的任务是一次研究每个目标区域 150 天，以及在转换目标的间隔进行短时间的星震观测。2009 年 3 月，一个数据处理单元的损失削弱了 4 个 CCD 中的 2 个，这个卫星的观测期被缩短到 90 天，以此来最大化它能够研究的恒星数量。与此同时，开普勒在测量中产生了意料之外的噪声，在有些情形下，这些噪声可能会导致测量出的一颗行星形成之前所需要的独立凌星事件的数量多余实际数量。

一个充满希望的开始

尽管如此，这两个任务依然是成功的，它们展示了凌星法的巨大潜能。CoRoT 的前两颗行星，被称为 CoRoT-1b 和 CoRoT-2b 的热木星，被探测于发射后的几周内，而 CoRoT-1b 随后成了第一个揭示了次食（当行星绕行到恒星后面时造成的光线的瞬间微降）的系外系统。次食的探测有着巨大的科学潜力，因为它可能有助于天文学家分离来自行星本身的光线，还揭示了例如温度甚至大气化学这样的性质。随后的发现包括一些目前已知的最小的行星，以及大量木星大小的行星。

在发射之后的几周内，开普勒也开始发现行星，但大部分是在极小轨道上的热木星和热海王星。基于掩星法的性质，这并不令人惊讶。开普勒只能探测到那些从地球上看来轨道恰好直接经过它们的恒星的行星，然而这个稀有事件的发生概率随着行星轨道大小的增加而大大降低。好在开普勒有庞大的恒星样本，这意味着即使是罕见事件也是有可能被看见的，而基于超过 2 000 颗目前未确定的"候选"行星的成熟统计学技术，天文学家已经得到了一些不同寻常的结论。小的类地行星看起来比天文学家以为的更加常见，多行星系统也是如此。在紧密双星系统中两个成员轨道上的"塔图因"（Tatooine）行星（译注：塔图因是星球大战系列电影中一颗虚构行星的名字，是天行者家族的故乡）的存在也被证实了。更加令人兴奋的是，粗略的计算表明，超过 3% 的恒星可能拥有位于宜居带的行星，它们的表面可能存在液态水（参见第 110 页）。

"开普勒会在至少三年半中监视一个包含 145 000 颗可测量主序星的视场。"

2011 年 12 月，开普勒小组宣布了一个发现，为这一统计数字添加了一个具体的例子。开普勒 -22b 是一颗大约 2.4 倍地球直径的行星，距离地球 600 光年的地方，在宜居带的中央围绕着一颗类太阳恒星运转。尽管一些专家认为这颗行星在性质上更有可能类似海王星，而不是巨大的岩石行星，它仍然是一项重大突破。在接下来的几天中，开普勒小组又发现了第一颗真正与地球大小相当的行星（位于非常小的轨道上，使得它们对生命来说太过炎热）。

定　　义：	一个经历着以 27 年为周期的长期日食的恒星系统，日食是由一个神秘的在轨天体引起的。
发现历史：	1783 年，约翰·古德利克（John Goodricke）识别出了第一对食双星。1821 年，约翰·弗里奇（Johann Fritsch）发现了御夫座 ε 星（Epsilon Aurigae）自身的变化。
关键突破：	2010 年，天文学家对御夫座 ε 星的日食进行了成像，证实了一个存在已久的理论——它是由不透明物质组成的轨道盘引起的。
重要意义：	御夫座 ε 星的行为一直是天文学上存在最久的谜团之一。

每隔 27 年，位于御夫座的一颗明显的普通恒星都会经历一次显著的改变——一次至少持续两年的亮度下降。这颗恒星的表现使得它被归到一个被称为"食双星"的分类，但是，这个处在日食中的天体又不同于任何其他天体。

1783 年，一个名为约翰·古德利克的年轻天文学家向伦敦的皇家学会提交了一篇论文，概述了他对英仙座中一颗明亮的恒星——英仙座 β 星（Beta Persei）的研究。他指出这颗从古代就被称为大陵五、恶魔星的恒星，在一个略低于 3 天的重复周期中，亮度出现了显著的下降，而且他认为这个规律是由一颗在恒星轨道上的小天体遮挡了恒星的部分光芒而造成的。

双星系统

古德利克的发现为天文学增添了一个新的天体分类——"食变星"。但是直到1881 年，哈佛大学天文台的爱德华·皮克林才对大陵五进行了详细的研究，并得出结论，遮挡天体的事实上是另一颗恒星。1889 年，德国天文学家 H.C. 沃格尔（H.C. Vogel）在大陵五的光谱中发现了由两颗恒星互相绕转引起的复杂吸收线，从而证实了

对页图: 御夫座 ε 星谜题最可能解答的艺术想象图，图中的主星被一颗更热的伴星环绕，伴星嵌入一个可能正在形成行星的半透明尘埃物质盘中。

皮克林的理论。大陵五因此成了最早的"食双星"和第一对"分光双星"，为双星和聚星系统更为常见的这一理论铺平了道路。如今，天文学家认为像我们太阳这样的孤立恒星在银河系中可能是少数。

大陵五的伴星被证明是一颗相对暗淡的橙色亚巨星，相比明亮的蓝白色主星，对系统的总光度贡献很小。因此，明亮的主星掩食暗弱的伴星所造成的亮度下降很微弱，直到大陵五的性质被其他方法确定后，它才被探测到。

天文学家确定了大陵五的性质后，便尝试将这个例子应用到其他变星上。有些变星确实被证实是食双星，但是有些却是正在经历规则或不规则脉冲的单独恒星，甚至是更加复杂的系统。

神秘恒星

在所有变星中，御夫座 ε 星是突出的。由于它位于一个被称为"the Kids"的恒星密集三角区的角落，所以它的亮度很容易估计，它的变化由德国天文学家约翰·弗里奇在 1821 年首次记录。在 19 世纪，一些人观测到御夫座 ε 星的亮度偶尔会下降，但是直到 1904 年，一个名为汉斯·鲁登道夫（Hans Ludendorff）的德国人，才确认了其亮度的变化周期是 27.1 年，并提出这是一对食双星的观点。

随着研究这些恒星的方法不断进步，人们越来越清楚地认识到，这个系统的一切都不尽合理。因为每 27 年掩星会持续 640 ~ 730 天，这说明遮掩主星的天体肯定十分庞大，而且计算显示它必须有着与主星大致相同的质量。为什么伴星没有对系统光度做出自己的贡献？除了在掩星时出现了一些独特的暗吸收线，对御夫座 ε 星光线的分析没有显示出第二个天体光线的光谱学示踪，在掩星过程中它们波长的变化证实了一个旋转天体的存在。

"来自斯皮策空间望远镜的观测指出，也许在盘中其实只有一颗恒星，那些盘中的物质都是碎石状的。"

主星白矮星亮度的微小变化给这个系统增加了额外的复杂性，但是其他因素并没有体现这一点。掩食明显是部分的（最多遮掩主星光线的 50%），但是每次事件期间系统亮度的"光变曲线"在中间呈"平线"，显示了一个主星被遮掩的比例保持不变的长周期，这个表现说明了一个显著较小的掩星天体的存在。

一个掩星盘

为了解释所有这些性质，天文学家在 20 世纪提出了一系列大胆的理论。鲁登道夫提出掩星是由一大群陨星组成的；荷兰裔美国天文学家杰拉德·柯伊伯等人提

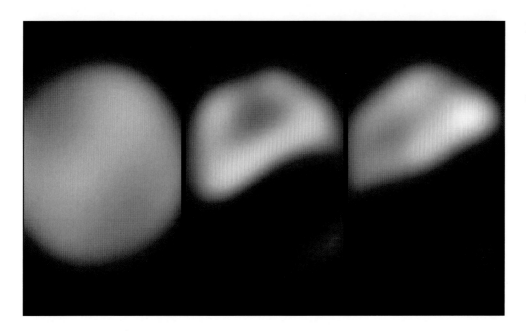

出，这颗明亮的恒星事实上是在围绕着一颗巨大的半透明"红外恒星"运行，在日食期间，它的光芒可以透过这颗恒星闪耀。1954 年，捷克天文学家泽德内克·科帕尔（Zdenek Kopal）认为，如果掩星天体是一个半透明尘埃盘，这个盘与它围绕主星的轨道、我们从地球观测的视线都成一个角度，那么御夫座 ε 星的许多奇怪特性都可以被解释清楚。

虽然半透明盘模型解决了很多关于御夫座 ε 星奇怪的光变曲线的问题，但是证明它的存在和它具有长期稳定性是另一个挑战；而且还要弄清楚这个盘如何才能拥有和主星一样的质量，以及它如何在一个持久的周期中保持相对轨道倾斜。1971 年，加拿大天文学家阿拉斯泰尔·卡梅伦（Alastair G. W. Cameron）提出，这个盘可能围绕着一个黑洞，但是由于缺乏独特的高能量辐射，这种情况显然就不成立了。根据对 1982—1984 年的掩星的研究，剑桥大学的彼得·埃格尔顿（Peter Eggleton）和吉姆·普林格尔（Jim Pringle）提出，盘本身是不透明的，而且有一对炽热的蓝白恒星在它的中央围绕彼此旋转。它们的旋转可以帮助稳定圆盘的旋转平面，而且在盘中央产生的缝隙也能帮助解释掩星的轻微增亮。

2009—2011 年的掩星成了一次规模空前的国际观测活动的主题，由此引发的新发现和提议仍在评估中。来自佐治亚州立大学的 CHARA 望远镜阵列的干涉图像，首次直接显示了从主星表面移过的盘。来自斯皮策空间望远镜的观测指出，也许在盘中其实只有一颗恒星，那些盘中的物质都是碎石状的。在这种情况下，主星可能是一颗相对低质量的年老巨星，而不是年轻的超巨星。有很多新理论提出，系外行星可能也在系统中起到了作用，例如帮助清理了盘中央的缝隙，或者产生了仍未得到解释的主星的短期震荡现象。

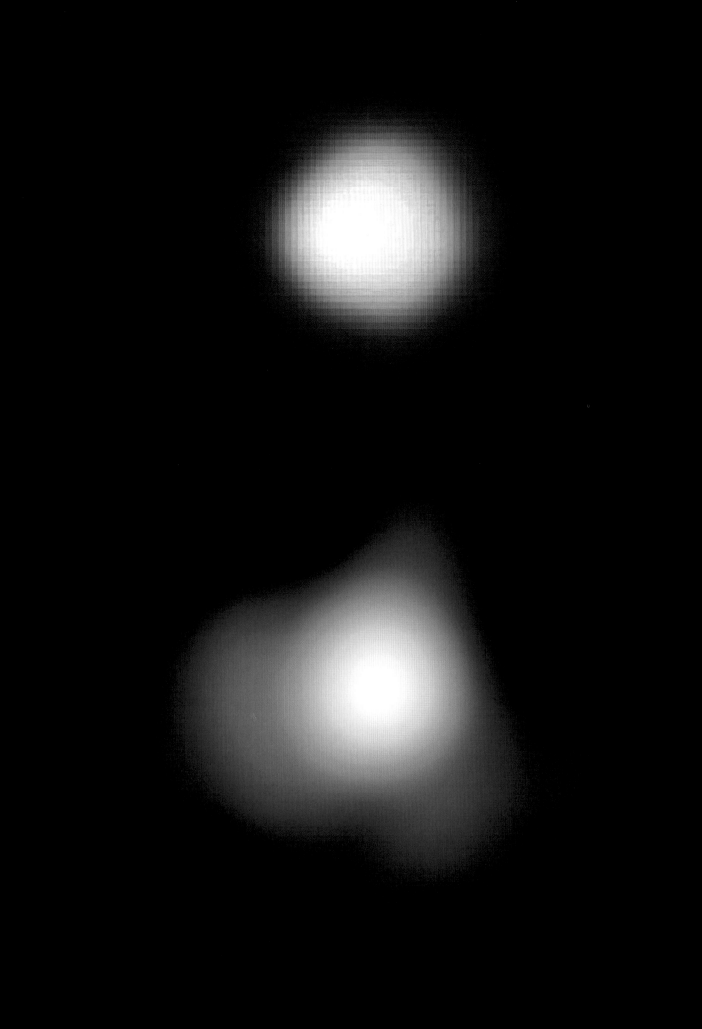

参宿四

定　　义：	距离地球最近的超巨星，因此这颗恒星有着最大的视直径。
发现历史：	1920 年，人们第一次尝试测量参宿四（Betelgeuse）的大小。
关键突破：	1995 年，哈勃空间望远镜第一次对恒星盘进行了成像。
重要意义：	人们仍然未能很好地理解大质量恒星的演化，参宿四是一个与我们邻近的有价值的例子。

灿烂的红色参宿四是夜空中最醒目的恒星之一，也是被人们研究最多的恒星之一。作为与地球邻近的超巨星，它是为数不多的几颗能被最先进的科技探测到表面特征的恒星之一。

作为猎户座猎人的肩膀，参宿四通常是夜空中第八亮的恒星（编注：此处用"通常"是因为参宿四的亮度会发生变化。另外，现大多资料认为它是第九亮的恒星），它因独特的红色而特别引人注目。这颗巨星的光度存在某种程度的变化，在它最明亮的时候，可以超过它的近邻参宿七（Rigel），成为这个星座中最明亮的恒星。

参宿四的亮度使得它成为视差测量的早期目标（参见第 9 页）。在 20 世纪早期，人们认为参宿四距离地球 180 光年，这表明它实际上可能极其明亮且极其巨大。因此，它是人们最早尝试测量恒星直径的主要目标，由加州威尔逊山天文台的弗朗西斯·皮斯（Francis Pease）和阿尔伯特·迈克尔逊首次进行测量。

干涉仪是用来测量传播路径略微不同的光线的干涉图像的仪器。皮斯和迈克尔逊使用干涉仪以 1/20 角秒的精度（1/52 000 度）估算了参宿四的角直径。其测量值所对应的物理直径为 3.9 亿千米（2.4 亿英里）或者 2.6 AU。

可以说测量参宿四的直径曾经是现在也仍然是一项巨大的挑战。部分原因在于它巨大的尺寸，参宿四的大气外缘特别模糊，使得为了视差测量而跟踪它的位置变得十分困难。目前的估算值表明恒星的真实视差远小于皮斯和迈克尔逊认为的数值，而是

对页图：最新的两幅图像突出了离我们最近的超巨星的不同方面。上图是一幅来自哈勃空间望远镜的紫外图像，展示了参宿四弥散的光球层，包括一个显著的"热斑"；下图是一幅来自甚大望远镜的可见光图像，揭示了恒星周围喷出的气体云。

右图：这是一幅由法国天文学家团队制作的参宿四表面红外图像，展示了恒星大气中的暗斑和亮斑。这些斑点可能与深层的对流元（编注：对流层中不断上升或下降的小气流团）有关。

大约 5 毫角秒，并推测出了参宿四距地球大约 640 光年且其直径为 16.5 亿千米（10.2 亿英里）或者 11 AU，这意味着如果参宿四取代太阳在我们太阳系中央的位置，它的外层会吞没木星的轨道。

正在演化的怪兽

参宿四是一颗超巨星，一颗重量为太阳的 18 倍，产生的能量为太阳的 10 万倍的恒星。根据星体不同的质量，超巨星可能有很多颜色，但是随着它们接近生命的尽头，往往会冷却变红，这是由于其内部燃料来源发生了变化，这一变化与类太阳恒星变成红巨星（参见第 310 页）的过程相同。来自参宿四大气的化学成分的光谱学证据指出，它的核心正在将氦聚变成碳、氧和镍，同时在围绕核心的外壳层继续燃烧氢。当氢燃料最终被耗尽时，恒星的质量会允许它继续聚变出更重的元素，形成一系列聚变壳层，直到在超新星爆炸中毁灭。

目前，这颗巨大的恒星有着稀薄而膨胀的大气层，上层密度相当于真空状态。它的表面温度大约为 3 300 ℃（6 000 ℉），这个温度过低以至于它发射能量的 90% 都是红外辐射，所以在可见光波段，这颗恒星的亮度仅为太阳的 9 400 倍。

参宿四在亮度上的缓慢变化显示它的大小正在发生变化，这有一个复杂的周期，似乎包括一个 5.7 年的主周期和数个看起来只影响特定辐射波长的短周期。它的外表也因为上层大气排出的气体和尘埃而变得复杂。

一个复杂的包层

1995 年，空间望远镜研究所（Space Telescope Science Institute）的罗纳德·吉利兰（Ronald Gillilan）和哈佛—史密松森天体物理中心（the Harvard-Smithsonian Center for Astrophysics，简称 CfA）的 A.K. 杜普里（A.K. Dupree）使用哈勃空间望远镜的暗弱天体照相机（Faint Object Camera）拍摄了参宿四，生成了第一张除地球外的另一恒星表面的直接图像。这张图像反映了参宿四外表面的模糊性质，也指出了一个巨大星斑的存在，即一个比周围温度高出 200 ℃（360 ℉）的明亮区域。天文学家猜测这是由来自恒星深处的上升热物质羽流引起的。1998 年，新墨西哥州的甚大阵（Very Large Array, 简称 VLA，编注：由 27 台 25 米口径的天线组成的射电望远镜阵列，是世界上最大的综合孔径射电望远镜）获取的射电图像确认了这些羽流的存在，并且显示它们将低温气体注入了参宿四大气的高温环境中（和太阳一样，超巨星外层稀薄的气体的温度大部分显著高于可见表面）。

2009 年，皮埃尔·凯尔瓦拉（Pierre Kervela）和他在巴黎天文台的同事得到的红外图像显示，参宿四上有一个气体羽流，它在单侧延展到恒星半径的 6 倍那么远（在我们太阳系中相当于达到冥王星轨道的距离）。两年后，凯尔瓦拉和一个国际小组使用欧洲南方天文台的甚大望远镜，继续对这个星云的细节进行成像。根据新的图像，凯尔瓦拉的小组提出，这个星云的不规则外表是因为巨大的气泡正在从恒星大气中升起，为外层完全逃逸转移了足够的能量。尘埃云的组成成分被认为大部分是硅和铝，这也是类地行星外壳的原始物质。

"如果参宿四取代太阳在我们太阳系中央的位置，它的外层会吞没木星的轨道。"

参宿四外层的复杂结构，可能是导致 2009 年由加州大学伯克利分校的查理斯·汤斯（Charles Townes）和爱德华·怀什诺（Edward Wishnow）报告中的惊人观测结果的原因。通过比较从 1993 年开始的对恒星进行的定期干涉测量，他们发现了有力的证据，表明参宿四的角直径在过去 20 年中减小了 15% 以上。这个减小可能是对缓慢旋转的恒星的不对称包层的不同测量角度引起的。另一个更加有趣的说法则是，这个收缩是真实的，是由参宿四的能量源在这颗濒临死亡的巨星走向生命新阶段的再变化引起的。

76 速逃星

定　　义：	以罕见的高速穿过我们星系的恒星。
发现历史：	第一批速逃星被发现于 20 世纪 50 年代。1961 年，艾德里安·布洛乌（Adrian Blaauw）提出，它们可能是由超新星爆炸产生的。
关键突破：	1967 年，阿卡迪奥·波韦达（Arcadio Poveda）提出，聚星系统的近距离相互作用可能会产生速逃星。最近的证据显示两种机制都有作用。
重要意义：	速逃星告诉我们，相似的天体有时也可能源于不同的产生方式。

　　速逃星的发现给天文学家造成了长期的困惑，因此引发了与之相关的两种可能机制的激烈争论。最近的发现表明，这两种机制可能都发挥了作用。

　　虽然"恒星是天空中的固定光点"的旧观念被摈弃了（参见第 1 页），但人们也需要时间来接受恒星可能相对其他恒星独立移动的观念。1718 年，英国天文学家埃德蒙·哈雷最终确认了这种被称为"自行"的运动；哈雷是通过比较亮星天狼星、大角星（Arcturus）和毕宿五（Aldebaran）在 18 世纪的位置与古希腊天文学家依巴谷在公元前 2 世纪记录的位置的差别来确定自行的。

移动的目标

　　自 18 世纪以来，人们测量了无数恒星的自行，可以预料的是，靠近地球的恒星的自行往往最大：巴纳德星有着所有天体中最大的自行，这是一颗 6 光年远的红矮星，每 175 年穿越一个满月直径。另外，自行只是恒星穿越天空的"横向"运动的测量。幸运的是，光谱分析可以揭示星光中由多普勒效应（参见第 43 页）引起的红移和蓝移，由此计算出恒星的"视向速度"，也就是它朝向或远离地球的运动。通过综合恒星自行的横向运动、视向速度、来自视差或者其他方法的距离（参见第 9 页），以及其对地球

对页图：一幅来自 NASA 的 WISE 卫星的红外图像，显示了由超巨星蛇夫座 ζ 在星际介质中以大约 24 千米／秒（即 15 英里／秒）的速度穿行产生的弓形激波。

轨道和太阳系运动所做的贡献，天文学家可以计算出恒星穿过空间的真实速度和方向。

这些对恒星运动的独立测量揭示了与我们星系的旋转和星系内恒星的大规模分布有关的基本运动模式（参见第 337 页），同时也有助于天文学家追踪起源于同一位置的恒星，比如确定新生恒星组成的疏散星团随着时间稳定解体的方式。

"一些'超高速星'甚至以大约 1 000 千米/秒（600 英里/秒）的更快速度运动——快到可以克服银河系的引力束缚。"

在这些普遍的模式中，有少量恒星表现突出。这些速逃星的运动速度与我们星系中恒星的一般运动相差超过 100 千米/秒（60 英里/秒），这比大部分恒星的单独运动快大约 10 倍。它们中的一部分，例如蛇夫座 ς，在它们穿过星际介质时产生了壮观的弓形激波（参见第 256 页）。另外，一些"超高速星"（简称 HVS）甚至以大约 1 000 千米/秒（600 英里/秒）的更快速度运动，快到可以克服银河系的引力束缚，最终会逃脱而成为星系际空间的漫游者。

这些快速移动的"难民"最有趣的方面是，它们几乎都是炽热的蓝白色恒星，这种类型通常被发现于名为 OB 星协（OB Associations）的明亮星团。问题是这些星团被引力紧密地束缚在一起，而且它们中最明亮的恒星通常寿命很短，在它们能够漂移出星团之前就已经死亡。那么，是什么导致星团以如此高的速度弹出恒星呢？

弹出机制

速逃星在 20 世纪 50 年代被首次证认，1961 年，荷兰天文学家艾德里安·布洛乌提出，它们可能是被双星系统中伴星的超新星爆发弹出的。因为疏散星团是最重的恒星的家园，也是超新星中最常见的场所，如果这样的爆炸戏剧性地改变了双星系统中的质量平衡，那么另一颗恒星就可能会以高速被抛出轨道。布洛乌跟踪了两颗位于猎户座边缘的速逃星，御夫座 AE 和天鸽座 μ（Mu Columbae），回溯到它们起源于猎户座大星云中著名的猎户四边形星团，并且证明它们可能起源于相似的聚星系统，其中一个成员已经变成超新星。

与此同时，1967 年，墨西哥天文学家阿卡迪奥·波韦达和其他人提出了另一种弹出机制，在这种机制下，疏散星团核心的恒星简单地被与邻居的引力相互作用踢出。

1997 年，争论似乎得到了解决，此时欧洲南方天文台的天文学家在遥远的 OB 型恒星 HD77581 周围拍摄到一个壮观的弓形激波，确认了它的逃逸状态。至关重要的是，一个 X 射线脉冲超新星遗迹正围绕着 HD77581 转动（参见第 307 页），这个致密的遗迹就是 HD77581 曾经的大质量伴星，现在 HD77581 正带着它进行着穿越空间的史诗般旅程。

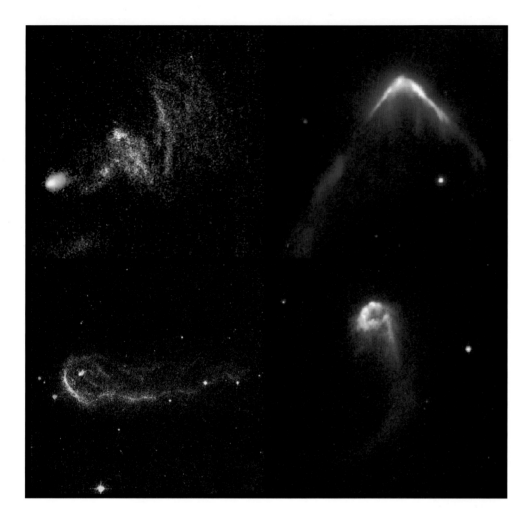

2000 年，莱顿大学的天文学家罗尼·胡格沃夫（Ronnie Hoogerwerf）和同事们发现了两种机制都可能存在的证据。使用来自依巴谷卫星（参见第 11 页）的数据，他们确认了御夫座 AE 和天鸽座 μ 起源于猎户座，但是双星猎户座 σ 似乎是在同一时间从猎户四边形星团中弹出的，其弹射机制最可能是近邻之间的相互作用。胡格沃夫的小组也将蛇夫座 ς 与另一颗脉冲星的弹射轨迹联系在一起，提出它们是在百万年前脉冲星形成的时候逃离彼此的。

2011 年，来自莱顿的天文学家提出了另一种弹射机制——波韦达模型（Povoda's model）的一个变种。希蒙·波特杰斯·兹瓦尔特（Simon Portegies Zwart）和藤井美子（Michiko Fujii）用模型模拟了单独恒星和大质量双星在由数千太阳质量的物质组成的年轻星团中心相遇的情形。实验揭示了这些"霸凌双星"是如何夺取较小的恒星，将它们抢圆，然后猛地扔出星团的过程。总的来说，很多过程都可能有效地创造了如今的速逃星族群。

77 相接双星

定　　义：	一种双星系统，该系统中的两颗恒星距离很近，质量可以从一颗恒星转移到另一颗恒星。
发现历史：	质量在恒星间转移的想法由杰拉德·柯伊伯于 1941 年首次提出。
关键突破：	20 世纪 90 年代，哈勃空间望远镜揭示了大量"蓝离散星"（Blue straggler stars，简称 BSS），它们是由球状星团中心的质量转移产生的。
重要意义：	质量转移过程能帮助解释许多看起来与恒星演化的标准模型相冲突的恒星系统。

尽管恒星生命循环的标准理论解释了大部分恒星的性质，但是进一步的研究展示了很多标准理论无法解释的例子。幸运的是，这些问题恒星通常可以被双星之间的物质转移解释。

恒星结构与演化模型始于 1910 年前后的赫罗图，随后通过亚瑟·爱丁顿和汉斯·贝特的工作（参见第 74 和 77 页）得以大致完成，对解释大部分恒星的性质做出了杰出的贡献。因为核心氢聚变而闪耀的恒星，从一种极端灿烂炽热的蓝色转变为另一种极端暗淡冰冷的红色。它们在赫罗图中的精确位置是由初始质量决定的，而且在整个主序星生命期间基本都保持在赫罗图上的相同位置。直到恒星快要耗尽核心的氢原料时，它们才移出主星序，变成更加明亮、庞大而冰冷的巨星（参见第 310 页）。另外，因为更大质量的恒星能够通过 CNO 循环（参见第 75 页）来燃烧氢，所以它们以极高的速率挥霍燃料，比更加沉着的"表亲们"更快地离开主星序。

双星和聚星系统通常提供了对这个模型的有用认证：通过测量相关恒星的轨道（直接测量或者通过光谱），天文学家能够算出它们的相对质量。早在 1827 年，法国天文学家费利克斯·萨瓦里（Félix Savary）就首次计算了这个数值。此外，因为我们通常能够确信处在同一个系统中的恒星是同时形成的，所以我们可以看到更大质量的恒星确实更加明亮和炽热，而且演化得更快。

对页图：在 2009 年的维修之后不久，哈勃空间望远镜拍摄了半人马 ω 球状星团的核心区域，这是天空中最大的球状星团。这个星场充满了可以示踪整个恒星演化过程的恒星，包括普通的黄色恒星、演化后期的红巨星和暗弱的白矮星，以及更加明亮的蓝白色恒星被称为"蓝离散星"，都是这个拥挤的区域中恒星相互作用的结果。

但是有些恒星仍然拒绝融入。例如，有名的食双星大陵五（参见第293页）包括一颗质量为3.7倍太阳质量的蓝色主序星以及一颗仅有0.8倍太阳质量的演化晚期的黄色亚巨星。那么，低质量恒星是如何演化得更快的呢？

荷兰裔美国天文学家杰拉德·柯伊伯于1941年首次提出的一个模型解答了这个谜题。柯伊伯一直想弄清楚一颗叫作天琴座 β 的复杂恒星，它结合了食双星和脉动变星（参见第310页）的特点，还具有每年增长19秒的掩食周期这样独一无二的性质。他提出，这颗恒星实际上是一对相接双星，其中一颗恒星（通常是两个中比较重的那个）超出了洛希瓣范围，在洛希瓣范围中的物质会被恒星引力束缚。结果是，来自恒星大气的气体盘旋到另一颗恒星的表面，使它可以获得质量，直到变成系统中更大质量的成员。柯伊伯创造了"相接双星"这个术语来描述这个系统。

尽管天琴座 β 给了我们一个难得的机会来观测正在运转的相接双星，但是大陵五和其他相似的系统显示这个现象并不罕见。一些天文学家甚至猜测，天狼星——天空中最亮的恒星，曾经从百万年前其伴星（现在是白矮星天狼星 B）经历红巨星时期时发生的质量转移中受益。

蓝离散星的谜题

质量转移看起来也可以解决长期以来关于球状星团的谜团。球状星团是指在我们

下图：一个用来解释蓝离散星的理论提出，它们产生于球状星团的拥挤核心恒星的近距离相遇（1）。恒星摇摆着进入围绕彼此的轨道（2），然后可能经历了一个相接双星时期（3），直到完全融合产生一个后代（4），这个后代由于增加的质量而燃烧得更加明亮和炽热。

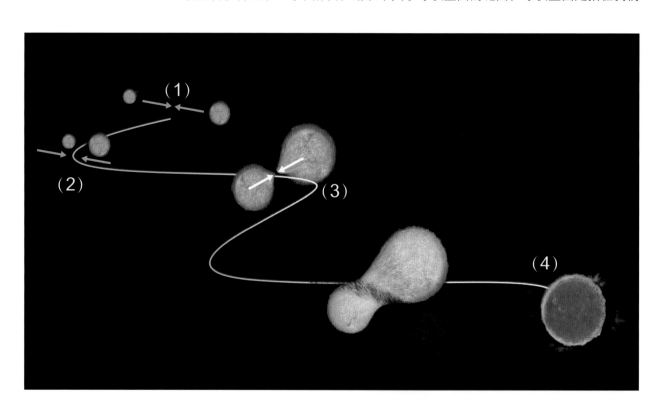

和其他星系周围的轨道上发现的，包含成千上万颗恒星的致密球体（参见第 337 页）。大部分球状星团的成员是古老而稳定的，比如黄红色星族 II 恒星（参见第 61 页）。它们的形成时间比太阳早数十亿年，几乎不含有重元素，而正是这些重元素促使年轻一代的星族 I 恒星得以更快地燃烧。另外，球状星团缺少产生新恒星的原材料，这些原材料实际上是宇宙的化石。

1953 年，天文学家艾伦·桑德奇在接近球状星团 M3 中心的地方发现了很多明亮的蓝色恒星。如果球状星团中的所有恒星都在大约同一个时间形成，并且自从那时开始不再有新的恒星形成，那么被桑德奇命名为"蓝离散星"的大质量恒星是如何幸存这么长时间的？ 1964 年，英国天文学家弗雷德·霍伊尔和威廉·麦克雷提出，它们在球状星团核心的位置也许意味着，它们是在恒星近距离相遇时形成的，这刺激了恒星内部将新的氢原料注入核心，并且使其恢复活力。

20 世纪 90 年代，哈勃空间望远镜对球状星团的巡天表明，蓝离散星远比之前人们想象的更加普遍。这些观测也证实了这些离散星比它的邻居们质量更大，而且它们中的一些旋转得异常快速。这些线索使得天文学家得以改进霍伊尔和麦克雷的理论，提出蓝离散星是处在球状星团致密核心的恒星落到围绕彼此的近距离轨道时形成的。这样的系统能够度过相接双星时期，或者在恒星完全合并中达到极点。无论哪种情况，都能产生质量显著增加的恒星，这会加快核心核聚变的速率，增加恒星的亮度和表面温度。哈勃空间望远镜更进一步的观测已经揭示，这两种机制可能都在这种与众不同的恒星的产生中发挥了作用。

"蓝离散星是在球状星团的致密核心中的恒星落到围绕彼此的近距离轨道时形成的。这样的系统能够度过相接双星时期，或者在恒星完全融合中达到极点。"

激变变星

最壮观的相接双星系统可能要数其中一位成员已经变成致密的恒星遗迹的双星系统，这种致密遗迹可能是白矮星、中子星甚至是黑洞（参见第 329 页）。在这种情况下，这些烧尽的恒星的强烈引力将伴星的物质以一个不断增长的速率剥离。在一个有一颗白矮星的系统中，这能够在遗迹的表面产生一个炽热而致密的捕获大气层。情况可能会变得非常极端，以至于大气层在一次核聚变爆发中点燃，从而发生新星爆发。如果白矮星接近 1.4 倍太阳质量，聚集的物质可能最终会使它超过钱德拉塞卡极限（Chandrasekhar limit）（参见第 330 页），促使它在一次壮观的 Ia 型超新星爆发中坍缩成一颗中子星。如果这个遗迹已经是一颗中子星或者黑洞，剥离的物质就能够在它周围形成吸积盘。当这个盘被潮汐力加热到极高的温度，便会发射出高能辐射，产生所谓的 X 射线双星系统。

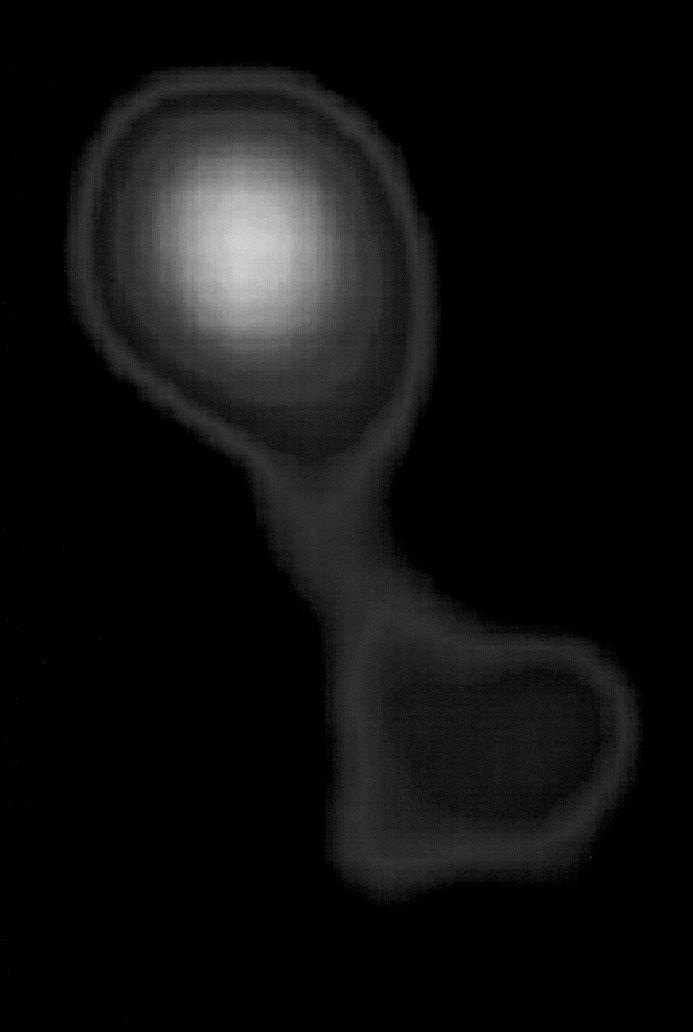

78 刍藁增二

定　义：	刍藁增二（Mira）是一类在大小和亮度上缓慢脉动的高度演化的恒星的原型。
发现历史：	1609 年，大卫·法布里休斯（David Fabricius）第一次注意到这颗恒星不同寻常的表现。
关键突破：	20 世纪，我们对恒星演化的认识有了进一步发展，显示刍藁型星是接近生命尽头的红巨星。
重要意义：	刍藁增二揭示了能够触发大部分变星的脉动过程。

正在接近生命尽头的恒星通常会经历一个不稳定的阶段，此时它们的光度、大小和表面温度以半规则的方式增大和缩减。在这些恒星中最有名的是鲸鱼座 o 星，它的另一个名字"刍藁增二"更广为人知。

第一个意识到鲸鱼座 o 星的独特性质的观测者是德国天文学家大卫·法布里休斯。1596 年 8 月，他在鲸鱼座发现了一颗新的红色恒星；然而在接下来的几个月，这颗红色恒星从他的视野中消失了。这颗恒星似乎是一颗短命的新星（参见第 307 页），但是 1609 年，法布里休斯注意到这颗恒星又回来了。

1638 年，另一个德国人，哲学家约翰·霍华德（Johann Holwarda）确定了这颗恒星的亮度以大约 11 个月的周期发生变化。一年后，波兰天文学家约翰内斯·赫维留（Johannes Hevelius）观测到了这颗恒星，并在 1662 年出版的一本书中将它带入大众的视野，引起了广泛的关注。在这本书中，赫维留将这颗恒星命名为刍藁增二，拉丁文的意思是"奇妙的"。后续的观测确认了这颗恒星的周期为 332 天，星等变化范围为 3.5 ~ 9 等，前者可以用肉眼轻易看到，后者只能通过中型望远镜观测到。这里提到的最大值和最小值都不是固定的，刍藁增二能够比这些值显著明亮或暗淡，其亮度变化超过 1 000 倍。

对页图：一幅来自 NASA 钱德拉卫星的 X 射线图像捕捉到了刍藁增二与白矮星伴星的相互作用。主星（图像上部）在观测过程中产生了一个 X 射线爆发，但是图中较暗的 X 射线允许天文学家追踪被拉向次星（图像下部）的热气体。这两颗恒星之间的距离大约相当于海王星围绕太阳运行的轨道直径。

对变星进行分类

在接下来的两个世纪，天文学家发现更多的恒星改变了它们的亮度，有些被证明是像大陵五那样的食双星，但是其中大部分恒星的性质仍然是个谜。这些"变星"似乎分为不同的类别，可以通过恒星的光谱性质、周期和变化强度以及将它们不断变化的亮度绘制在同一个图表中所产生的"光变曲线"的形状来区分。比如，刍藁增二的光变曲线显示，有一个为期约 100 天的亮度上升阶段，随后是一个相比之下缓慢得多的下降阶段。

刍藁增二被证明是一个分布广泛的变星类别的原型。到了 19 世纪末，已知的刍藁型星数量超过了 250 个（一共约 430 颗变星）。自 19 世纪 90 年代以来，越来越多的刍藁型星被发现，这主要归功于哈佛大学天文台的威廉明娜·弗莱明。她发现刍藁型星有着非常不同的光谱特征，无须多年观察也能识别出来。20 世纪，技术的发展导致了更多变星的发现，它们往往比刍藁增二及其同类变星有着更短的变化周期。刍藁型星如今已被称为长周期变星（LPV），仍然是重要的类别，为理解在很多变星中触发了震动的过程提供了一个关键线索。

一颗脉动的红巨星

直到 20 世纪中期，天文学家才确立了刍藁增二在恒星演化中的位置。这是一颗红巨星，一颗与太阳质量相似的恒星，正在接近生命的尽头，并且膨胀到了巨大的尺寸。

因为在恒星主序星阶段的末期（参见第 75 页和第 258 页），其核心的氢燃料会被耗尽，所以来自恒星核心的辐射压就会减弱。这导致外层内落，压缩并加热围绕核心的壳层，从而使得聚变反应向外移动到这个区域。在像刍藁增二这样相对低质量的恒星中，"壳层燃烧"的激发使得恒星明显增亮，这个壳层的温度甚至会高于核心曾经的温度，所以聚变反应会以一个更快的速度进行。与新的核聚变反应相对应的辐射压的增加，导致恒星的外层像气球一样向外膨胀，所以尽管恒星的光度大幅增加，但是膨胀的恒星会

下图：来自 NASA 的 GALEX 星系演化探测器的紫外图像显示，在恒星穿越空间的旅行中，热气体会在恒星后面形成尾迹。

冷却并变红。例如刍藁增二本身，其光度是太阳的 3 000 ~ 4 000 倍，但是因为它膨胀到了太阳直径的 300 倍，所以它的表面已经冷却到了 2 700 ℃（4 900 ℉）。

与此同时，恒星的内核继续收缩，最终生成可以使氢核聚变的产物——氦自身能够开始发生聚变的温度和压力，从而生成更重的元素，比如氧、碳和镍。来自核心的新能量会导致外面的氢燃烧层膨胀并冷却，减慢核合成的速度，从而导致恒星的总光度下降。这个阶段的恒星在赫罗图（参见第 258 页）上沿着"水平支"向左移动。

核心的氦元素供应是相对较小的，当它也被耗尽时，核心再次收缩，恒星的内层被进一步压缩和加热，然后在氢燃烧层的内部形成了一个氦核聚变的薄层。这个阶段的恒星移动到了赫罗图上的渐近巨星支，同时，因为壳层中的氦供应有限，恒星很快就变得不稳定了。一旦氦的初始壳层被耗尽，辐射压减小导致的进一步压缩就会继续增加外层中氢核聚变的强度。由氢壳层产生的废物氦使得氦核合成得以继续进行，但是这个过程反过来抑制了氢核燃烧，直到氦核再次耗尽。以这种方式，这颗恒星开始了一系列热学脉动，每一个周期持续 1 万 ~ 10 万年。这个过程也导致了在刍藁增二和其他 LPV 中观测到的相对短期的不稳定现象。

空间中的尾迹

在刍藁增二脉动的过程中，从它内部流出的物质提高了恒星外层的重元素丰度（编注：指一种化学元素在某个自然体中的重量占比），然后强烈的恒星风将这些物质中的大部分吹到空间中，丰富了星际介质。直到最近，这个过程还只能被光谱学所推论，但是在 2007 年，NASA 的 GALEX 紫外望远镜首次获得了热气体尾迹的直接观测图像，其中有些尾迹有 13 光年长，在刍藁增二穿越空间的旅程中落在后面。

刍藁增二长期以来被认为是双星，但是系统的具体图像直到 1997 年才由哈勃空间望远镜获得。这些图像揭示了，刍藁增二被扭曲，有一条从它的上层大气排出并延伸到一颗炽热致密伴星的气体尾迹。众所周知，刍藁增二 B 几乎被确定是一颗白矮星（参见第 329 页），已经经过了红巨星阶段进入演化的最终阶段。

"2007 年，NASA 的 GALEX 紫外望远镜首次获得了热气体尾迹的直接观测图像，其中有些尾迹有 13 光年长，在刍藁增二穿越空间的旅程中落在后面。"

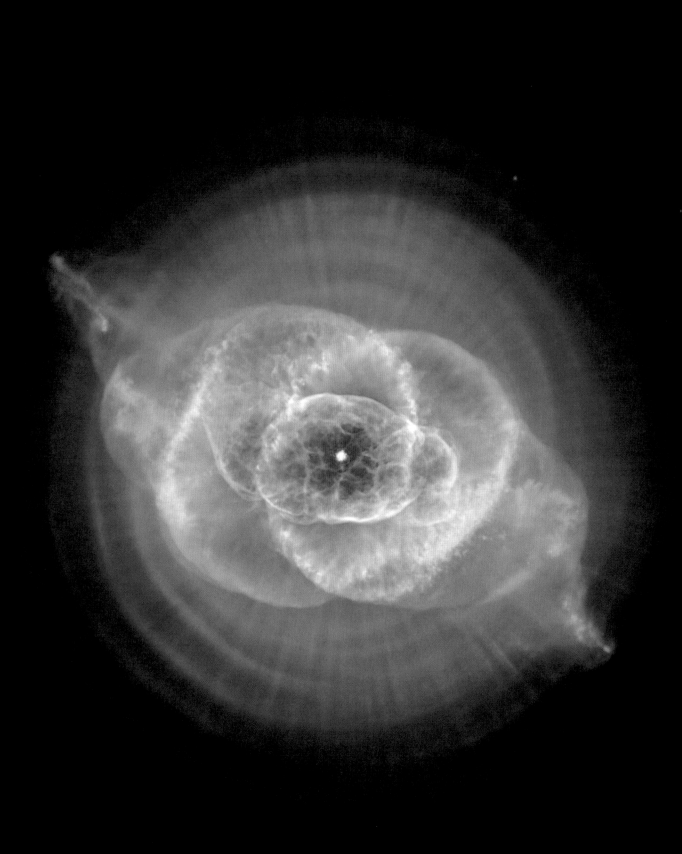

79 复杂的行星状星云

定　义：	类太阳恒星在生命的最后阶段抛出的美丽气体壳层。
发现历史：	1864 年，威廉·哈金斯使用光谱学证实了行星状星云的气态性质。
关键突破：	来自空基望远镜的图像揭示了星云内部出乎意料的复杂性。
重要意义：	行星状星云提供了恒星垂死挣扎的惊鸿一瞥，我们的太阳最终也会经历这一阶段。

行星状星云是类太阳恒星优雅但短暂的最后表演。它们曾经被认为是相对简单的星际"烟圈"，但是最近的发现显示，它们有着更加复杂的结构，能够告诉我们关于它们中央的垂死恒星的情况。

1785 年，海王星的发现者威廉·赫歇尔创造了名词"行星状星云"，意指类似极端暗弱的气态巨行星的圆盘形天体。第一个被发现的这类天体是位于狐狸座（Vulpecula）的哑铃星云（Dumbbell Nebula），1764 年，它被法国彗星猎手查尔斯·梅西耶编录。随着梅西耶建立起非恒星天体目录，后来他又增加了数个同类的天体。

直到 1864 年，行星状星云的真实性质才被确定，这时天文摄影师先驱威廉·哈金斯（参见第 18 页）获得了猫眼星云的光谱，并发现它具有发光气体的特征——光谱的大部分是黑暗的，但是在特殊波长上有一些发射线。起初，这些谱线的确切本质使人们困惑，因为有些谱线无法与已知元素的谱线对应起来。大约在同一时期，天文学家在对太阳光谱的研究中发现了氦元素，所以他们自然地假设存在另一种新元素，并将其命名为"氰"（nebulium）。

与氦不同的是，人们始终无法在地球上找到氰。20 世纪 20 年代，一系列实验室实验揭示了真相：这些令人困惑的谱线是由像氮和氧这样的常见元素的一系列能量跃迁导致的，只能存在于非常低的密度下，因为它们在一般情况下是不可能发生的，所以被称为"禁线"。

对页图： 这幅哈勃空间望远镜拍摄的猫眼星云的图像，显示了一系列复杂结构，从外层的有序辐射图案到更靠近中央恒星的扭曲气泡。

这些谱线的存在证实，行星状星云是极稀薄的天体。它们的弥散性质使得它们的视差很难被测量，但是基于它们到附近几个参照物的距离推算，它们的直径约为 1 光年，而且通常有一颗炽热恒星内嵌在它们的中心。1922 年，埃德温·哈勃证明了星云的表观大小与中央恒星的光度相关，并且主张星云的发光是由于它们的气体吸收了来自中央恒星的辐射，然后在大约 10 000 ℃（18 000 ℉）的温度下被激发而产生的。

短暂的生命

尽管有这些突破，直到 1957 年，苏联天文学家约瑟夫·什克洛夫斯基（Iosif Shklovsky）才推断出行星状星云在恒星演化中扮演的角色。他通过比较行星状星云与红巨星和白矮星的光谱以及测量它们的膨胀率，得知它们的存在时间十分短暂，由此得出结论，这种星云标志着一个中间状态，此时位于渐近巨星支（参见第 311 页）的年老类太阳恒星变得十分不稳定，以至于它们在其炽热内层的一系列脉冲中完全被抛出了外层。随着恒星的内部被暴露，它们的恒星风增强了，越来越多的物质，包括最后发生核聚变的壳层，都被吹散到太空中，直到恒星的核心只剩下一颗新形成的炽热白矮星。

因为行星状星云的外观依赖于垂死恒星周围物质的密度与来自恒星核心本身辐射

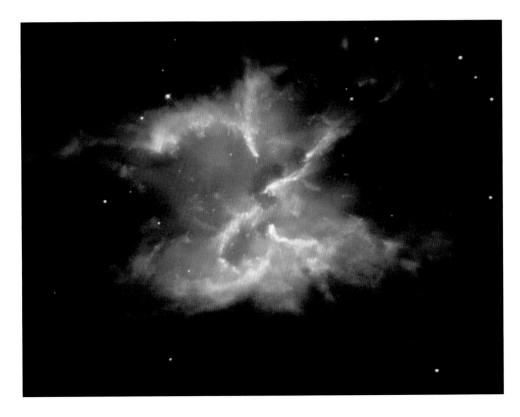

右图：这幅由哈勃拍摄的图像展示的是 NGC 2818 的中心。NGC 2818 是一个位于南天星座罗盘座（Pyxis）的行星状星云。图像中的颜色表示的是不同元素的存在，红色代表镍，绿色代表氢，蓝色代表氧。

强度之间的微妙平衡，所以这种星云是恒星演化过程中极端短暂的一个阶段，这一阶段也许只能持续 1 万年。这反过来解释了为什么尽管行星状星云是由常见的类太阳恒星产生的，但相对来说却很罕见（银河系中已知的行星状星云仅有 3 000 个）。

出乎意料的复杂度

自 20 世纪 90 年代以来，哈勃空间望远镜的观测使得行星状星云的研究发生了彻底的变化。从位于地球大气层上方的轨道上，哈勃拍摄了数十个星云，揭示了星云内部和周围迄今为止未被怀疑过的结构。传统上来说，行星状星云被看作是近似球形的"烟圈"，当我们从地球看向它们较厚的边缘时，它们看起来是环状的。现在，它们已经成为星系中最复杂和美丽的结构之一，许多行星状星云展现出双极外流——从中央恒星喷出的气体"蝶翼"。在一些例子中，这个效应可能会呈现惊人的几何形态，例如"红矩形星云"（Red Rectangle，HD 44179），从中央恒星的两面分别展现出两组嵌套的三角形，而我们正好可以从侧面看到圆锥形外流。作为对比，指环星云（Ring Nebula）曾经被认为是"烟圈"的完美例子，如今人们普遍认为，在它的赤道周围聚集着致密的物质，而且来自斯皮策空间望远镜的红外图像揭示了可见中心之外由膨胀气体组成的复杂外部云团。

> "行星状星云标志着一个中间状态，此时位于渐近巨星支的年老类太阳恒星变得十分不稳定，以至于它们在其炽热内层的一系列脉冲中完全被抛出了外层。"

天文学家仍然不确定为什么逃逸的物质会产生如此复杂的图案，可能几个不同的机制都起到了作用。在一些例子中，当逃逸气体被一个移动较慢的致密物质环或者双星系统中可能存在的近距离伴星限制在恒星赤道上方时，双极形状就可能出现。在恒星演化的不同时期，以不同的速度喷射的气体之间的碰撞，也可能帮助塑造星云的形状。例如，钱德拉 X 射线天文台 2001 年的观测结果，揭示了一个在猫眼星云中心较热气体的膨胀气泡，当它与更早期喷射的较慢移动的较冷物质发生碰撞时，就形成了"眼睛"中央的"瞳孔"。与此同时，2009 年，斯皮策空间望远镜获得的红外图像，揭示了在远远超出星云光学边界的地方也有气体云碎片的暗弱光芒——来自红巨星时期最早喷射出去的物质。最后，强大的磁场可能也起了作用。2002 年，天文学家使用 VLBA 射电望远镜阵列，第一次观测并证实了高度演化的红巨星有着比类太阳恒星更加强大的磁场。2005 年，由海德堡大学的斯特凡·约尔丹（Stefan Jordan）领导的一个小组，使用欧洲南方天文台的甚大望远镜，在复杂的行星状星云的中央恒星中探测到了超过太阳 1 000 倍的磁场。

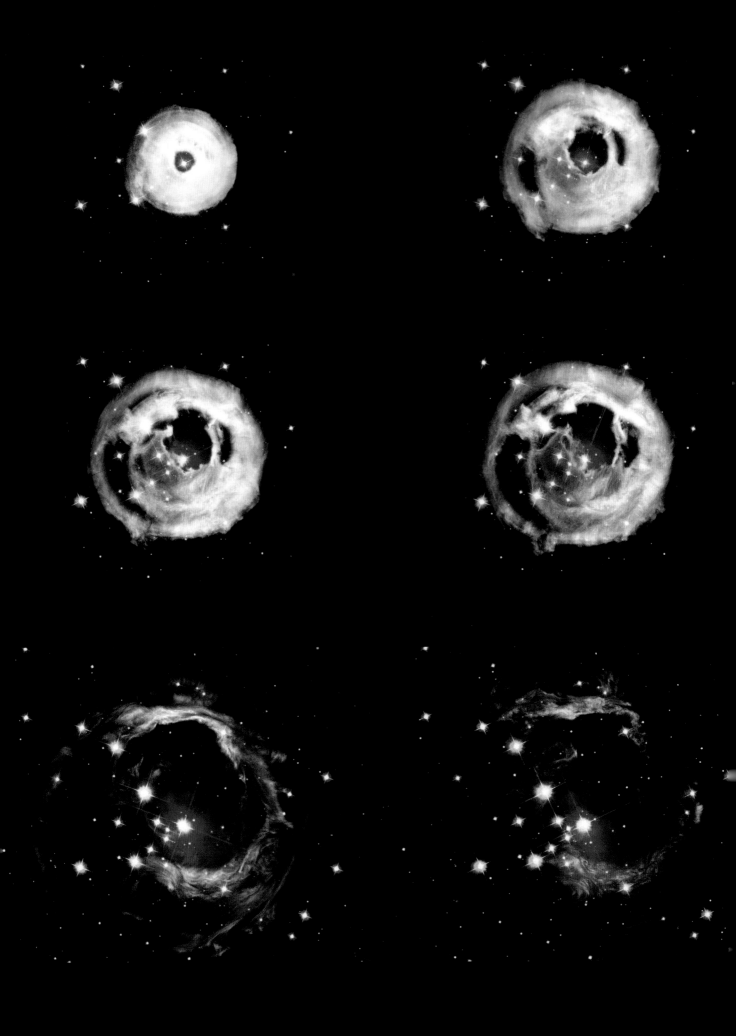

80 麒麟座V838

定　　义: 一个距地球 2 万光年的恒星爆发，可能是由两颗恒星的碰撞引发的。

发现历史: 2002 年，人们在地球上观测到了麒麟座 V838 的爆发，它膨胀的回光被追踪了十多年。

关键突破: 2005 年，天文学家对这次爆炸的前身星进行了详细的分析。

重要意义: 麒麟座 V838 代表了一种引起剧烈恒星爆发的新类型机制。

　　2002 年，天文学家证实了麒麟座中看起来像典型新星爆发的事件。但是在过去的十年中，当天文学家们观察这场爆发的美丽余波时，发现爆发的原因可能更为罕见和有趣。

　　2002 年 1 月 6 日，在一幅由西澳昆恩斯岩石区（Quinns Rocks）的天文学家尼古拉斯·布朗（Nicholas Brown）拍摄的图像上，这颗如今被称为麒麟座 V838 的恒星第一次被观测到。布朗发现了一颗凭空冒出来的新的暗星，并将其报告为可能的新星，新星是双星系统中白矮星将物质从其伴星拉到自身表面所引起的爆发现象。这颗恒星的亮度一直在提升，直到 2 月初，它开始在可见光波段变暗；但是在 3 月，它在红外波段再次增亮，并在接下来的两个月中始终保持明亮，直到回到最初的暗淡状态。这种独一无二的表现标志着麒麟座 V838 的特殊性，天文学家们在对其前身星的信息搜索中找到了更早的图像。

回光

　　当哈勃空间望远镜在 5 月将镜头转向这颗恒星时，图像显示这种爆发有着更为壮观的后续发展。当时，一团明亮的云雾状光晕围绕着中央的红色恒星，然后在接下来的几个月中快速膨胀成越来越复杂的系列同心环，这种奇怪的现象被称为"回光"。虽然从原始爆炸中直接射向地球的光线早已消散，但是这颗恒星碰巧被气体云围绕，这

对页图: 哈勃空间望远镜拍摄的一系列图像，追踪了 2002 年 5 月至 2004 年 10 月间，麒麟座 V838 演化的回光。麒麟座 V838 本身是处于爆发中心的红色恒星。

些云将部分爆炸产生的光线反射回地球。反射光所走的路线自然比直接来自恒星的光要长，所以反射物质离恒星越远，光线到达地球所需的时间越长。这个结果就像一辆火车的光照亮了黑暗隧道的墙壁，给人一种物体膨胀速度快于光速的错觉。回光也提供了通常不可见的星际气体的珍贵图像，天文学家仍然不确定这些产生了回光的气体是否与恒星本身有直接联系，它们可能是在之前的爆炸中被抛出的物质，也可能是形成麒麟座 V838 的星云的遗迹。每种可能性都对爆发的性质有着重要的启示。

无论如何，回光不仅仅是爆炸的一种美丽的副作用，它们还向天文学家提供了爆炸本身增亮和变暗的回放。例如，在第一幅哈勃图像中所看到的回光的蓝色外缘揭示，爆炸的开始是由短波波段的强烈爆发引起的。

比红光更红

"当时，一团明亮的云雾状光晕围绕着中央的红色恒星，然后在接下来的几个月快速膨胀成越来越复杂的系列同心环。"

麒麟座 V838 的前身星很快被证认为一颗距离地球 2 万光年的普通恒星，这表明，在这颗恒星的顶峰时期，它的爆炸曾经发出了百万倍于太阳光度的光。这次爆炸最奇特的特征之一是恒星始终保持着完整。虽然大部分这个规模的爆炸都会产生由膨胀残骸组成的巨大壳层，但是麒麟座 V838 看起来膨胀到了更大的尺寸，几乎达到了木星围绕太阳的轨道直径距离。这个过程与超巨星（在短得多的时间尺度中）的膨胀相似，它导致了恒星表面温度的整体下降，将它的光谱变成了通常与暗弱的褐矮星相联系的深红色 L 型光谱。

2005 年，由波兰科学院哥白尼天文中心（Nicolaus Copernicus Astronomical Center Polish Aca，简称 NCAC）的罗穆亚尔德·泰伦达（Romuald Tylenda）领导的一个小组发表了对其前身星的详细分析结果，他们的结论是：这是一颗看起来很普通，但质量为 5 ~ 10 个太阳质量的 B 型蓝色恒星。光谱分析显示，它只是双星系统中的一颗，另一颗几乎一模一样的蓝色恒星仍然围绕着如今正在收缩的前身星运行。

可能的原因

造成这种奇怪爆炸的可能原因是什么呢？人们对此提出了许多理论，其中一些可能性已经被排除了。比如，爆炸看起来不太可能是某些奇怪种类的新星，因为麒麟座 V838 系统的伴星看起来非常年轻，而且在有限的时间内，对于这种爆炸十分必要的第三颗恒星是很难演化成白矮星的。

左图: 2006 年 9 月，哈勃再次转向了麒麟座 V838，在回光照亮更多的星际介质时揭露了更多的细节。图像中清晰可见的螺纹和旋涡被认为是由空间中流动的磁场引起的。

　　另一个理论基于一些存在争议的视差测量结果而形成，这些测量结果表明，麒麟座 V838 位于更遥远的地方（大约 36 000 光年），会比通常人们认为的更加明亮。由帕多瓦天文台（Padua Observatory）的乌利塞·穆纳里（Ulisse Munari）领导的一个天文学家团队提出，如果确实是这种情况，这个爆发就可能是由蓝超巨星核心的氦开始合成碳产生的氦闪。

　　在所有理论中，最引人入胜的也许是那些与宇宙碰撞有关的。以色列理工学院的泰伦达（Tylenda）和诺姆·索克（Noam Soker）提出了一个观点，即这个爆发是由两颗恒星碰撞合并产生的"合并爆发"。对这种现象的计算机模拟清楚地展示了包括原始爆发中的多重脉动，以及得到的合并恒星的快速膨胀的包层在内的多种特征。由宾夕法尼亚州立大学的阿龙·雷特（Alon Retter）等人提出的相关想法是，这个爆发是由恒星外层激发的核合成引起的，即这种现象是由巨行星在盘旋着落入其母星而毁灭的过程中，通过恒星的外层大气时的热效应激发的。

81 船底座 η 星

定　　义:	这颗巨星在向超新星爆发演化的过程中经历了周期性的爆炸。
发现历史:	在 1843 年的一次爆炸中,船底座 η 星(Eta Carinae)暂时成为天空中第二亮的恒星。
关键突破:	2005 年,天文学家确认了船底座 η 星实际上是一个双星系统。
重要意义:	船底座 η 星给了天文学家一次珍贵的机会,来研究处于超新星爆发边缘的恒星。

引人注目的船底座 η 星嵌在巨大的船底座星云恒星形成区的中心——这是一个不稳定的大质量双星系统,在冲向最终毁灭的过程中经历着不可预测的爆炸。

虽然船底座 η 星现在的亮度通常徘徊在目视极限上下,但是 1843 年的一次壮观的爆发使其在短暂的时间内成为天空中第二亮的恒星,并以此闻名。根据估测的 8 000 光年距离推断,这颗恒星的亮度峰值为太阳的数百万倍,从那时开始,人们对这个天体进行了仔细而深入的研究。

早期观测

早在 1677 年,天文学家就怀疑船底座 η 星存在光度变化,当时英国天文学家埃德蒙·哈雷指出,伟大的天文学家托勒密似乎"遗漏了"一颗哈雷所看到的裸眼可见的中等亮度恒星。哈雷怀疑这是因为这颗恒星在托勒密的时代之后发生了变化。直到 1827 年,英国植物学家和业余天文学家 W. J. 伯切尔(W. J. Burchell)才确定这颗恒星的亮度的确在发生变化。随后,在 19 世纪 20 年代至 19 世纪 30 年代期间,约翰·赫歇尔在南非的好望角对这颗恒星波动的亮度进行了连续观测,直到 1843 年,他才观测到这颗恒星到达了亮度的峰值。在那之后,船底座 η 星在 20 世纪早期逐渐淡出人们的视线,落回不可见状态,到千禧年前后,它的亮度再次增加。

对页图: 这幅来自智利托洛洛山美洲际天文台施密特望远镜(Cerro Tololo Inter-American Observatory, Schmidt Telescope)的令人震撼的图像,展示了整个船底座星云。船底座 η 星是靠近图像中心的明亮恒星,就在暗淡的钥匙孔星云(Keyhole Nebula)右侧。

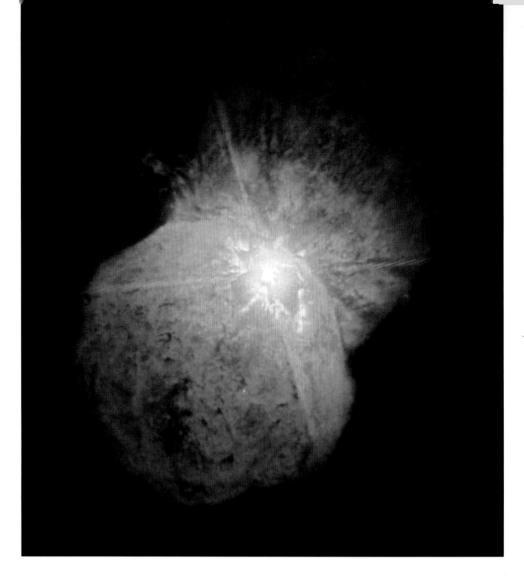

船底座 η 星位于船底座星云 NGC 3372 的中部——这是一个大约 400 光年宽的由恒星形成气体和尘埃组成的巨大区域，而这颗恒星同时位于一个被称为侏儒星云（Homunculus Nebula）的较小双瓣物质云的核心。自从 19 世纪中期侏儒星云被首次观测以来，它经历了快速的演化。对其光谱进行的多普勒分析显示，它正在以大约 240 万千米 / 时（150 万英里 / 时）的速度膨胀。看起来毫无疑问的是，这个双瓣星云是在 1843 年爆发期间由船底座 η 星猛烈喷射出来的。

已知船底座 η 星的位置接近船底座星云的中心，而且极度壮丽，天文学家普遍认为它是一颗年轻而且质量极其巨大的恒星，这种恒星会在离开它们诞生的星云之前迅速衰老，并以超新星爆发的形式死亡。船底座 η 星的质量明显过于巨大，甚至在接近短暂一生的尽头时，它的引力仍然使它不能膨胀为一颗红超巨星。相反，它的表面保持致密状态并被逃逸出恒星的辐射加热到大约 40 000℃（72 000 ℉）。由于这种不稳定性，这颗恒星通常被归类为高光度蓝变星（Luminous Blue Variable，简称 LBV），天文学家猜测它可能是已知的质量最大的恒星之一，其质量远超 100 倍太阳质量。这颗恒星最终会发生壮观的超新星爆发，1843 年的爆发被认为是超新星爆发的前奏，因此被分类为"伪超新星事件"（supernova impostor event）。

一个复杂的系统

最近的一些研究进展改变了我们对船底座 η 星的看法。1996 年，巴西圣保罗大学的奥古斯托·达米内利（Augusto Daminelli）报告了他在船底座 η 星和附近星云的光谱中发现的长达 5.52 年的周期变化，看起来与恒星的总亮度波动有关。这个看上去很可靠的周期性变化（虽然经常会因为系统亮度的大规模变化而变得复杂）给天文学家出了难题。与这个周期性变化相关的光谱变化看起来像是一个"壳层事件"的结果，在这类事件中，恒星会抛出一个巨大的球形物质壳层，但是周期的精确性看起来更像两颗恒星在一个食双星系统（参见第 299 页）中环绕彼此运行的产物。也许最明显的线索是，虽然船底座 η 星始终辐射出 X 射线，但是这种辐射在每个周期中会消失 3 个月左右。

2005 年，一个天文学家团队使用 NASA 的远紫外分光探测器卫星（Far Ultraviolet Spectroscopic Explorer，简称 FUSE）第一次确认了围绕船底座 η 星的伴星的存在。由于这颗伴星有着长达 5.5 年的周期，所以它会以大约 10 AU 的轨道围绕较明亮的船底座 η 星运转，这个系统中的两颗恒星太靠近而无法用现在的光学望远镜分开或分辨。华盛顿美国天主教大学的罗莎娜·伊平（Rosanna Iping）领导的小组推测，因为这颗伴星被认为明显比船底座 η 星炽热，所以在高能量的紫外波段对系统的观测会倾向于使较大质量恒星的亮度变得暗淡，并放大（会发出更多紫外辐射）伴星的亮度。他们发现，与伴星相关的紫外光在 2003 年"X 射线掩星"开始的几天之前消失了，证实了这些紫外线来自船底座 η 星系统的另一个天体，既不是主星，也不是 X 射线源，这与这个系统的模型完全吻合。在这个模型中，X 射线辐射形成于一个两星之间的"热点"，在这里，它们的恒星风相互碰撞，产生了百万摄氏度的高温。

"船底座 η 星的质量明显过于巨大，甚至在接近短暂一生的尽头时，它的引力仍然使它不能膨胀为一颗红超巨星。"

尽管船底座 η 星实际上是两颗而不是一颗恒星，但是它的明亮主星仍然被认为是一颗货真价实的庞大恒星，它本身的质量仍然超过 100 倍太阳质量。虽然对于这颗恒星不稳定的爆发释放出的物质与复杂的星风的相互作用方式知之甚少，但是天文学家仍然确定它正在走向壮烈的死亡。船底座 η 星仍然在朝向超新星爆发的过程中不断演化，这场爆发将会在一百万年内或者更短的时间内发生。

82 超新星

定　　义：	标志着远大于太阳质量的恒星死亡的灾难性爆炸。
发现历史：	1941 年，鲁道夫·闵可夫斯基（Rudolph Minkowski）和弗里茨·兹威基（Fritz Zwicky）证认了不同种类的超新星爆炸。
关键突破：	新的计算机模拟指出了 II 型超新星的标准模型中存在的问题。
重要意义：	超新星爆发是宇宙中最剧烈的事件之一，产生并散布了所有重于铁的元素。

超新星爆发是最壮观的宇宙学事件之一，即在非常短的时间内激发大量核聚变的巨大爆炸。超新星爆发标志着最大质量恒星的终结，它们向宇宙中散布重元素并且在短时间内使整个星系黯然失色。

天文学家将超新星分为两个主要的类型：一类是 I 型超新星（包含从白矮星到中子星的突然坍缩，参见第 307 页）；另一类是 II 型超新星，包括超巨星的灾难性毁灭。这种指定纯属巧合，事实上大部分超新星是 II 型的。在过去的几十年中，这些爆炸的恒星促使天文学家进行了更多的研究。

超新星机制

就像我们在本书其他章节（参见第 74 页和第 310 页）中看到的那样，质量与太阳相似的恒星会经过两个阶段的核聚变，将氢核聚集在一起产生氦，然后氦核聚变产生碳、氮和氧。一旦核心的氦核供应被耗尽，它们就再也不能达到合成更重元素所需的极端条件，因此它们注定会进入蹒跚的老年阶段，并以行星状星云的形式死亡。

相比之下，一颗超过 8 倍太阳质量的恒星可以在恒星演化的道路上走得更远。随着恒星耗尽核心的氦并被外层的巨大压力压缩，它将变得足够炽热，从而可以开始更

对页图：位于金牛座的蟹状星云是一个正在膨胀的超新星遗迹，这颗超新星在 1055 年被广泛报道。这张哈勃空间望远镜拍摄的图像显示了蟹状星云破碎而不对称的结构，其核心快速旋转的脉冲星给超新星爆发的性质提供了重要线索。

重元素的核聚变，来制造像镍、硅和铁这样更加复杂的元素。随着每个新的聚变过程走到尽头，聚变开始向外移动到核心周围相对应的壳层，直到恒星的中央区域建立起一种洋葱式结构。然而，这种持续发光的能力是需要付出代价的。每个新的核聚变反应都比早先的更加低效，并且更快地耗尽它的燃料。此时恒星变成了不稳定的红超巨星，它的内部变得更加复杂，对温度和压力的微小变化也更加敏感。

最终，恒星产生了一个铁核，这一次，没有任何事能够阻止这颗恒星的终结。铁核的聚变可以产生更重的元素，但是在这一过程中需要吸收的能量比产生的要多，所以当恒星尝试这个过程的时候，它的能量来源（唯一能支撑恒星重量抵御引力的东西），突然被切断了。在几秒钟内，围绕核心的壳层以超过 70 000 千米 / 秒的速度向内坍缩，将核心压缩到很小的尺寸，并极大地提高了它的温度。在这个过程中，核心中的电子和质子在一个名为电子捕获的过程中融合在了一起，产生了中子（不带任何电荷的亚原子粒子），因此这些粒子不再通过电磁力产生相互排斥的作用。只有当核心达到大约 30 千米（19 英里）的直径并与原子核的密度大致相当时，中子才会因强核力（参见第 26 页）而互相排斥，核心的坍缩才会终止。

核心坍缩的难题

在传统的 II 型超新星模型中，人们认为由核心坍缩的突然停止所激发的激波会以极大的力量将恒星的外层撕裂，将它们的温度提升到几百万摄氏度，并提供足够的能量来激发新一轮的核聚变，将这些能量消耗掉。由于恒星外部包层的很大一部分仍然是由氢和氦主导的，这个过程相当于在几天内，而不是数十亿年，燃烧掉了多个太阳质量。有了如此多的能量，核聚变过程也可以超越铁的阈值继续进行，从而产生了在地球上常见的重元素——从金、铂到镭和铀。

最近，在美国田纳西州橡树岭国家实验室进行的计算机模拟表明，这个模型存在一个问题。虽然外部效应是清晰而不容辩驳的，但是其背后的机制似乎要复杂得多。依靠世界上最强大的超级计算机之一，橡树岭的科学家证明了膨胀激波的能量在传入恒星外层时迅速消散了，其中大部分能量在瓦解核心周边重元素时损失掉了。由此带来的结果是，为了产生可见的超新星爆发，恒星需要更进一步注入巨大能量。在努力解决这个难题的过程中，天文学家将目光转向了中微子的奇特性质，或者与恒星磁场坍缩相联系的可能的加热效应（参见第 81 页和第 329 页）。

"围绕核心的壳层以达到 70 000 千米 / 秒的速度向内坍缩，将核心压缩到很小的尺寸，并极大地提高了它的温度。"

不对称的爆炸

超新星标准模型的另一个难题存在于它们留下的碎片中。爆炸的恒星通常会产生一个由被抛洒出来的气体组成的快速膨胀的壳层，这种壳层含有丰富的重元素，并将其散布到周围的星际空间。恒星本身的残留物位于超新星遗迹的中心，也就是压缩的恒星核心或者"坍缩星"，这些残留物转化成了中子星或者黑洞（参见第 330 页）。难题是这些遗迹在结构上通常是不对称的，更重要的是，坍缩星经常高速穿越空间，而不是留在膨胀遗迹的中心。

对这种不对称表现的一个可能的解释是，在垂死的前身星中存在大尺度对流。这个过程可能会造成局部元素丰度的变化，导致坍缩、反弹和最终爆炸过程中的不规则核燃烧。另一个可能的解释是，正在形成的中子星进行气体吸积的过程中产生了一个能够驱动高度定向喷流的盘，以极高的速度向恒星外部排出物质，并帮助产生了扰乱外层的激波。第二个理论类似于用来解释与最剧烈的恒星爆发相关的令人难以捉摸的伽马射线暴的理论（参见第 369 页）。

83 奇特的恒星遗迹

定　　义：	到达生命尽头的燃尽恒星的致密坍缩核。
发现历史：	1910 年前后，天文学家第一次辨认出白矮星的奇怪性质。
关键突破：	1967 年，天文学家发现了第一颗中子星，也就是脉冲星和"X 射线双星"系统。
重要意义：	中子星和黑洞与系统中的其他恒星一起，可以产生宇宙中最剧烈的爆炸现象。

整个 20 世纪，天文学家都致力于弄清楚恒星死亡时留下的奇怪天体——白矮星、中子星和黑洞。现在看来，也许还有其他类型的极端恒星遗迹有待发现。

根据恒星演化的标准模型，恒星会以三种方式结束生命。接近太阳质量的恒星膨胀成红巨星并将它们的外层作为行星状星云抛撒出去，留下的燃尽的行星大小的遗迹被称为白矮星。与之相比，超过 8 倍太阳质量的恒星会产生超新星爆发，留下一颗城市大小的中子星或者黑洞。伴随着我们对粒子在极端密度下相互作用的理解的加深，新的发现指出，其他类型的"奇特"恒星遗迹可能仍然有待发现。

类太阳恒星的命运

第一颗被星表所收录的白矮星是波江座 40B（40 Eridani B），它是威廉·赫歇尔于 1783 年发现的三星系统中一个暗淡的成员。可是赫歇尔没有办法进一步了解这颗距离地球仅 16.5 光年的恒星，直到 1910 年美国天文学家亨利·诺利斯·罗素、爱德华·皮克林和威廉明娜·弗莱明才发现了它的重要意义。根据被人们接受的恒星演化模型（参见第 258 页），炽热的白色恒星应该是非常明亮的。如果恒星既暗弱又是白色的，那么这颗恒星的实际尺寸肯定非常小。

1915 年，美国天文学家沃尔特·亚当斯（Walter Adams）证明，天狼星 B，这个天空中最明亮的恒星的暗弱伴星，也是一颗白矮星。根据对这对伴星 50.1 年周期的测

对页图：2008 年，天文学家使用位于智利的甚大望远镜观测到一颗年轻"强磁星"（magnetar）的一系列耀斑——这是一颗近期形成的有着强烈磁场的中子星。这是从这种天体上看到的第一批可见光耀斑，可能是由从中子星表面撕裂并绕着磁力线旋转运动的带电荷的粒子云团造成的。

量，人们已经知道，天狼星 B 的质量与太阳大致相同，所以这颗恒星不仅尺寸非常小，而且密度非常大。对白矮星的进一步研究表明，它们通常在仅有地球大小的体积中含有约等于太阳质量的物质，而且富含碳、氮和氧。

1926 年，英国物理学家 R . H . 福勒（R.H. Fowler）利用当时新发现的泡利不相容原理（参见第 26 页），展示了恒星内部紧密挤压在一起的粒子是如何产生了一种"电子简并压力"（degenerate electron pressure），从而阻止恒星在自身引力下继续坍缩，这赋予了这些遗迹一些奇特的性质。例如，较重的白矮星比那些质量较小的体积更小，也更致密。人们很快明确了白矮星肯定存在一个质量上限，超过这个上限，电子压就不再能支撑它抵御引力。1931 年，印度天体物理学家苏布拉马尼扬·钱德拉塞卡（Subramanyan Chandrasekhar）得出这个极限大约为 1.4 倍太阳质量。

中子星和黑洞

"没有任何其他东西可以阻止恒星内核的坍缩，它会变小成为一个奇点，一个集中了质量的小点，具有极其强大的引力。"

德国和瑞士天文学家沃尔特·巴德（Walter Baade）和弗里茨·兹威基利用 1933 年发现的中子（参见第 26 页）来描述超过"钱德拉塞卡极限"的恒星核的命运。在这样的情况下，电子和质子被束缚在一起，合并成为由于"中子简并压力"（neutron degeneracy pressure）而稳定存在的直径数千米的中子物质。中子星太过微小和暗弱，所以它们只有在特殊情况下才能被探测到。

1967 年，剑桥天文学家乔瑟琳·贝尔（Jocelyn Bell）和安东尼·休伊什（Anthony Hewish）发现了第一颗脉冲星，这是一种有着强大磁场的中子星，以两个快速旋转的射束发射它的能量，如果这些射束碰巧扫过地球，就会产生规律的闪光。同一年，苏联天文学家约瑟夫·什克洛夫斯基提出，X 射线源天蝎座 X-1（Scorpius X-1），是在一颗中子星从双星的伴星中吸引物质并将物质加热到百万度的吸积盘的过程中产生的。我们对中子星的绝大部分了解都来自对这些脉冲星和"X 射线双星"的研究，直到 20 世纪 90 年代，由纽约州立大学的弗雷德里克·沃尔特（Frederick M. Walter）领导的一个小组才使用伦琴 X 射线天文台（ROSAT X-ray satel-lite）和哈勃空间望远镜追踪到了第一颗"裸"中子星。天文学家仍然不确定中子星的具体情况，但是就像白矮星一样，中子星也存在一个质量上限，超出这个质量，中子简并压力就不能继续支撑星体。这个"托尔曼－奥本海默－沃尔科夫"（TOV，Tolman–Oppenheimer–Volkoff）极限的精确值还不知道，但是估值被认为是 1.5 ~ 3 倍太阳质量。

超过 TOV 极限的恒星会发生什么？人们最广泛接受的理论是由美国物理学家 J. 罗伯特·奥本海默（J. Robert Oppenheimer）在 1939 年提出的，没有任何其他东西可以阻止恒星内核的坍缩，它会变小成为一个奇点（一个集中了质量的小点），从而具有极其强大的引力。奇点形成了黑洞的核心，被一个被称为事件视界的边界与宇宙的其他部分分隔开，事件视界所在的位置，

引力强大到连光线都不能逃逸。存在黑洞的可能性从爱因斯坦的广义相对论（参见第37页）中自然产生，并且早在 1916 年就由德国物理学家卡尔·史瓦西（Karl Schwarzschild）进行了阐述。不过，"黑洞"的名字直到 20 世纪 60 年代才被创造，而且直到 1972 年，一个由美国天文学家查尔斯·托马斯·博尔顿（Charles Thomas Bolton）领导的小组才确定了第一个可能的"黑洞"候选体——位于 X 射线双星系统的天鹅座 X-1（Cygnus X-1）。

奇怪的中间者

现在，一些天文学家和物理学家认为，在 TOV 极限和奇点之间可能还有其他阶段。人们已经知道中子是由夸克（参见第27页）组成的，因此其中一种可能性是，即使在恒星超过 TOV 极限、中子被解体之后，夸克之间的作用力产生的压力也可以阻止恒星内核的进一步坍缩。这样的理论性天体被称为夸克星或奇异星，它们应该可以像中子星一样由于不遵循预期的质量、直径和温度关系而被探测到。位于仙后座（Cassiopeia）大约 10 000 光年远的名为 3C 58 的脉冲星是一颗可能的夸克星，一些天文学家论证道，遥远星系中特定的罕见明亮的超新星爆发可能与夸克星的形成有关。

比夸克星还要致密的恒星遗迹更可能只是一种假设，因为它们的存在依赖于本身就是理论性物质的相互作用和形成。"弱电星"可能是一种苹果大小的残留物，通过一种被称为"弱电燃烧"的过程产生辐射，从而避免坍缩到奇点。同时，前子星（Preon star）整个都是由前子组成的（前子是夸克和轻子粒子的假设性亚单元）。无论如何，如此奇怪的恒星遗迹是否真的能从一颗真实恒星的死亡中产生，仍然是一个未解之谜。

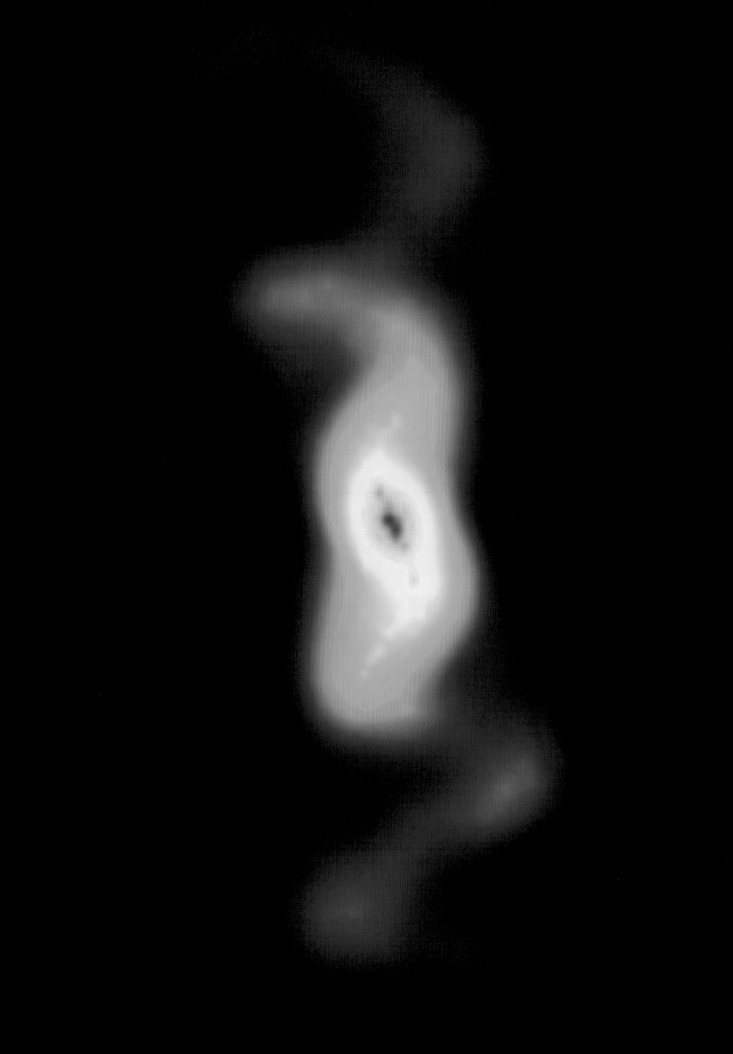

SS 433

定　　义：	一个奇特的恒星系统，看起来像微缩版的类星体。
发现历史：	1977 年，SS 433 在一次恒星巡天中被首次认出，并被独立发现于 X 射线和射电波段。
关键突破：	1979 年，两组天文学家利用高速喷流解释了 SS 433 最特殊的性质。
重要意义：	SS 433 给了天文学家一个珍贵的机会，以研究近邻空间中的类星体状系统。

　　这个名为 SS 433 的天体位于银河系的另一边，一个距离我们大约 18 000 光年的地方，而且是已知的最奇特的恒星系统之一。与那些远大于它的活跃星系类似，SS 433 也具有显著的产生超光速喷流的能力，这一点曾困扰过天文学家一段时间。

　　SS 433 的名字来自一份 1977 年的恒星目录，目录收录了那些在光谱中显示了强烈发射线的恒星，这个目录是由凯斯西储大学的天文学家尼古拉斯·桑杜列克（Nicholas San-duleak）和 C. 布鲁斯·史蒂芬森（C. Bruce Stephenson）编录的。在此前的两年里，X 射线源和射电源就已经被确定位于天空中的同一个位置，但是直到 1978 年，几组天文学家才意识到，其实可见光、X 射线和射电辐射都来源于同一个天体。这个有趣的发现引发了科学家们对 SS 433 的大量研究，以至于在之后的五年里，发表的相关科学论文超过了 200 篇。

"世纪的谜团"

　　最初，吸引桑杜列克和史蒂芬森注意的是在与氢和氦相关的特定波长周围的强烈的、宽阔的发射线，但是，天体的光谱中也存在不能与任何已知过程或元素相联系的发射线。后来人们才知道，这些神秘的发射线实际上是氢线和氦线的两组复制品。其中一组显示出强烈的红移（暗示远离地球的快速运动），另一组则显示了强烈的蓝移

对页图：这幅 SS 433 的射电图像是由新墨西哥州的甚大阵拍摄的，清晰地显示了从中央天体中发出的粒子所遵循的螺旋式路径。

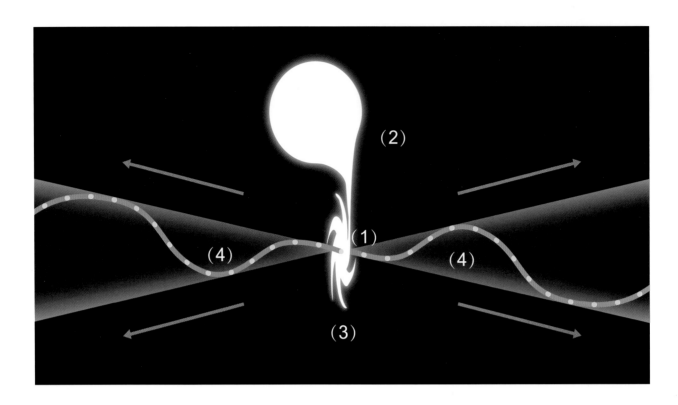

上图：SS 433 的标准模型显示，超致密的恒星遗迹（1）正在从伴星（2）中拉出气体。随着物质盘旋着落在遗迹上，这些物质形成了一个超热的吸积盘（3），将喷流从它的两极（4）弹射出去，并且伴星的引力拖曳会导致盘和喷流方向的夹角随着时间改变。

（朝向地球的快速运动）。蓝移谱线显示天体正在以接近光速的速度向我们运动，而红移显示它正在以大致相同的速度远离我们。另外，蓝移和红移的强度存在一个 164 天的变化周期，但它们相对地球的平均速度始终是 12 000 千米／秒（7 500 英里／秒）。与此同时，对中央相对没有移动的谱线的测量显示，它们的源正在以大约 70 千米／秒（43 英里／秒）的速度运动。

1979 年，英国天文学家安德鲁·费边（Andrew Fabian）、马丁·里斯和以色列天文学家莫德采·米尔格若姆（Mordehai Milgrom）分别提出了一个相同的模型，在这个模型中，平移的谱线是由于窄喷流从一个倾斜天体的两极出现，使得喷流轴相对于地球缓慢地旋转或者"进动"（编注：一个自转的物体受外力作用导致其自转轴绕某一中心旋转）。美国人乔治·阿贝尔（George Abell）和布鲁斯·梅根（Bruce Margon）进一步发展了这个想法，并且预测了发射线的平移。根据他们的模型，喷流的旋转产生了一个大约 40° 宽的圆锥形，以一个 79° 的中心轴几乎侧向地球。喷流中的物质以光速的 26%，即 78 000 千米／秒（48 500 英里／秒）的速度运动，因为喷流的方向围绕圆锥不断发生改变，所以从地球上看，它的速度也在发生变化。也许喷流最显著的特征是由于它的相对论运动产生的时间膨胀效应（参见第 35 页），因为来自喷流的辐射产生于它们的原子振动，所以当它们因时间膨胀而振动得更慢时，就会产生更长波长的光线。正是这个光线的红移，这些天体的移动速度被解释成了以 12 000 千米／秒（7 500 英里／秒）远离地球的系统平均速度。

不可见的证据

通过位于新墨西哥州索科罗的甚大阵生成的 SS 433 的射电图像可以发现，缓慢旋转的喷流会雕刻其周围被收录为射电源 W50 的气体云，从而产生了巨大的螺旋状结构的射电辐射，由此可以确定这个模型的精度。但是 X 射线观测使事情变得更加复杂。这个天体看起来从两个单独的源中产生了 X 射线，其中一个或多或少恒定的软 X 射线源（相对低能量）正在随着射电源摆动或者进动，而另一个高能的硬 X 射线源每 13 天会消失大约 2 天。天文学家很快得出结论，这个中央天体是一对 X 射线双星，这是一个极端炽热的吸积盘围绕着一个超级致密的天体，它被一颗临近的伴星有规律地掩食。那么位于 SS 433 中心的天体究竟是什么呢？天文学家相信，答案与 W50 这个围绕系统的热气体云有关：它看起来是一种不常见的超新星遗迹，年龄约为 1 万年。这表明，吸积盘中央的天体不是中子星就是黑洞。

> "蓝移谱线显示天体正在以接近光速的速度向我们运动，而红移显示它正在以大致相同的速度远离我们。"

将已知都放在一起

根据被广泛接受的 SS 433 的"标准模型"，这个系统一开始是一对彼此紧密束缚的双星，其中一颗恒星（主星）明显重于另一颗恒星。较大质量的恒星在超新星爆发中毁灭，并产生了 W50，此时伴星或次星仍然处于相对平静的中年时期。尽管超新星爆发带来了灾难，但是这两颗恒星仍然处在近距离轨道中，并且对彼此施加着强大的影响。最重要的是，伴星的外层落到了超新星遗迹的洛希瓣中，在这个区域内，超新星遗迹的引力超过了伴星的引力，所以物质从恒星的大气层中被吸取出来。随着这些被吸取的热气体盘旋着落向遗迹，它会形成一个产生强大 X 射线的超热吸积盘。盘中的一些物质会被加速到很高的速度（也许是被磁场加速的，参见第 329 页），并沿着紧密排列的喷流逃逸。与此同时，伴星自身的引力作用拖曳着吸积盘，并导致它的周期性进动。由于 SS 433 与更大、更强的活跃星系核的相似性，它经常被认为是一类被称为"微类星体"的天体的原型。

尽管这个 SS 433 的通用模型经受住了近 20 年研究的检验，但是关于这个有趣的天体仍然有很多未解之谜。2004 年，射电天文学家利用 VLA 发现，喷流的速度不像人们曾经认为的那样是常数，而是在光速的 24% ~ 28% 之间变化，而这些变化同时影响着这两种喷流。另外，对这个系统的质量的测量产生了两个截然不同的结果，要么是一颗相当平均的 A 型伴星围绕着一颗中子星主星，要么是一颗巨大的白色超巨星围绕着一颗非常大质量的黑洞。因此，所谓的"世纪谜团"还没有被完全揭开。

85 银河系结构

定　　义：	近来，在银河系基本的旋涡结构中发现了更为复杂的细节。
发现历史：	20 世纪 50 年代，利用射电观测确定了银河系旋臂结构。
关键突破：	2005 年，我们在银河系中心发现了一个由恒星组成的"长棒"状结构。
重要意义：	了解银河系的结构有助于我们了解影响恒星形成率的过程。

自 18 世纪开始，天文学家就试图测量银河系的结构，然而直到今天，我们的银河系中仍充满了未知，但我们现今对银河系的理解与 10 年前已经大不相同。

1785 年前后，德裔英国天文学家威廉·赫歇尔和卡罗琳·赫歇尔（Caroline Herschel）首次试图确定银河系的形状并确定太阳在其中的位置。在假设所有恒星的光度大致相同的前提下，他们对天空中近 700 个区域的星群进行了成像，最后得到了不规则的团块结构，其宽度略大于其深度，并且太阳位于星系中心附近的结论。

丈量银河系

在一个多世纪后的 1906 年，荷兰天文学家雅各布斯·卡普坦（Jacobus Kapteyn）试图继续赫歇尔的工作，他协调了 40 个天文台共同开展了一项基于"恒星计数"的国际合作。卡普坦最终得到的结果与赫歇尔相似，只是更为扁平，银河系直径约为 4 万光年，并且太阳在其中心位置。

美国天文学家哈洛·沙普利以其非凡的洞察力使我们知道了我们在银河系中的位置。沙普利研究了球状星团的分布，这些球状星团大多数位于银河系盘面的上下。1921 年前后，他发现这些球状星团集中分布在人马座一个遥远的区域内。他意识到这一区域可能是银河系真正的中心，而我们的太阳系处于其外围；然而，沙普利远远高估了球状星团的距离，这些星团使他相信银河系的直径约为 30 万光年，并且最终使他在银河系

对页图：位于南半球孔雀座（Pavo）的星系 NGC 6744 被认为是我们银河系的孪生兄弟，其同样具有两条主要的旋臂以及自核区延伸而出的短棒。一个主要的差别是，NGC 6744 的可见直径约为银河系的 2 倍。

上图：位于长蛇座（Hydra）的 ESO510-G13 是一个侧对着我们的旋涡星系，距离我们约 1.5 亿光年。哈勃空间望远镜拍摄的照片清晰地展示了它星系盘的翘曲，这与我们银河系自身的翘曲十分相似（编注：翘曲是指一些旋涡星系的边缘，一端稍微向上翘，相对的另一端向下曲，其截面呈近似于英文字母 S 的形状）。

外是否存在其他星系的"大辩论"中站到了错误的一边。

1927 年，荷兰天文学家简·奥尔特取得了另一项关键的发现——银河系不同区域围绕中心的转动速度是不同的（例如太阳每 2.5 亿年围绕银河旋转一圈）。这种由开普勒运动定律（参见第 6 页）决定的"较差自转"，使得奥尔特能够很好地推测银河系的大小。他测量后得到的结果是，银河系的直径约为 8 万光年，其中太阳在距离中心约 19 000 光年处，但如今广泛被接受的模型认为，银河系直径约为 10 万光年，而太阳距离中心 26 000 光年。

描绘旋臂

人们对银河系尺寸的争论还在继续，而关于银河系结构的问题也没有得到解决。有证据指出，银河系中恒星呈盘状分布，与其他星系的结构相比较后，人们普遍认为银河系是一个旋涡星系。早在 1852 年，美国天文学家史蒂芬·亚历山大（Stephen Alexander）就提出了银河系可能与新发现的"旋涡状星云"有某种类似。但直到 20 世纪 20 年代，当哈勃证明那些遥远的天体是银河系之外的恒星系统后，这些想法才得到重视。

1951 年，威斯康星州叶凯士天文台（Yerkes Observatory）的威廉·摩根（William W. Morgan）首次真正发现了旋臂结构的证据。摩根绘制了明亮的疏散星团的分布图，在其他星系中，这些星团倾向于分布在其旋臂上（参见第 358 页）。摩根在银河系中通过探寻这些疏散星团，发现了三条链状分布的结构。他认为这些链状结构是银河系主旋臂的一部分。20 世纪 50 年代后期，奥尔特和其他天文学家利用新一代的巨型射电望远镜，描绘了星系中性氢气体云的位置，甚至在恒星和星际尘埃背后的中性氢也能被射电望远镜探测到，故而观测的范围比摩根的疏散星团更广，这种方法使得奥尔特证实了银河系的整个圆盘上都具有与邻近区域相似的旋臂结构。

20 世纪 50 年代以来，基于射电观测以及对于其他星系的研究，天文学家普遍认为银河系存在四条主要的旋臂，即英仙臂、矩尺臂 / 外缘旋臂、盾牌一半人马臂、船底一人马臂，以及一些存在于它们之间的较小的旋臂或结构，太阳系处于其中的猎户一天鹅臂。斯皮策空间望远镜最新的红外观测却表明，银河系只有两条主臂，另外两条主臂则被降级为小的刺状结构。

新发现

最近的另一些发现表明，我们的银河系只拥有两条主要的旋臂，这个事实是具有物理意义的。这表明我们的星系事实上是一个棒旋星系，并且从核心区域延伸形成棒状结构的星系，通常只拥有两条主要旋臂。银河系中心可能具有棒状恒星分布的观测证据，最早是由射电观测于 20 世纪 80 年代得出的，并且在 20 世纪 90 年代得到了康普顿伽马射线天文台对恒星形成的观测数据的支持。直到 2005 年，基于斯皮策太空天文台的观测，威斯康星大学的爱德·丘奇威尔（Ed Churchwell）和罗伯特·本杰明（Robert Benjamin）领导的团队才通过描绘冷红巨星的分布确定了棒状结构的存在。他们最新的研究同样揭示了棒状结构具有超大的尺寸，其具有 28 000 光年的长度，这几乎相当于银河系直径的 1/4。

与此同时，一些新发现也正在改变我们测量银河系大小的方法。外围恒星的轨道速度揭示了银河系周围大量暗物质的存在（参见第 389 页）。但几十年来，天文学家同样发现，原子氢云会一直延伸到距离银河系中心约 75 000 光年处。更为关键的是，银河系盘的外围区域似乎存在着明显的翘曲，翘起部分与银河系主平面的最远距离有 7 500 光年。从侧面看去，银河系也许和长蛇座中的旋涡星系 ESO 510-G13 很像。银河系翘曲的起源一直困扰着天文学家，直到 2006 年，由加州大学伯克利分校的里奥·布里茨（Leo blitz）领导的团队认为，这一现象可能是由银河系最大的卫星星系，即大麦哲伦星云后的暗物质尾流的引力效应引起的。根据这一模型，翘曲是一个围绕着银河系转动的结构。这一令人惊讶的结果表明，我们的星系好似一面巨大的锣在晃动。

"银河系盘的外围区域似乎存在着明显的翘曲，翘起部分与银河系主平面的最远距离有 7 500 光年。"

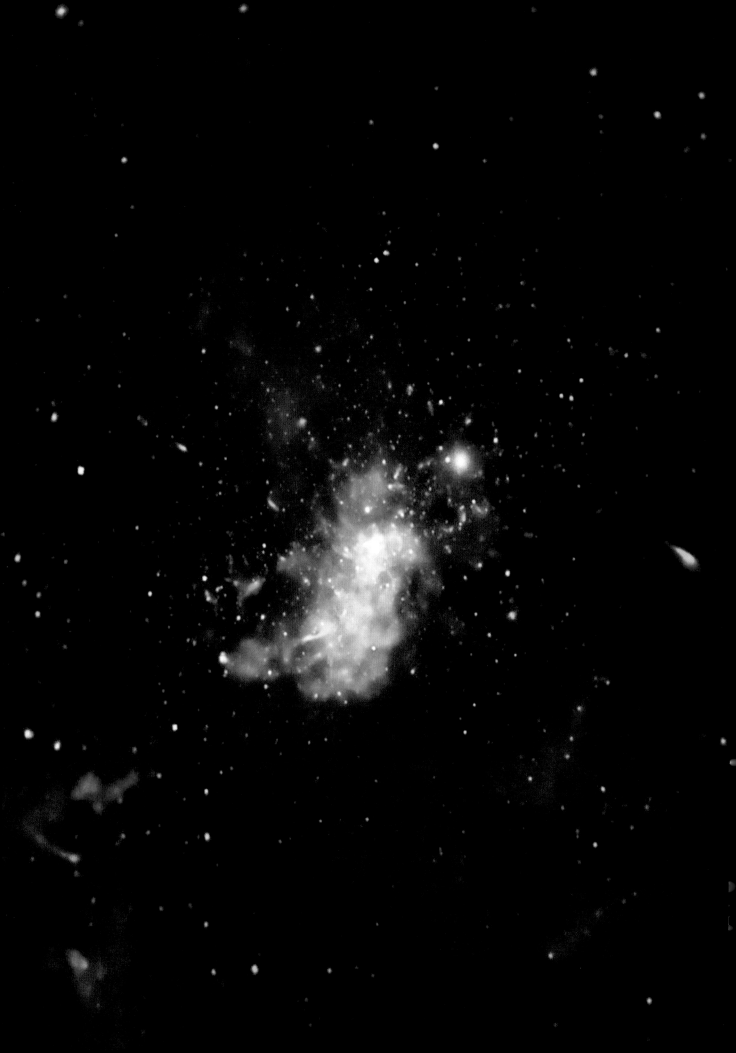

银河系中心黑洞

定 义：	一个超大质量黑洞，位于我们银河系的中心。
发现历史：	20 世纪 70 年代，射电观测首次描绘了银河系中心。
关键突破：	2002 年，天文学家通过银河系中心附近恒星的轨道性质，确定了中央黑洞的存在。
重要意义：	许多星系中心都存在超大质量黑洞的事实，解答了关于中心黑洞的起源问题，但同时也提出了其他问题。

　　银河系中心沉睡着一个巨人——一个具有几百万个太阳质量的超大质量黑洞，内嵌在一个有着巨大的气体云、超大质量恒星与反物质爆发的动荡区域中。

　　银河系中心的性质长期困扰着天文学家。银心位于人马座方向，距离我们 26 000 光年。由于被旋臂中致密恒星云和星际尘埃以及银河系中心区域数十亿颗年老的红色和黄色恒星遮挡，我们在可见光或红外波段无法直接看到这个区域。归根结底，所有这些恒星的引力将银河系束缚在一起。具体是什么过程塑造了银河系的中心区域？直到 20 世纪 90 年代，天文学家才开始了解银河系中心区域那些奇异的天体与剧烈的过程。

　　长久以来，天文学家一直怀疑，我们的星系以及其他星系的中心区域是否由于物质的高度聚集而固定不动。与银河系盘中的恒星相比，核心区域的恒星轨道更为无序，其轨道平面与银河系盘面常常存在着巨大的夹角。轨道之间相互重叠的效应使得中心区域应当类似于一个扁平的球。在混乱的情况下，这些轨道似乎都围绕着中心的一个相对较小的区域。

描绘核心

　　1974 年，人们首次尝试利用射电探测银心区域，并发现了一组射电源，将其合称

对页图：钱德拉 X 射线天文台拍摄的图像展示了星系中心黑洞附近的湍流。图中不同颜色代表了不同能量的 X 射线，红色是能量最弱的，蓝色是最强的。黑洞位于明亮的中心区域，周围环绕着近邻的巨型恒星所释放的炽热气体。

为人马座 A。人马座 A 东区是一个热"气泡"，这可能是一个膨胀中的超新星遗迹。人马座 A 西区是三束引人注目的正落入银河系中心的气体旋臂，这些旋臂的形态被两个巨星的致密星团发出的辐射改变着。这两个被称为"拱门星团"与"五合星团"的系统包含着一些已知最大的恒星：它们被认为是在相对短暂的星暴过程中形成的。这类星暴过程发生在距离星系中心仅 100 光年处的独特条件下，由气体的大规模挤压所触发。

同时，在人马座 A 东区的正中间存在着第三个致密射电源，被称为人马座 A*。人马座 A* 位于另一个巨大星团中，它似乎标志着银河系真正的中心，以及那里的超大质量黑洞。

不可见的心脏

早在 20 世纪 50 年代，人们就怀疑在所谓的活动星系中存在着极其致密的大质量天体（参见第 367 页），但直到 20 世纪 70 年代，天文学家才开始将这些天体与黑洞

右图：这张图片描绘了银河系中心一些明亮的恒星在 1995—2008 年间的轨迹。这些轨迹显示恒星正围绕着一个看不见但异常巨大的物体运动，背景中的图像则显示了这些恒星在单独观测中的位置。

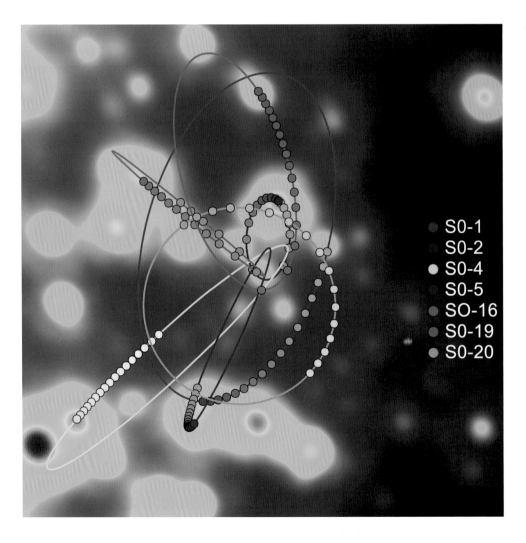

- S0-1
- S0-2
- S0-4
- S0-5
- SO-16
- S0-19
- S0-20

联系起来。即便如此，许多人仍然怀疑，黑洞是如何增长到如此巨大的。直到20世纪80年代，对银河系中心附近恒星轨道的详细测量测定了中心天体致密的本质，天文学家才开始推测银河系中心确实可能存在着超大质量黑洞。

1998年，加州大学洛杉矶分校的安德瑞·盖茨（Andrea Ghez）利用位于夏威夷莫纳亚火山上巨大的凯克望远镜，观测了距离银河系中心极近的快速移动的恒星。这一有力的证据表明，人马座A*就是一个巨大的黑洞。盖茨利用最新的技术来探测这些紧密排列的恒星并且测量它们的运动，发现那里的单个恒星正以12 000千米/秒（7 500英里/秒）的速度围绕着一个看不见的中心物体转动。计算结果显示，这个看不见的物体的范围集中在几光年内，质量却至少相当于370万个太阳质量。

2002年，天文学家利用位于智利的甚大望远镜进行了类似的测量，并再次证实了黑洞的存在。由德国马克斯—普朗克太空物理学研究所的雷纳·舍得尔（Rainer Schodel）领导的一个国际小组，发现了一颗轨道周期为15年的恒星，名为S2，这说明这颗恒星距离中心120 AU。在此后的10年中，对这颗恒星运动的进一步观测，帮助我们把中心黑洞的质量范围限制在431万 ±38万个太阳质量之间。

沉睡的巨人

银河系中心存在着一个超大质量黑洞，这显然为我们提出了一个问题——为什么我们的星系中心不像活动星系的中心一样充满强烈的辐射？最有可能的解答是，活动星系是所有星系在生命早期都会经历的一个阶段，而银河系已经度过了这个阶段。这个曾经贪婪地吞噬落入其魔爪的恒星与气体的怪物，如今已经清空了它周围的空间，故而只能吞噬附近恒星星风中的少量物质。2009年，哈佛大学和麻省理工学院的科学家的一项研究表明，如今黑洞吞噬的物质甚至比以前想象的还要少。这表明黑洞周围存在一层由快速移动的炽热粒子组成的屏障，屏蔽了大量星风。

> "这个曾经贪婪地吞噬落入其魔爪的恒星与气体的怪物，如今已经清空了它周围的空间，故而只能吞噬附近恒星星风中的少量物质。"

有证据显示黑洞仍会偶尔爆发。1997年，康普顿伽马射线天文台（参见第59页）发现了位于银河系中心上方的反物质"喷泉"。最初人们认为这个"喷泉"可能就是由过去的黑洞活动造成的，但现在被认为是由附近的恒星遗迹造成的。在2007年，科学家利用NASA的钱德拉X射线卫星，发现了一个接近人马座A*的瞬变X射线源。这一辐射源是由50年前黑洞吞没一团质量相当于水星的气体云时，释放出的短暂的X射线耀发（编注：天体局部区域光度突然增强的现象，表明该区域发生剧烈的物理过程）经过反射或者回光产生的（参见第317页）。我们无法预测星系中心沉睡的巨人将在何时再一次"惊醒"。

87 银河系的邻居

定　　义：	那些正在被银河系吸收的邻近小星系。
发现历史：	1994年，天文学家从异常分布的恒星中分辨出了人马座矮椭圆星系。
关键突破：	2003年，科学家利用红外巡天数据追踪了脱离星系的恒星。
重要意义：	人马座矮椭圆星系以及大犬座矮星系这样的小星系，在银河系这样的大星系的演化过程中扮演了重要角色。

20世纪90年代以来，天文学家新发现了两个围绕着银河系运动的矮星系。大量证据表明，银河系在过去曾吞噬了其较小的邻居，并且将来还会发生这样的事情。

1994年，当我们对位于人马座方向的银河系中心区域的另一端进行巡天观测时，来自剑桥大学天文研究所和格林尼治皇家天文台的天文学家罗德里戈·伊巴塔（Rodrigo Ibata）、杰拉德·吉尔摩（Gerard Gilmore）和迈克尔·欧文（Michael Irwin）发现了一团与预期运动方向不同的异常恒星。对于所发现的这些异常恒星，唯一的解释是它们属于另外一个独立的星系。这一独立星系位于银河系盘面中心另一侧的上方约8万光年处，被称为人马座矮椭圆星系（SagDEG）。这个矮椭圆星系正与银河系发生碰撞。

"家门口"的星系

人马座矮椭圆星系被发现时，它是当时已知的距离银河系最近的卫星星系。正如其名，因其包含的大多是古老的恒星而且缺少能形成恒星的气体与尘埃，它被归类为椭圆（或球状）星系。人马座矮椭圆星系的形状已经被银河系的强大引力所扭曲。进一步的研究发现，有4个球状星团与人马座矮椭圆星系松散的恒星云有关，其中最亮的是M54（天文学家1778年就发现了它）。M54被认为是人马座矮椭圆星系残存的核

对页图：加州大学欧文分校的天文学家利用计算机模拟了银河系与人马座矮椭圆星系的相互作用。模拟的结果显示，人马座矮椭圆星系在过去20亿年中的影响可能促进了银河系旋臂的产生。

心部分，并且最近的研究表明，另一个球状星团帕罗马12（Palomar 12）同样曾是人马座矮椭圆星系的一部分，后来才被银河系俘获。

起初，天文学家认为这样小且稀疏的星系不可能在围绕银河系运动的过程中存在太久，因此人马座矮椭圆星系必定是在近期才来到银河系附近的。2001年一项对银河系晕（编注：包裹银河系的一圈气体晕，主要由等离子体组成。银河系晕的温度极高，可达数百万摄氏度；同时也极大，是银河系本身的许多倍）中富含碳元素的年老恒星的研究则表明，这些恒星来自人马座矮椭圆星系，但在数十亿年前就被银河系俘获。这两个星系之间长久以来似乎一直存在着关联，而人马座矮椭圆星系可能已经围绕银河系运动了100亿年。那么这个小星系是如何存在这么久的呢？科学家普遍认为它应当比看起来的更重，换言之，人马座矮椭圆星系中一定存在着大量未被探测到的暗物质（参见第389页）。这也许同样能够解释为何看起来如此小的人马座矮椭圆星系，也能够明显地影响比它大得多的银河系的形状（参见第337页）。

2003年，由弗吉尼亚大学的史蒂夫·马基夫斯基（Steve Majewski）领导的团队，利用2微米全天巡视（2MASS）项目的数据，发现了人马座矮椭圆星系中被银河系撕裂的恒星所形成的星流，仍然在其轨道上跟随着人马座矮椭圆星系。这一团队还发现，这一星流穿过银河系的位置十分接近太阳系，故而人马座矮椭圆星系很可能曾在50亿年前经过太阳附近。马基夫斯基团队的工作也证明了银河系中暗物质应当分布在一个球形晕中，因为其他形式的分布会更大地瓦解人马座星流。

关于人马座矮椭圆星系另一个值得一提的有趣特点是：2001年，纽约哥伦比亚大学的帕特里克·切雷斯尼耶斯（Patrick Cseresnjes）发现，该星系中的恒星与较远的大麦哲伦星云中的恒星非常相似。这两个星系似乎是一个更大的原始星系的碎片，尽管我们对造成这一星系撕裂并产生现有星系形态的动力学过程仍不清楚。

大犬座矮星系

2003年，天文学家在大犬座中发现了一个更近的卫星星系。来自法国、意大利、英国和澳大利亚的一个国际天文学团队研究了银河系晕中被称为"麒麟座环"（Monoceros Ring）结构的不寻常特征。这一星流中恒星的总质量约为太阳的1亿倍，总长度约为20万光年，并且盘绕了银河系三圈。此星流还穿过了位于大犬座南边的一群球状星团。在研究这一区域的2MASS项目数据时，该团队额外发现了数量惊人的M型红巨星。这一M型红巨星过剩区域距离银河系中心42 000光年，距离太阳系仅25 000光年。这个新系统被命名为大犬座矮星系，它看起来也是一个矮椭圆星系，其中的恒星数量与人马座矮椭圆星系相当。研究小组还发现，该星系也有与银河系相

"这些恒星属于另一个独立的星系，距离地球大约8万光年。这个矮椭圆星系正与银河系发生着碰撞。"

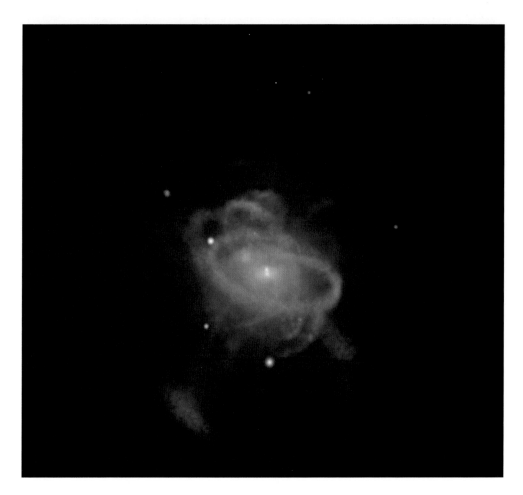

左图：典型的旋涡星系与其周围矮星系相互作用的计算机模型告诉我们，银河系周围应当是被星流的晕环绕的，这些星流是被吞噬星系碎裂的残骸。

连的星流，这个星流也是被银河系的潮汐力撕裂的。

目前，对于大犬座矮星系的研究尚没有人马座矮椭圆星系那样详尽，但是人们已经发现了它们的一些不同。首先，较近的大犬座矮星系被更严重地裂解，并且在最近的几次轨道运行过程中已经支离破碎，几乎被银河系完全俘获。另一方面，新发现表明，大犬座矮星系中至少包含着一些能够形成恒星的物质，因为其中几个相对年轻的小型疏散星团可能与这些物质有关。这些年轻的恒星形成带，类似于我们在更广阔宇宙中其他地方看到的那些富含气体的星系相互作用时产生的星暴区域（参见第 373 页）。

一些天文学家则对这些矮星系的存在表示怀疑。2006 年，一项由帕多瓦大学天文学家领导的研究项目再次分析了 2MASS 项目中关于麒麟座环与大犬座星流中的恒星不寻常的集中现象的数据，并且认为这是我们星系盘发生翘曲的结果，而非外部原因所产生（具有讽刺意味的是，银河系盘的翘曲与人马座矮星系的存在有关）。为了回应质疑，2007 年，英澳望远镜（Anglo-Australian Telescope）宽视场相机进行巡天观测并发现了麒麟座环中的新结构，但此结构无法用盘的翘曲解释。这一研究将人们的注意力重新拉回矮星系理论。

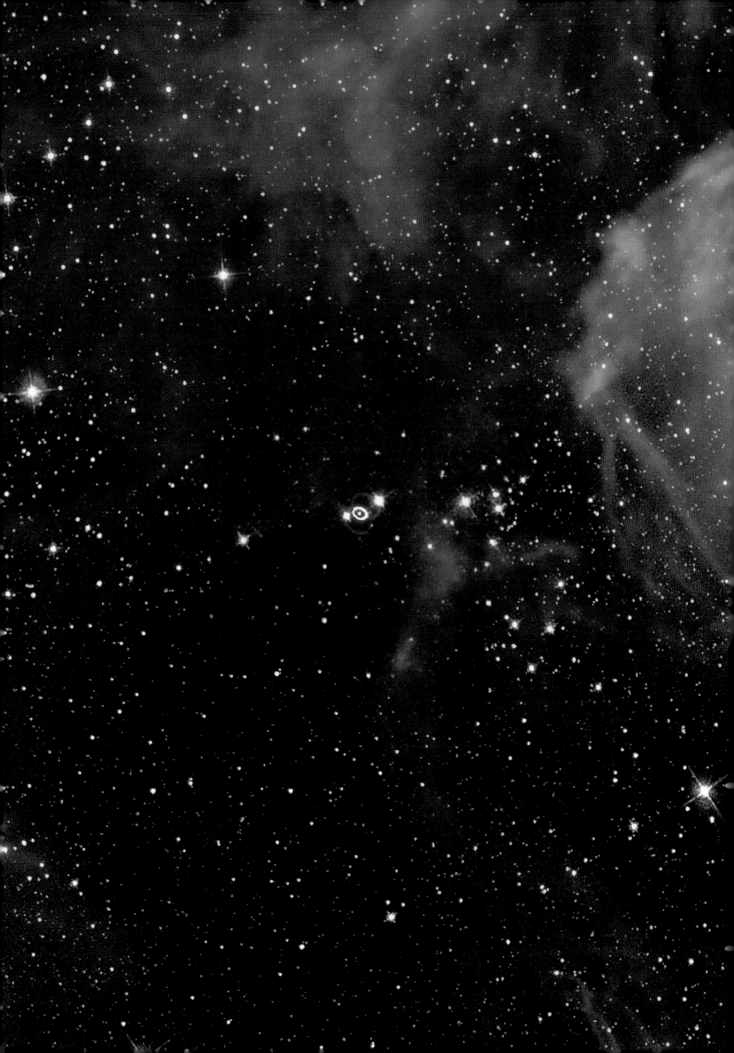

88 超新星1987A

定 义： 位于大麦哲伦星云中的超新星1987A是邻近宇宙中最近的一次超新星爆发。

发现历史： 超新星1987A于1987年2月被发现，3个月后，其亮度达到最大值。

关键突破： 2010年，欧洲南方天文台的科学家首次得到了该超新星遗迹的三维结构。

重要意义： 超新星1987A的异常行为，促使天文学家重新思考了很多旧有的理论。

3个世纪来，距离地球最近的一次超新星爆炸于1987年发生在大麦哲伦星云中。过去的几十年里，天文学家不断地研究这次爆发事件，并由此改变了我们对超新星的理解。

长久以来，让天文学家感到沮丧的是，诸如超新星爆发这样壮丽有趣的事件在宇宙中是很稀少的。虽然根据推测，银河系中大约每100年就会产生一次超新星爆炸，但从望远镜被发明后的4个世纪里，我们没有看到过一次银河系中的超新星爆炸（我们如今知道的这期间唯——次超新星爆发被尘埃云遮挡了）。1987年2月，天文学家终于等来了惊喜。在我们银河系的家门口，大约168 000光年外的大麦哲伦星云中，发生了一次超新星爆炸。

众所周知，超新星1987A事件标志着一颗大质量恒星的突然死亡（参见第325页）。它是如此明亮，以至于在发生数小时后就变得十分耀眼，这给了科学家一个能够从爆炸发生初期就开始研究超新星的难得机会。

追踪爆发

在位于智利安第斯山脉的拉斯坎帕纳斯天文台（Las Campanas Observatory）工作的两位天文学家首先注意到了这次超新星事件。多伦多大学的伊恩·谢尔顿（Ian Shelton）研究员在从1987年2月23日晚上开始的对大麦哲伦星云长期曝光的照片中

对页图：这张由哈勃空间望远镜于1999年拍摄的照片覆盖了大约130光年的大麦哲伦星云，其中镶嵌在狼蛛星云（Tarantula Nebula）外围的超新星1987A的双瓣结构清晰可见。

右图: 2010 年，天文学家利用位于智利的甚大望远镜测量了超新星 1987A 周围膨胀气体环中不同区域的速度和组成。他们发现起初的爆炸明显是不对称的。

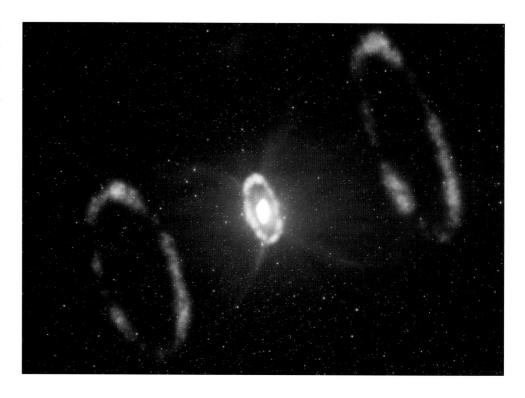

右图: 2010 年，天文学家利用位于智利的甚大望远镜测量了超新星 1987A 周围膨胀气体环中不同区域的速度和组成。他们发现起初的爆炸明显是不对称的。

发现了这颗明亮的超新星，而望远镜操作员奥斯卡·杜哈德（Oscar Duhalde）大约在同一时间用肉眼也发现了这颗超新星。在同一个晚上，新西兰的业余天文学家阿尔伯特·琼斯（Albert Jones）也发现了这颗超新星，并且进行了几个小时的观察。第二天，世界各地的天文台都收到了预报，天文学家和业余爱好者都对这颗超新星进行了前所未有的仔细观测。

一个重要的问题是，爆炸究竟是在什么时候发生的？在其光子首次被观测到的大约 15 个小时前，日本、俄罗斯和意大利的中微子探测器（参见第 82 页）监测到了中微子爆发事件，这些粒子正是在恒星核心坍缩的瞬间从大麦哲伦星云方向释放出来的。在仔细比对过所有的观测结果后，天文学家发现中微子爆发 2 小时后，超新星开始变得明亮。当这颗超新星的前身星（当时被简单地命名为 Sanduleak -69° 202）被确认后，天文学家发现这颗恒星的亮度在 13 个小时内增加了 600 倍。

但从一开始，超新星 1987A 的行为就与超新星模型预言不相符合。最明显的不同是，典型的 II 型超新星（参见第 325 页）的亮度会迅速达到最大值，然后缓慢下降。1987A 自 2 月末亮度下降后，在 5 月末却又再一次上升到 2.9 等的亮度（约为前身星亮度的 4 500 倍），并在随后的 18 个月内慢慢变暗。天文学家们检测这一超新星的亮度变化后得出结论：虽然从 3 月底开始，最初爆炸中释放的能量已经开始消散，但是超新星开始受到第二个能量源的补充，即放射性钴元素的衰变，这些元素是在第一次爆炸的核裂变反应中产生的。

令人费解的起源

　　为什么超新星 1987A 产生的放射性钴比正常的超新星要多？这一点与其前身星 Sanduleak -69° 202 的性质有关。当天文学家搜索以往的观测记录以确定超新星 1987A 的起源时，他们惊讶地发现，一颗蓝超巨星就是其前身星。理论上来说，所有的 II 型超新星都应当是由更大且更明亮的红超巨星的死亡造成的。尽管这颗前身星的性质为之前的模型带来了挑战，却也解释了一些问题——这颗蓝超巨星的体积和质量都约为太阳的 18 倍，比红超巨星的密度大得多，但在爆炸的过程中释放的能量要少得多。这就解释了为什么超新星 1987A 在峰值的亮度只有典型 II 型超新星的 1/10，同时也为其奇特光变曲线提供了一个解释，即钴衰变造成的亮度峰值可能同样存在于其他超新星中，但通常被其他更明亮的过程遮蔽。

　　驱动一颗蓝超巨星不经过红超巨星阶段而直接演化为超新星的精确物理过程仍然是未知的。在 1989 年的一篇综述文章中，亚利桑那大学的大卫·阿内特（W.David Arnett）及其合作者指出，这可能与其前身星缺乏重元素有关。在 1992 年，牛津大学的菲利普·波迪亚德洛夫斯基（Philipp Podsiadlowski）则指出，有证据表明在爆炸发生前，Sanduleak -69° 202 可能与另一颗较小的恒星相撞并发生合并，从而制造了一个不稳定的中间体（参见第 319 页）。第三种可能性（不一定与前两种解释矛盾）是，这种蓝超巨星的超新星爆炸可能是常见的，但由于其相对暗弱，所以在遥远星系中的这一现象可能往往被忽视。

> "但如今这被解释为超新星激波与星风碰撞并加热了星风，而这些星风正是之前垂死的前身星喷射出的。"

发展中的遗迹

　　在爆炸结束后的几年中，天文学家们继续研究这一区域，并且监视着超新星爆炸物质是如何开始形成一个不断膨胀的超新星遗迹的。在这个过程中，超新星 1987A 再一次为天文学家出了许多难题。天文学家一开始没有预计到膨胀的炽热物质会形成环状，但如今这被解释为：超新星激波与星风碰撞并加热了星风，而这些星风正是之前垂死的前身星喷射出的。更令人困惑的是，在这个超新星遗迹的中心，没有发现中子星存在的迹象。恒星核心的坍缩应当形成中子星，从对周围遗迹的加热效应中我们应当很容易发现中子星的存在，但在此却没有任何迹象。可能的解释包括中子星被一团稠密的尘埃云遮蔽了，或者前身星的质量大到足以形成黑洞（尽管这也会带来其他效应）。2009 年，由香港大学的 T.C. 陈（T.C. Chan）领导的一个小组提出了第三种可能，一种理论上的致密天体，被称为夸克星。夸克星的密度比中子星更大，但质量却不足以形成黑洞。

89

狼蛛星云中的怪物恒星

定　　义：	这颗已知的最大恒星位于大麦哲伦星云中一个巨型恒星形成区的中央。
发现历史：	20世纪80年代，对R136a这颗恒星的光谱分析表明，这可能是一颗特超巨星。
关键发现：	2010年，天文学家发现R136a中一颗恒星的质量高达265个太阳质量。
重要意义：	这些特大质量恒星，将目前的恒星演化理论推向极限。

大麦哲伦星云中的狼蛛星云是我们近邻宇宙中最大的恒星形成区。这一区域形成了大量明亮的年轻大质量恒星，其中包括迄今为止发现的最大质量的恒星。

狼蛛星云也被称为剑鱼座30或NGC 2070，是大麦哲伦星云中一个巨大的气体团。因为其距离我们有165 000光年的距离，我们只有通过双筒望远镜才能看到它，故而它一度被认为是一颗暗弱的恒星。但是实际上，它是本星系群中最大、最亮的星云。如果狼蛛星云距地球的距离与猎户座大星云M42（距离地球约1 350光年）相同，它的亮度足以照亮地球上的黑夜。

巨大的由气体与尘埃组成的狼蛛星云总直径为650光年，质量约等于100万个太阳，其明亮的须状结构像巨大蜘蛛的腿。狼蛛星云的核心区域是两个巨大的星团：霍奇301（Hodge 301）和R136。

关键问题

R136星团位于狼蛛星云的中心，其年龄被认为仅有100万~200万年。星团中年轻恒星发出的强烈星风将星团内部的物质吹散，并形成洞穴状的空洞。此外，强烈的紫外线辐射会激发星云内部的气体分子，使它们发出强烈的光芒。这一星团中包含着几颗"沃尔夫－拉叶"星，它们发出的强烈辐射剥离了恒星外层物质，暴露出其炙热

对页图：欧洲南方天文台位于智利拉西拉的2.2米（88英寸）望远镜拍摄到了这张狼蛛星云的广角图像。R136和霍奇301位于图片顶部附近的明亮的黄白色区域。

的核心。

相比之下，距离狼蛛星云中心 150 光年远的霍奇 301 星团的年龄比 R136 大得多，为 2 000 万~2 500 万年。霍奇 301 与 R136 可能曾在同一个区域形成，但逐渐飘移至目前的位置。随着其中恒星的逐渐扩散，霍奇 301 的结构变得松散。

霍奇 301 与 R136 中的恒星显示了星团在其一生中性质演化的过程——R136 非常年轻，故而即使是那些巨大的短寿命恒星仍然闪耀着光芒。霍奇 301 中存在着至少 40 处超新星遗迹，这些遗迹由核燃料耗尽了的大质量恒星的爆炸产生。当不断膨胀的超新星遗迹与狼蛛星云中的物质碰撞时，将会把这些物质加热到极高的温度并产生 X 射线辐射。

R136 星团年轻且含有大量物质（估计约为 45 万个太阳质量），是寻找超大质量恒星的理想场所。诸如霍奇 301 这样的年老星团，其中的超大质量恒星已经绝迹。虽然我们可以对 R136 中许多单个恒星进行观测，并研究其与星团剩余部分的关系，但关于这颗被称为 R136a 的灿烂中央天体，直到近年天文学家才得出较为满意的研究成果。

下图：这张哈勃空间望远镜拍摄的照片放大了 R136 附近的区域，这一区域跨越了 100 光年，表明狼蛛星云非常巨大。

20 世纪 80 年代初，人们结合 R136a 的光谱分析以及其他证据，怀疑其是一颗特超巨星，即一颗亮度是太阳 3 000 万倍的恒星。这颗恒星需要巨大的质量才能将自身聚集起来，防止其内部巨大的辐射压将恒星撕裂。一些理论推测认为，R136a 的质量是太阳的 3 000 倍，而当时的理论模型却不认为恒星能够具有如此大的质量，因为一个足以形成如此巨大恒星的星云坍缩时所产生的温度和压力，将会在其中有恒星诞生之前就吹散这团气体。不仅在理论上如此，证明恒星质量远低于 3 000 个太阳质量的决定性证据其实来自观测。2005 年，密歇根大学天文系的莎莉·奥伊（Sally Oey）和剑桥大学天文研究所的克拉克（C. J. Clarke）利用基于银河系和麦哲伦星云中星团性质的统计模型，证实质量超过 120 ~ 200 个太阳质量的恒星通常不应该存在。同一年，对银河系中质量最大的拱门星系团的研究将上述质量极限限制在 150 个太阳质量。

追踪巨兽

R136a 究竟是什么呢？唯一可能的答案是，这个所谓的明亮的特超巨星，实际上是一个极其致密的、由一些仍然很巨大的蓝白色巨星组成的星团。直到 20 世纪 90 年代末期，技术的进步最终为我们解开了这个谜题。观测结果证明，事实和上面提到的预期一样。

R136a 中的恒星仍然在迫使天文学家修改恒星演化的理论。2010 年，谢菲尔德大学的保罗·克罗瑟（Paul Crowther）领导的一个国际研究小组，基于哈勃空间望远镜和欧洲南方天文台甚大望远镜的观测数据，进行了详细的光谱分析。他们得出的结论是：星团中几颗恒星的重量远远超过了广为人们所接受的质量极限，即 150 个太阳质量。其中最明亮的恒星被称为 R136a1，其质量达到了惊人的 265 个太阳质量。这颗恒星的辐射极其强烈，在诞生后的上百万年时间里，星风可能带走了其大约 20% 的质量，这说明它最初的质量高达 320 个太阳质量。

R136 星团的中心存在着几十颗极大质量的恒星，其分布紧密，互相施加巨大的引力作用。这是产生速逃星的理想环境，这些恒星由于与周围更大质量恒星近距离接触而被弹出星团（参见第 302 页）。2010 年，天文学家在狼蛛星云的外围发现了一颗这样的流浪恒星。利用哈勃空间望远镜的宇宙起源光谱仪（COS），由伦敦大学学院（UCL）的伊恩·霍沃思（Ian Howarth）领导的团队研究了恒星的紫外辐射，并估计其质量为太阳的 90 倍。他们还发现这颗恒星在大约 100 万年前从 R136 中弹出，目前正以 40 万千米 / 时（25 万英里 / 时）的惊人速度在距离 R136 星团 375 光年处高速运动。

> "星团中几颗恒星的重量远远超过了广为人们所接受的质量极限，即 150 个太阳质量。其中最明亮的恒星，被称为 R136a1，其质量达到了惊人的 265 个太阳质量。"

90

星系分类

定　义：	我们根据星系的外观和组分进行分类，并且由此理解星系的结构。
发现历史：	首个星系分类体系由埃德温·哈勃于 20 世纪 20—30 年代制定。
关键突破：	1966 年，林家翘和徐遐生创立了"密度波理论"（density wave theory），以解释星系旋臂的起源。
重要意义：	了解星系的组分和种类，是建立星系演化模型的第一步。

在埃德温·哈勃于 20 世纪 20 年代确定了遥远旋涡星系的距离，并发现这是银河系外的新星系而非银河系后，天文学家开始意识到宇宙中存在着许多其他类型的星系，并且具有不同的结构。对于产生这些不同类型星系的过程，天文学家还需要更长的时间来解释。

1936 年，哈勃第一次尝试对银河系外的星系进行分类。他将星系分为四大类：旋涡星系（S）、棒旋星系（SB）、椭圆星系（E）和不规则星系（Irr）。在每个大类下都有更小的子类：旋涡和棒旋星系根据其旋臂的舒展程度进行分类，即从 Sa 和 SBa（旋臂最致密）到 Sc 和 SBc（旋臂最松散）；球形的椭圆星系根据其椭率的不同，被划分为最圆的 E0 型到最扁的 E7 型；最后，不规则星系被划分为 Irr-I 型（尚有不明显的结构存在）以及完全不存在结构的 Irr-II 型。

哈勃将星系的类型分类画在了一张音叉形状的图表上。沿着音叉的"把手"是 E0 到 E7 型椭圆星系，旋涡与棒旋星系构成了音叉的两个"尖"。在音叉"把手"和"尖"的连接处是一类被称为透镜状星系的类型，这种星系具有一个旋涡状的中心凸起，周围则环绕着一个由恒星和气体组成的盘，但是没有真正的旋臂结构。音叉图似乎喻示着一个演化序列。尽管哈勃本人从没有这个想法，但音叉图常常被解读为一个椭圆星系经过透镜状星系演化为旋涡星系的过程。

如今，哈勃分类被认为过于简单。天文学家开始更倾向于使用由法国天文学家热拉尔·佛科留斯（Gerard de Vaucouleurs）于 1959 年提出的更为先进的分类方法。这种

对页图：图中展示了位于双鱼座距离我们 3 200 万光年的 M74 星系。这张来自哈勃空间望远镜的照片为我们展示了惊人的细节。在星系的旋臂上可以清楚地看到粉红色的恒星形成区以及明亮的蓝白色疏散星团，同时旋臂之间较暗的盘族恒星（Disc star）也可以明显地被看到。

分类方法考虑到了最近的发现，包括星系的形态学以及诸如星族这样的其他属性。

旋涡星系

首个旋涡星系是由爱尔兰天文学家威廉·帕森斯（William Parsons）在 19 世纪 40 年代利用他巨型的"利维坦"（Leviathan）望远镜确认的，正是旋臂中的造父变星帮助后来的哈勃测量了我们同其他星系的距离（参见第 23 页）。20 世纪 40 年代早期，工作于加利福尼亚州威尔逊山天文台的德国天文学家沃尔特·巴德确认了，距离我们最近的旋涡星系（仙女座大星系）中分布着不同类型的恒星。随后这一发现在全部邻近旋涡星系中都得到了印证。星系的中心由年老的红色和黄色的"星族 II"恒星组成，类似于我们银河系中心附近以及在银河系晕球状星团中发现的那些恒星（参见第 305 页）。这些恒星的重元素（"金属"元素）（译注：天文学家习惯用金属元素指代比氦更重的元素）含量低，而且周围几乎没有星际气体或者正在形成的恒星。与此相反，星系外盘中含有丰富的气体和尘埃，并且此处的恒星大多为金属含量较高的"星族 I"恒星。相对暗弱的类太阳恒星分散地分布在星系盘中，而明亮的恒星聚集在星系盘上位于旋臂恒星形成区周围最新形成的疏散星团中。

即使在今天，旋臂的起源仍存在争议。1925 年，瑞典天文学家贝蒂尔·林德布拉德（Bertil Lindblad）预言，星系存在较差自转，即星系盘的内部区域比外部区域更快地绕中心旋转（1927 年，简·奥尔特在银河系中确认了这种现象，参见第 338 页）。林德布拉德发现，如果旋臂保持着固定的物理结构，较差自转将会导致旋臂快速地缠绕并且消失。但事实上，旋臂十分常见，这说明它们必然要保持很长一段时间，因此林德布拉德认为它们需要不断地"再生"，他进一步认为旋臂是缓慢旋转的高密度区，故而会压缩通过其间的物质并且触发恒星的形成。

1964 年，来自麻省理工学院的林家翘和徐遐生提出了旋臂起源的另一种可能。他们认为，如果恒星和其他盘中物质都遵循同一近圆轨道，那么中央的引力将会使它们以相近的方式运动。在这种模式中，恒星和气体以它们最慢的速度移动，并以螺旋曲线的形式最密集地聚集在一起。"密度波理论"如今被广泛地接受，并且与其相关的一种效应，被认为是产生棒旋星系中"棒"的原因。天文学家仍然在努力理解产生所有旋臂图形的更精确的因素，但是这一努力在透镜状星系中完全失败了。在近邻星系间引力的相互作用中产生的潮汐效应在此被认为起着关键的作用。此外，旋涡星系的范围相当有限，这表明旋涡模式只出现在较大的恒星系统中（这为两种不规则星系提供了清晰的解释）。

理解椭圆星系

　　与旋涡星系的复杂性相比，椭圆星系具有相对简单的结构。它们通常是一大群沿着椭圆轨道运行的恒星，这些恒星相互重叠在一起，形成或圆或扁的球状结构。与旋涡星系中心类似，椭圆星系通常由较年老的星族 II 恒星构成，并且椭圆星系几乎不存在恒星形成的迹象。在任何星系中，恒星之间的碰撞和近距离相遇都是非常罕见的，因此人们认为星际气体云的碰撞在"压扁"旋涡星系的过程中起到了重要作用。由于椭圆星系中缺乏这样的气体云，这使得其保持球形。椭圆星系的尺寸范围跨度很大，从远大于银河系的巨椭圆星系（例如 1781 年，由法国天文学家查尔斯·梅西耶发现的 M87）到微小的矮椭圆星系（例如仙女座大星系最亮的卫星星系）。最大的椭圆星系通常构成了大型星系团的中心，事实证明其在星系演化的过程中发挥了重要作用。

91

活动星系

定　　义：	核心具有活动性并且能够产生大量辐射和粒子喷流的星系。
发现历史：	1943 年首次发现了塞弗特星系，20 世纪 50 年代首次发现了射电星系，1960 年首次发现了类星体。
关键突破：	观测技术的进步让天文学家在 20 世纪 80 年代发展了活动星系核（简称 AGN）的统一模型。
重要意义：	极远的活动星系（active galaxies）仍能够被观测到，为天文学家提供了揭秘宇宙深处的探针。

　　活动星系是拥有极亮的核心或猛烈的活动现象的一大类星系。各式各样的"活动星系"（编注：有猛烈活动现象或剧烈物理过程的星系）不仅可以很好地揭示星系本身的结构，还可以揭示整个宇宙的长期演化过程。

　　1943 年，美国天文学家卡尔·塞弗特（Carl Seyfert）在一篇论文中公布了首次发现的活动星系。他指出某些旋涡星系具有不同寻常的光谱特征——由于多普勒效应，发射线在一个范围内扩散。这表明，它们来自以一定范围的速度运动的气体。光谱的特征显示，这些辐射是由一个镶嵌在星系中心的明亮的类星星系核产生的。

射电发现

　　20 世纪 50 年代，美苏太空竞赛的进行和卫星轨道追踪的需求，驱动了最早的大型碟形天线的建造。由于英国射电天文学家伯纳德·洛弗尔的提倡，首个大型碟形天线却是在英格兰曼彻斯特附近的焦德雷尔班克落成。射电电波具有很长的波长，从而导致其空间分辨率较低。碟形天线的出现使得天空中的射电辐射能够以前所未有的精细度描绘，并且使我们首次得到了单射电源的图像。大量的图像显示了一种独特的结构，即明显平静的星系中心的两侧有一对"射电瓣"。

　　另一些射电源则不遵循这种模式，它们缺乏双瓣结构或者中央星系。1960 年，由艾伦·桑德奇领导的来自威尔逊山天文台以及帕洛玛山天文台的天文学家们拍摄了这

对页图：一张来自美国国家射电天文台甚大阵的图片，展示了一个名为 NGC 1316 的透镜状星系两侧鼓起的巨型射电气体云，其距离地球约 7 000 万光年。这个被称为天炉座 A 的射电源是天空中最强的射电源之一。

右图：圆规座星系是距离地球最近的活动星系之一，然而由于它被银河系致密的物质遮挡，直到20世纪70年代才被发现。它是一个塞弗特星系，它的活动星系核周围的气体正被高速喷射出来。

些天空中射电源的光学图像。唯一与那些射电源位置一致的物体似乎是一些恒星，这一类新的天体被称为类恒星射电源或类星体。

类星体除了具有射电辐射，还具有其他独特的性质。分析类星体 3C 48 的光谱时，人们发现其中的发射线无法与任何已知的元素对应。直到 1963 年，桑德奇的同事，荷兰天文学家马丁·施密特（Maarten Schmidt）辨认出，另一颗类星体 3C 273 中类似的发射线事实上是由氢元素产生的，只不过多普勒效应将这条谱线极大地移向红端（波长拉长）。事实上，3C 273 正在以大约 1/6 光速的速度远离地球。一些天文学家认为 3C 273 是一颗极端的速逃星（参见第 301 页），但是很快更多的极端高红移类星体被发现。同时，英国科学家丹尼斯·夏马（Dennis Sciama）和马丁·里斯指出，如果类星体真是周围的速逃星，那么也应当有极端蓝移的恒星接近我们。他们认为，由于没有蓝移的类星体，所以类星体的红移是宇宙膨胀的结果（参见第 41 页）。3C 273 距离我们 20 亿光年。

3C 273 与我们之间的惊人距离很快被其他事例印证，并且最终在一些明亮的类星体附近发现了其暗弱的"寄主"星系。类星体被证实是一个遥远星系的中心部分。事实上，这些遥远的星系与近邻的塞弗特星系十分相似，但更加明亮。这些突破也为天文学家带来了另一些难题：跨越如此遥远的距离还能够被看见，类星体一定是宇宙中最明亮的一类天体，其亮度是太阳的上万亿倍。此外，实际产生这些能量的区域在天文学概念中一定是很小的：短周期的亮度变化表明，类星体的尺度最多只有几光日（译注：即光在几天内传播过的距离）。

解答谜题

20世纪60—70年代，随着地基和空间望远镜技术的进步，一系列的新发现开始揭示出不同种类"活动星系"之间的联系。类星体辐射的波长范围很广，包括X射线辐射，而且常常产生与临近的"射电星系"相同的射电双瓣结构。1965年后，桑德奇发现"射电宁静"类星体，这是塞弗特星系的超亮版本。与此相反，一些塞弗特星系同样具有微弱的射电辐射，而在没有明显明亮核心的星系中也发现了高速气体喷流。20世纪70年代末，一类新的活动星系被发现，即起初被认为是变星的神秘的蝎虎座BL型天体（BL Lacertae）。蝎虎座BL型天体或称"耀变体"，具有快速的光变，同时其光谱中完全不存在谱线。它们最终被证明也是活动星系中的一类。

20世纪80年代，天文学家们提出了一个统一模型来描述以上现象，即它们都属于同一种天体——"活动星系核"。我们从不同的角度观察活动星系核，就会发现不同的现象。活动星系核被认为是由超大质量黑洞以及环绕其周围的吸积盘和气体尘埃环面组成的。落入吸积盘的物质会被加热至几百万摄氏度，并产生多种强烈而变化的辐射。沿着吸积盘中心喷流逃逸出的粒子会与周围星系际介质碰撞，从而产生释放射电辐射的星云。因此，当我们以一定角度观察活动星系核时，类星体或塞弗特星系现象就会出现。当星系侧对我们时，吸积盘会被外围的气体尘埃环面遮挡，我们看见的就是一个射电星系。最后，当我们沿着核心黑洞喷流喷射出的方向看去，就会观察到耀变体现象，喷流中的高速粒子产生的强烈辐射掩盖了活动星系核本身的其他光谱特征。

尽管活动星系核的"统一模型"在被提出后的20余年中经受住了更为精细的观测以及一些新发现的检验，但是我们对其中产生某些活动的详细机制仍然缺乏了解。对于某些具体的问题，例如"射电宁静"星系与"射电噪"星系之间的差异，仍然没有一个明确的解释。事实证明，活动星系出人意料地普遍存在。2007年，由NASA发射的雨燕X射线卫星（Swift X-ray Telescope）又发现了一类新的活动星系核，这种活动星系核完全被周围的气体与尘埃云所遮蔽。这为像我们这样的星系中存在超大质量黑洞这一说法（参见第341页）提供了一个可能性，即许多星系都会经历一个活跃阶段，这也为星系演化的路径提供了线索。

"跨越如此遥远的距离还能够被看见，类星体一定是宇宙中最明亮的一类天体，其亮度是太阳的上万亿倍。"

92 宇宙射线

定　　义：	起源各异、快速运动并会轰击地球大气的空间粒子。
发现历史：	1910 年前后，特奥多夫·伍尔夫（Theodor Wulf）和维克多·赫斯（Victor Hess）发现，辐射会随着海拔的增高而增强。
关键突破：	20 世纪 30 年代，布鲁诺·罗希（Bruno Rossi）和皮埃尔·俄歇（Pierre Auger）确认地球表面附近的一些粒子是由闯入地球的宇宙射线激发形成的。
重要意义：	宇宙射线对于地球环境具有重要的影响，并为研究遥远空间中的目标提供了一种有力的手段。

　　尽管被称为宇宙射线，但地表接收到的宇宙射线其实是高能粒子在地球高层大气中产生的簇射粒子。遥远太空中的多种过程都会产生宇宙射线，在地球上探测这些粒子给天文学家们带来了独特的挑战。

　　20 世纪早期，当物理学家开始热衷于研究被称为"电离辐射"的新发现的各方面性质时，人们对于宇宙射线的存在是表示怀疑的。1909 年，德国物理学家特奥多夫·伍尔夫发现巴黎埃菲尔铁塔上层的电离度（空气中的分子被电离形成离子）高于下层。从 1911 年开始，奥地利的维克多·赫斯进行了一系列气球实验，在此期间，他发现在距离地面 5 千米（3 英里）处辐射增加了 4 倍。根据分别在夜晚与日食期间进行的重复实验，赫斯推断太阳并非是造成这些电离现象的原因。

　　"宇宙射线"一词直到 1925 年才被提出。当时美国物理学家罗伯特·米利坎（Robert Millikan）证明，这些粒子来自外太空而非高层大气。20 世纪 30 年代，意大利科学家布鲁诺·罗希和法国物理学家皮埃尔·俄歇分别取得了重要突破，他们发现宇宙射线会产生地面能接收到的簇射粒子。最初的证据来自罗希在进行一项实验时，相距很远的盖格计数管同时接收到了信号，俄歇认为这些簇射粒子是由进入地球的宇宙射线和高层大气中空气粒子的相互作用产生的。簇射过程产生的粒子会触发更多的碰撞，从而产生更多的粒子。最终，这些簇射粒子会到达地面。

对页图：日本超级神冈探测器（参见第 81 页）追踪 μ 介子中微子路径的主探测罐的图片。中微子是由进入地球另一端大气层的宇宙射线产生的，它通过探测器的底部进入探测器，并从一个侧面离开，在通过探测器的过程中产生了一束光子。

来自宇宙的粒子

尽管有了这些发现，宇宙射线的本质一直是一个谜。直到 1948 年，美国物理学家梅尔文·戈特利布（Melvin Gottlieb）和詹姆斯·范·艾伦（James Van Allen）才在高空气球携带的特殊照相底片上发现了宇宙射线的轨迹。毫无疑问，不同粒子会留下不同的轨迹，照相底片上发现了高速运动的质子、氦原子核以及少量更重的原子核的踪迹。宇宙射线并非一种射线，而是一些粒子。

20 世纪 50 年代，天文学家发展了从大气簇射中提取宇宙射线信息的方法。1954 年，罗希等人在哈佛大学天文台建造了第一个由大型环形粒子探测器组成的探测器"阵列"。通过测量到达不同探测器的簇射粒子之间能量和时间的微小差异，罗希的团队测量出了宇宙射线的速度甚至它们的传播方向（因为距离传播方向较近的探测器将会更早被触发）。20 世纪 60 年代中期，罗希的学生肯尼思·格雷森（Kenneth Greisen）发展了另一种探测技术——利用装备灵敏电子探测器的望远镜搜寻荧光，即簇射过程中粒子相互作用产生的闪光。

20 世纪 70 年代的研究表明，宇宙射线具有多种起源。宇宙射线存在两种类型：包含较轻粒子且运动速度更快的原初宇宙射线，以及包含较重原子核且被认为是原初宇宙射线与星际介质相互作用而产生的次级宇宙射线。原初宇宙射线显示出大范围的能量和极高的速度，其中较低能量的射线似乎起源于太阳以及其他恒星的大气层，并被恒星耀发加速至异常高的速度（尽管与其他宇宙射线相比仍然很慢）。地球大气中某些放射性同位素的产生就被认为与这些低能射线有关。根据一些模型的结果，这些宇宙射线甚至可能影响地球的气候（参见第 87 页）。此外，它们还给宇航员和在地球大气层外运行的电子设备造成了很大的麻烦。

> "天文学家惊奇地发现了一个具有空前能量的宇宙射线——一个亚原子粒子，其产生的动能相当于以每小时 100 千米（60 英里）的速度运动的棒球。"

与此同时，中等能量的"银河系宇宙射线"似乎被银河系的磁场束缚，并在我们的星系中来回弹射。2004 年，欧洲天文学家利用位于纳米比亚的高能立体视野望远镜（HESS）探测到了一个有着 1 000 年历史的超新星遗迹 RX J1713.7-3946 释放出的伽马射线流，这一发现首次证明了恒星残骸周围的极端磁场能将银河系宇宙射线加速至极高速度这一存在了很长时间的理论（参见第 329 页）。

超高能宇宙射线

1991 年，天文学家使用位于犹他州达格威试验场的"苍蝇眼"荧光探测器时，惊奇地发现了一个具有空前能量的宇宙射线粒子——一个亚原子粒子，其产生的动能相

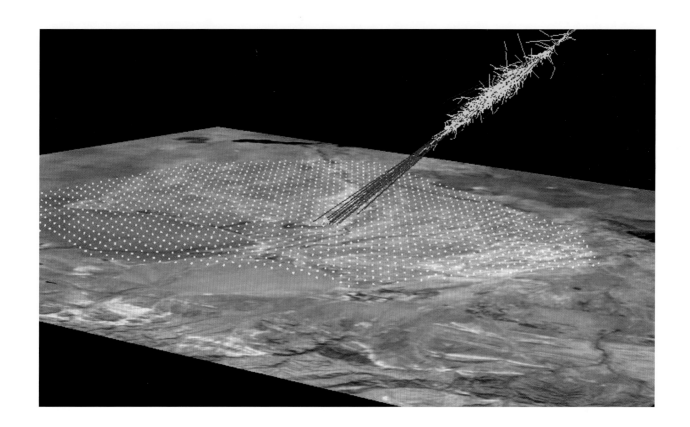

当于以 100 千米 / 时（60 英里 / 时）的速度运动的棒球。假如这是一个质子，那么这一粒子几乎在以仅比光速低一点的速度运动，因此它的能量是最快的银河系宇宙射线的 100 多亿倍。这是首次发现"超高能宇宙射线"的存在。从那时起，超高能宇宙射线就成了人们深入研究的对象。

皮埃尔·俄歇天文台开展了一项研究超高能宇宙射线的庞大项目，这是一个散布在阿根廷潘帕斯高原上总面积约为 3 000 平方千米（1 160 平方英里）的簇射探测阵列。实验由 1 600 个探测单元组成，每一个探测单元都是一个大水箱。实验将会寻找入射其中的高能簇射粒子产生的闪光信号，当这些粒子在水中的运动速度超过水中的光速时，将会产生切伦科夫辐射（参见第 34 页）。为了提升探测到这些罕见事件的概率，以及准确测量入射光线的速度和方向，我们需要建造巨大的探测区。

2007 年，皮埃尔·俄歇天文台公布了第一批观测数据，并且确定了 27 个超高能宇宙射线事件与近邻活动星系核（参见第 363 页）的关系，这似乎证明了超高能宇宙射线的产生过程与银河系宇宙射线类似，只不过超高能宇宙射线处于超大质量黑洞周围更为极端的环境。

上图： 此图片显示了单个宇宙射线粒子进入大气后，如何产生簇射粒子并且最终到达地面的过程。这一独特的过程可被皮埃尔·俄歇天文台巨大的探测阵列测量到。

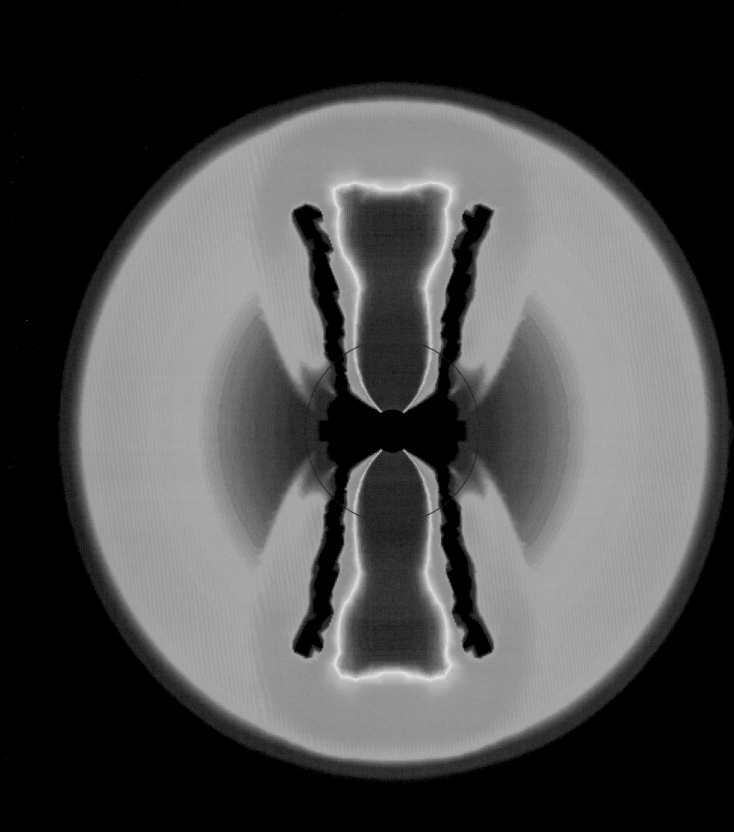

伽马射线暴

定　　义：	来自遥远宇宙的短暂的高能量辐射爆发。
发现历史：	1967 年，一颗美国军用卫星首次发现了伽马射线暴（gamma-ray burst，简称 GRB）。
关键突破：	1997 年，伽马射线暴 X 射线余晖的光谱证明，这些爆发发生在距离地球数十亿光年外。
重要意义：	伽马射线暴是一种壮观的天文现象，同时近邻的伽马射线暴也可能会对地球带来直接的威胁。

伽马射线暴是宇宙中最剧烈的现象。尽管人们对它已经进行了几十年的研究，但仍然知之甚少。天文学家推测其中一部分爆发是恒星演化末期中心形成黑洞时造成的。

1967 年，美国为了探测核试验释放出的伽马射线而发射的"维拉 4a 号（Vela 4a）"军用卫星意外地发现了一个不寻常的信号，这就是表明宇宙中的天体能够突然发射强烈的高能伽马射线暴的第一个迹象。这种剧烈的伽马射线爆发的能量能在几秒钟内达到峰值，然后在几天内完全消失。这与核弹头爆炸的情况完全不同，由于当时的技术限制，使得卫星无法确定爆发源的方向，故而当时这种被称为伽马射线暴的神秘发现被列为绝密消息。

"维拉 4a 号"的继任卫星在之后的 6 年中又发现了 15 个伽马射线暴事件，但是直到 1973 年，在 NASA 的科学家分析了来自轨道太阳观测卫星（Orbiting Solar Observatory，简称 OSO）以及行星际检测卫星（IMP）的数据并宣布他们不寻常的发现之前，这些信息都是保密的。1968 年，苏联的科学家也宣布他们的卫星探测到了类似的信号。

确定来源

尽管观测太阳的卫星在随后的 15 年里发现了众多的伽马射线暴，但伽马射线暴的来源一直是个谜，其实大多数科学家根据伽马射线暴的功率推测它们可能发生于银河系内

对页图：由纽约大学的安德烈·麦克法登（Andrew Mcfadyen）完成的计算机模拟显示，坍缩星形成的两束剧烈喷流产生了辐射，这可能是造成许多伽马射线暴的原因。

部。直到 1991 年，随着康普顿伽马射线天文台卫星的发射，天文学家首次能够测量出伽马射线暴的方向。

伽马射线是所有电磁辐射中最难探测到的。在试图聚焦伽马射线时，它的高能量使其能够穿透这些仪器。普通望远镜对可见光及其附近的波段能够直接成像，射电波存在空间分辨率的问题，但高能量的 X 射线与伽马射线会直接穿过这些反射镜面或者金属板。X 射线能够被掠射镜面聚焦，这依赖于当入射角较大时发生的全反射现象，但即使是这种技术也对伽马射线无效。作为替代的方法，康普顿伽马射线天文台的卫星携带了一组由 8 个探测模块组成的设备（每个角 1 个）：不同位置的探测器对于同个信号测量时的微小的时间延迟可以使我们推断出射线的方向。在长达 9 年的工作中，康普顿卫星一共探测到了 2 704 个伽马射线暴事件。这些伽马射线暴均匀地遍布在天空中，对于银盘（编注：指银河系的星系盘）也没有明显的偏向，这似乎表明伽马射线暴应当起源于银河系外。

1997 年，意大利、荷兰联合发射的 BeppoSAX 卫星使研究有了突破性进展。这颗卫星能够探测伽马射线暴产生的较低能量的余晖，并且让我们可以分析这些余晖的光谱。人们发现伽马射线暴的谱线具有超高的红移，这说明它们与我们的距离为几亿到数十亿光年。很快，人们就知道了伽马射线暴也会产生其他不同波段的辐射。美国

下图： 超级计算机模拟的两个中子星并合过程。颜色的深浅表示了这种恒星遗迹磁场的强度，短伽马射线暴也许就是由恒星最终并合时由磁场释放的巨大能量产生的。

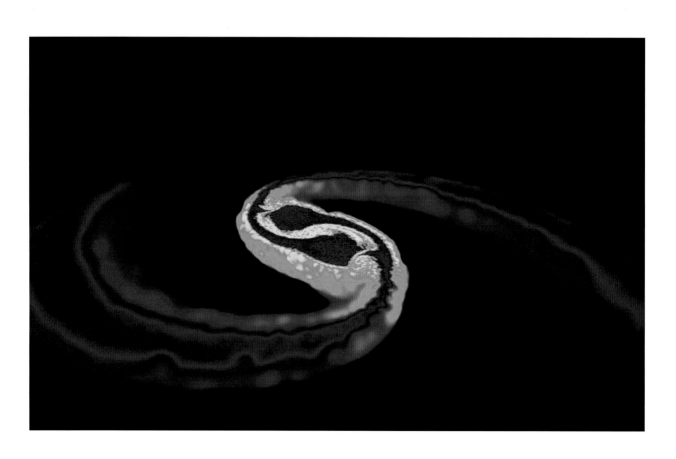

国立射电天文台的戴尔·弗雷对一次发生在 1997 年的伽马射线暴进行了射电波段的测量，由此发现产生伽马射线暴需要一场相对论性速度（接近光速）的爆炸。1999 年，哈勃空间望远镜在可见光波段首次追踪到了伽马射线暴，并揭示出其产生的能量相当于 10 亿亿颗太阳。

为了快速追踪伽马射线暴，由 NASA 领导的国际合作项目于 2000 年发射了高能暂现源探测器（High-Energy Transient Explorer，简称 HETE），此后于 2004 发射了雨燕伽马射线暴任务。这些卫星的观测逐渐揭示了伽马射线暴的起源，似乎存在着两种不同的机制导致了伽马射线暴。

伽马射线暴的类型与产生机制

天文学家将伽马射线暴分为两大类：持续时间从几毫秒到两秒的短暴，以及持续数秒到数百秒的长暴。长暴似乎与极超新星相关，这是一种亮度使普通超新星都相形见绌的恒星爆炸现象。极超新星被认为由超大质量恒星死亡时剧烈坍缩导致，并且形成了所谓的坍缩星。

大质量的恒星拥有巨大的核心，当恒星核聚变反应趋于停止，核心就会坍缩形成黑洞。超密集的黑洞开始从内到外吞噬恒星物质，坠落的物质形成了快速演化的吸积盘。与此同时，强烈的激波穿过恒星的外层，形成了一个巨大的核合成波，并且释放出剧烈伽马射线等辐射。逃逸的物质和能量集中沿着与黑洞旋转轴成直线的狭窄喷流方向运动，使得爆炸更为剧烈。

尽管伽马射线暴十分遥远，使得我们无法直接观测到它们的前身星，但光谱学的研究表明它们很可能与"沃尔夫－拉叶"星（一类大质量的、能产生剧烈星风的恒星）相关。"沃尔夫－拉叶"星在其短暂的一生中会抛射出大部分的氢外包层，垂死时最终形成一颗异常致密的恒星。追踪伽马射线暴起源的重要性体现在，指向地球的近邻伽马射线暴可能会对地球的环境和生命造成毁灭性的后果。

短伽马射线暴的起源迄今为止还没有定论。在 2005 年，天文学家首次发现了两例短暴余晖，这证明短暴发生在由年老的低质量恒星主导的椭圆星系中，而这不是最利于形成极超新星的环境。相反，短暴似乎是由年老恒星遗迹碰撞、并合造成的，两颗中子星并合形成新黑洞，或一颗中子星与已存在的黑洞并合。无论是哪种机制，其结果都是非常惊人的。

"1999 年，哈勃空间望远镜在可见光波段首次追踪到了伽马射线暴，并揭示出其产生的能量相当于 10 亿亿颗太阳。"

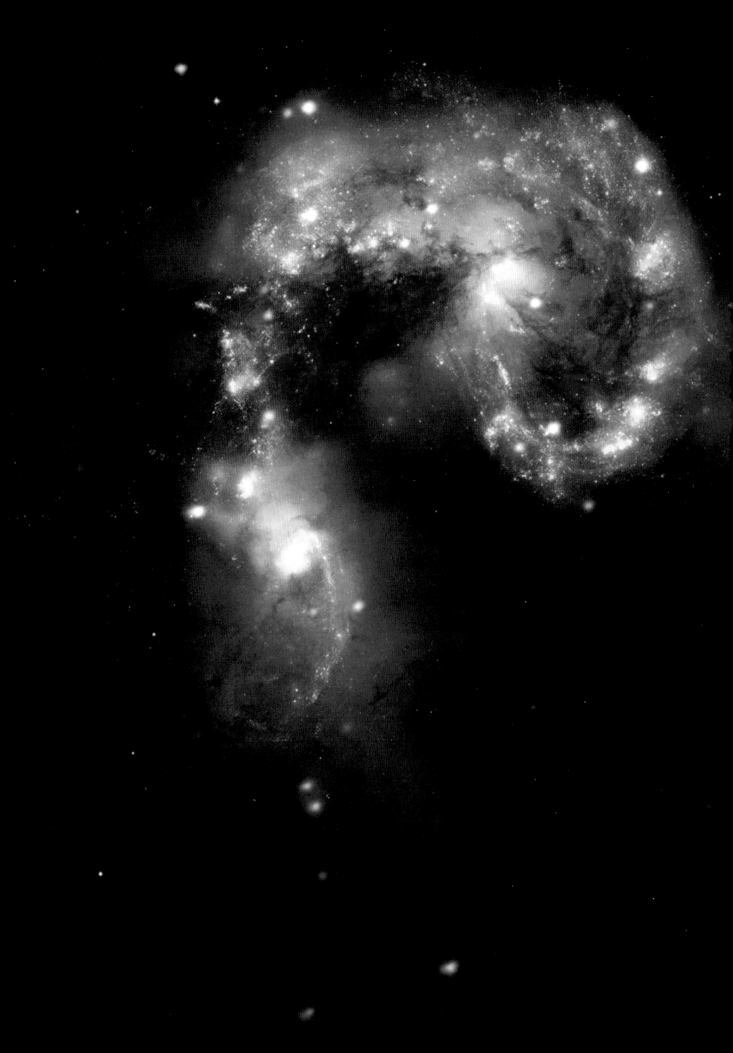

94 星系融合区

定 义:	大大小小的星系间的碰撞和近距离相遇。
发现历史:	1967 年,哈尔顿·阿普(Halton Arp)发表了特殊星系星表,其中包括许多不属于当时任何分类的星系。
关键突破:	1972 年,图姆尔(Toomre)兄弟首次发表了星系碰撞过程模型的现代计算机模拟。
重要意义:	星系间的相互作用在新一代恒星诞生过程中扮演了重要角色。

在宇宙尺度上,星系相对紧密地聚集性出现,其中最大的星系通过施加巨大的引力作用束缚其周围的小星系。由于星系相对紧密地聚集,碰撞和近距离相遇就更为频繁了,并且天文学家相信以上过程在星系演化过程中扮演了重要角色。

成群的"星云"(当时认为那些河外星系是星云)在 18 世纪就被发现了,尽管如此,它们的重要性直到 20 世纪 20 年代,由当埃德温·哈勃证实它们是数百万光年外的独立星系后,才开始得到重视。天文学家开始接受这些星系团是由单个星系的引力束缚在一起的,但仍然否认它们存在普遍碰撞的可能。一些极为紧凑的星系群,尤其是 1877 年法国天文学家爱德华·史蒂芬(Edouard Stephan)发现的飞马座五重星系群,似乎聚集得特别紧密,其中必然存在一些相互作用。

早期的模拟

20 世纪 40 年代,瑞典天文学家艾瑞克·霍姆伯格(Erik Holmberg)开始研究"如果星系碰撞会发生什么",并且建造了一台高效的模拟计算机来帮助他的研究。他计算得出碰撞产生的巨大潮汐力会扭曲星系,并且耗散它们穿越空间的动量,最终导致它们减速并合在一起。霍姆伯格的模型虽然简单却被证明是相当精准的。20 世纪 50 年代,瑞士天文学家弗里茨·兹威基拍摄了一系列他认为与周围具有相互作用的星

对页图: 这是碰撞中的天线星系 NGC 4038 和 NGC 4039 的中心区域的合成图片。图中蓝色部分是钱德拉卫星拍摄的 X 射线数据,棕色和黄色部分是哈勃空间望远镜拍摄的可见光数据,红色部分是斯皮策空间望远镜拍摄的红外数据。

系，并且发现其中由恒星构成的"尾巴"被拖离了它们的中心区域；然而茨威基的理论很大程度上被忽视了，当时大多数天文学家坚持认为星系间的相互作用即使存在，其发生的概率也是很低的。

　　直到 20 世纪 60 年代后期，加利福尼亚州帕洛玛山天文台的哈尔顿·阿普发表了第一份不符合哈勃分类的特殊星系星表之后，人们的态度才开始转变。阿普列出了 338 个目标源，其中的许多星系即使用当时最大的望远镜观测也是扭曲和模糊的。他令人信服地辩称，这些系统都是星系之间近距离相遇和碰撞的结果，他的工作开始引起其他人的兴趣。

　　1972 年，爱沙尼亚裔的美籍天文学家阿拉·图姆尔（Alar Toomre）与于里·图姆尔（Juri Toomre）首次利用现代数字计算机技术模拟了星系碰撞的详细过程。他们的模型展示了潮汐力是如何瓦解旋涡星系的旋臂，并且形成如茨威基所观测到的恒星"尾巴"的。图姆尔兄弟甚至尝试为特殊星系的碰撞建模，得到的结果与当时著名的特殊星系，如老鼠星系（NGC 4576A 和 NGC 4576B）及天线星系（NGC 4038/9）完美地吻合。1977 年，阿拉·图姆尔推测椭圆星系是由旋涡星系并合产生的，这一带有争议的理论最终对星系演化模型产生了深远影响（参见第 381 页）。

> "星系中的恒星分布得非常分散。即使两个星系相互碰撞，其中的恒星碰撞也是罕见的。相反，气体与尘埃云虽然是弥散的，但是更广泛地分布在各处，故当星系碰撞时，其中会产生巨大的激波。"

活动星系核和星暴

　　20 世纪 70 年代后，天文学家通过计算机的模拟和直接观测发现，星系间的并合与相互作用发生的次数甚至比阿普与图姆尔兄弟所预测的更为频繁，并且这一过程会产生多种效应。

　　阿普的星表中包含了许多亮度异常的星系，其中一些星系具有明亮的核心，这可能由星系核的活动所导致（参见第 361 页）。一个著名的例子就是，距离地球 1 500 万光年的星系 NGC 5128，其中心存在一条贯穿的暗尘埃带。NGC 5128 与强射电源人马座 A 相关，其中心向星系际喷射出的强大粒子喷流周围形成了一对射电瓣。在过去的 10 年中，星系核的红外观测已经证实，此星系中的暗尘埃带是原本应该被全部吸收的一个旋涡星系的残骸，这表明碰撞同样会为星系中心的超大质量黑洞提供大量物质，使得其重新活跃起来。

　　另一些阿普星系没有固定形状，但存在大面积的异常明亮区域。在这些情况下，这些额外亮度是由其中恒星的极快速形成产生的，即一种被称为"星暴"的过程。最知名的星暴星系即雪茄星系 M82（Cigar Galaxy M82），距离地球约 1 200 万光年，靠

近明亮的旋涡星系M81，这一对星系是由德国天文学家约翰·埃勒特·博德（Johann Elert Bode）于1774年发现的。早期的观测者认为M82正处于爆炸过程中，直到20世纪80年代，来自空间天文台的星系图像才揭示了真相——星系中心强烈的星风和超新星产生的激波向周围的星际空间输送了大量的星际物质。2005年，新的红外观测发现，M82并非像表面上那样不成形，并且发现从其中心盘上延伸出了两条微弱的旋臂，但在地球上只能看到旋臂的边缘。M82与其近邻星系的碰撞开始于约1亿年前，其中较大星系的引力产生的巨大潮汐作用，将恒星形成物质压缩到了星系的中心，并且驱动了形成恒星的扰动。

以上的例子说明，触发星系活动相互作用的主要因素是星际气体，而非恒星。星系中的恒星分布得非常分散，即使两个星系相互碰撞，位于其中的恒星间发生碰撞也是罕见的。相反，气体与尘埃云虽然是弥散的，但是它们更广泛地分布在各处，故当星系碰撞时，其中会产生巨大的激波。

在短期内，冲击波会触发大规模的恒星形成，正如在星暴星系中看到的那样。20世纪90年代后期，根据哈勃空间望远镜拍摄到的星暴区域的图像，天文学家发现星暴会形成包含数百万颗恒星的超级星团。随着星团中较大质量恒星的衰亡，星团中会留下不活跃的较小质量恒星，它们以球状星团的形式继续存在。长期来看，激波同样会加热恒星形成气体，并且将其吹离寄主星系，这一过程在星系演化中具有重要的作用。

上图：这是雪茄星系M82的照片，来自哈勃空间望远镜拍摄的可见光和近红外数据，其中高亮的氢柱来自中心恒星形成区（显示为红色）。

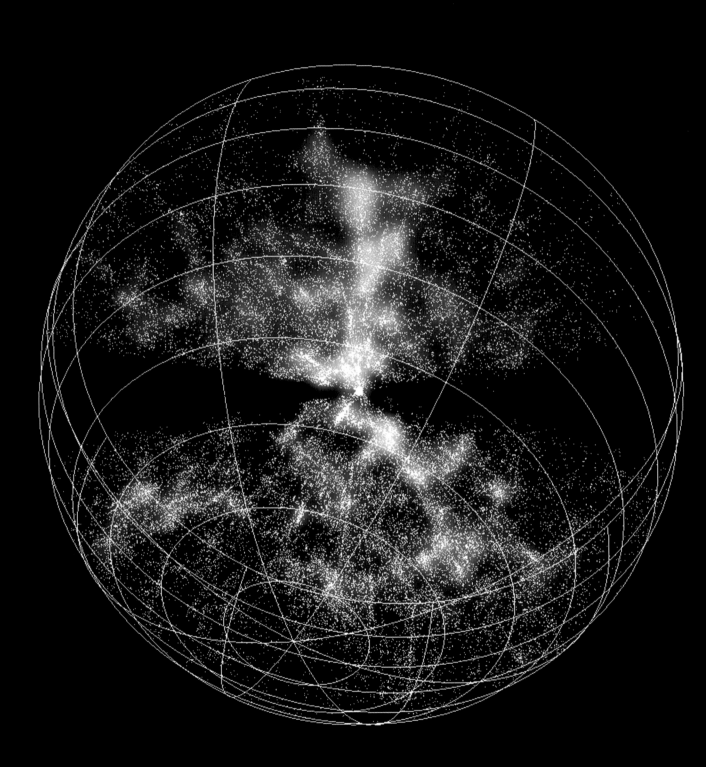

95 为宇宙画像

定　义：	通过测量星系的红移，我们能够得知大量星系空间的分布形态。
发现历史：	1977 年，哈佛 – 史密松森天体物理中心的天体物理学家们进行了首次红移巡天。
关键突破：	1986 年，第一次 CfA 红移巡天成像的结果显示，星系分布在巨大的空洞周围，并且呈纤维状分布。
重要意义：	红移成像中发现的宇宙纤维状结构与空洞是宇宙中已知的最大的结构，对大爆炸理论有重要的约束作用。

星系最大规模的分布形态反映了宇宙的大尺度结构，这种结构的形成可以追溯到宇宙极早期，是大爆炸本身的结果。

通过结合星系在天空中的位置及对其光谱学红移的精确测量，天文学家们能够建立起宇宙的三维地图。多亏了埃德温·哈勃（参见第 41 页）发现的宇宙膨胀规律，这样的巡天才能够进行，即假设星系的红移（由远离地球的运动引起）随着其距离的增加而增加。为了建立整个宇宙的图景，这样做忽视了由宇宙中其他部分或至少是星系周围区域引力对星系运动的局部小影响。

1977 年，由哈佛 – 史密松森天体物理中心的迈克·戴维斯（Marc Davis）、约翰·赫拉克（John Huchra）、戴威·莱瑟姆（Dave Latham）与约翰·托里（John Tonry）发起的首个巡天项目，最终于 1982 年完成。该项目测量了北半球天空中大约 13 000 个星系的红移，其中最暗星系的星等为 14.5，这大约比裸眼目视极限暗弱 2 500 倍。1985—1995 年，由约翰·赫拉克（John Huchra）与玛格丽特·杰勒（Margaret Geller）领导的团队进一步测量出了 18 000 个星系的信息。

在星系坐标（基于我们银河系进行定义的）下，最终的成像形状为一个宽大的圆锥（因为只有在高"银纬"区域，远离银河系中央盘上恒星和尘埃的遮挡，我们才能观测到系外星系）。起初，星系的分布似乎是随机的，然而 1986 年，赫拉克、杰勒和

对页图：一幅由计算机生成的图像，描绘了从地球南半球天空观测的 10 万个星系三维位置。空洞周围呈纤维状与片状结构分布的物质反映了宇宙的大尺度结构。

拉帕伦特（Valerie de Lapparent）发现，在"一片"天空中，似乎存在着不同寻常的结构——星系在一无所有的巨型空洞周围呈长链状分布。

大尺度结构

人们很早就已经发现了遥远星系团和一些稍小的成团性结构。早在 18 世纪，人们就已经在室女座（Virgo）与后发座（Coma）周围发现了许多致密的"星云"；在随后的 19 世纪，人们发现了更多更为暗弱的团块。一旦我们认识了星系的本质，就会认识到这些之前就被发现的区域显然是由引力聚集形成的巨大星系团。20 世纪 50 年代，美国天文学家乔治·阿贝尔完成了首个星系团星表。

星系团本身同样会在宇宙中的特定区域成团的性质在很长时间内是被忽视的。由于普遍的宇宙学原理认为宇宙应当是均匀的，故而那时天文学家推测星系团的空间分布应当是随机的。法国天文学家热拉尔·佛科留斯在 20 世纪 50 年代就提出了室女座星系团可能是某个超星系团的中心，但在接下来的 20 年里，人们仍不能确定如此大的结构是否存在。

"1997—2002 年，利用能同时记录 400 个天体光谱的照相机，2 度视场（2 dF）星系红移巡天项目在澳大利亚的天空中观测了超过 23 万个星系。"

到了 1977 年，爱沙尼亚天体物理中心的天文学家米克尔·约瑟夫（Mihkel Joeveer）与琼·埃纳斯托（Jean Einasto）基于对以著名的英仙座星系团为中心的超新星团的发现提出，宇宙中存在着一种蜂窝状结构。这一超星系团中的星系围绕着一个几乎没有星系的空洞的一侧，形成了一个巨大的弧形墙状结构，这一结构覆盖了金牛座的大部分区域。一年后，基特峰国立天文台（Kitt Peak National Observatory，简称 KPNO）的斯蒂芬·格雷戈瑞（Stephen Gregory）与莱尔德·汤姆森（Laird Thomson）发表了他们关于后发座超星系团中存在一个小型超星系团的证据。

CfA 巡天所观测的天区，戏剧性地证实了上述理论，这一巡天恰好包含了后发座超星系团的核心部分，其距离我们地球大约 3 亿光年，并且看起来像一个"稻草人"。这又形成了一个更大的被称为"长城"（或译为"巨墙"）的结构，长城结构的尺度可能超过 6 亿光年。

由于宇宙学家在之前的几十年中提出的大爆炸理论预言了早期宇宙中的物质分布应当是均匀的（参见第 49 页和第 53 页），宇宙中的大尺度结构（如今被称为纤维与空洞结构）的发现为宇宙学家提出了一些重大问题，而宇宙微波背景辐射的涨落能够用来准确地解释为什么物质是这样分布的（参见第 45 页）。

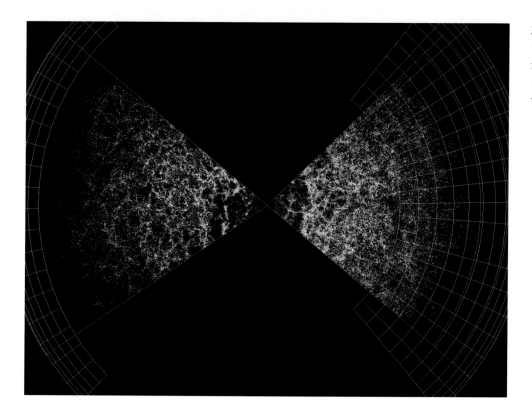

左图: 图上两个"圆锥"的数据来自 2 dF 星系红移巡天, 这揭示了星系团与超星系团所形成的复杂的网状结构。

看得更远

由于技术的限制, CfA 巡天最初只能探测到 7 亿光年以内的星系, 这是整个可观测宇宙中相当小的一个区域, 整个可观测宇宙在每个方向可延伸到 137 亿光年远（这是从大爆炸以来光线能够传播的最远距离）。20 世纪 80 年代以来, 利用电子传感器以及计算机分析技术, 更多的巡天项目使得我们能够了解到更远的宇宙。

1997—2002 年, 利用能同时记录 400 个天体的光谱的照相机, 2 dF 星系红移巡天项目在澳大利亚的天空中观测了超过 23 万个星系。2 dF 巡天确认了宇宙的"瑞士奶酪"结构, 同时以无与伦比的精度测量出了宇宙的密度, 并且测量到宇宙早期密度涨落（即"声波"）留下的图形。这反过来为我们理解不可见的暗物质本质（参见第 389 页）及其与正常物质的相互作用方式提供了重要的线索。后续的星系巡天被称为 6 dF 巡天, 在横跨南北半球的更大天区内观测了 12.5 万个星系的光谱。

在本书写作的过程中, 迄今为止最大规模的斯隆数字巡天项目（sloan digital sky survey, 简称 SDSS）正在进行。这一项目开始于 2000 年, 依托一架位于美国新墨西哥州的专用望远镜。这一巡天项目不仅要获得星系的光谱, 同时还要为星系拍下多波段的照片。此次巡天将会搜集包括已知的遥远类星体在内的超过百万个天体（其中一些可能不是星系）的信息。

96 星系演化理论

定　　义: 描述星系由一个形态演化到另一个形态的理论。

发现历史: "自上而下"的星系演化理论由欧林·埃根（Olin J. Eggen）、唐纳德·林德贝尔（Donald Lynden-Bell）与艾伦·桑德奇于 1962 年首次提出。

关键突破: 1978 年，莱昂纳德·赛尔（Leonard Searle）与罗伯特·津恩（Robert Zinn）提出了星系通过合并而增长的理论。

重要意义: 为了理解银河系的过去与未来，建立星系演化的模型是必不可少的。

天文学家如今认识到，星系间的碰撞与合并在宇宙中时常发生，并且宇宙中的主要星系形态随着时间发生了很大的改变。以上两个事实为我们提供了星系演化的图像。

利用现代望远镜技术，天文学家们能够在地球上观测到宇宙极早期星系发出的光。如果仔细观察几十亿年前的情况，我们会发现，早期的星系与如今的星系大不相同。虽然那时的椭圆星系比较少见，但类星体与其他活动星系（参见第 361 页）却十分常见，并且那时的星系比如今附近的星系颜色明显更蓝（尽管来自遥远星系的光线一般都会发生红移）。所有的这些变化说明，星系在随着时间演化，而天文学家对于星系如何演化的问题已经讨论了整整 1 个世纪。

"自上而下"的演化

早期的星系理论由于受到哈勃音叉图分类的启发，认为旋涡星系是由椭圆星系演化而来。早在 1919 年，英国物理学家詹姆斯·金斯（James Jeans）就阐明了，一团气体云是如何坍缩形成一个中心鼓起而四周环绕着平坦盘的旋涡状系统的，并且平坦盘上会有新恒星形成。直到 20 世纪 60 年代，人们才提出了解释星系盘上旋臂形成机制的理论（参见第 327 页）。因为金斯在完成他的工作后，仍然认为所谓的旋涡状星云是我们银河系的一部分或者非常靠近银河系，所以当我们认识到星系实际上是更加遥

对页图：一系列计算机模拟的结果显示了两个不同尺度的旋涡星系间的相遇与相互作用，这两个星系最终会并合成为一个更大的椭圆星系。基于哈勃空间望远镜的观测，天文学家们相信这样巨大的星系平均每 90 亿年会发生一次并合，但是大星系吸收小星系的事件频率会高很多。

远的缓慢旋转的天体时，金斯的理论遇到了问题。

尽管存在一些小瑕疵，欧林·埃根、唐纳德·林德贝尔与艾伦·桑德奇在 1962 年发表的首个旋涡星系形成的理论，仍然沿用了金斯模型的基本框架。在这个 ELS 模型（以三人名字的首字母命名）中，星系由一整片气体云在很短的时间内坍缩形成，这一坍缩还引起了星系核心区域大量恒星的诞生，并且快速耗尽了那里的气体。相比于核心，盘上恒星的诞生更为缓慢，故而当盘上仍然有活跃的恒星形成活动时，核心中那些短寿命的大质量恒星早已死亡，只剩下一些偏红色或黄色的年老恒星。这一理论很好地解释了旋涡星系中为何存在两类（译注：天文学中通常称为星族）不同的恒星（英国天文学家林德贝尔还正确预测了很多其他现象，比如星系中心应当存在一个超大质量黑洞）。超高速云团（HVCs）的发现为这一理论提供了新的证据，超高速云团是指那些绕银河系以极快的速度运行，无法用星系的整体旋转速度来解释的中性氢气体团。如果"自上而下"的演化理论是正确的，就可以解释为何会有许多超高速云团落入银河系。

"自下而上"的演化

ELS 模型对于椭圆星系是如何形成的没有太多讨论。直到 1977 年，爱沙尼亚裔天文学家阿拉·图姆尔提出，椭圆星系是旋涡星系并合的结果（参见第 374 页）。随着

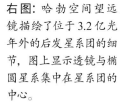

右图： 哈勃空间望远镜描绘了位于 3.2 亿光年外的后发星系团的细节，图上显示透镜与椭圆星系集中在星系团的中心。

所发现的星系并合事件越来越多，启发了莱昂纳德·赛尔与罗伯特·津恩，两人于1978年发表了星系形成的"等级并合"理论，或称"自下而上"理论。在这个模型中，星系通过其间零碎的气体小单元的融合而增大。故而星系会从不规则星系（拥有大量恒星形成所需的气体与尘埃，但是几乎没有什么结构）演化为旋涡星系，进而形成更复杂的结构。当星系巨大的旋臂相互碰撞时，激波会加热恒星形成区的气体云达到一定温度，从而使气体不再坍缩形成新恒星，而是逃逸到星系外围，形成环绕星系的物质晕（这一过程称为"冲压剥离"）。恒星会终止演化，残存的恒星会汇聚形成一个球状的椭圆星系。

20世纪80年代以来，大量证据显示，"等级并合"模型很大程度上是正确的：最大的巨椭圆星系更多会位于星系团的中心；星系团中心存在着游离于星系的X射线热气体；在早期宇宙中发现了无数蓝色的不规则小星系，这正是形成如今星系的基石。关于不可见暗物质在星系中的分布形态，以及一些星系合并事件的详细研究结果，均支持"等级并合"模型（参见第374页）。

> "在这个ELS模型中，星系由一整片气体云在很短的时间内坍缩形成，这一坍缩还引起了星系核心区域大量恒星的快速诞生，并且耗尽了那里的气体。"

混合理论

尽管如此，"自上而下"理论并不完善，这个理论很难解释透镜星系以及那些似乎要从椭圆星系演化回旋涡星系的星系。2002年，来自美国亚利桑那州斯图尔特天文台（Steinmetz of the Steward Observatory）的德国天文学家马蒂亚斯·施泰因梅茨（Matthias Steinmetz）与来自加拿大卑诗省维多利亚大学的阿根廷同事朱里奥·那福罗（Julio Navarro）发现，"自上而下"的模型可能参与了上述过程。利用计算机模拟，他们展示了星系际介质中冷的中性氢云团如何源源不断地以超高速云团的形式为星系提供气体原料。这些落入的气体使得像银河系这样的旋涡星系能够保持很高的恒星形成率，同时也使椭圆星系能够重新形成盘（其间就会经过透镜状星系阶段），并最终重新形成旋臂。所以，星系间的合并与重构可能会发生多次，直到邻近冷的星系际气体消耗殆尽，合并后的星系就会最终停留在巨椭圆星系阶段。

虽然上述的"混合分层"理论似乎很可信，但是仍然存在一些无法解决的重大问题。比如，没有人知道究竟是什么过程导致星系密度在变得过大之前减缓，并停止了进一步坍缩，可能是由于单颗恒星产生的辐射压平衡了自引力，也可能是星系晕区域暗物质的引力拖拽效应阻止了物质进一步下落。2011年，我们发现在极早期宇宙中存在大量的椭圆星系，这对当前的理论带来了更加直接的挑战。这些早期宇宙中椭圆星系里的恒星相对年轻，形成于大爆炸之后不久。新诞生的星系需要极速地合并，但这种合并速度也许是难以为继的。星系演化的传奇故事中也许还蕴含着更多的未解之谜。

97 引力透镜

定　　义:	由于在传播途中受到大质量物体的吸引，遥远物体发出的光线发生了偏折并且形成了多个或者扭曲的图像。
发现历史:	早在 1912 年，爱因斯坦就开始研究引力透镜（Gravitational lens）的理论了，但直到 1936 年，他才将其发表。
关键突破:	1979 年，天文学们首次探测到了引力透镜类星体。
重要意义:	引力透镜为探测极其遥远的星系提供了重要的工具，并且能够使我们探测我们和星体间的暗物质。

通过强引力场的光线会发生偏折，这是爱因斯坦广义相对论的自然推论，然而天文学家在相当长时间后才认识到，引力透镜提供了一种强有力的工具，使我们可以发现并研究早期宇宙中那些暗弱的星系。

1919 年，爱丁顿利用日全食时太阳附近的星光偏折现象验证了爱因斯坦的广义相对论（参见第 37 页）。在经典物理学中，无质量的光子不会受到引力场的吸引；然而爱因斯坦的理论描述了大质量物体如何使其周围的时空弯曲，甚至可以令光子的路径发生偏折。宇宙中这一被称为"引力透镜"的效应再一次得到人们的关注，已经是继爱丁顿后 60 年的事情了。

从理论到观测

早在 1912 年，爱因斯坦就在其私人日记中提出了引力透镜效应的可能性，发现这一现象只需要观测者与辐射源之间合适的距离存在一个大质量物体。由于物体发出的电磁波会向各个方向传播，一部分可能会直接传播到某一观测者眼中，另一部分由于穿过弯曲的时空路径从而发生偏折，最终也被这一观测者接收。于是，观测者就可能在天空中的两个（或多个）不同的位置，看到同一个物体发出的光。

起初，爱因斯坦以及其他天文学家认为，这一现象仅仅是相对论顺便得到的一个

对页图: 哈勃空间望远镜拍摄的距离地球 22 亿光年的致密星系团阿贝尔 1689。在黄色星团的周围，可以明显地看到更远的蓝白星系的透镜图像。

有趣的结论。当时，他们主要考虑的是星光被其他恒星弯曲的情况。由于恒星间的距离比它们各自的半径大了太多，故而观测者与两颗恒星间恰好成一条完美直线的概率几乎可以忽略不计。直到 1936 年，在一位名叫鲁丁·曼德尔（Rudi Mandl）的捷克业余天文学家的催促下，爱因斯坦才正式公布了他关于引力透镜的想法。

在随后的几十年里，由于爱因斯坦的广义相对论以及埃德温·哈勃对系外星系的发现，使得天文学的发展焕然一新。虽然爱因斯坦本人仅仅考虑了恒星的引力透镜现象，但是宇宙中有着另一些更为合适的候选天体，更容易产生我们能够观测到的引力透镜现象。星系与星系团比单独一颗恒星具有更大的质量，并且，星系与星系团的距离与它们的尺寸相比没有恒星间那样悬殊，故而这种情况下的引力透镜效应在宇宙中必然存在，而且能够使光线产生更大的偏折。在爱因斯坦发表这个想法的 1 年内，瑞士天文学家弗里茨·兹威基发表了关于星系尺度上引力透镜的首次预测。

尽管理论上取得了突破，相对滞后的技术仍然限制了我们观测到星系产生的引力透镜现象。直到 20 世纪 60 年代类星体被发现（参见第 362 页），天文学才开始认真寻找引力透镜。当时人们已经预言了许多引力透镜能形成的几何图案，例如"爱因斯坦十字"（中心四周分别产生四个透镜影像）与"爱因斯坦环"（遥远物体的光被大质量的前景物体完美地扭曲成了一个环）。最终在 1979 年，亚利桑那州基特峰国立天文台的丹尼斯·沃尔什（Dennis Walsh）、罗伯特·卡斯维尔（Robert Carswell）与雷·威曼（Ray Weymann）发现，一个名为 SBS 0857+561 的"双类星体"，事实上是同一个遥远物体形成的两个透镜图像。在接下来的 10 年中，人们发现了越来越多的透镜类星体，并且于 1985 年首次发现了"爱因斯坦十字"，以及于 1988 年首次发现了"爱因斯坦环"。

"当引力透镜是由前景的星系团造成时，透镜图像的样式就能够探测这个星系团中的物质分布，并且能揭示其中不可见的暗物质的存在。"

利用引力透镜

直到 20 世纪 90 年代，望远镜技术得到大幅度提升后，引力透镜才从一个科学趣味事件变成了一种十分有价值的研究天文学的工具。目前已知的透镜系统有数十个，背景物体包括类星体、正常星系甚至星系团，前景物体包括单个的星系或星系团。哈勃空间望远镜甚至揭示了一个星系团的光线在另一个星系团中偏折扭曲的情况。这些背景物体被前景物体明显扭曲了的透镜系统被称为"强引力透镜"，它能够同时揭示背景与前景天体的性质。例如，当引力透镜是由前景的星系团造成的时，透镜图像的样式就能够探测这个星系团中的物质分布，并且能揭示其中不可见的暗物质的存在（参见第 389 页）。

在某些情况下，引力透镜可以使得遥远天体看起来更亮，让我们看到本来无法探

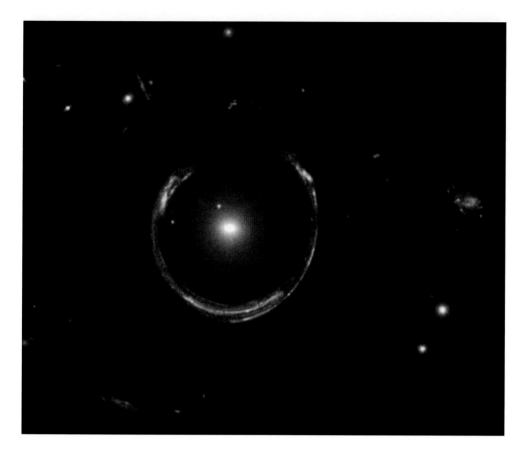

左图：由于这个遥远星系发出的光线被十分均匀地偏折向地球，其所形成的马蹄形结构十分接近于爱因斯坦环，其中更遥远的星系距离地球107亿光年。

测到的暗弱天体。这一技术使得天文学家能够在哈勃超深场中发现最遥远的星系（参见第41页）。利用复杂的建模技术，天文学家们还可以"重构"被透镜化的图像，以便了解其更多的信息。

除了传统的强引力透镜，天文学家如今还发现了另外两种重要的透镜现象。

弱引力透镜，正如它的名字一样，并不会使遥远的星系产生可见的扭曲，只有通过分析大量星系外观上呈现的一些特别的形状，才能发现这种微小的畸变。弱引力透镜是测量星系际空393页）。

另一种透镜现象——微引力透镜，是一种瞬间的效应。通过将遥远物体的光线暂时转向地球，从而改变其亮度。这一效应通常发生在像恒星这样的小天体上，其本质上就是爱因斯坦于1912年预言的现象。由于统计上太过稀少，微引力透镜长期被人们忽视，如今它被作为我们探测经过母星前方的系外行星的一种方法（参见第279页）。大麦哲伦星云中恒星光线产生的微引力透镜效应同样可以帮助我们探测可能存在的晕族大质量致密天体（massive compact halo objects，简称MACHOs）。这些致密且黑暗的物质被认为隐藏在我们和周围星系的晕中，它可能是重要的暗物质的一种候选体。

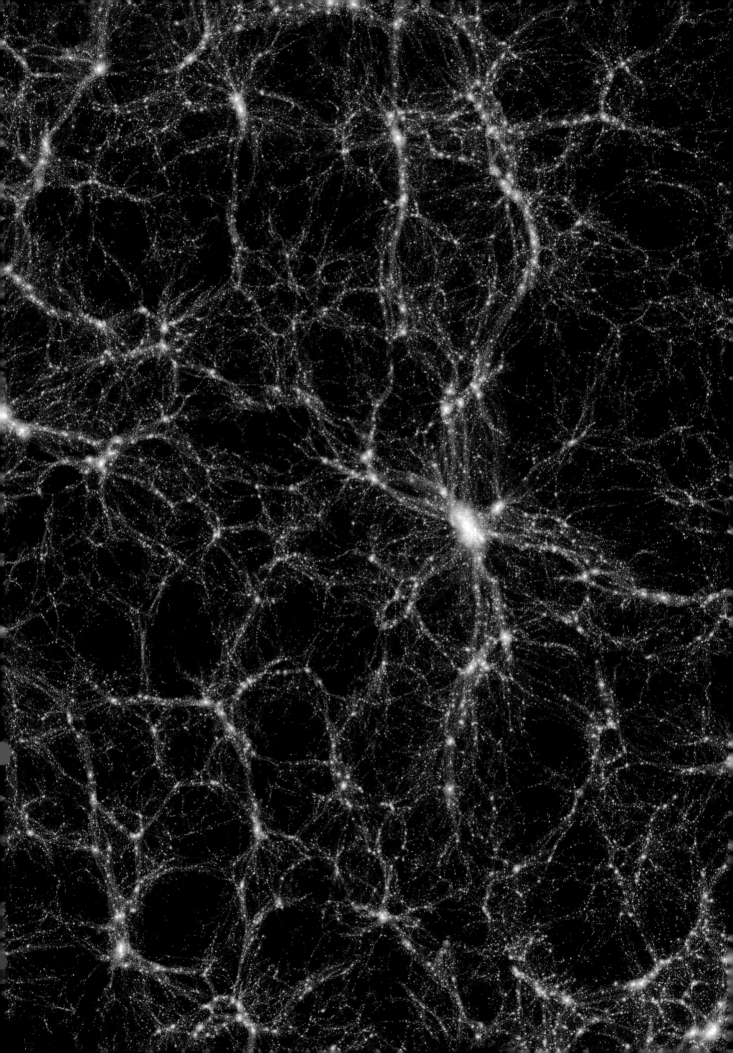

98 暗物质

定　　义：	暗物质不会发出辐射，只能通过引力效应探测到它。
发现历史：	1933 年，弗里茨·兹威基推断出后发座星系团中存在暗物质。
关键突破：	冰立方中微子望远镜帮助我们确定了宇宙中暗物质的真实成分。
重要意义：	暗物质对于整个宇宙的演化都有着重要的作用。

　　整个宇宙中有 1 000 亿甚至更多个星系，似乎已经相当拥挤，然而一些证据显示，我们看到的这些可见物质仅仅只占宇宙总质量的很小一部分，不可见并且难以琢磨的"暗物质"占据了剩余的 95%。

　　宇宙中大部分区域都是"黑"的，这一结论并不让人们感到意外，毕竟宇宙中只有恒星能自身发光，而其他一切物体都是通过反射或受到恒星光线激发而微弱发光。当天文学家讨论暗物质时，他们指的并不是那些由于太过稀薄或寒冷而无法发出可见光的物质。事实上，这些物质总会产生某些辐射（例如红外线或无线电波）。天文学家早已考虑到这些物质，并且据此推测出了重子物质（Baryonic matter）（编注：重子是指由三个夸克组成的复合粒子）的总量。简单来说，真正的暗物质完全不会与可见光或者其他电磁辐射发生相互作用。多种来源的证据都支持暗物质的存在。理论宇宙学家指出，利用大爆炸理论计算得到的物质总量，与真正可见的物质总量之间的数目差异极大。同时，天文学家发现，星系旋转的方式与仅考虑重子物质情况下的结果相矛盾。此外，星系团产生的引力透镜效应（参见第 385 页）表明，星系团中应当存在大量我们不可见的物质。

暗物质的本质

　　暗物质究竟是什么？大部分天文学家认为暗物质是多种而非一种成分构成了数量

对页图：超级计算机模拟的结果展示了邻近宇宙中暗物质的分布。这一区域大约涵盖了 2 亿光年的范围。冷暗物质（亮黄色）在可见的星系（粉色）周围形成了巨大的晕。

庞大的暗物质。一小部分暗物质事实上是普通物质，但难以被探测到，例如流浪行星、"黑矮星"（白矮星寒冷的遗迹）或黑洞。还有一部分暗物质，是指一些隐藏在旋涡星系晕中的天体，被称为大质量致密晕天体，这些天体会因其对其他恒星光线轨迹的影响而被我们观测到。

然而，暗物质中的绝大部分通常被认为由大量亚原子粒子组成。宇宙学家们常常将暗物质分为：冷暗物质［如同宇宙中正常的物质一样以"经典物理"范围内的速度移动（译注：即远低于光速）］、速度接近光速从而具有狭义相对论效应（参见第35页）的暖暗物质以及比光速更快的热暗物质。

冷和热

根据现有的物理学理论推测，暖暗物质与热暗物质粒子的质量很可能非常小，因此除非粒子的数量极其庞大，否则不太可能对暗物质总量有很大的贡献。在很长一段

下图：这个合成图展示了子弹星团中普通物质与暗物质的分布。这一由两个星团并合产生的子弹星团距离我们34亿光年。X射线波段观测得到的粉色图像覆盖在哈勃空间望远镜拍摄的图像之上。由引力透镜效应计算得到的暗物质分布显示为蓝色。碰撞时星系间的热气体被抛出，而暗物质与星系本身并未受到太大的影响。

时间里，宇宙学家们希望能够证明恒星内部的核聚变反应中产生的大量微小的中微子拥有质量，并将其作为暗物质来解决暗物质难题。1998年，日本超级神冈探测器项目的科学家证实中微子确实有质量，但其质量远远低于人们预期的结果。中微子仅贡献了宇宙总质量很小的一部分，故而它无法解释可见物质与使用引力探测到的物质间总质量的差异。

假如热暗物质确实存在，它们中的大部分质量一定极小且速度极快，几乎不会受到局部结构（星系与星系团）引力的影响。宇宙学家认为，热暗物质会均匀地存在于宇宙中，而大部分热暗物质会远离宇宙中明亮的部分，隐藏在星系团纤维结构间巨大的空洞中（参见第378页）。

虽然热暗物质能够解释宇宙总质量的问题，但在星系与星系团的小尺度上，局部的效应迫使我们需要另一种与宇宙中可见物质相互作用更强烈的暗物质。这就需要我们引入"冷暗物质"——一种质量较大且速度较慢故而受局部引力影响更明显的粒子。

MACHOs就是一种已经被证实存在的冷暗物质，但是其丰度以及在宇宙"缺失质量"中的比例尚不清楚。因此在这个问题上，天文学家们不得不假设存在一种"弱相互作用大质量粒子"（weakly interactive massive particles, 简称 WIMPs）（编注：一种仍然停留在理论阶段的粒子，是暗物质最有希望的候选者）。

> "当天文学家讨论暗物质时，他们指的并不是那些由于太过稀薄或寒冷而不发出可见光的物质。简单来说，真正的暗物质完全不会与可见光或者其他电磁辐射发生相互作用。"

在冰中观测

在过去的几年中，科学家们利用位于南极洲冰层下独一无二的新型探测器，得到了暗物质更为细节的信息。冰立方中微子探测器由深度1 450～2 450米（4 750～8 000英尺）的众多竖井中悬挂的粒子探测器组成。中微子能够轻易地穿过厚厚的冰层而不受影响（如同每秒钟有大量的中微子穿过整个地球），但是来自太空的其他粒子无法传播到如此深的位置。中微子会非常罕见地与冰中的分子相互作用，从而产生一些普通物质粒子并且发出切伦科夫辐射（参见第34页）。通过记录辐射发生的深度与其传播的方向，探测器能够反推出中微子的存在与信息。

这对于我们探测暗物质有什么作用呢？依据理论模型，太阳的引力场应当能够捕获一部分WIMP粒子并且使它们在日心处富集。在极个别情况下，WIMP粒子间会相互湮灭并且产生特定能量的中微子粒子。冰立方中微子探测器已经探测到了来自太阳方向的多余中微子，并且计算结果显示，可能正是WIMP粒子的湮灭产生了这些多余中微子，而它们正是理论中组成暗物质的主要成分。

99 暗能量

定　　义：	一种前所未知的驱使宇宙膨胀的神秘力量。
发现历史：	20 世纪 90 年代末期，通过对遥远超新星的观测，使我们确认了暗能量的存在。
关键突破：	2008 年，WMAP 卫星（威尔金森微波各向异性探测器）证实，暗能量占我们宇宙总能量的 72.8%。
重要意义：	了解暗能量是我们研究宇宙的过去与未来必不可少的一步。

宇宙膨胀正在加速而不是减速，此发现是 20 世纪宇宙学最伟大的成就之一。天文学家们仍旧在尝试理解造成这一现象的神秘"暗能量"的本质。

20 世纪 90 年代后期，两个团队开始通过巧妙的方法仔细检查哈勃空间望远镜重点项目对于宇宙膨胀速度测量（参见第 43 页）的结果。科学家们意外发现，宇宙膨胀速度似乎比过去更快了。这一如今被称为"暗能量"的发现，彻底改变了我们对宇宙未来演化命运的认识。

超新星宇宙学

哈勃空间望远镜的主要任务之一即是通过探测临近星系（范围在 2 亿光年内）中的造父变星，从而测量出宇宙的膨胀速度。由于造父变星视亮度变化的周期与其内在亮度有关，故而它们可以被作为"标准烛光"——当一个物体的真实亮度已知，我们就可以通过它们的表观亮度来推知其与地球的距离（参见第 23 页）。独立结果的相互认证是科学中的重要原则。20 世纪 90 年代末，两个独立的团队——由国际合作组成的"高红移超新星搜索团队"，以及来自劳伦斯伯克利国家实验室的"超新星宇宙学团队"，计划交叉核对造父变星的测量结果。

为了核对对造父变星的测量结果，两个团队使用 Ia 型超新星作为独立的"标准

对页图：2010 年，天文学家利用哈勃空间望远镜，测量了空间中一小部分区域的暗能量：利用对星系团阿贝尔 1689 附近引力透镜效应的测量，天文学家计算出其中暗物质的分布（蓝色区域）。一旦得到这一分布，利用背景星系的扭曲，就可以探测出其路径空间中暗能量的强度。

烛光"。因为大多数的超新星爆发是由大质量恒星的死亡引起的,所以爆炸释放的能量取决于爆炸物的质量与产生的超新星遗迹的类型。Ia 型超新星是非常独特的,它们发生在新星系统(参见第 307 页)中,在这里,当白矮星吸积伴星物质并且质量达到 1.4 倍太阳质量后,便会越过"钱德拉极限"。当质量超过这一极限,白矮星就无法支撑起自身的重力,从而会快速地坍缩为一颗中子星。由于该过程在各种情况下基本相同,所以 Ia 型超新星爆炸过程中释放的能量也应当相同,那么爆炸的视亮度就直接指示了其距离。如同所有的超新星事件,Ia 型超新星爆炸也是相当罕见的。所幸超新星爆炸亮到可以短暂地超过整个星系的亮度,故而现代望远镜可以搜寻到相当远的超新星。

通过测量遥远超新星的亮度及其寄主星系的红移,天文学家期望通过造父变星测量出宇宙膨胀的结果,并且同时测出此处宇宙膨胀速度减慢的速率。在当时,人们默认宇宙的引力会逐渐减慢其膨胀的速度,于是宇宙学家们非常热衷于去测量这种减速的速率,以便理解我们宇宙可能的命运(参见第 397 页)。宇宙减速膨胀应当在最遥远的星系中表现出明显的效应,即那里的超新星应当比我们预想的更加明亮,因此更接近我们。

发现暗能量

"只有在不久之前,正常物质与暗物质变得稀薄后,暗能量才开始发挥作用。"

20 世纪 90 年代后期,两个团队在经过数年的研究后,都得到了一个不同寻常的结果:遥远的超新星比预想中的暗淡,而不是更明亮。由此会得到一个必然的结论,即一种未知的存在导致了宇宙的加速膨胀。1998 年,宇宙学家迈克尔·特纳(Michel Turner)认为,某种遍布全宇宙的能量场造成了这种结果:模仿弗里茨·兹威基提出的"暗物质"(参见第 389 页),特纳将这种能量场命名为"暗能量"。

作为一种极具争议的发现,暗能量却在科学家群体中迅速被接受。这一方面是由于两个独立团队给出了有力的证据,另一方面是因为暗能量的概念有助于解决其他一些重大问题。分析宇宙微波背景辐射的结果,显示我们的宇宙十分"平坦",这意味着宇宙中包含的能量仅由暗物质和普通物质构成是不够的,还需要更多的能量。暗能量虽然尚没有被直接探测到,却可以解释这一大部分"失踪"的能量。WMAP 卫星于 2008 年的数据显示,我们宇宙的总能量中,大约 22.7% 由暗物质组成,72.8% 由暗能量组成,而普通物质仅占 4.6%。

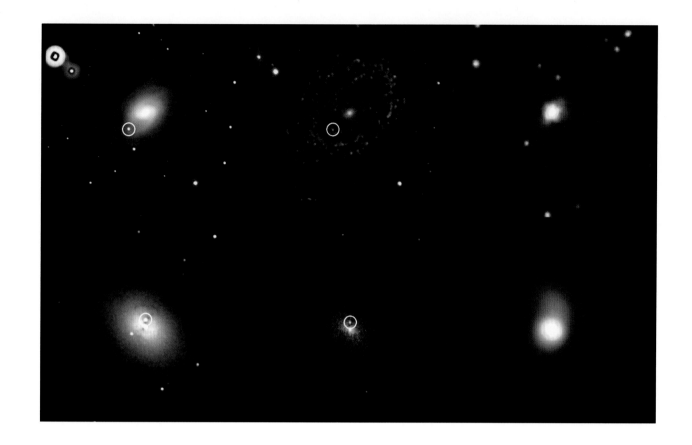

暗能量的本质

自暗能量首次被发现以来，其存在就已通过多种不同的方法得到了检验。暗能量尚未在任何地球实验室里进行的实验中被探测到，它似乎只能通过其在宇宙中的"反引力"效应被探测到。基于一些估计的结果，暗能量的密度相当于每立方千米（0.24立方英里）空间中仅有一百万亿分之一克（译注：根据爱因斯坦的质能关系，能量和质量间可以相互转化）。此外，一些新的观测结果揭示了令人感兴趣的结论，例如直到 50 亿年前，我们的宇宙仍在以之前所预期的方式减速膨胀。只有在不久之前，当正常物质与暗物质变得稀薄后，暗能量才开始发挥作用。

科学家们对暗能量是否有更深入的认识呢？如今存在着两个主流的暗能量理论："宇宙学常数"（cosmological constant）模型与"精质"（quintessence）模型。宇宙学常数的历史可以追溯至 1 个世纪前，一个由爱因斯坦提出继而又被抛弃的理论。早在发现宇宙膨胀之前，爱因斯坦就在他的广义相对论中引入了宇宙学常数，以平衡宇宙可能的收缩并保证宇宙的均匀。一些宇宙学家现在相信，这个常数，本质上是一个嵌在空间结构内部的能量场，是暗能量理想的候选体。相对的，精质是另一种独立于时空并且能够随着时间与空间的变化而改变其分布的能量场。在某些理论中，精质的数量随着时间的推移呈指数增长，这可能会带来灾难性的后果（参见第 399 页）。

上图：遥远星系中爆炸的 Ia 型超新星（这里分别给出了可见光、紫外与 X 射线波段的图像）使得我们发现一个惊人的事实：宇宙正由某种神秘的暗能量驱动着，从而在加速膨胀。

宇宙的命运

定　　义：	宇宙未来演化的模型以及其最终可能的命运。
发现历史：	19世纪50年代，威廉·汤姆森提出了永恒宇宙的"热寂"假说（Heat death）。
关键突破：	20世纪20年代，亚历山大·弗里德曼首次提出了"闭合宇宙"模型。
重要意义：	我们的哲学、科学以及好奇心都驱使我们探寻宇宙将会如何终结。

相较于宇宙的诞生，宇宙将会如何终结的猜测，同样受到人们的关注。这些问题对宇宙学家和普通公众都产生了强烈的吸引力。虽然现今共存着几种相互竞争的理论，但暗能量的发现很可能会对一部分理论给予有力的支持。

20世纪早期，大多数天文学家相信，宇宙的时间和空间都是无限的，即宇宙在过去就一直存在，并且将来也会永远存在，然而，宇宙中物质则不会永远存在。19世纪早期，由法国科学家尼古拉斯·萨蒂·卡诺（Nicolas Sadi Carnot）与德国物理学家鲁道夫·克劳修斯（Rudolf Clausius）发展起来的热力学显示，整个宇宙中的物质将会缓慢地冷却。

热力学描述了系统中的能量是如何传递的。此外，热力学尤其明确了如下事实：有序的结构需要能量来维持，但是能量本身趋向于变得分散且在粒子间均匀分布，这种现象被称为熵。基于这些想法，英国科学家威廉·汤姆森，即开尔文勋爵，在19世纪50年代提出了"热寂说"。该理论认为宇宙中的所有结构最终将趋于分散，宇宙的平均温度将缓慢地下降。

有限的宇宙

基于这样的背景，20世纪宇宙学家们提出的大爆炸理论认为，宇宙在并不十分久远的过去有一个明确的起点（参见第49页）。既然宇宙有开始，那么很可能就会有一

对页图： 我们宇宙命运的一种可能是，宇宙将会从膨胀变为收缩（由引力束缚或暗能量行为变化导致），直至最终收缩至"大坍塌"（Big Crunch）。

个结束。虽然宇宙仍处于最初爆炸的膨胀中，但我们仍有必要考虑这一膨胀是否会永远继续，或者宇宙自引力是否会使膨胀减速直至使之收缩。20 世纪 20 年代，大爆炸理论的先驱之一，苏联宇宙学家亚历山大·弗里德曼首次证实了这种可能性，他提出了"震荡宇宙"理论，即我们的宇宙经历着连续的膨胀与收缩（参见第 49 页）。

当大爆炸理论在 20 世纪晚期成熟以后，天文学家知道测量宇宙中物质密度得到的密度参数 Ω（欧米茄）是判断宇宙可能命运的关键。理论学家们预言了宇宙三种可能的命运：封闭宇宙，即引力将会停止宇宙膨胀并最终使宇宙"大坍塌"；开放宇宙，即宇宙膨胀会永远持续下去并不会有显著的减速；平坦宇宙，即引力会逐渐使宇宙膨胀减速直至几乎停止，但不会使其重新收缩。在开放和平坦宇宙的情况下，开尔文预言的"热寂"可能发生在数万亿年后。

20 世纪 70 年代到 90 年代之间对于密度参数的测量都表明，其数值十分接近平坦宇宙对应的临界密度。1998 年，宇宙学家宣布发现了一种未知的驱使宇宙加速膨胀的暗能量（参见第 393 页）。这一发现意味着之前使用的"尘埃模型"〔即将引力坍塌作为唯一重要的因素考虑（忽略宇宙中的压力），但暗能量的发现实际上引入了一种"负压力"〕是完全错误的；并且，这一发现支持我们的宇宙是开放的这一观点。

当代理论

有关宇宙的命运尚有一些其他因素值得我们考虑。近来的测量显示出暗能量的效

下图：得益于大爆炸的第一推动力以及暗能量的作用，如今的宇宙正加速膨胀。未来宇宙的膨胀速度可能会逐渐下降、继续加速或者转为收缩，这分别对应了宇宙的"大冷寂""大撕裂"与"大坍塌"理论（Big Chill，Big Rip，Big Crunch）。

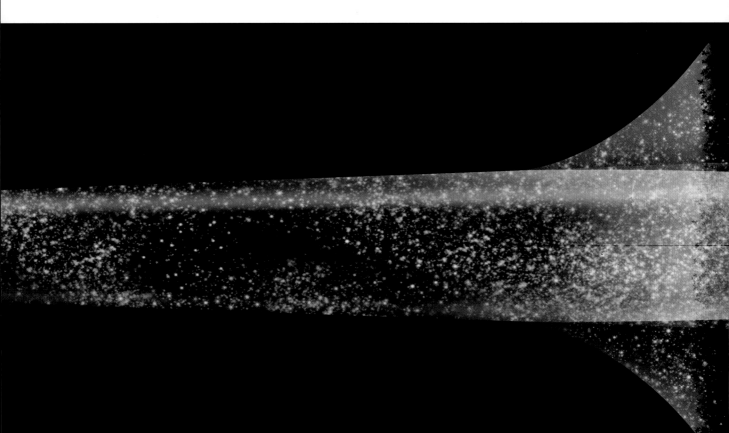

应也许并不是不变的，并且宇宙的加速膨胀或许仅仅开始于 50 亿年前。宇宙膨胀的过程中，暗能量与暗物质和普通物质间比例的变化是暗能量"宇宙学常数"理论（译注：宇宙学常数理论即认为暗能量密度是一个常数，故而当宇宙膨胀体积增大后，暗能量的总量就会增加）的自然推论，但仍有其他可能的解释。美国宇宙学家罗伯特·考德威尔（Robert Caldwell）提出了"幽灵暗能量"模型（phantom energy）。在这一模型中，暗能量密度随着时间呈指数增长，最终空间与物质都会在"大撕裂"中毁灭。相反，加州斯坦福大学的安德烈·林德预言，暗能量有朝一日或许会产生相反的效应并将宇宙重新拉回到一起，也许会在一两百亿年这个相对很短的时间内将宇宙推向"大坍塌"。

此外的一些宇宙学理论认为，宇宙的命运可能并不是简单地仅是开放、封闭与平坦宇宙中的一种。圈量子宇宙学（参见第 54 页）得到的一些结论，类似弗里德曼提出的"震荡宇宙"，预言了宇宙可能会发生"大反弹"；即使宇宙会一直膨胀直至平静的"热寂"或剧烈的"大撕裂"，膜理论（参见第 55 页）认为，在看不见的维度中，另一种相互作用最终会触发一个新宇宙的创造过程；林德提出的混沌暴涨理论（参见第 54 页）提出，无论我们的宇宙命运如何，它可能只是无限多宇宙泡泡中的一个，并且存在着新的观星者的新宇宙正在不断地产生。

"19 世纪 50 年代，英国科学家开尔文勋爵提出了'热寂'假说，即宇宙中的所有有序结构将瓦解，并且宇宙的平均温度将逐渐下降。"

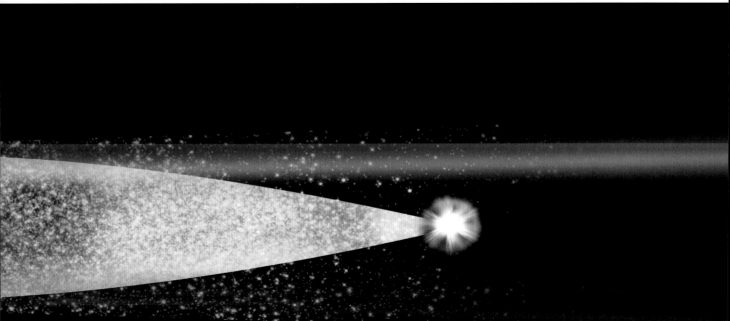

专业词汇表

矮行星

在独立的轨道上围绕太阳运行，具有很强的引力，能够把自己拉扯成一个大致的球形，但是不能像真正的行星一样清除它周围的其他物体的天体。目前已知的矮行星有三颗——谷神星、冥王星和阅神星，还有更多的天体无法确定是否是矮行星。

暗能量

最近发现的一种加速宇宙膨胀的力。暗能量的真正性质以及它对宇宙演化的长期影响，仍然是未知的。

暗物质

宇宙中主要的物质形式，是一种既不辐射电磁波也不与电磁波相互作用的物质，目前只能通过引力效应来进行观测。暗物质被认为是由迄今为止仍然没有被发现的粒子类型所组成的，但是像燃烧殆尽的恒星残骸和行星这样的大质量暗星体也可能会产生暗物质。

暗星云

一团吸收光线的星际气体和尘埃，只有在恒星或其他星云的映衬下才会显现出来。

奥尔特云

一个环绕整个太阳系的、由休眠的彗星组成的直径可达 2 光年的球形壳层。

白矮星

不到 8 倍太阳质量的恒星在死亡时留下的残留物。白矮星是致密的、缓慢冷却的恒星核心，一它们通常很热，但是因为太小所以很难被看见。

半人马型小行星

在外行星之间围绕太阳运行的冰冻天体。

棒旋星系

一种旋涡星系，其旋臂通过一条由恒星和其他物质构成的短棒与星系中心相连。

暴胀

大爆炸后不足一秒内发生的事件，在此期间，新生的宇宙经历了突然而剧烈的膨胀。

变星

任何亮度会发生变化的恒星。一些对变星的定义将食双星也包括在内，但是真正的变星会发生物理上的变化，例如周期性或不规则的脉动，或者激变爆发。

标准烛光

不必依赖于距离假设就能计算出本征光度的任何天体或事件。诸如造父变星和某些超新星这样的标准烛光，提供了一种可以直接估算出宇宙深处的天体距离的重要方法。

冰火山

在太阳系外围的一些冰冷卫星上发现的一种奇怪的地质活动。冰火山活动的典型特征是持续喷发的流动冰，这种"熔融"状态源于大量存在的氨。

玻色子

一种无质量的基本粒子，负责在物质粒子之间传递力。玻色子包括传递电磁力的光子、传递强核力的胶子以及传递弱核力的 W 粒子和 Z 粒子。携带重子的引力仍然是假设。

不规则星系

没有明显结构特征的星系，通常其中富含气体、尘埃和恒星形成区域。

超大质量黑洞

一种重达数百万恒星质量的黑洞，被认为位于许多星系的中心。超大质量黑洞不是由死亡的大质量恒星形成的，而是由巨大的气体云坍缩而成。

超巨星

一种质量大且亮度高的恒星，其

质量是太阳的 10~70 倍。超巨星几乎可以具有任何颜色，具体取决于其输出的能量和大小之间的比值对其表面温度的影响。

超新星

一种标志着恒星死亡的激变爆发。当大质量恒星耗尽其最后的燃料，其核心发生坍缩时（形成中子星或黑洞），或者当新星系中的白矮星超过其质量上限并突然坍缩成为中子星时，就会导致超新星爆发。

超新星遗迹

一种从超新星爆发之处扩散出来的过热的气体云。

大气层

由行星或恒星自身引力所形成的气体外壳。

电磁辐射

一种由电波和磁波组合而成的能量形式，能在真空中以光速传播，其波长和其他特性会受到发射辐射的物体的能量或温度的影响。

电子

一种带负电荷的轻量基本粒子。电子在原子核周围的层级中运行，原子最外层的电子数决定着它的化学行为。

多普勒效应

当物体相对于观察者靠近或后退时，物体辐射的电磁波的波长被压缩（蓝移）或拉伸（红移）的现象。多普勒效应引起的红移是证明宇宙膨胀的关键证据。

发射星云

在太空中以非常特殊的波长辐射的气体星云，能够产生一个布满发射线的光谱。发射星云通常由附近恒星发出的高能辐射激发，往往与恒星的形成区有关。

反射星云

一种星际气体和尘埃云，通过反射或散射附近恒星的光而闪耀。

反物质

物质的一种形式，其中的基本粒子与"正常物质"的对应物相同，但具有相反的电荷。

分光双星

一种只有通过谱线位置的移动才能被探测到的双星，双星的两个成员之间的彼此摆动使谱线发生了移动。

伽马射线

最高能的电磁辐射，波长极短，产生于宇宙中最热的物体和能量最高的过程。

构造学

行星或卫星的外壳破裂成碎片，这些碎片在半熔融的内层顶部漂移，从而导致一些外壳受到挤压，而另一些则受到拉伸的地质过程。在我们的太阳系中，地球展示了最发达的构造系统，其他一些星球也显示出其历史上曾有过构造活动的迹象。

光度

一种衡量恒星能量输出的度量。虽然光度在技术上是以瓦特为单位测量的，但这些恒星的亮度非常高，将它们与太阳的亮度做对比要容易得多。恒星的视光度（在可见光波段中产生的能量）不一定等于它在所有辐射波段中的总光度。

光年

一种常用的天文计量单位，相当于光（或其他电磁辐射）在一年内走过的距离。一光年大约相当于 9.5 万亿千米（5.9 万亿英里）。

光谱

光通过棱镜或类似装置时所产生的散开的光带。棱镜根据波长和颜色将光弯曲到不同的程度，因此光谱揭示了不同波长的光的精确强度。

氦聚变

氦发生核聚变（由氢聚变形成）从而形成较重的元素（所谓的金属）。大多数恒星在生命即将结束时会耗尽氢，依靠氦聚变来维持发光。

核聚变

质量轻的原子核（原子中心的核心）在极高温和极高压下形成更重的原子，并在过程中释放出多余的能量。聚变是导致恒星发光的过程。

褐矮星

即所谓的"失败的恒星"，它的质

量永远无法支撑其核心开始氢聚变，因此一直不能正常发光。褐矮星通过引力收缩和一种有限的聚变形式来进行低能辐射（主要是红外线）。

黑洞

由质量大于 5 倍太阳质量的恒星坍缩形成的超密点。黑洞的引力非常大，以至于光都无法逃脱。

恒星

一种稠密的气体球，因自身的质量而坍缩，变得炽热和稠密，从而触发其核心的核聚变反应。

恒星风

一股高能粒子流，在恒星辐射压力的作用下从恒星表面吹出，并传播到周围的空间。

红矮星

质量远小于太阳的一类恒星，具有体积小、暗淡、表面温度低等特征。红矮星的核心进行着非常缓慢的氢聚变，尽管它们的体积小，但是它们的寿命却比类太阳恒星长得多。

红巨星

恒星生命中的一个阶段，这个阶段中它的光度大幅度增加，导致它的外表面膨胀且表面温度降低。当恒星的核心燃料耗尽时，它们便会进入红巨星期。

红外线

能量略低于可见光的电磁辐射。

红外辐射通常是由因为温度太低而不能被看到的热物体发出的。

彗星

来自太阳系外围的岩冰混合天体。当彗星落入轨道后，会沿轨道接近太阳，在太阳的照射下，它们表面的冰会受热蒸发，从而形成彗发和彗尾。

活动星系

中心区域发出大量的能量的星系。这种现象可能是由于物质落入了位于星系中心的超大质量黑洞而产生的。

基本粒子

不能被细分成更小碎片的粒子。根据目前的物质结构模型，基本粒子主要有夸克、轻子和玻色子。

极超新星

比超新星爆炸还要剧烈的恒星爆炸，这个过程会导致大质量恒星的死亡，从而产生黑洞。天文学家认为，由此爆炸产生的辐射和粒子可能沿着窄束传播，从而产生强烈的伽马射线暴。

巨行星

一类由气体、液体或软冰（各种冰冻的化学物质）组成的巨大壳层包裹的行星，其中心可能是一个相对较小的岩石核心。

球状星团

一个由古老、长寿的恒星组成的围绕着一个类似银河系的星系运

行的致密球体。

聚变壳

在恒星耗尽其核心的特定燃料供应后，从核心向外扩散的进行核聚变的球形外壳。

聚星

两颗或两颗以上的恒星在轨道上围绕彼此运动的系统（两颗恒星的系统也被称为双星）。银河系中的大多数恒星都是多星系统，而不是像太阳这样的单星。

开尔文—亥姆霍兹机制

在气态巨行星和其他大密度气体天体的核心中，密度大的物质缓慢凝结从而产生热量的一种机制。

柯伊伯带

海王星轨道外的一个环状的冰冻世界。已知最大的柯伊伯带天体是冥王星和阋神星。

可见光

波长在 400~700 纳米（十亿分之一米）之间的电磁辐射，对应着人眼敏感的波长范围。像太阳这样的恒星就是以可见光的形式释放其大部分能量的。

夸克

在质子和中子中发现的具有实质质量和电荷的基本粒子，是构成原子核的亚原子粒子。

夸克星

介于中子星和黑洞之间的一种

假想的恒星残余，且完全由夸克构成。

拉格朗日点

一个巨大物体围绕另一个物体运行的轨道上的几个引力"平衡点"之一（比如月亮绕着地球转，或者地球绕着太阳转）。拉格朗日点是指"特洛伊"卫星或小行星等天体可以绕轨道运行，同时又不会受到其他较大天体干扰的地方。

雷达

一种既可用于追踪飞机等物体，又可用于绘制行星表面的技术。雷达（原意为无线电探测和测距）采用向目标发射一束无线电波，并测量收到回波的时间的方式，来计算目标的精确距离。

类太阳恒星

与太阳有着大致相同的质量、亮度和表面温度的黄色恒星。天文学家对这样的恒星特别感兴趣，因为它们寿命长且稳定，而且位于它们周围的所有行星都是潜在的生命摇篮。

凌

一个天体经过另一个天体表面的天文现象，例如行星经过恒星表面的运动。

脉冲星

快速旋转的中子星，其强烈的磁场使其发出的辐射沿两条窄束扫过天空。

谱线

光谱中的暗带或亮带。明亮的发射线表明某个物体正在发射某种波长的光，而背景光谱较宽的深色条纹则表明，光在到达我们之前就被某种物体吸收了。在这两种情况下，谱线的位置都表明有哪些原子或分子参与其中。

轻子

一种轻量基本粒子。根据粒子物理学的标准模型，有六类轻子：电子、介子和 τ 粒子，以及与之对应的中微子（ νe、ν μ、ν τ）。

氢聚变

最轻的元素氢发生核聚变产生第二轻的元素氦。在所有恒星生命中的大部分时间里，氢聚变都是其主要的能量来源。它可以根据恒星内部的条件以不同的速率进行。

球粒陨星

一种最常见的陨石，由球粒组成。球粒是由早期太阳系的原始物质凝结而成的。

球状星团

一个由古老、长寿的恒星组成的围绕着一个类似银河系的星系运行的致密球体。

食双星

双星中的一类，其中一颗恒星定期地在另一颗恒星和地球之间经过，导致系统整体亮度下降。

视向速度

物体（如恒星）靠近地球或远离地球的速度。通过多普勒效应探测到的视向速度，对于测量恒星在运动中的摆动是很有用的，这种摆动与系外行星有关。

疏散星团

一大批明亮的年轻恒星最近从同一个产星星云中诞生，并且可能仍然嵌在产星星云的气体云中。

双星

在轨道上相互环绕的一对恒星。由于双星中的恒星通常是在同一时间诞生的，因此它们可以直接被用来对比不同属性恒星的演化方式。

太阳

地球所在的太阳系的中心恒星。太阳是一颗相当普通的低质量恒星，可以用来当作比较其他恒星的标准。太阳的主要参数为：直径 1.39×10^6 千米，质量 2×10^{30} 千克，能量输出 3.8×10^{26} 瓦，表面温度 5500℃（9900 ℉）。

特洛伊型小行星

在木星轨道的拉格朗日点上绕太阳运行的小行星家族中的一员。在拉格朗日点上，太阳和木星的引力影响是势均力敌的。广义来说，特洛伊型小行星可以指在系统中的拉格朗日点上运行的任何天体。

天文单位

天文学中广泛使用的一种距离单位，相当于地球到太阳的平均距离——约为 1.5 亿公里或 9 300 万英里。

椭圆星系

由轨道上没有特定方向的恒星组成的星系，通常缺少形成恒星的气体。椭圆星系是已知的最小和最大的星系之一。

沃尔夫—拉叶星

一种质量很大的恒星，它们产生的强烈的恒星风，会在几百万年的时间内将其大部分的外层吹走，暴露出极端炽热的内部。

无线电波

能量最低、波长最长的一类电磁辐射。无线电波可以由宇宙中的冷气体云发出，也可以由剧烈活动的星系和脉冲星发出。

X 射线

由宇宙中极端炽热的天体和剧烈的过程所发出的高能电磁辐射。当物质被拉向黑洞时，由于变热而产生的辐射是最强的天文 X 射线源之一。

吸积盘

在地心引力的作用下，围绕中心的高密度天体旋转的一个扁平的物质圆盘。吸积盘现象普遍存在于许多天文系统中，它会被超密天体周围的极端潮汐力加热，比

如中子星和黑洞这些经常辐射 X 射线和其他射线的天体。

小行星

位于太阳系内部的无数的小岩石天体，主要来自于火星轨道外的小行星带。

新星

在双星系统中，白矮星吸积其伴星上的物质，在自身周围形成一层气体，然后在剧烈的核爆炸中燃烧殆尽。

星系

由恒星、气体和其他物质组成的独立系统，其大小要以数千光年为单位计量。

行星

满足下面三个条件的天体：围绕太阳或另一颗恒星运行的星球；其质量大到足以把自己拉成一个球形；清除了它周围的其他物体（除了卫星）。根据这个定义，我们的太阳系存在八大行星——水星、金星、地球、火星、木星、土星、天王星和海王星。

行星状星云

当一颗濒临死亡的红巨星转变为白矮星时，从它的外层脱落下来的一团不断膨胀的发光气体形成的星云。

星云

漂浮在宇宙空间中的气体或尘埃。

星云是恒星诞生所需的物质，在恒星生命结束时，这些物质又重新散落到星云中。"Nebula"一词在拉丁语中是云的意思，最初是指天空中模糊的物体，包括我们现在知道的星团和遥远的星系。

星族 I

重元素密度相对较高的一类恒星，与我们的太阳类似。星族 I 恒星通常存在于旋涡星系的圆盘和旋臂中，也存在于不规则星系中。星族 I 恒星形成于宇宙历史的最近几十亿年，此时的宇宙存在较为丰富的重元素。

星族 II

金属含量低于太阳的一类恒星，存在于球状星团、椭圆星系和旋涡星系的中心。星族 II 恒星被认为是早期宇宙的残余物质。

星族 III

一类人们假设的几乎不含金属的原始恒星，被认为是早期宇宙的第一批恒星。

旋涡星系

一种星系，其中心由年老的黄色恒星所组成，周围环绕着由年轻恒星、气体和尘埃组成的扁平盘，其旋臂标明了目前恒星形成的区域。

岩质行星

一类相对较小的行星，主要由岩石和矿物组成，可能环绕着薄薄一层的气体和液体。

耀斑

由于磁重联引起的在恒星表面大量释放加热粒子的现象。

耀星

小体积、低质量的恒星，通常是暗淡的，但在它的表面很容易发生类似于太阳耀斑的猛烈喷发现象。

宜居带

恒星周围的一个区域，水能够以液体的形式存在于在那里运行的行星表面上。因为那里既不太热也不太冷，所以这个地区也常被称为"适居带"。

引力透镜

光线在经过大质量的物质附近时，其路径会发生弯曲，从而使更远处物体产生一种扭曲的、有时增强的图像。密集的星系团最容易产生透镜效应。

宇宙大爆炸

发生在 137 亿年前的一次巨大爆炸，正是这次爆炸创造出了时间、空间以及宇宙中所有的能量和物质。

宇宙微波背景辐射

覆盖整个可见宇宙的微弱辐射。宇宙微波背景辐射是来自宇宙"最后散射面"的红移光，它让我们能够看到宇宙变得透明的年代。

宇宙线

从太空进入地球大气层的高能粒子。宇宙射线有各种各样的起源，从太阳表面，到超大质量的黑洞周围的区域都会产生宇宙线。

原行星盘

新形成的恒星周围的轨道上残留下的由气体和尘埃组成的圆盘，行星便是从中形成的。

造父变星

一类重要的变星，由明亮的、脉动的黄色超巨星组成。造父变星的脉动频率与它们的本征光度有关，因此它们可以被当作测量星系间距离的"标准烛光"。

质子

原子核中的一种亚原子粒子，具有一定的质量和正电荷。质子由两个上夸克和一个下夸克组成，原子核中的质子数决定了它的元素性质。

中微子

太阳和其他恒星在进行核聚变时产生的一种近乎无质量的轻子粒子。已知的中微子有三类：电子中微子、介子中微子和 τ 中微子。

中子

原子核中的一种亚原子粒子，具有一定的质量但不带电荷。中子是由两个下夸克和一个上夸克组成的。

中子星

超新星爆炸后留下的超大质量恒星的坍缩核心。中子星是由亚原子中子组成的，其密度非常高。许多中子星最初表现为脉冲星。

主序

这一阶段是恒星生命中最长的阶段，在此期间，恒星相对稳定，并在其核心发生氢聚变生成氦，从而发光。在这一阶段，恒星的质量、大小、光度和颜色都遵循一定的规则。

紫外线

一种波长比可见光短的电磁辐射，通常由比太阳更热的天体产生。最热的恒星会以紫外线的形式释放出大部分能量。

自行

去除地球运动所引起的效应后，恒星因自身在空间中的运动而引起的在天空中的运动。

最后散射面

这个球面说明，早期宇宙在大爆炸约 40 万年后变得透明。在此之前，由于宇宙中的粒子密集地聚在一起，所以宇宙是不透明且模糊不清的。最后散射面代表着我们可观测到的宇宙的最早阶段以及宇宙微波背景辐射的起源。

索引

插图版权

2: Pikaia Imaging; 4: Mark Garlick/Science Photo Library; 7: Tunç Tezel; 8: NASA, ESA and AURA/Caltech; 11: Pikaia Imaging; 12: NASA/DOE/Fermi LAT Collaboration, Capella Observatory, and Ilana Feain, Tim Cornwell, and Ron Ekers (CSIRO/ATNF), R. Morganti (ASTRON), and N. Junkes (MPIfR); 14: NASA/JPL-Caltech; 16: NSO/AURA/NSF; 19: NASA/JPL-Caltech/Univ.of Ariz. ; 20: ESO/Y.Beletsky; 22: Bill Schoening, Vanessa Harvey/REU program/NOAO/AURA/NSF; 24: CERN; 27: Pikaia Imaging; 28: National Institute of Standards and Technology/Science Photo Library; 31: Guido Vrola/Shutterstock; 32: SuriyaPhoto/Shutterstock; 34: Argonne National Laboratory, U.S. Department of Energy; 36: Babak Trafreshi, TWAN/Science Photo Library; 38: Scientific Visualization by Werner Benger, Max-Planck-Institute for Gravitational Physics, Zuse-Institute Berlin, Center for Computation & Technology at Louisiana State University, University of Innsbruck. Scientific Computation by Ed Seidel / Numerical Relativity Group at Max-Planck-Institute for Gravitational Physics; 40: NASA, ESA, S. Beckwith (STScI) and the HUDF Team; 43: Pikaia Imaging; 44: NASA/WMAP Science Team/Science Photo Library; 46: NASA/COBE; 48: Michael Dunning/Science Photo Library; 50-1: Pikaia Imaging; 52: Detlev Van Ravenswaay/Science Photo Library; 55: Pikaia Imaging; 56: NASA/CXC/ASU/J. Hester et al.; 58: CERN; 60: Adolf Schaller for STScI; 63: NASA/JPL-Caltech/A. Kashlinsky (GSFC); 64: NASA, ESA, S. Gallagher (The University of Western Ontario), and J. English (University of Manitoba); 66: NASA, ESA, A. van der Wel (Max Planck Institute for Astronomy, Heidelberg, Germany), H. Ferguson and A. Koekemoer (Space Telescope Science Institute, Baltimore, Md.), and the CANDELS team; 68: NASA, ESA, and the Hubble Heritage Team (STScI/AURA); 70: NASA, ESA, and P. Hartigan (Rice University); 72: Courtesy of SOHO/LASCO consortium. SOHO is a project of international cooperation between ESA and NASA.; 75: Pikaia Imaging; 76: Royal Swedish Academy of Sciences/Göran Scharmer, Mats Löfdahl, ISP; 79: NASA/TRACE/NCAR; 80: Kamioka Observatory, IcRR (Institute for Cosmic Ray Research), The University of Tokyo; 82: Science Photo Library; 84: Landsat 7 Science Team and NASA GSFC; 87: ISAS/Lockheed Martin/NASA; 88: D. Ermakoff/Eurelios/Science Photo Library; 91: NASA/ESA and L. Ricci (ESO); 92: NASA/JPL; 95: Pikaia Imaging; 96: Image Science and Analysis Laboratory, NASA-Johnson Space Center.; 98: Oleg Abramov, University of Colorado, Boulder; 100: Ian Steele & Ian Hutcheon/Science Photo Library; 103: Science Source/Science Photo Library; 104: nikkytok/Shutterstock; 106: European Southern Observatory; 108: Dr. Terry Beveridge, Visuals Unlimited /Science Photo Library; 111: fotokik_dot_com/Shutterstock; 112: NASA/JPL/USGS; 115: NASA; 116: Robin Canup, Southwest Research Institute; 119: NASA; 120: ISRO/NASA/JPL-Caltech/Brown Univ./USGS; 122: NASA/GSFC/Arizona State University; 124: NASA/JPL; 134: NASA/Goddard; 128: NASA/Johns Hopkins University Applied Physics Laboratory/Carnegie Institution of Washington; 131: NASA/Johns Hopkins University Applied Physics Laboratory/Carnegie Institution of Washington; 132: NASA/JPL; 135: NASA/JPL-Caltech/ESA; 136: NASA/JPL/USGS; 139 l: ESA/VIRTIS/INAF-IASF/Obs. de Paris-LESIA; r: NASA/JPL; 140: US Geological Survey; 142: V.L. Sharpton, LPI; 144: Image by J.C. Casado © starryearth.com; 147: Image Science and Analysis Laboratory, NASA-Johnson Space Center; 148: NASA/JPL-Caltech/University of Arizona; 150-1: NASA/JPL/Cornell; 152: HiRISE, MRO, LPL (U. Arizona), NASA; 155: ESA/DLR/FU Berlin (G. Neukum); 156: NASA/USGS; 159: NASA/JPL-Caltech/Univ. of Arizona; 160: NASA/JPL/University of Arizona ; 162: NASA; 164: NASA/JPL/University of Arizona; 166: NASA/JPL/University of Arizona ; 168: NASA, ESA, J. Parker (Southwest Research Institute), P. Thomas (Cornell University), L. McFadden (University of Maryland, College Park), and M. Mutchler and Z. Levay (STScI); 171: Pikaia Imaging; 172: NASA/JPL-Caltech/UCLA/MPS/DLR/IDA; 174: NASA/JPL-Caltech/UCLA/MPS/DLR/IDA; 176: ESA 2010 MPS for OSIRIS Team MPS/UPD/LAM/IAA/RSSD/INTA/UPM/DASP/IDA; 179: NASA, ESA, and D. Jewitt (UCLA); 180: NASA/JPL/Space Science Institute; 182: NASA, ESA, IRTF, and A. Sánchez-Lavega and R. Hueso (Universidad del País Vasco, Spain); 184: NASA/JPL; 187: M. Wong and I. de Pater (University of California, Berkeley); 188: Hubble Space Telescope Comet Team; 191: R. Evans, J. Trauger, H. Hammel and the HST Comet Science Team and NASA; 192: NASA/JPL/University of Arizona; 194: NASA/JPL/USGS; 196: NASA/JPL/University of Arizona; 199: NASA/JPL/University of Arizona; 200: NASA/JPL; 203: NASA/JPL; 204: NASA/JPL/Space Science Institute; 206-7: NASA/JPL-Caltech/SSI; 208: NASA/JPL/Space Science Institute; 211: NASA/JPL-Caltech/Keck ; 212: NASA/JPL/Space Science Institute; 214: NASA/JPL/Space Science Institute; 216: NASA/JPL-Caltech/ASI/Space Science Institute; 219: NASA/JPL/Space Science Institute; 220: NASA/JPL/University of Arizona; 222: NASA/JPL/University of Arizona/DLR; 224: NASA/JPL/Space Science Institute; 227: NASA/JPL/Space Science Institute; 228: NASA/JPL; 230: Lawrence Sromovsky, University of Wisconsin-Madison/ W. M. Keck Observatory; 232: NASA/JPL; 235: VLT/ESO/NASA/JPL/Paris Observatory; 236: NASA/JPL/USGS; 239: NASA/JPL/Universities Space Research Association/Lunar & Planetary Institute; 240: NASA, ESA, H. Weaver (JHU/APL), A. Stern (SwRI), and the HST Pluto Companion Search Team; 243: NASA, ESA, and M. Buie (Southwest Research Institute); 244: NASA, ESA, J.E. Krist (STScI/JPL); D.R. Ardila (JHU); D.A. Golimowski (JHU); M. Clampin (NASA/Goddard); H.C. Ford (JHU); G.D. Illingworth (UCO-Lick); G.F. Hartig (STScI) and the ACS Science Team; 246: Pikaia Imaging; 248: R. Richins, enchantedskies.net; 251: NASA/JPL-Caltech/UMD; 252: McComas, et al, and Science; 254: Pikaia Imaging; 256: NASA, ESA, R. O'Connell (University of Virginia), F. Paresce (National Institute for Astrophysics, Bologna, Italy), E. Young (Universities Space Research Association/Ames Research Center), the WFC3 Science Oversight Committee, and the Hubble Heritage Team (STScI/AURA); 259: Pikaia Imaging; 260: NASA, ESA, and The Hubble Heritage Team (STScI/AURA); 262: NASA, ESA, STScI, J. Hester and P. Scowen (Arizona State University); 264: NASA, ESA, and M. Livio and the Hubble 20th Anniversary Team (STScI); 267: NASA, John Krist (Space Telescope Science Institute), Karl Stapelfeldt (Jet Propulsion Laboratory), Jeff Hester (Arizona State University), Chris Burrows (European Space Agency/Space Telescope Science Institute); 268: ESO; 271 l: T. Nakajima (Caltech), S. Durrance (JHU); r: S. Kulkarni (Caltech), D.Golimowski (JHU) and NASA; 272: NASA/SDO; 274: Casey Reed/NASA; 276: NASA/JPL-Caltech; 279: Pikaia Imaging; 280: NASA/JPL-Caltech/Palomar Observatory; 282: NASA/JPL-Caltech/J. Langton (UC Santa Cruz); 284: NASA, ESA, P. Kalas, J. Graham, E. Chiang, E. Kite (University of California, Berkeley), M. Clampin (NASA Goddard Space Flight Center), M. Fitzgerald (Lawrence Livermore National Laboratory), and K. Stapelfeldt and J. Krist (NASA Jet Propulsion Laboratory); 287: NASA/JPL-Caltech/K. Stapelfeldt (JPL), James Clerk Maxwell Telescope; 288: NASA; 290: NASA/Ames/JPL-Caltech ; 292: NASA/JPL-Caltech/R. Hurt (SSC/Caltech); 295: Research by Kloppenborg et al., Nature 464, 870-872 (8 April 2010). Image by John D. Monnier, University of Michigan; 304 t: Andrea Dupree (Harvard-Smithsonian CfA), Ronald Gilliland (STScI), NASA and ESA; b: ESO and P. Kervella; 298: Haubois et al.,A&A, 508, 2, 923,2009, reproduced with permission © ESO/Observatoire de Paris; 300: NASA/JPL-Caltech/WISE Team; 368: NASA, ESA, and R. Sahai (NASA's Jet Propulsion Laboratory); 304: NASA, ESA, and the Hubble SM4 ERO Team; 306: NASA/ ESA; 308: NASA/CXC/SAO/M. Karovska et al; 310-1: NASA/JPL-Caltech; 312: NASA, ESA, HEIC, and The Hubble Heritage Team (STScI/AURA); 314: NASA, ESA, and Z. Levay (STScI); 316: NASA, ESA, and Z. Levay (STScI); 319: NASA, ESA, and H. Bond (STScI); 320: Nathan Smith, University of Minnesota/NOAO/AURA/NSF; 322: ESO; 324: NASA, ESA, J. Hester and A. Loll (Arizona State University); 326: ORNL/Science Photo Library; 328: ESO/L.Calçada; 331: NASA, ESA, and the Hubble SM4 ERO Team; 332: Blundell & Bowler, NRAO/AUI/NSF; 334: Pikaia Imaging; 336: ESO; 338: NASA and The Hubble Heritage Team (STScI/AURA); 340: NASA/CXC/MIT/F. Baganoff, R. Shcherbakov et al. ; 342: A.Ghez, Keck/UCLA Galactic Center Group; 344: Purcell, Tollerud, & Bullock/UC Irvine; 347: Sharma, Johnston, & Bullock/UC Irvine; 348: The Hubble Heritage Team (AURA/STScI/NASA); 350: ESO/L. Calçada; 352: ESO; 354: NASA, ESA, and F. Paresce (INAF-IASF, Bologna, Italy), R. O'Connell (University of Virginia, Charlottesville), and the Wide Field Camera 3 Science Oversight Committee; 356: NASA, ESA, and the Hubble Heritage (STScI/AURA)-ESA/Hubble Collaboration; 359: NASA, ESA, and The Hubble Heritage Team (STScI/AURA); 360: Image courtesy of NRAO/AUI and J. M. Uson; 362: NASA, Andrew S. Wilson (University of Maryland); Patrick L. Shopbell (Caltech); Chris Simpson (Subaru Telescope); Thaisa Storchi-Bergmann and F. K. B. Barbosa (UFRGS, Brazil); and Martin J. Ward (University of Leicester, U.K.); 364: Tomasz Barszczak/Super-Kamiokande Collaboration/Science Photo Library; 367: Randy Landsberg, Dinoj Surendran, and Mark SubbaRao (U of Chicago / Adler Planetarium); 368: Andrew MacFadyen/Science Photo Library; 370: DANIEL PRICE/STEPHAN ROSSWOG/Science Photo Library; 372: NASA, ESA, SAO, CXC, JPL-Caltech, and STScI; 375: NASA, ESA, and The Hubble Heritage Team (STScI/AURA); 376: Visualisation by Christopher Fluke, Centre for Astrophysics & Supercomputing, Swinburne University of Technology, using data from the 6dF Galaxy Survey (courtesy H.Jones et al.) ; 379: The 2dF Galaxy Redshift Survey Team, http://www2.aao.gov.au/2dFGRS/; 380: P. Jonsson (Harvard-Smithsonian Center for Astrophysics), G. Novak (Princeton University), and T.J. Cox (Carnegie Observatories, Pasadena, Calif.); 382: NASA, ESA, and the Hubble Heritage Team (STScI/AURA); 384: NASA, N. Benitez (JHU), T. Broadhurst (Racah Institute of Physics/The Hebrew University), H. Ford (JHU), M. Clampin (STScI), G. Hartig (STScI), G. Illingworth (UCO/Lick Observatory), the ACS Science Team and ESA; 387: ESA/Hubble & NASA; 388: Volker Springel/Max Planck Institute for Astrophysics/Science Photo Library; 390: X-ray: NASA/CXC/CfA/M.Markevitch et al.; Optical: NASA/STScI; Magellan/U.Arizona/D.Clowe et al.; Lensing Map: NASA/STScI; ESO WFI; Magellan/U.Arizona/D.Clowe et al.; 392: NASA, ESA, E. Jullo (Jet Propulsion Laboratory), P. Natarajan (Yale University), and J.-P. Kneib (Laboratoire d'Astrophysique de Marseille, CNRS, France); 395: NASA/Swift/S. Immler; 396: Mark Garlick/Science Photo Library; 398-3: Pikaia Imaging.

图书在版编目（CIP）数据

纸上天文馆 / (英) 贾尔斯·斯帕罗
(Giles Sparrow) 著; 青年天文教师连线译 . -- 成都：
四川科学技术出版社 , 2020.6
书名原文 : The Universe: In 100 Key Discoveries
ISBN 978-7-5364-9855-6

Ⅰ . ①纸… Ⅱ . ①贾… ②青… Ⅲ . ①宇宙 - 青少年
读物 Ⅳ . ① P159-49

中国版本图书馆 CIP 数据核字 (2020) 第 101321 号
版权登记号：图进字 21-2020-222 号

First published in 2012.
Copyright © 2012 Giles Sparrow. Published by arrangement with Quercus Editions
Limited through The Grayhawk Agency Ltd.

纸 上 天 文 馆

ZHISHANG TIANWENGUAN

出 品 人　程佳月
著　　者　[英] 贾尔斯·斯帕罗
译　　者　青年天文教师连线
监　　制　黄 利 万 夏
责 任 编 辑　肖 伊
特 约 编 辑　路思维 吴 青 徐佳汇
营 销 支 持　曹莉丽
版 权 支 持　王秀荣
装 帧 设 计　**紫图装帧**
责 任 出 版　欧晓春
出 版 发 行　四川科学技术出版社
　　　　　　成都市槐树街 2 号　邮政编码 610031
　　　　　　官方微博：http://e.weibo.com/sckjcbs
　　　　　　官方微信公众号：sckjcbs
　　　　　　传真：028-87734035
成 品 尺 寸　212mm×279mm
印　　张　27
字　　数　540 千
印　　刷　天津联城印刷有限公司
版次 / 印次　2020 年 7 月第 1 版 / 2020 年 7 月第 1 次印刷
定　　价　299.00 元
ISBN 978-7-5364-9855-6